"十四五"普通高等教育本科部委级规划教材

服装智能制造

许 君 蒋 蕾 主 编

刘 郴 刘红娈 副主编

中国纺织出版社有限公司

内 容 提 要

本书全面介绍了服装智能制造的各个环节与实际应用，从智能制造的基本概念出发，逐步深入服装智能制造的各个领域，包括生产流程、技术应用、实际案例及未来发展趋势等。同时，本书重点介绍了智能监控系统、智能化缝制单元、物料运输系统等在生产过程中的实际应用，以及智能后处理、产品包装、入库和仓储等后期环节的智能化管理。

本书可作为普通高等院校纺织服装相关专业师生的教材，也适合从事纺织服装智能制造相关研究的工程技术人员参考阅读。

图书在版编目（CIP）数据

服装智能制造 / 许君，蒋蕾主编 ；刘郴，刘红娈副主编 . -- 北京 ：中国纺织出版社有限公司，2025. 3.（"十四五"普通高等教育本科部委级规划教材）.
ISBN 978-7-5229-2426-7

Ⅰ．TS941.26

中国国家版本馆 CIP 数据核字第 2025U3S073 号

责任编辑：范雨昕　刘夏颖　　特约编辑：张小涵
责任校对：高　涵　　　　　　责任印制：王艳丽

中国纺织出版社有限公司出版发行
地址：北京市朝阳区百子湾东里 A407 号楼　邮政编码：100124
销售电话：010—67004422　传真：010—87155801
http://www.c-textilep.com
中国纺织出版社天猫旗舰店
官方微博 http://weibo.com/2119887771
三河市宏盛印务有限公司印刷　各地新华书店经销
2025 年 3 月第 1 版第 1 次印刷
开本：787×1092　1/16　印张：20
字数：430 千字　定价：68.00 元

凡购本书，如有缺页、倒页、脱页，由本社图书营销中心调换

序

在当今科技浪潮迅猛推进的时代，智能制造已然成为服装行业转型升级的核心驱动力。《服装智能制造》一书紧密围绕服装智能制造技术这一关键主线展开，并将智能制造技术与服装生产工艺技术有机融合，引领读者深入探索服装产业智能化变革的全新领域。

本书在叙述智能制造理论的基础上，将服装加工制造分为前期准备、缝纫前期、缝纫中期、缝纫后期和纺织智联五个工艺大段，再分段进行了数字化、网络化和部分智能化的实践和应用，并列举了真实应用场景。本书在最后又以"三衣两裤"企业及其产品进行了智能制造技术的集成实践，并以数智化转型较好的两个企业整体运营以飨受众。

我相信本书出版发行以后，读者不仅能够从中获取智能制造相关的知识，还能够引发对服装制造业未来技术的思考和创新。首先，读者一定会认识到我国服装制造业实现智能制造工厂是一个不断演进发展的过程。实践智能制造技术是以实现智能制造工厂为目的的，制造业实现智能制造工厂在我国是通过数字化制造、数字化网络化制造和智能化制造三个阶段并行推进发展的。中国工程院院士周济说："从现在到2035年，是中国制造业实现由大到强的关键时期，也是制造业发展质量变革、效率变革、动力变革的关键时期。数字化转型阶段，深入推进'制造业数字化转型重大行动'。到2027年，规上企业基本实现数字化转型，数字化制造在全国工业企业基本普及；同时，新一代智能制造技术的科研和攻关取得突破性进展，试点和示范取得显著成效。智能化升级阶段，深入推进'制造业智能化升级重大行动'。到2035年，规上企业基本实现智能化升级，数字化、网络化、智能化制造在全国工业企业基本普及，我国智能制造技术和应用水平走在世界前列，中国制造业智能升级走在世界前列。"我国服装制造业当然也不例外。其次，读者一定会认识到我国服装制造业实现智能制造必须与制造业相关的网络、数据、传感器、设备以及人机交互等和人工智能AI技术相结合，特别是利用新一代人工智能技术，才能打造真正的智能制造系统。在服装制造业部署人工智能AI技术，这在服装制造发展历史上是一个重要的里程碑，服装制造从传统的机械化过程转向智能、数据驱动的运营。这种范式的转变，彻底改变了服装制造业的效率和质量，为更高水平的生产力和创新铺平了道路。服装的加工制造最初依赖于人工劳动力和简单的自动化机器，但自从人工智能AI技术特别是人工智能生成内容（AIGC）技术引入后，使机器成为智能机器，使传统的自动化成为智慧的自动化。

最后，我认为本书内容丰富、文字简洁、通俗易懂，具有前瞻性、实用性与可操作性。本书可作为服装工程专业师生的教学用书，还可供服装设计师、工程师、企业决策者、管理者、经营者等多层次人员学习与参考。

许君老师及其编写团队的老师们与我同为行业同仁，我诚邀为本书出版作序，我虽才疏学浅，仍不敢推辞，勉力写下寥寥数语。相信读者的目光更多聚焦于本书的内容，我这些话语权作出版贺词。

2024 年 11 月于上海

在21世纪的科技浪潮中，智能制造正以前所未有的速度改变着各行各业，而服装产业作为传统制造业的重要组成部分，也迎来了智能化转型的崭新篇章。本书旨在深入探讨服装智能制造的精髓与实践，为服装专业的学生以及服装行业的从业者、研究者提供一本系统、全面且实用的参考指南。

智能制造作为工业4.0的核心内容，不仅融合了现代信息技术、物联网、大数据、人工智能等先进技术，更在服装生产流程中实现了从设计到销售的全链条智能化升级。本书首先从智能制造的宏观背景出发，阐述其基本概念、发展历程以及对服装产业的影响。随后，聚焦于服装智能制造的具体环节，从缝前准备到缝纫加工，再到后期的整理与物流，每一个环节都进行了详尽的剖析。

本书不仅介绍了智能下单、订单管理、人体数据收集处理等前沿技术，还深入探讨了服装设计、数字化人台、虚拟试衣、CAD制板、智能裁剪等智能化生产流程。同时，本书也重点介绍了智能监控系统、智能化缝制单元、物料运输系统等在生产过程中的实际应用，以及智能后处理、产品包装、入库和仓储等后期环节的智能化管理。此外，还通过智慧物流、智慧门店等案例，展示了服装智能制造在销售与物流领域的创新实践。

本书通过介绍西服、衬衫、T恤、牛仔裤和西裤等具体服装品类的生产案例，让读者更加直观地了解服装智能制造在实际生产中的应用与效果。同时，也介绍了行业内的领先解决方案提供商，如凌迪数字科技有限公司的Style 3D和胜美科技有限公司的智能制造方案，为读者提供宝贵的实践经验。

因作者水平所限，书中难免有不全面、不准确之处，敬请专家、同行及广大读者指正，以便再版时完善。

许君

2024年5月

致 谢

本书的诞生，犹如一次长途跋涉，幸得诸多同行益友的指引与扶持，方能抵达终点。在此，我谨向所有给予我帮助的人致以最深的谢意。感谢参与本书全过程的所有人员，以下为致谢名单：

闻力生　董灵丽　李鸿志　任　玺　王　佳　黄　龙　薛　珂　赵星雨　贾慧敏
杜春雨　朱婉秋　曹硕硕　邰乐冉　沈东旭　何浩龙　温宇航　杨雨荷　于佩弘
鹿　楠　田　萌　李　婷　郝　妍　张一曲　丁家琪　雷珍珍　周　赟　李宜彤
张　莉　魏雨萌　黄钰博　张　伟　畅琪琪　张亚楠　刘思寒　段佳佳　周宇聪
韩宜君（排名不分先后）

最后，向所有以不同方式关心、支持本书创作和出版的朋友们道一声感谢！如有疏漏，恳请谅解。能与你们同行，是我莫大的荣幸。

许君　谨识

目　录

第一章　绪论

课题名称：绪论

课题内容：1. 智能制造概述

　　　　　2. 服装智能制造

课题时间：4 课时

教学目的：掌握智能制造的概念，了解服装智能制造的目的；了解服装智能制造的发展现状以及所存在的问题；了解服装智能制造的发展需求，以及服装企业进行智能制造实践的相关案例，重点掌握服装智能制造的发展优势及关键技术。

教学要求：1. 了解智能制造的定义、内涵及特征。

　　　　　2. 了解智能制造关键技术。

　　　　　3. 了解服装制造智能化要点。

20世纪80年代以来，随着经济全球化、国际产业转移及虚拟经济的不断深化，各国的产业结构也在悄然发生变化，其中传统制造业日趋衰退。然而随着金融危机的爆发，实体经济的重要性又逐渐显现，世界各国逐步达成了共识——以制造业为核心的实体经济是保持国家竞争力和经济健康发展的基础。为了振兴制造业，美国、德国、日本等发达国家相继部署了制造业发展战略，中国也在2015年推出了"中国制造2025"战略规划作为行动纲领，并以"智能制造"为主攻方向。智能制造逐渐成为抢占未来经济和科技发展制高点的战略选择，更是传统制造企业转型升级的必由之路。

21世纪以来，随着消费者的个性化需求与日俱增、市场竞争日益激烈、电子商务蓬勃发展，加上世界百年未有之大变局的加速推进，全球产业链面临重塑，不确定性明显增加。在此背景下，中国制造业的智能化转型已经不是"抢答题"，而是关乎能否实现由"中国制造"转为"中国智造"的"必答题"。在这样的形势下，制造业亟须通过将云计算、物联网、大数据、人工智能等科技手段与产业创新不断融合，来更好地满足消费者日益多样化的需求。

纺织服装行业作为典型的劳动密集型产业在制造业中占据了重要地位，目前大部分的服装生产企业存在生产周期长、成本高、效率低的缺点，同时由于服装类产品的季节性强、生命周期短、样式多的特点，导致其无法满足消费者日益增长的多元化消费需求，因此服装企业要想保持市场竞争力，向更具弹性、适应性更强的生产方式转变势在必行。

第一节　智能制造概述

一、智能制造的定义、内涵及特征

（一）智能制造的定义

智能制造基于先进制造技术与新一代信息技术的深度融合，贯穿于设计、生产、管理、服务等产品全生命周期，具有自感知、自决策、自执行、自适应、自学习等特征，旨在提高制造业质量、效率、效益和柔性的先进生产方式。

美国纽约大学的怀特教授（P. K. Wright）和卡内基梅隆大学的布恩教授（D. A. Bourne）于1988年出版了 *Manufacturing Intelligence* 一书，首次提出了智能制造的概念，并指出智能制造的目的是通过集成知识工程、制造软件系统及机器人视觉等技术对制造技工的技能和专家知识进行建模，使得智能机器人在没有人工干预的情况下进行小批量生产。

美国能源部给智能制造下的定义为：智能制造是先进传感器、仪器、监测、控制和过程优化的技术及实践的组合，它们将信息和通信技术与制造环境融合在一起，实现工厂和企业中能量、生产率和成本的实时管理。智能制造需要实现的目标有4个：产品的智能化、生产的自动化、信息流和物资流合一、价值链同步。

中国对智能制造的研究始于20世纪90年代末，宋天虎（1940年）认为未来智能制造能够以自动识别来判断工作环境，并对生产过程中的变化做出快速反应，从而实现人机交互。杨叔子和吴波（2003年）认为智能制造系统通过智能化和集成化的手段来增强制造系统的柔性和自组织能力，提高快速响应市场需求变化的能力。中国机械工程学会在《中国机械工程技术路线图》一书中提出，智能制造是研究制造活动中的信息感知与分析、知识表达与学习、智能决策与执行的一门综合交叉技术，是实现知识属性和功能的必要手段。熊有伦等（2013年）认为智能制造是将专家的知识和经验融入感知、决策、执行等制造活动中，赋予产品制造在线学习和知识进化的能力。工业和信息化部于2015年公布的"2015年智能制造试点示范专项行动"中，将智能制造定义为基于新一代信息技术，贯穿设计、生产、管理、服务等制造活动各个环节，具有信息深度自感知、智慧优化自决策、精准控制自执行等功能的先进制造过程、系统与模式的总称。

（二）智能制造的内涵

智能制造起源于20世纪80年代人们对人工智能的研究，随着以云计算、物联网、大数据、人工智能等为标志的新一代科技革命浪潮的加速推进，智能制造不断地被赋予新的内涵，它不仅将智能制造技术、信息技术等应用于产品的生产、管理中，还能够在产品的制造过程中做到感知、分析、推理等，满足产品的动态需求，具有自感知、自学习、自决策、自执行、自适应等功能。同时，智能制造更为重要的作用在于能对市场变化做出快速反应，助力企业实现由大批量生产转向定制化服务，创新出适应未来以消费者为主的新型商业模式。因此，智能制造是为了将信息技术和制造技术等科技与产业创新不断融合，进而更好地满足消费者多变的需求。

智能制造的技术内涵主要包括传感技术、测试技术、信息技术、数控技术、数据库技术、数据采集与处理技术、互联网技术、人工智能技术、生产管理等与产品生产全生命周期相关的先进技术，智能制造以智能工厂为主要载体。

针对智能制造内涵，各国机构都有不同的定义，本节对不同国家或机构对智能制造的理解做了对比（表1-1）。

表1-1　智能制造内涵对比

来源	定义	侧重点
德国工业4.0	通过广泛应用互联网技术，实时感知、监控生产过程中的海量数据，实现生产系统的智能分析和决策，使生产过程更加自动化、网络化，使智能生产、网络协同制造、大规模个性化制造成为生产新业态	侧重信息物理融合系统（CPS）的应用以及生产新业态
美国《智能制造系统线性标准体系》	具有互操作性和增强生产力的全面数字化制造企业；通过设备互联和分布式智能来实现实时控制和小批量柔性生产；快速响应市场变化和供应链失调的协同供应链管理；集成和优化的决策支撑用来提升能源和资源使用效率；通过产品全生命周期的高级传感器和数据分析技术来实现高速的创新循环	侧重柔性生产、协同供应链、能源和资源利用等智能制造目标
美国智能制造领导力联盟（SMLC）	集成了网络产生的数据和信息，包括制造型和供应链型企业所涉及的实时分析、推理、设计、规划和管理等各方面，即制造智能，可通过广泛的、全面的、有目的地使用基于传感器产生的数据进行分析、建模、仿真和集成，为企业提供实时的决策支持	侧重数据与信息的获取、建模、应用、分析等

来源	定义	侧重点
中国《国家智能制造标准体系建设指南（2021年版）》	基于新一代信息通信技术与先进制造技术深度融合，贯穿于设计、生产、管理、服务等活动的各个环节，具有自感知、自学习、自决策、自执行、自适应等功能的新型生产方式	涵盖新技术、制造全过程、智能特征等各方面

（三）智能制造的特征

智能制造的主要特征是将"智能"融入产品的整个生产过程中，通过人与机器设备协同工作，逐渐扩大并部分替代人类在制造过程中的脑力劳动，已由最初的制造自动化扩展到生产的数字化、柔性化和智能化。

智能制造不仅采用先进的智能制造技术和设备，而且将由新一代信息技术构成的物联网和服务互联网贯穿整个生产过程。在制造业领域构建的信息物理系统，将彻底改变传统制造业的生产组织方式，它不是简单地进行技术革新，达到改造传统制造业的目的，而是将信息技术与制造业融合发展形成一种新的业态。

智能制造要求实现设备之间、人与设备之间、企业之间、企业与客户之间的无缝网络连接，实时动态调整，进行资源的智能优化配置。它以智能技术和系统为支撑点，以智能工厂为载体，以智能产品和服务为落脚点，大幅度提高了生产效率与生产能力。

智能制造是面向产品全生命周期，实现泛在感知条件下的信息化制造，包括智能制造技术与智能制造系统两大关键组成要素和智能设计、智能生产、智能产品、智能管理与服务4大环节。

其中智能制造技术是指在现代传感器技术、信息技术、自动化技术、人工智能等先进技术的基础上，通过自感知、自决策、自执行等功能，实现设计过程、生产过程以及生产设备智能化，是信息技术与制造技术的深度融合与高度集成。

智能制造系统是一种由智能机器和人类专家共同组成的人机一体化智能系统，它在制造过程中能够以一种高度柔性化的方式，借助计算机模拟人类专家的智能活动，进行感知、分析、推理、判断、构思和决策，从而取代或延伸制造环境中人的部分脑力活动。智能制造系统相较于传统系统更具智能化的自治能力、容错能力、感知能力和系统集成能力。

智能制造的特点见表1-2。

表1-2 智能制造的特点

特点	具体内容
生产过程高度智能	智能制造在生产过程中能够感知周围环境，实时采集、监控生产信息，其特点包括： ①智能制造对作业程序进行设置，在生产过程中减少出错并提高生产效率，保证产品质量并积累生产中的错误经验，避免错误再现； ②智能制造系统的容错能力强，即使生产过程中部分环节出现了错误，其系统仍然能够自主记录，并继续生产作业，同时发出警报，提醒管理人员手动操作将其改正，并不会对系统的正常运行形成阻碍
资源的智能优化配置	信息网络具有开放性、信息共享性特点，由信息技术与制造技术融合产生的智能化、网络化的生产制造可跨地区、跨地域进行资源配置，突破了原有的本地化生产边界

续表

特点	具体内容
产品高度智能化、个性化	智能制造产品通过传感器、控制器、存储器等技术的集合，具有自我监测、记录、反馈和远程控制的功能： ①智能制造具有高度柔性化，在产品的设计初期就可以将消费者的需求融入设计中，对生产全过程的重要节点进行监控，掌握产品相关的重要信息并与客户及时沟通，对产品的生产进度精准把握； ②满足消费者个性化的需求，降低生产企业的物耗、能耗及库存，实现双赢

二、智能制造关键技术

智能制造技术是新一代信息技术与先进制造技术的深度融合。智能制造技术基于先进技术，如传感器技术、网络技术、自动化技术和人工智能技术等，可以通过智能感知、人机交互、决策和执行技术实现智能设计过程、智能制造过程和智能制造设备。智能制造关键技术主要有10种，分别是智能制造设备及其检测技术、工业大数据、数字制造技术及增强现实技术、传感器技术、人工智能技术、射频识别和实时定位技术、信息物理系统、网络安全技术、物联网技术和系统协同技术。

（一）智能制造设备及其检测技术

在智能制造的进程中，其技术基础是智能化设备，随着制造工艺与生产模式的不断变革，必然对智能装备中测试仪器、仪表等检测设备的数字化、智能化提出新的需求，推动检测方式的变化。

检测技术将是实现产品、设备、人和服务之间互联互通的核心基础之一，如机器视觉检测控制技术具有智能化程度高和环境适应性强等特点，在多种智能制造装备中得到了广泛的应用。

（二）工业大数据

工业大数据是智能制造的关键技术，其主要作用是为打通物理世界和信息世界的通道提供转型动力，推动生产型制造向服务型制造转型。工业大数据覆盖范围广泛，横向跨越产品全生命周期，包括产品需求、设计、研发、工艺、生产、库存、物流、服务、运维、保费和回收利用等环节，涉及企业供应链、价值链和产业链。生产企业在实际生产过程中，会通过降低生产过程的物耗和能耗来减少生产成本，同时提高生产质量，保证安全生产。在这个过程中，会实时产生大量数据。依托工业大数据系统，可以采集现有工厂设计、工艺、制造、管理、监测、物流等环节的信息，实现生产的快速、高效及精准分析决策。工业大数据系统将这些数据综合起来，能够帮助工厂发现问题，查找原因，预测类似问题重复发生的概率，帮助完成安全生产，提升服务水平，改进生产方式，提高产品质量。

（三）数字制造技术及增强现实技术

数字化技术的深入应用是智能制造落地实施的基础条件，数字化主要指在制造实施之前能够将整个制造过程以数字化方式展现出来，即有模型，能仿真，覆盖制造企业的设计、管理、企业协同等各个环节。

柔性制造技术（flexible manufacturing technology，FMT）是建立在数字化设备应用的基础上并正在随着制造企业技术进步而不断发展的新兴技术，在智能制造的实现过程中不可缺少。虚拟仿真技术包括面向产品制造工艺和装备的仿真、面向产品本身的仿真和面向生产管理层面的仿真，从这3方面进行数字化制造，才能推进制造产业的智能化发展走向成熟。

增强现实（augmented reality，AR）是通过计算机图像处理和感知技术在屏幕上将虚拟信息模拟仿真后应用到现实世界，利用多角度实时摄像将真实环境相应的图像、视频以及3D模型相叠加并进行互动，从而达到超过现实的感官体验。

（四）传感器技术

智能制造与传感器紧密相关，传感器技术通过目标物体的特征变化进行感应采集，并将这些变化转化为电信号传输，从而实现对目标物体的信息感知。智能传感器对外界信息具有一定的检测、自诊断数据处理以及自适应能力，是微型计算机技术与检测技术相结合的产物。传感器属于基础零部件的一部分，它是工业的基石、性能的关键，它的智能化、无线化、微型化和集成化是未来智能制造技术发展的关键之一。

（五）人工智能技术

人工智能（artificial intelligence，AI）是一门新的计算机科学技术，主要以人的智力范围为基础，在科学的理论与方法的帮助下，无限向外延伸的一种技术。人工智能涉及的领域很广泛，包括机器人、图像识别、专家系统、自然语言处理等。人工智能主要是通过模拟人的思维和意识代替体力劳动及部分的脑力劳动。

人工智能学科研究的主要内容包括：知识表示、自动推理和搜索方法、机器学习和知识获取、知识处理系统、自然语言理解、计算机视觉、智能机器人、自动程序设计等方面。目前，人工智能广泛应用于家居、零售、交通、医疗、教育、物流以及安防等领域，未来在人们的日常生活中将随处可见人工智能的身影。

（六）射频识别和实时定位技术

无线射频识别即射频识别（radio frequency identification，RFID）技术，是自动识别技术的一种，可通过识别特定目标的无线电信号并读写相关数据，无须识别系统与特定目标之间建立物理接触或光学接触，就可达到识别目标和数据交换的目的，被认为是21世纪最具发展潜力的信息技术之一。完整的RFID系统由读写器、电子标签和数据管理系统三部分组成。射频识别技术依据其标签的供电方式可分为三类，即分为有源RFID、无源RFID和半有源RFID，常用频段有低频、高频和超高频。RFID读写器可分为移动式和固定式两种，具有适用性、高效性、独一性以及简易性等特点。射频识别贴附于物件表面，可自动远距离读取、识别无线电信号，快速、准确地记录和收集用具使用情况。未来射频识别技术会向高频化、网络化以及多功能化方向发展。

（七）信息物理系统

信息物理系统（cyber-physical systems，CPS）又被称为"网络—实体物理"系统，是一个综合了计算、网络和物理环境的多维复杂系统，通过3C（Computation、Communication、

Control）技术的有机融合与深度协作，实现大型工程系统的实时感知、动态控制和信息服务，实现信息世界与物理世界的融合。信息物理融合系统可以将资源、信息、物体以及人紧密联系在一起，从而创造物联网及相关服务，并将生产工厂转变为一个智能环境。

（八）网络安全技术

网络安全技术主要包括物理安全分析技术，网络结构安全分析技术，系统安全分析技术，管理安全分析技术及其他的安全服务和安全机制策略等。数字化对制造业的促进作用得益于计算机网络技术的进步，但同时也存在一定安全隐患。随着人们对计算机网络依赖度的提高，自动化机器和传感器随处可见，将数据转换成物理部件和组件成为技术人员的主要工作内容。产品设计、生产和服务整个过程都通过数据资料呈现出来，然而网络使得生产中的所有信息具有共享性，这就需要对其进行信息安全保护。针对网络安全，可采用IT保障技术和相关的安全措施，如设置防火墙、预防被入侵、控制访问、设立黑白名单、加密信息等。

（九）物联网技术

物联网是在互联网的基础上，将各种机器设备通过传感器与网络终端连接起来的网络，能够打破时间和空间的限制，实现人、机、物的无缝连接。要想实现智能制造，需要物联网的统筹细化，基于无线传感网络、RFID、传感器的现场数据采集，对生产现场进行实时监控，将与生产有关的各种数据实时传输给控制中心，上传给智能制造系统并进行云计算。为了能有效管理一个跨领域、多要素协同的智能制造系统，物联网是必需的。

（十）系统协同技术

系统协同技术需要大型制造工程项目、复杂自动化系统、整体方案设计技术、安装调试技术、统一操作界面和工程工具的设计技术、统一事件序列和报警处理技术、一体化资产管理技术等相互协同来完成。

三、智能制造国内外发展概况

（一）国内发展

21世纪以来，中国在许多智能制造重点项目方面取得了巨大成果，智能制造规模已见雏形，掌握了一大批相关的基础研究成果和长期制约我国产业发展的关键技术，如感知技术、3D打印技术、工业通信网络技术、控制技术、数控技术、制造系统、智能信息处理技术等；攻克了自动化控制系统、高端加工中心等一批长期严重依赖国外技术并影响我国产业安全的核心高端装备；建设了一批相关的国家重点实验室、国家工程技术研究中心、国家级企业技术中心等研发基地；培养了一大批长期从事相关技术研究开发工作的高技术人才。

然而我国的制造业的智能化程度仍然较低，且存在核心技术未能实现完全自主、整体仍处在世界制造业价值链下游等问题。部分企业刚刚完成数字化改造，需要补充智能化的内容；很大一部分企业仍然处于某些生产环节自动化的生产阶段，需要将其全部提升为自动化且融入数字化；少部分基本实现智能化的企业，可以依照国家相关政策，鼓励其申请成为智能制造示范基地，助力其他企业完成智能化转型升级。

（二）国外发展

1. 美国智能制造的发展情况

美国在智能制造技术的理论和应用研究方面长期处于世界领先地位，人工智能、控制论、物联网等智能制造技术的基础多数起源于美国。在20世纪末，美国政府就对传统制造业进行改革提出了政策要求，直到21世纪初，美国政府开始对其工业企业进行拨款改造，构建完善的行业发展体系，逐步打造智能制造平台，建立智能制造研究所。2000年，美国洛克希德·马丁公司提出有关虚拟工厂的概念，计划打通设计、生产与管理，实现全数字化信息调配制造业生产。

2008年后，美国开始将制造业作为振兴美国经济的抓手。美国发展智能制造最突出的特点是政府大力支持，并且出台一系列政策支持智能制造的发展，通过建立有助于多学科知识融合的机制，从国家层面促进传统制造业与智能装备、信息技术等先进技术的深度集成与融合。

美国对智能产品的研发也一直处于世界前列，从最初的数控机床、集成电路、可编程逻辑控制器（programmable logic controller，PLC），到如今的智能机器人、无人驾驶汽车以及各种先进的智能设备。而美国大力发展制造业的典型特点是利用现有的先进信息、软件技术来改造现有的制造业，在此基础上研发出更多能够解放人力的智能化设备，并通过信息技术将智能设备、数据管理、产品、人员等联结起来，形成一个有机的互联互通系统。

2. 欧洲智能制造的发展与应用

欧盟将发展先进制造业作为重要的战略，设立了"智能制造系统""未来工厂"等多项发展计划。在2010年制定了第七框架计划（FP7）的制造云项目，并在2014年实施欧盟"2020地平线"计划，将智能型先进制造系统作为创新研发的优先项目。2021年，欧盟启动了"赫拉克勒斯计划"，该计划由欧委会与多家研究机构和企业合作，重点在制造、农业、医疗等领域推动机器人技术的创新和应用，该计划旨在通过智能机器人系统的研发、提升欧洲在全球市场中的竞争力。德国主要以工业4.0为依托，通过标准化规范战略部署，重视创新驱动，注重各种大型机器设备的技术研发，其机、电、液、气、光、刀具、测量、数控系统及各种功能零部件在质量、性能上均居世界前列，如西门子、奔驰、宝马等。

3. 亚太智能制造的发展与应用

日本在制造业方面最为瞩目的成就是生产模式的创新，创建了精益生产模式、作业站生产模式和以人为本的经营管理模式等。日本作为亚太地区为数不多的发达国家，其工业的智能化水平及相关核心技术研发水平等都处于世界第一方阵。工业机器人作为智能制造中最具有代表性的智能化装备，虽然诞生于美国，但是日本在该领域后来者居上。从核心零部件到本体，再到系统集成的完整产业链，日本都处于世界领先的地位。

20世纪60年代，韩国开始了工业化进程，到了80年代一跃成为新型工业化国家，在全球制造业格局中占据了重要地位。韩国制造业发展过程中先是重点发展以轻工业为主的纺织、服装和日用品等劳动密集型产业，之后转向了发展电气电子、化工、运输机械等兼具资本和技术密集型的产业。

第二节　服装智能制造

一、服装制造智能化及其意义

"十三五"期间，我国化纤、纺纱、印染、服装、家纺等智能化生产线建设取得明显成效，棉纺梳并联合机、高性能特种编织装备、全自动电脑针织横机等一批关键单机、装备实现突破。化纤智能示范工厂和智能车间实现了送配切片、卷绕自动落丝、在线检测、自动包装、智能仓储等全流程自动化生产，棉纺新一代数控技术广泛应用，新建了多条自动化、数字化纺纱生产线，减少用工人数。印染自动化和数字化不断升级，简子纱数字化自动染色向智能化工厂方向发展。服装智能制造发展速度明显加快，已初步形成了包含量体、设计、试衣、加工的自动化生产流程及检验、储运、信息追溯、门店管理等在内的信息化集成管理体系，大规模个性化定制整体解决方案日趋成熟，涌现出一批先进的服装大规模个性化定制智能化系统平台，生产效率和品质得到显著提升。

然而，由于服装的流行周期短、款式变化多样以及消费者需求趋向个性化、多样化，导致服装制造智能化发展缓慢，无法真正地做到"机器换人"，尤其是在缝制环节依然主要依靠大量人工。因此，越来越多的中国纺织服装企业将发展重点放到了智能制造方向，期望企业能够通过改变制造方式提高竞争力，占据有利地位。但是究竟什么是服装智能制造，中国服装智能制造技术创新战略联盟专家组副组长闻力生教授对服装制造的智能化要点做了以下几个方面的阐述。

（一）服装制造智能化

1. 加工设备智能化

加工设备智能化，即将服装制造过程中的所有加工设备更换为人工智能（AI）的载体，使得加工设备具有机器感知、机器思维、机器行为、机器学习的功能。

（1）机器感知。主要内容是将人工智能领域中的机器视觉、图像识别、语音识别等智能技术引入各种加工设备中，使其能够应用于产品的质量检测、设备的语音控制、设备的监控与维护、作业精准定位等各个方面，最大程度地提高车间生产效率。

（2）机器思维。主要内容是将人工智能领域中的知识工程与专家系统、知识发现与数据挖掘应用于车间智能数据决策系统，如车间生产因素识别、设备监控专家决策系统、服装缝制自动化系统、服装制造智能分析与决策系统、服装柔性制造系统等，使得系统获得信息后根据设置的程序以专家思维对信息做出反馈并下达命令，代替了服装生产活动中的部分脑力活动。

（3）机器行为。主要内容是将人工智能领域中的智能运动控制、自主无人系统、人机混合智能等技术应用于车间工位及缝制流水线的智能设备，如智能缝制系统及智能机器人、机械臂等设备，从而代替生产活动中的枯燥的、重复性的工作，降低人工成本。

（4）机器学习。主要内容是将人工智能领域中的机器学习、深度学习（人工神经网络）、监督学习等技术应用于缝制参数的优化、车间可视化管理监察、缝制生产技能自学习等方面，使得生产设备具有记忆，下次再生产相同或者类似产品时可以直接调取记忆进行生产，节约重新设置参数的时间成本。

2. 模块化生产制造

模块化生产制造是21世纪的主要制造模式。将服装产品的生产方式改为模块式生产制造有利于实现服装产业的智能制造，模块化生产制造主要包含三个方面：产品模块化、产品生产过程模块化以及产品供应模块化。

（1）产品模块化。产品模块化是将一个产品划分为若干个具有独立性、标准化和互换性的部件模块，每一部分都有各自的功能。产品模块化是实现服装大规模定制的基础之一，使得服装的设计和生产变得简单快捷，能够节约大量的时间，降低时间成本和人工成本。

（2）产品生产过程模块化。产品生产过程模块化是将产品的整个生产流程按照一定的规则划分为几个部分，即几个模块，之后根据模块划分进行生产，与产品模块化相对应。

（3）产品供应模块化。产品供应模块化就是从产品本身模块化到产品生产过程模块化再到销售模块化形成一个闭环，有利于推动智能制造的发展。

3. 模块式智能缝制加工流水线

模块式智能缝制加工流水线即以"人+智能缝制+智能机器人"构建模块式加工工位及固定的模块式缝制加工流水线，如美国Softwear Automation（简称Softwear）公司开发的自动缝纫机器人，2019年川田推出的模块式自动模板机工作站（机器人+三台自动模板机）等。

中国江苏天源服装有限公司与美国自动化缝纫技术公司Softwear联手开发了全自动T恤生产线，工作原理主要是利用相机来映射面料，追踪面料的摆放位置，然后通过缝纫机器人来引导缝纫针工作。通过计算机视觉系统，该技术可以比人眼更精准地观察织物，并追踪精准到最大半毫米误差的缝纫针的位置。凭借这项完整的自动化技术，22s就能生产一件T恤，成本仅需33美分，如图1-1所示。

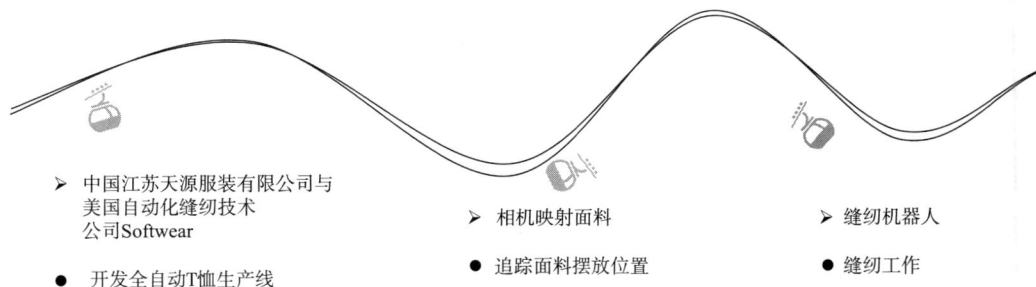

- ➤ 中国江苏天源服装有限公司与美国自动化缝纫技术公司Softwear
- ● 开发全自动T恤生产线

- ➤ 相机映射面料
- ● 追踪面料摆放位置

- ➤ 缝纫机器人
- ● 缝纫工作

图1-1　模块式智能缝制加工流水线

川田推出的模块式自动模板机工作站配备了强大的全自动控制系统，不仅能够对图样设计进行采集，还配备了自动识别各种服装计算机辅助设计（computer aided design，CAD）文件格式的独立软件，进而生成缝纫的路径文件。该技术做到全自动开模板槽，自动识别模板图样资料，自动识别起点缝纫，一键式操作，全自动缝纫生产，符合标准化作业流程。不仅能够解决服装生产缝制效率低，缝制效果不理想等一系列传统缝纫问题，更实现了智能化缝纫，减少了人工操作的误差，提高了生产效率，确保了缝制质量的稳定性和一致性，适用于多种缝制工艺和材质要求。

4. 建成智能工厂

智能工厂是企业数字化发展的重要方向，需要建立数字驱动的柔性供应链，包括产品开发数字化、物料供应数字化、生产数字化、管理数字化、储运数字化以及营销数字化等供应链各环节的数字化。智能工厂依赖实时响应的统一共享信息系统，可以实现生产过程协同与最大限度的自动化替代，实现工厂各个业务之间无缝衔接，是一种以最低人工投入的工厂管理与生产模式。

要想实现真正意义上的智能工厂和智能生产，就需要在固定的模块式缝制加工流水线实践基础上，逐步实践自学习、自决策、自适应、自执行、动态的模块式缝制加工流水线。

（二）服装制造智能化的意义

1. 企业层面

促进服装企业提质降本增效。智能制造能够使传统服装生产企业从依靠大量劳动力转型为以物联网、云计算、人工智能等现代化技术为导向，从而减少服装生产过程的不确定性，在缩短服装的开发周期、降低成本、提升生产效率等方面具有重要意义。

2. 行业层面

智能制造能够改变服装行业的传统生产模式，推动服装制造业发展出全新的制造模式，柔性制造是其中重要的组成部分。柔性制造追求的是定制化，主要是以消费者为导向，按需定产，与传统的以产定销、大规模量产的生产方式刚好相反，更符合现代人们的消费观念。在柔性制造中，最为重要的就是生产线和供应链的反应速度，即是否能做到小单快返、快速换模。

服装智能制造能够促进服装行业的可持续发展，使得企业不断地通过提升自身的产品质量，提高服务质量，创新制造模式等方法来提升自己的竞争力，同时也能带动其他高新科技行业的不断进步发展，进而推动整个服装行业可持续发展。

3. 国家层面

中国是一个服装生产、消费和出口大国，在全球处于领先地位。同时服装行业作为我国国民经济主体的制造业之一，必将立足于国际产业变革大势，通过行业转型迈入智能制造。

二、服装智能制造发展概况

（一）服装智能制造发展现状

当前，我国服装行业正处在增长速度变化、产业结构调整、发展动力转换这一关键战略期，机遇与挑战并存。既要客观面对行业发展模式的动力转换，又要加快打造行业可持续发展的竞争优势。

服装智能制造发展迅速，越来越多的服装制造企业推动服装制造转型。目前服装行业的发展现状主要是整体智能化水平的提升和基础的夯实。服装企业的自动化水平、知识产权的转化和生产设备都得到了提升。智能技术已经覆盖了服装产业链，纺织领域的智能化发展成绩有目共睹。服装智能制造关键技术得到突破，并且在行业内推行。

闻力生教授详细描述了中国服装智能制造的发展阶段以及具体技术手段。实践服装企业智能制造之路要抓示范分阶段，第一阶段：用1～3年时间实现服装生产流程的自动化制造；第二阶段：用2～3年时间实现部分自动化制造智能化；第三阶段：用3～5年时间建成服装智能制造工厂。

目前，服装行业在第一阶段已经部分实现缝前集成3D—CAT+CAD+计算机辅助制造（computer aided manufacturing，CAM）、不落地生产、智能裁剪、个性批量定制；部分建立了以RFID技术为核心技术的全自动立体仓储物流配送系统及仓储管理系统（warehouse management system，WMS）；部分实现了缝后各大类服装专用自动系列整烫机、立体整烫机、隧道整烫机、以RFID技术为核心的自动柔性整烫线、自动整烫折叠包装机；在缝制阶段实现了缝制流程自动化生产，"智能吊挂+智能平/包缝机+自动缝制单元系统+自动模板缝制系统+专用自动缝纫机"组成的缝制流程自动化生产。第二、三阶段则需要人工智能、机器人、物联网、大数据、传感器、云计算、3D打印、模式识别、AR、虚拟现实（virtual reality，VR）等技术支持。在未来，人工智能机器人能替代西服定制大师的手工经验作业的基础上，通过AR、VR技术推动，智造的柔性化生产将远远大于现在的设计端定制，智能设备能够自主学习，实现服装智能工厂。

在"互联网+"的推动下，服装智能制造与互联网加速融合，同时服装行业也在不断引进最先进的技术，比如人工智能技术、虚拟现实技术、增强现实技术以及物联网等，为服装智能制造的进一步发展奠定了技术基础。

（二）服装智能制造发展存在的问题

整体来看，我国大部分服装制造企业的智能制造仍处于起步建设的初级阶段，少部分处在由某个环节自动化的中级阶段向制造全流程智能化的高级阶段转型的过程中。由于服装本身的款式品类繁多以及工艺标准的参差不齐，与汽车制造、饮料生产等制作过程相对较为固定的行业相比，服装行业的智能化发展之路较为坎坷，在深化和推进智能制造过程中还面临着诸多挑战和困境。目前我国服装行业的智能制造发展还存在着消费市场不足、产业链不成熟以及体系不成熟等多方面的局限。

1. 服装智能制造市场不足

在我国众多的服装制造企业中，中小型服装企业占了很大的比例，它们的成长和发展在一定意义上代表了中国服装业的成长和发展。然而长期以来，我国大部分中小型服装制造企业主要依靠来料加工，依靠大的服装品牌分发的订单生存，长期处于简单的加工和装配环节，主要依靠廉价劳动力、低成本盈利，存在创新能力不强、高新技术含量不高、附加值低、单纯输出产品等典型特征。一些企业甚至没有独立的设计部门，完全依靠各大品牌的外包加工订单生存。然而为了应对复杂多变的内外部市场环境、日益个性化的消费者需求和社会供需关系的转变，中小企业必须向以消费者为中心的"服务主导逻辑"转型。在这种情况下，智能制造是企业转型的必由之路。

在智能化升级的路上，最大的难题往往是资金的问题。很多企业看到了智能制造的发展前景，想要改变自身的现状，然而往往因为资金问题导致其无法将设想转变为现实。由于多数服装企业都属于中小型企业，其实力、渠道、资源等都处于劣势地位。因此，对中小企业来说，资金的缺乏不仅限制了企业的转型和发展，更难引进和留住人才，从而制约了其产品研发的进度，也制约了中国服装制造业的智能化道路。

2. 服装产业链不完善

我国服装制造业的产业链还不够完善，到目前为止仅完成了整个周期的1/3，即制造的前期，包括服装的设计、生产、加工、销售，而制造中期和后期也就是管理、保养以及服装报废、回收环节发展不完善。整个生产链还不成熟，售后服务也十分欠缺。

目前我国服装行业的商业模式发展不均衡。服装制造业的发展主要由3个大部分组成：大规模定制、大批量生产、高级成衣定制。而由于土地和人口优势使得我国服装业目前发展最好的是大批量生产，也是最为成熟的模式；大规模定制占据较少的市场份额，定制主要体现在合身型服装方面，比如高铁和飞机乘务员的工作服，需要根据员工的身材定制，从而显示出员工的精神面貌，其服装的款式和廓型变化较少；国内高级成衣定制的业务较少，这三种商业模式在我国发展不均衡。

我国现阶段服装生产还处于大部分依靠人力阶段，如缝制、成品检验、局部熨烫等环节中，只有部分生产环节可以由机器完成，如自动裁剪、铺布等。因此，制造速度与大规模机器制造有一定距离，且机器生产分配不均匀，多数企业只注重生产制造，完成不了更详细的订单要求；传统的服装制造业在销售和售后方面也较为欠缺，只在意前期的销售和大批量的生产，在产品质量上还需改进。

3. 智能制造体系不成熟

智能制造是一个极其复杂庞大的整体系统工程，涉及企业全价值链、物流链、信息链和资金链等多个链条，除了核心软硬件产品的有效供给外，还需要与之配套的研发、咨询、测试、实施、评估等一系列业务支撑。同时，在不同企业和地区之间，智能化发展的水平不均衡，很多企业对智能制造转型的认识还有待进一步提高。

近年来，在国家和各地区的政策扶持下，我国制造业的智能化水平实现了快速发展。然而不可忽略的是，制造企业虽然有强烈的意愿向智能化发展转型，但由于面临实施难度大、投资高、预期收益不确定等挑战，严重影响了企业的智能化发展进程。部分企业正在通过建立智能制造愿景，专注战略优先事项，打造智能制造文化，提升制造业人才技能，提升设备数字化和网络化能力，补齐集成短板，提升互联互通水平等方式不断改善现状。

各个行业在智能化升级的路上都处于探索阶段和尝试阶段，并没有一套完整成熟的智能化升级的参考案例，所有产业在升级转型的过程中都是在摸索前进，无法快速地完成升级。当前，我国智能制造在整体发展上更多着眼于硬件设备和产品的研发生产，对软件的开发和智能制造实施的关注不足，导致工业软件对外依赖性较强，一定程度上制约了我国智能制造的发展。由于服装产品款式类型多样以及消费者需求不断变化，使得服装制造业的智能化升级面临更大的困难。

在经济全球化的背景下，国家和地区的产业发展协调，产业链完善，步伐一致，才能形成巨大的国际竞争力，促进产业的升级转型。传统制造业迈向智能制造的实践，源于企业对市场发展的判断以及对自身竞争力提升的追求。发展智能制造的程度和速度主要取决于两个方面：首先是企业管理人员对智能制造的认识、重视程度和实施的决心，只有企业内部真正的认可才能够将智能化改造进行到底；其次是企业的相关领域高端人才资源。现代社会的竞争，归根结底就是人才的竞争，只有把握住高精尖人才，才能将核心技术掌握在自己手中，才能真正立于不败之地。

同时企业也需要根据实际情况探索适合自己转型升级的技术路径，充分激发企业的内生动力。政府也要为企业实施智能制造提供服务与支持，同时对企业引进人才，特别是引进顶尖人才给予政策支持。要坚持以企为本，因企制宜，坚持产业升级导向，着眼于政府、产业联盟、制造企业、科研院所与高校等多方共同参与，从而真正实现传统制造业全方位的智能化转型升级。

三、服装企业智能制造重点内容

服装产业作为科技含量日益提高的高新技术应用产业，推进服装与材料技术、装备技术、信息化技术等产业链上下游关联行业融合协同创新是重中之重。既要塑造开放集成的科技创新体系，又要强化基于自身定位的综合应用。服装企业智能建设信息物理系统、制造的重点内容主要包括创建智能设计系统、创建智能产品系统、构建服装个性化定制系统、组建服装柔性生产链、建立智能经营管理系统、创建大数据智能分析平台、建立完善的智能制造系统等内容。服装企业智能制造要点内容如图1-2所示。

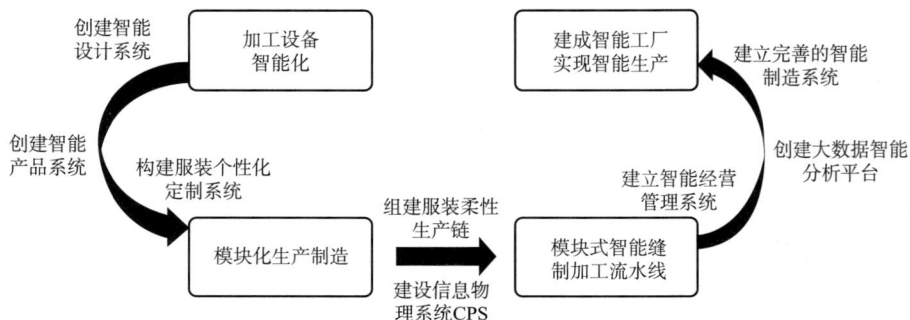

图1-2　服装企业智能制造要点内容

（一）创建智能设计系统

智能设计系统主要包括以下几个方面的内容。首先是通过使用服装CAD、CAE、计算机辅助工艺设计（computeraided process planning，CAPP）、CAM、产品数据管理（product data-management，PDM）等技术，在图案数据库、板型数据库以及智能系统的支持下，对接客户下单平台进行产品设计，初步设计出客户满意的样稿；其次是在虚拟现实环境下展示出数字化样衣，将服装的款式、板型、功能等进行模拟仿真，优化设计，体验验证；最后在工艺数据库的支持下，进行工艺设计以及对工艺过程的仿真优化，最大限度缩短产品设计、样衣试制周期，快速响应客户需求，从而对生产前的准备工作做到万无一失，保障实际生产顺利进行。同时，该智能设计系统还能支持并行设计、协同设计，即客户能够参与产品的设计，既能提高客户的参与感，又能够及时按照客户需求进行修正，针对每一个客户建立独特的数据库，便于提取客户基础信息。

（二）创新智能产品系统

智能产品系统的建设主要是对智能可穿戴类产品进行研发，通过将新技术、新材料以及传感器等应用于可穿戴设备中，增加产品的交互性、可持续性、功能性等，提高产品的科技含量，使得其兼具时髦的设计和超强的功能性。智能服装能够具有监测人体心跳和呼吸频率、调节温度、防蚊、保湿等功能，在生产过程中主要有以下三种方法：一是使用新材料，即开发出具有某种功能的纤维，将其织成智能面料后做成服装；二是使用新型涂料，即在服装制造的后整理过程中在其表面涂上新型涂料，使其具有智能特性；三是将一些电子智能元件与服装相结合，再通过无线网络技术使之具有某些智能化的功能。

（三）构建服装个性化定制系统

个性化定制是指由生产企业或服务提供商根据用户的个人喜好等特定要求，有针对性地组织生产、服务活动，最终向用户提供具有强烈个人属性的商品或获得与其个人需求匹配的产品或服务。新一代信息技术与先进制造技术的深度融合，使智能制造成为制造业转型升级的主攻方向。这要求服装企业全面提升研发、生产、管理和服务的智能化水平，更加柔性、敏捷、高效地对接客户个性化、定制化需求。随着服装三维扫描量体、虚拟试衣、计算机辅助设计系统、计算机辅助工艺系统、激光裁床、智能吊挂系统、制造执行系统（manufacturing excution system，MES）、ERP、产品生命周期管理（PLM）、WMS、CRM等系统的不断发展，部分服装生产企业已实现了设计、打板、铺布、剪裁、印花、整烫、仓储、营销、服务等环节的智能化循环。智能设备和系统的革新使得低成本、高效率的服装大规模定制模式成为可能。

服装个性定制系统是为满足消费者对服装的多样化、个性化需求而开发的，基于互联网的、面向整个产品供应链的集服装设计、销售为一体的电子商务系统。通过该系统客户可以选择不同的服装款式或者亲自参与服装的设计以满足个性化需求，同时将相关定制信息传送到企业内部以及产品供应链上的供应商、销售商等合作伙伴，以便安排、组织生产，使产品以最快的速度生产出来。

（四）组建服装柔性生产链

柔性生产是针对大规模生产的弊端而提出的新型生产模式。柔性生产通过系统结构、人员组织、运作方式和市场营销等方面的改革，使生产系统能对市场需求变化做出快速响应，同时消除冗余无用的损耗，力求企业获得更大的效益。柔性生产是全面的，不仅是设备的柔性，还包括管理、人员和软件的综合柔性。

在产品智能制造端，将客户信息智能转化，自动输出纸样，自动生成物料清单（bill of material，BOM），通过工序的有效拆分及节拍的平衡处理，实现有序、择优的智能排单，并将多个小订单整合成一个大订单，通过智能制造实现柔性生产。同时，基于不同产品的生产特色，柔性生产可以实现多产品同步生产，同一条流水线适应不同产品的运作。柔性生产模式是经计算机数字控制，通过精益生产、智能化的人机排位和SAP智能排单等技术，实现小批量、多品种的快速生产方式。柔性生产模式可在市场、技术支持和制造过程三个方面实现柔性化，如批量化个性定制就是贯穿服装生产的全过程定制。

（五）建设信息物理系统CPS

信息物理系统CPS是一个综合计算、网络和物理环境的多维复杂系统，通过3C技术的有机融合与深度协作，实现大型工程系统的实时感知、动态控制和信息服务。它是实现智能制造的最主要支撑，通过人机交互接口实现物理进程的交互，使用网络化空间以一种远程的、可靠的、实时的、安全的、协作的方式操控实体，使得物理实体具有了"智能"的特性。

CPS本质上是一个具有控制属性的网络，但它又有别于现有的控制系统。CPS把通信放在与计算和控制同等地位上，因为CPS强调的分布式应用系统中物理设备之间的协调是离不开通信的。CPS对网络内部设备的远程协调能力、自治能力、控制对象的种类和数量，特别是网络规模上远远超过现有的工控网络。

（六）建立智能经营管理系统

智能经营管理系统通过运用大数据、云平台、人工智能等新技术，在物联网和服务网的支持下做好供应链管理和客户管理，能够及时满足客户的需求变化，在整个供应链中快速响应并智能化管理。以企业已有的业务系统为基础大数据中心，以智能计划、智能执行、智能控制为手段，做好从用户要求、设计、制造、售后服务直至回收利用全过程的管理和服务，使企业的数据依据、生产、销售和决策都更加智慧科学。

（七）创建大数据智能分析平台

智能工厂中的加工设备安装有传感器，能够不断地收集生产过程中产生的数据，将其传输给智能制造系统进行分析，从而直观地找到生产线中制约效率的环节及问题，对其进行优化，降低生产成本。因此，创建服装智能制造的大数据分析平台是必不可少的。大数据分析平台能够对接各种业务数据库、数据仓库和大数据分析平台，进行加工处理、分析挖掘和可视化展现，满足各种数据分析应用需求，如大数据分析、可视化分析、探索式分析、复杂报表、应用分享等。

（八）建立完善的智能制造系统

智能制造是面向产品全生命周期，实现泛在感知条件下的信息化制造。智能制造技术是在各种先进技术的基础上，通过智能化感知、人机交互、智能化决策以及智能化执行，实现产品设计、生产制造和销售智能化，是信息技术与智能技术的深度融合与集成。所以完善的智能制造系统应该包括：智能机器、智能物流、智能控制、智能调度、智能执行等制造一体化。

四、服装企业智能制造阶段

（一）数字化转型阶段

1. 管理过程信息化

ERP、MES、WMS等管理软件的应用使服装企业的管理更加准确、高效，智能控制系统能够精确地管控复杂的生产工序，实现管理和制造的无缝对接。

2. 加工设备数字化

机器能够进行信息识别与积累，实时反馈生产情况以便管理人员及时调整生产进度，柔性生产线实现比传统流水线更高效率、高品质、低成本的作业方式。

3. 物流仓储智能化

RFID的应用使得物料、在制品在各个工序间顺畅流转，并通过提升仓库利用率、提高仓储的灵活性与准确性、合理控制物料和产品的库存等方式降低物流仓储成本。

（二）智能制造阶段

为有效实现服装企业智能制造，根据我国服装行业现状和国内外智能制造发展环境，我国服装行业实践智能制造将分3个阶段进行：第一阶段实现服装生产流程自动化，第二阶段实现生产部分智能自动化，第三阶段则是建成服装智能工厂。服装企业智能制造发展阶段如图1-3所示。

1. 服装生产流程自动化

目前的服装企业缝前工段，充分集成了三维人体扫描+CAD参数纸样+CAM智能裁剪、三维虚拟仿真数字化建模以及大数据处理等技术。服装企业通过个性化的信息管理（enterprise resource planning，ERP）系统，将客户信息智能转化，自动输出纸样，生成BOM表，通过工序的有效拆分及节拍的平衡处理，实现有序、择优的智能排单，并将多个小订单整合成一个大单，通过智能制造实现柔性生产。当前服装企业缝前工段流程自动化程度较高。

服装企业缝制工段以"智能监控系统+智能化缝制单元+智能物料运输系统"为主的流程自动化得到了普及和应用。智能监控系统包括了工业软件控制层、生产可视化管理层以及制造数字化服务层，是生产车间的"大脑"，可根据传输回来的数据下达任务指令，是实现智能制造的核心。

智能化缝制单元包含了自动平/包缝机、自动缝制专用机、自动模板机等单机缝制设备，同时衬衫贴袋自动缝制单元、门襟自动缝制单元、钉扣及锁眼自动缝制单元、袖口自动缝制

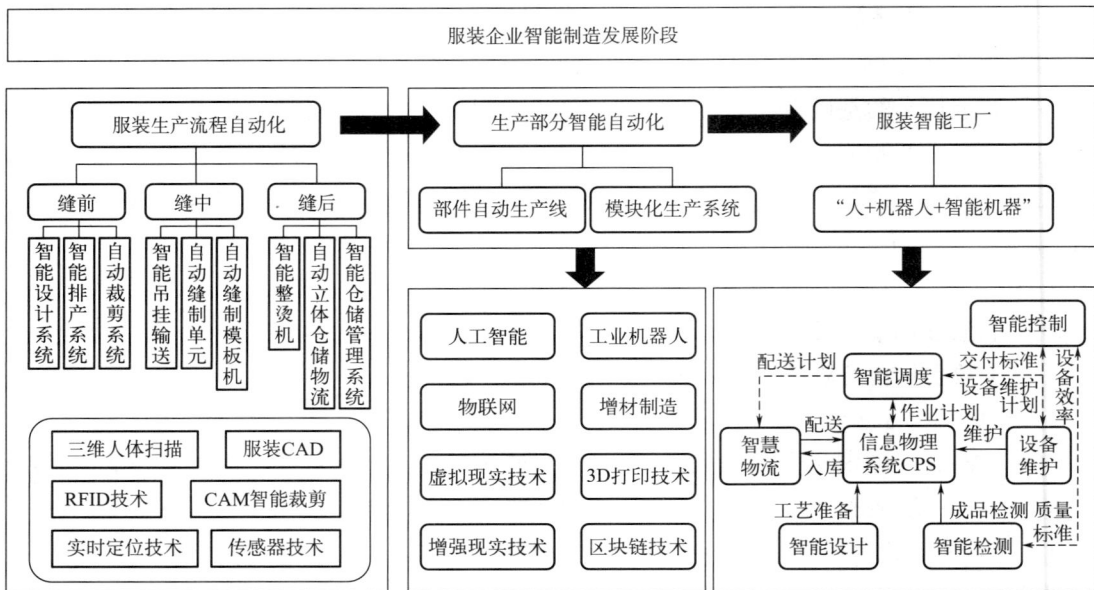

图1-3 服装企业智能制造发展阶段

单元等各种模块式智能协同缝制单元也在不断地被开发，有效地提高了生产效率。智能物料运输系统包括智能吊挂生产管理系统、智能地面物流配送系统和智能生产分拣系统，为企业的降本增效做出巨大的贡献。目前只有采用智能吊挂和自动缝制单元所组成的服装生产流水线能够达到生产增效高品质的目标。

服装企业缝制后工段中的后整理、包装入库以及仓储等流程也实现了自动化，如隧道式整烫机、自动整烫机等智能整烫系统，自动包装机、RFID智能仓储系统等都得到了广泛的应用。以RFID技术为核心的智能储运系统也被应用于服装行业的制造现场，缝制后工段流程自动化程度也较高。

目前服装生产流程自动化程度较高，在生产流程中自动机的使用率已达到75%~80%。因此，服装企业应在第一阶段的生产流程自动化基础上迈向生产部分智能自动化和建成服装智能工厂。

2. 生产部分智能自动化

服装智能制造实现的第二阶段主要是从生产过程的部分环节开始改造，主要包括引进各种智能化设备以及各种数字化系统。比如在缝前阶段，充分集成三维人体扫描+CAD参数纸样+CAM智能裁剪、三维虚拟仿真数字化建模以及大数据处理等技术；在缝中阶段，采用"智能吊挂+自动平/包缝机+自动模板缝制系统+专用特种机"组成的自动化缝制流程，以此提升生产效率和质量；在缝后阶段，主要形成以RFID技术为核心的智能化整烫生产线，自动整烫、折叠、包装，配备全自动立体仓储物流配送系统及其信息化系统的完整链条。

在对基本设备进行智能化升级的基础上服装企业需要对智能化设备进行合理化组合，即对生产线进行自动化、智能化改造，使得一件服装的生产能够完全不需要人工。

3. 服装智能工厂

智能工厂是当今工厂在实现设备智能化、管理现代化、信息计算机化的基础上达到的新的阶段，其内容不仅包含上述的智能设备和自动化系统的集成，还涵盖了企业管理信息系统（management information system，MIS）的全部内容，包括人事系统、财务系统、销售系统、调度系统等方面。服装企业要实践的智能工厂总体架构如图1-4所示。

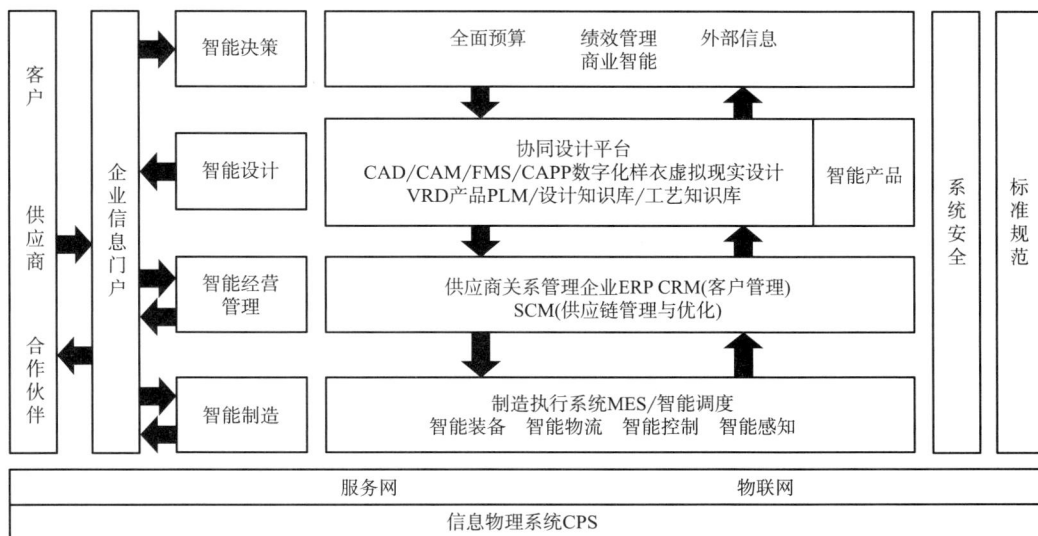

图1-4 智能工厂总体架构

智能工厂作为智能制造产业落地的重要载体，是将新一代信息技术的核心创新力与制造过程和运营管理高度融合而形成的一种新的制造与组织模式。智能工厂是相对于传统工厂而言的概念。它代表着采用了最新科技和创新方法，实现了高度自动化、数字化和智能化的生产中心。与传统工厂相比，智能工厂在生产方式、效率和灵活性上有着显著的区别和优势。

智能工厂的运行主要依托了由人、信息系统、物理系统构成的信息物理系统，将专家的知识以及分析逻辑系统地融入CPS生产系统中，构建出智能工厂。该系统的业务模型包含了1个物理系统和6项主要业务，如图1-5所示。其中，物理系统指的是智能工厂内部的硬件设备，包括生产资料和基础设备，6项业务则是由包含数字化工艺、智能计划与调度、自动化/透明化物流、智能设备维护、数字化检测及智能生产管控在内的智能生产管理系统（信息化软件系统）完成。因此，智能工厂主要由物理系统（硬件设备）、智能生产管理系统（信息化软件系统）和精益管理3个部分组成。

（1）物理系统（硬件设备）。物理系统是指与智能工厂相关的生产资料和基础设备，主要包括智能化装备和生产线、智能物流与仓储设备、数据采集装备等基础设施，以精益思

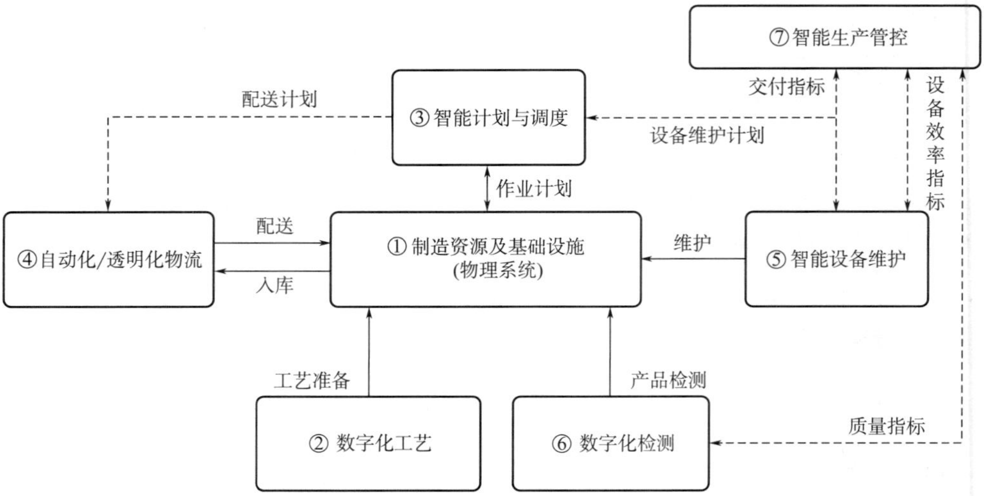

图1-5　智能工厂业务模型

想为导向，借助数字化仿真等技术手段，按照精益原则合理确定工厂布局，使人员、机器、物料、信息系统等充分发挥各自最大的作用，从而使资源得到最有效的配置和优化。

①智能化装备和生产线。智能化装备和生产线是指具有感知、分析、推理、决策和执行功能的制造设备和生产线，是先进制造技术、信息通信技术的集成和深度融合的体现，具备动态感知、实时分析、自主决策和精准执行4个智能化特征。智能化装备主要具有采集器、控制器、智能仪表和传感器，以及智能通信接口等配置，可以通过信息技术实现设备的互联和统一管理控制；智能化生产线是按产品模块化原则组织起来，完成产品加工过程并具有数字化和智能化特征的一种现代化生产线，在加工过程中比起传统的生产线能够更准确快速地生产出高质量的产品，智能生产线实现了生产数据的精确表达、量化传递及智能化决策，通过数字化管理及智能监控系统，实现全线生产数据自动采集、工艺流程自动控制、设备运行实时动态模拟显示、工艺参数自动采集传递，最终实现生产过程的智能控制和优化的自动化、连续化生产。

②智能物流与仓储设备。智能物流与仓储设备是以条形码（二维码）、传感器、RFID技术等物联网技术为基础，利用先进的信息采集、传递和管理技术及智能处理技术实施物流与仓储系统的集成，实现仓储与配送过程的全过程优化。智能物流通过智能硬件、物联网、大数据等智能化技术与手段，提高物流系统分析决策和智能执行的能力，提升整个物流系统的智能化、自动化水平。智慧物流强调信息流与物质流快速、高效、通畅地运转，从而实现降低社会成本，提高生产效率，整合社会资源的目的。智能仓储是在适应企业原有管理流程的基础上，构建新的仓储管理信息化系统平台，协调各个环节的运作，保证及时准确的进出库作业和实时透明的库存控制作业，合理配置仓库资源、优化仓库布局和提高仓库的作业水平，提高仓储服务质量、节省劳动力和库存空间，降低运营成本，从而增强企业的市场竞

争力。

③数据采集装备。数据采集装备包含电子标签、RFID阅读器、手持盘点设备、智能传感器、显示屏等，对下（硬件设备）能够与各种类型的数据采集设备进行通信连接，实现对数字化信息的实时采集、监控、统计分析和存储等，为整个控制系统提供及时、准确的底层数据；对上（信息系统）能实现现场数据库的共享及系统数据指令的传递，为信息系统客户端持续采集数据和状态展示提供支撑。

（2）智能生产管理系统（信息化软件系统）。智能生产管理系统是指智能工厂的信息化软件系统，主要包括数字化工艺、智能计划与调度、自动/透明化物流、智能设备维护、数字化检测及智能生产管控6个方面。

①数字化工艺是指将生产制造过程数字化，在生产过程中实现人机交互与人机协作，从而赋予信息系统自我学习的能力，将人从烦琐的文件处理中解放出来。数字化工艺能够实现工厂制造全过程的数字化、结构化管理，并进一步扩展到整个产品生命周期的新型生产组织方式，为智能制造打下坚实基础。

②智能计划与调度是将智能排产系统（advanced planning and scheduling，APS）与MES集成，实现生产计划的自动编制、实时调度，以及计划执行全过程可视化管理，形成物料流与信息流高度统一的高效生产计划管控平台。智能计划与调度系统应包括智能排产、动态调度、生产准备、异常管理、人机互动、改善提案、质量管理、可视化绩效管理和资源管理等模块。

③自动化/透明化物流是将物联网技术、自动识别技术和人工智能技术应用于仓储与配送作业过程，实现物流作业过程中存储、运输、装卸等环节的自动化/透明化，主要包括原材料配送、半成品配送、成品配送入库等。

④智能设备维护是在设备易发生故障的关键部位安装嵌入式智能传感器，在设备运行过程中实时监测、评估健康状态、故障预警、故障诊断，同时进行远程监控和维护设备，进而提高设备的应用效率。

⑤数字化检测通过将检测仪器的数据直接自动、实时地采集到联网的中央数据库中，实现数字化检测，减少人为干预，省去手动记录和输入计算机的烦琐过程，使质量检测过程更加精益。

⑥智能生产管控相当于车间的"大脑"，主要负责数据收集、数据处理、监控设备以及发出指令，需要完成工艺规格标准管理、计划作业调整排程、数据采集、现场管理、跟踪生产进度、监控设备状态以及质量控制等工作。智能生产管控实现了制造全流程信息化、数字化、可视化管理，同时完成对生产过程中所有工作数据的存储，系统将各项孤岛数据进行串联，利用积累的数据及数据模型为企业业务效率的改善提供判断依据。

（3）精益管理。精益管理要求企业的各项生产活动都要遵循精益思想。精益思想就是根据用户需求定义企业生产价值，按照价值流组织全部生产活动，使要保留下来的、创造价值的各个活动流动起来，让用户的需求拉动产品生产。智能工厂要按照规定的流程来完成预定的绩效指标，以达到用最少的资源投入创造出尽可能多的价值。完成预定的计划需要人员、设备、物料和信息系统等生产要素的高度协同，但即使是成熟的工厂在产品要求发生变化时，也很难立即达到所有要素的高度协同。因此智能工厂往往需要建立以精益思想为指导和精益工具应用为主体的精益运行和改进流程，通过各种精益工具找到智能工厂运行过程的问题，运用先进制造技术、信息技术及管理工具等对生产环节持续优化，才能最终达到工厂预定的生产能力、效率和质量等绩效指标。

智能工厂体现在生产制造上主要有几个方面。

①系统具有自主能力，可采集与理解外界及自身的资讯，并对其分析处理及规划自身行为。

②整体可视技术的实践，能够结合信号处理、推理预测、仿真及多媒体技术，能够实现对现实设计与制造过程的增强现实展示。

③协调、重组及扩充特性，系统中各组可依据工作任务，自行组成最佳系统结构。

④自我学习及维护能力，通过系统自我学习功能，在制造过程中落实资料库补充、更新，自动执行故障诊断，并具备对故障排除与维护或通知相应系统执行的能力。

⑤人机共存的系统，人机之间具备互相协调合作关系，各自在不同层次之间相辅相成。

智能工厂是企业数字化辅助工程发展的新阶段，建立数字化驱动的柔性供应链，包括产品开发数字化、制造数字化、管理数字化、营销数字化。服装设计环节三维建模、虚拟试衣设计是基础；生产规划环节服装标准工时系统工艺仿真是关键。

近年来，为适应全球智能制造业的需求，各公司纷纷推出工业云和智造服务平台。此外，从事人工智能，如语音识别、智能机器人，机器视觉、深度学习等的公司，也积极投入智能制造建设中。通过各行各业的共同努力，相信在不久的将来，服装行业一定会出现更多的服装智能工厂，助力我国的服装行业蓬勃发展，为制造业的智能化提供解决方案。

☞ 复习与作业

1. 结合本章内容，简要阐述什么是服装智能制造。

2. 对于传统的中小型服装企业，如何进行智能化转型，请给出你的意见。

3. 面对智能化普及的局面，谈谈你对未来智能制造发展的认识。

4. 以小组讨论的形式谈谈对服装智能制造技术的认识。

5. 在网上搜索一家企业，分析该企业使用的相关技术。

📚 参考文献

［1］戚聿东，徐凯歌.新时代十年我国智能制造发展的成就、经验与展望［J］.财经科学，
　　　2022（12）：63-76.

［2］葛英飞.智能制造技术基础［M］.北京：机械工业出版社，2019.

［3］杨叔子，吴波.先进制造技术及其发展趋势［J］.机械工程学报，2003（10）：

73-78.

［4］中国机械工程学会.中国机械工程技术路线图［M］.北京：中国科学技术出版社，
　　　2011.

［5］熊有伦.智能制造［J］.科技导报，2013，31（10）：3.

［6］李佳.谈智能制造的核心价值与新特点［J］.农家参谋，2020（7）：140.

［7］HE B，BAI K J. Digital twin-based sustainable intelligent manufacturing：a review［J］.
　　　Advances in manufacturing，2021，9（1）：1-21.

［8］刘平峰，陈坤.基于多维工业大数据的制造业服务化价值创造体系构建［J］.北京邮电
　　　大学学报（社会科学版），2022，24（3）：78-89.

［9］李晓红.全球智能制造技术发展综述［J］.国防制造技术，2020（3）：12-17.

［10］田志晓.物联网传感器技术在智能家居系统中的应用［J］.无线互联科技，2022，19（21）：
　　　46-48.

［11］杨永泉.物联网技术在智能制造中的应用［J］.现代制造技术与装备，2022，58（10）：
　　　121-123.

［12］陈德金，包则庆.国外智能制造发展战略与经验启示［J］.现代农业研究，2017，1：
　　　57-58.

［13］孙毅，罗穆雄.美国智能制造的发展及启示［J］.中国科学院院刊，2021，36（11）：
　　　1316-1325.

［14］陈明，梁乃明，方志刚，等.智能制造之路：数字化工厂［M］.北京：机械工业出版社，
　　　2016.

［15］姚振玖.国内外智能制造发展现状研究与思考［J］.中国国情国力，2022（6）：49-52.

［16］李雪霞，张志斌，刘晓利.基于C2M模式的服装企业智能工厂构建研究［J］.天津纺
　　　织科技，2021（3）：28-30.

［17］闻力生.服装企业智能制造的实践［J］.纺织高校基础科学学报，2017，30（4）：
　　　468-474.

［18］段佳佳，许君，章莹，等.中小型服装企业智能制造转型升级研究［J］.纺织导报，
　　　2021（10）：63-66.

［19］乔非，孔维畅，刘敏，等.面向智能制造的智能工厂运营管理［J］.管理世界，2023，39（1）：
　　　216-225，239，226.

第二章　服装智能制造——前期准备

课题名称：服装智能制造——前期准备

课题内容：1.智能下单

　　　　　　2.订单管理

　　　　　　3.人体数据收集与处理

　　　　　　4.物料管理系统

课题时间：8课时

教学目的：掌握智能下单的概念，了解订单管理的基本流程；了解人体数据采集的方法以及应用；了解物料管理系统的基本概述，传统和现代物料管理的比较；重点掌握智能下单、订单管理在服装智能制造中的应用。

教学要求：1.掌握传统下单与现代化智能下单模式。

　　　　　　2.了解订单管理案例以及流程。

　　　　　　3.掌握人体测量的方法。

　　　　　　4.了解三维人体扫描技术的应用。

　　　　　　5.了解物料管理系统的基本概述。

服装智能制造在安排生产之前需要做很多准备工作，企业接到订单后，通过现代化智能下单系统下达生产指令，各部门通过现代化订单管理系统接收任务。企业接收的订单包括批量生产和个人定制等类型，其中部分个人定制的订单需要在生产前对客户进行人体维度测量。获取人体尺寸数据后，系统自动匹配物料需求并启动生产流程。本章介绍了接触式、无接触式的人体测量方法，现代化工厂物料管理的方法以及案例。最后，对现代化服装智能制造系统的改进提出总结和展望。

第一节 智能下单

如今，智能化的生活方式已经渗透到社会生活的各个领域，智能科技的点滴突破，都会带来生活质量与制造效率的提升，同时也为传统产业转型升级瓶颈制约带来更多破解方式，甚至改变着企业的创新思维模式。

未来服装产业的智能化不只是从服装产业链上游到终端的某一环节的智能化，而应该是消费者能全程参与其中，身临其境感受智能化的体验过程。在智能化体验中，消费者最先接触到的就是智能下单。智能下单面向大型服装企业研发，帮助服装企业实现订单数字化、设计网络化、生产智能化。服装商家不需要先生产再销售，而是先销售后生产。该模式既支持批量订单，也支持个性化单体订单；既支持标准号下单，也支持量体下单和改尺寸下单。顾客可以根据自身需求，自主设计服装款式、自主挑选面料、自主选择制作工艺和个性化细节，真正实现消费者完整的个性化产品定制体验。智能下单的同时还可以根据客户自身尺寸量体裁衣，实现"衣适人"的合体需求。

通过智能化的转型升级，服装企业可以直接为消费者带来高质量的个性化服装产品、高效率的定制服务周期，并实现自动化技术升级，降低人工成本，创造高效能的批量化、个性化、柔性化生产定制系统，实现工厂对接个人消费者进行定制生产和服务的模式。为了实现服装厂家与客户的紧密联系，达到预期的服装穿着效果，往往需要借助下单工具。常见的下单方式主要有传统的人工测量下单和现代化智能下单系统。

一、传统下单模式

传统的下单模式是在订单到达过程中，分销商依据对未来需求预测与目前库存之间的比较，设计一项库存补充订货机制，然后将订单交给成衣制造商。对于中小型或者外向型服装加工企业来讲，顾客或零售商可以直接向制造商订货。对于大型的服装企业来说，服装制造商可以生产出产品并将其保存在仓库中。此时，订单启动是在权衡产品供应水平与未来需求的基础上进行的，类似于补充库存环节中的零售订单的启动过程。具体的下单流程如下。

①寻找加工厂，选择心仪的款式、面料，再确定寻找的加工厂是否合适。在下订单时按照客户要求确定码数，一般M码的订单数量比较多。

②提前协商工程是包工包料还是由客户提供物料等，完成打板—看板—改板—报价—质量—验货—收货—付款等一系列流程。

③包工包料的项目至少要首付30%～40%的订金，余款在出货后付清（或付80%的订单，余款可以在一个月内付清，根据货品质量扣除相应金额）；由客户买料，工厂只加工的形式可以不用客户先付款，出货后付款，也可以先付80%左右订金，余款在一个月内付清。

传统的下单方式主要应用于规模较小，产量较低，生产效率较低的小型商家企业之间。在服装生产智能化的概念形成之前，全国大多数工厂采用传统的下单方式，因此出现了订单生产安排不合理的问题，消耗人力物力并影响服装质量。并且传统下单模式无法根据不同的订单需求进行操作，影响加工进度。传统的下单方式还会因为沟通问题产生货不对板等问题。

二、现代化智能下单模式

（一）客户关系管理（customer relationship management，CRM）

1. 定义

CRM是企业为改善与客户的关系将客户资源转化为企业收益的一种操作方法，是企业通过深入分析客户需求和消费行为等客户信息，优化客户关系，提升客户满意度，最终更好地为客户提供服务的一种机制。其本质是运用信息技术管理公司和客户交互的运营方法，在信息系统的统一运作下与企业的营销、销售、服务等方面形成一种协调的关系。CRM凭借先进计算机技术与优化管理思想的结合，成为建立、收集、使用和分析客户信息的系统，不断挖掘客户潜力，开拓企业市场。CRM有利于提高工作效率，缩短销售周期。其提供的服务主要包括现场下单、订单跟踪、维修调度、解决纠纷、业务研讨等内容。其主要功能包括产品的跟踪、服务合同管理、求助电话管理、退货和检修管理、投诉管理和客户关怀等。

2. 操作步骤

客户在系统下单主要经历3个阶段：

①前端办公室阶段。系统主要为销售部门提供支持，销售部门是企业与客户产生联系的前端窗口，CRM就是为销售部门服务的前端办公室。

②电子商务型阶段。客户关系管理系统仍为销售部门服务，但服务的平台发生了变化，相比前一阶段为实体部门提供服务，此阶段系统提供的服务可以在网络平台上完成，是一种新颖的下单方式。

③分析型阶段。系统可以完成智能分析工作，通过为决策者提供与客户有关的决策信息来辅助决策，提供强有力的数据支撑。

3. 优点

CRM在互联网技术的助力下，更好地实现了企业与客户的无障碍交流，极大地提高了工作效率。它既是一种崭新的、以客户为中心的企业理论，也是一种以信息技术为手段并有效提高企业收益、客户满意度以及员工生产力的软件系统和实现方法。

4. 缺点

CRM缺乏深入的客户大数据研究。随着市场竞争的日益加剧，很多企业认识到客户价值的重要性，开始利用客户大数据进行相关决策制定，但在数据深入挖掘方面还很欠缺。企业仅靠交易数据收集客户信息，一旦遇到客户需求的重大转变，企业往往难以做出快速反应，甚至会导致决策失误等状况。

5. 应用现状

随着服装产业的发展壮大，服装企业由传统下单制作模式向智能化模式转型升级，有的企业甚至专攻零售，不同的企业面对的客户不同，在CRM系统的选择上也存在较大差异。对于传统的服装制造企业而言，其主要承接外部订单、团购服务等，主要为国内外的服装品牌企业和零售企业生产，主要客户是国内外的品牌厂商和需要进行团队服、工作服定制的企事业单位。在这样的客户需求下，CRM系统的功能不需要特别强大，主要集中在信息集中共享、销售管理、服务管理和合同管理等基础管理功能上。

（二）服装批量定制（made to measure，MTM）

1. 定义

对于服装产业来说，服装生产形态已由大规模成衣化生产，逐步转向多品种、小批量、个性化的批量定制下单及单量单裁。MTM生产形态是将定制服装的生产通过产品重组转化为或部分转化为批量下单生产，即用工业化的成衣加工标准和手段生产定制的、个性化的、符合个体体型特征的服装。

2. 操作步骤

定制平台的功能是使消费者完成网络协同设计并提交订单，MTM系统的功能是将定制平台的订单信息转换为企业所需的生产信息。定制平台和MTM系统不可或缺的是服装材料、款式、工艺、号型、板型五大类服装专用数据库。

MTM系统进行下单主要分以下两步。

①录入顾客资料信息，采集顾客尺寸数据。首先确定顾客是否为新顾客，如果是新顾客，将顾客信息录入企业的客户资料数据库，并为顾客进行人体测量，通过三维人体扫描仪采集顾客体型数据；若顾客有既往订购记录，则根据实际情况，确定是否进行顾客信息的修改，以及体型数据的采集更新。

②选择订购样式，创建MTM订单。选择订购的服装款式、面料等，填写详细的订单信息，完成一个MTM订单的创建。

3. 优点

MTM这种新的服装生产模式不但能满足特殊顾客的需要，而且能使服装企业有效地利用资源，达到服装工艺智能化、信息化与顾客个性化需求完美结合。服装企业量身定制的客户订单管理系统的实现还非常有实践意义，将广大的消费群体、专卖店很好地联系在一起，满足了大而分散的定制市场，对服装企业的发展起到重要作用。系统开发根据客户端、店铺端和后台管理系统三大板块展开也分别满足了不同需求的客户。客户端系统可以让客户享受方便实用的个性化订购，很好地将传统服装企业的业务流程虚拟化，实现了友好、高效的网上服装定制系统。店铺端系统提供详细定制表单，为需要定制的客户提供了线上平台，三维测量仪的应用让客户数据的获取更加便利、准确和实用。后台管理系统减少了传统行业中沟通信息的时间，并且拥有让客户查看订单信息和上传产品等功能，真正地实现数据动态交互。客户订单系统把客户人体数据的采集、数据的传输和订单的处理很好地融合在同一个流程中，提高了企业的工作效率。

4. 缺点

国内服装企业的MTM生产方式还处于探索开发阶段，中间存在着一些技术、设备和管理上的问题，如三维人体扫描技术的引进、号型归档技术和裁剪技术的瓶颈问题以及各程序间的衔接度也不够。随着社会的发展和人们要求的提高，服装产业生产方式向多品种小批量发展。MTM也必将成为当今服装行业的发展趋势，为服装企业的下单管理及生产方式的转型指明了方向。

5. 应用现状

定制服装以其款式独特、做工考究的市场理念很好地满足了消费者求同存异的需求，市场份额日益扩大。网络技术的发展为服装的定制提供了一个良好的载体，服装定制与网络技术相互结合就催生了服装网络定制系统。目前，中国的服装CAD开发商已初具规模，如北京710所的天力（ARISA）服装CAD、深圳华怡的富怡CAD、杭州的爱科（ECHO）、上海的德卡服装CAD等。

6. 实际案例

浙江报喜鸟服饰股份有限公司成立于2001年6月，是一家以服装为主业，涉足智能物流、投资与金融等多领域的股份制企业。近几年，公司将原有传统工厂升级改造为MTM智能工厂，率先引领服装产业探索大规模个性化定制之路，实现从传统制造向数字驱动智能制造的成功转型。顾客可以不受时间以及地点的限制，利用官网、移动网络、电商平台与渠道、门店智能终端等方式，直接进入公司的定制平台，参考个人喜好进行设计，通过输入面料、辅料、工艺、款式、纱线颜色等个性化需求实时匹配个人体型数据。借助智能模型精准定位个性化需求并生成订单，消费者可以预约有关量体师、搭配师在72h内上门提供服务。提交订单之后，还能全面追查服装的制造进度，查找订单在工厂内的生产状况，对定制服装的时间进行准确掌握，此外消费者也能利用App实时查找定制产品自动化、柔性化生产环节，并且查找运送物流详情，对定制环节进行评估。

（三）用户直连制造（customer to manufacturer，C2M）

1. 定义

C2M即设计与顾客直连，顾客与工厂对接的模式。个性化大规模定制模式产生于互联网时代，通过互联网技术使消费者通过自主设计直接对接制造商，实现了个性化、订单式生产。与传统的裁缝、时装屋不同，大规模定制下单的产品对个人是单件，但却可以在流水线上按照大规模生产方式生产，这要求制造商具备科学、数字化的生产加工能力，对制造商的柔性化生产提出了更高的要求。

2. **操作步骤**

海量的服装知识库包括板型、款式、工艺等相关数据库，以达到顾客群体对个性化服装的多元化需求。顾客进入平台之后，可参考个人喜好开展独立设计，使用数据库随意组合，快捷定制出符合个人个性化需求的高质量产品。顾客群体定制需求在C2M平台内提交，系统自主产生订单详情，订单信息流入自主研发的板型数据库、工艺数据库、款式数据库、原料数据库进行数据建模，C2M平台在制造节点进行任务分解，通过推送的形式和订单详情转变成生产任务划分、传送给不同工位。在生产制造的所有环节中，所有定制服装都有对应的专属电子芯片。所有工位都具备专用的终端设施，可从网络云端下载以及选取电子芯片内的订单详情。C2M模式利用智能取料以及智能裁剪系统等，实现个性化服装的流水线制造，并借助智能仓储系统、智能物流系统等，打通所有生产环节的正常流通。图2-1为智能下单流程。

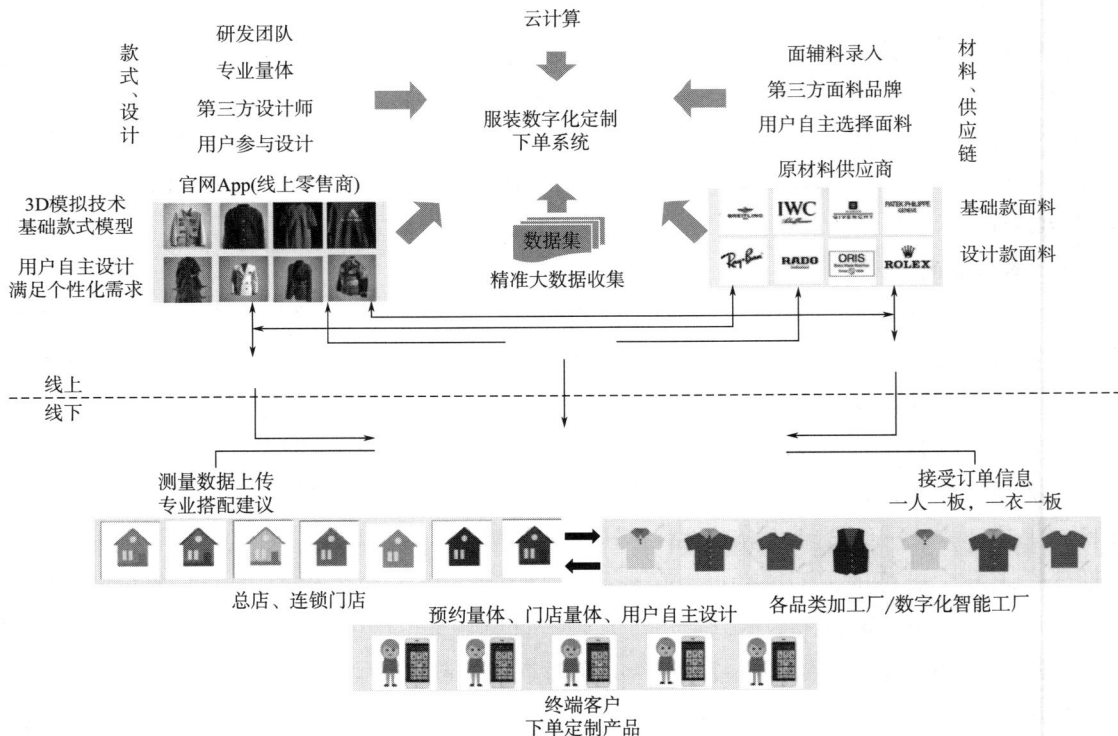

图2-1 智能下单流程

3. **优点**

①C2M模式没有中间商的层层加价，消费者可以直接对接工厂，由于工厂成本低，顾客购买的产品价格更加低廉，实现了顾客利益最大化。

②企业整个业务过程被划分成订单处理、服装设计、材料处理、服装制造、终端销售等五个环节，大幅减少了服装生产周期，提高了服装的成交率。

③传统销售模式中，很大的成本就是库存。C2M模式大幅降低了库存和资金的积压，同时在时效上，也提高了产品生产中的管理效率，又能避免产品的周期性滞销。C2M模式相较于传统服装生产模式在生产上通过客户参与设计，先销售后生产的方式解决了传统模式下产品单一、高库存的困境。

④随着经济发展，人们消费水平提高，更注重个性化。C2M恰恰迎合了年轻消费者追求个性化、差异化产品的需求。通过互联网实现客户直接对接工厂的方式去除中间商、代理商，使产品的零售价从成本的5~10倍降至2~3倍。通过先生产后送货的方式将企业的库存降为零，减少了资金占压。对直营店或者加盟商而言，只需要少量样衣就能开店，投资门槛大大降低。对于客户而言，可以设计自己的产品，且价格较低，使客户忠诚度会有所提高。

4. 缺点

①由于没有中间商的监管，C2M的产品质量不能得到有效的保证。

②C2M直接对接厂商，所以商品的种类不够齐全，有一定的局限性。

③C2M是新的电商模式，在品质和价格类似的情况下，消费者往往倾向于选择自己熟悉的电商平台。

④预售时间长，消费者都希望尽快收到心仪产品，对时效要求很高。但是C2M的模式制造商接到预售订单后生产需要一定时间，时效是短板。

5. 应用现状

目前，由于C2M模式的前瞻性，已有多家传统服装企业迈入服装定制领域，部分企业也具有了一定的生产规模。但行业的竞争可能因进入者数量的增多而进一步加剧。发展C2M模式实现小订单多批次的订单模式，与纺织服装企业原有订单模式明显不同，需要对供应链进行持续改造。如果供应链改造难度较大，会对纺织服装企业的生产能力造成负面影响。此外，由于纺织制造企业多数无法直接触达下游消费者，需要依赖电商平台对接广大消费群体。如果欠缺与电商平台的紧密合作，那么大多数企业无法利用平台对接下游市场获取订单，该业务模式也就难以发展。

6. 实际案例

青岛红领集团（现更名为酷特智能股份有限公司）创建于1995年，是以生产西装为主的服装生产企业。2003年之前集团一直为欧美市场做代加工生产，之后开始转型从事大规模定制，打造单件生产的柔性生产线。在此之后，该企业从 ERP、CAD、CAM 等单项应用扩展到整体系统集成，以此优化工厂信息化结构，促进互联网渠道的建设。利用数据驱动改变以往渠道驱动的商业模式，使用工业化方式满足个性化定制的大规模化生产需求，进一步解决了产品研发时间长、质量以及产量无法高效管控的问题，创造了下单、制造、销售、物流和售后集成发展的网络定制协同平台。红领集团采用"消费者需求"驱动制造企业有效供应的全新电商平台形式，通过满足顾客需求为核心的"源点论管理观念"及其发展形式，创建出了大规模个性化定制的高效解决方案，为服装行业升级发展奠定了良好的基础。除此之外，红领定制供应链平台，将智能系统和传统服装定制行业高效地融合起来，把服装定制的数字化、协同化、平台化变成现实，将环节烦琐的定制变成简单、高效、稳定、精准的大规模定制，可在一周之内制作出成品，精准满足消费者的个性化需求，真正实现了服装全定制、全生命周期、全产业链个性化定制的解决方案。红领酷特智能定制平台使企业设计成本减少了90%以上，生产周期缩短了近50%，库存逐步减少为零，经济效益提升数倍。

第二节 订单管理

订单管理是对客户关系管理的有效延伸。订单管理系统通过统一订单提供客户整合的一站式供应链服务，订单管理以及订单跟踪管理能够提升用户全程的物流服务水平。订单管理是供应链管理的核心内容。好的订单管理能够更好地把个性化、差异化服务有机地投入对客户的管理中去，有效提升经济效益和客户满意度，使企业有更高的工作效率。现有作业订单管理系统存在不能在线实时生成作业订单，且作业订单生成过程中缺乏严格的审核等问题。针对传统订单的不足，提出智能化订单系统以及该系统的优势以及应用。

一、传统订单管理

（一）传统订单管理方式

传统的中小型服装厂的订单，绝大部分是依靠以前积累的老客户创造的，或者通过创建其他渠道，如通过熟人介绍、广告推广等来获取新的目标客户，但相应付出的成本会很高。公司的业务流程由很多的角色完成，服装厂在接到客户订单后，交给对应的跟单员，跟单员根据客户意见和订单的信息联系生产厂商安排打样，面料采购员根据跟单员的需求提供面料色卡和面料大货样，辅料采购员根据跟单员的需求提供辅料品质样和辅料大货样。跟单员再寄布料和样品给客户，需要等客户的反馈再决定是否生成生产订单。生产订单完成后，车间负责人再安排车间进行生产。

（二）传统订单管理弊端

从整个过程来看，传统的订单管理过程寻找客户和维护客户的成本是比较高的。在谈成生产订单之前，没有计算机技术的帮助，光依靠人力与客户进行交流与信息交易，容易因为订单量多，不及时归纳整理造成订单错乱和管理混乱。生产订单确定后，生产进度和生产产量还需要掌握好。如果布料或者其他过程方面出现问题不及时解决，交货将延期，进而导致客户的服务满意度相对较低，这对服装企业的信誉有一定的影响。如果服装厂生产的产品类型比较单一，一旦订单生产增多，就会产生库存，此时服装生产厂必须考虑这些订单库存的数量、出入库的数量和时间，这就需要很多人力来处理这些信息。但是人为处理不能保证百分百正确，可能会造成资源浪费，对中小型服装厂造成致命打击。

传统的订单管理无法跟上信息化快速发展的社会，应该寻求更加信息化的技术来帮助服装企业更好地进行订单系统管理，以解决上述传统服装厂订单管理中出现的问题。

二、现代订单管理系统

（一）订单管理系统

早在2005年，陈庆龙、高志民等人就利用现代信息技术手段优化订单管理流程，设计了一套适用于纺织服装类企业的订单管理系统，实现了订单的信息化管理。随着计算机信息技术的进步，订单管理系统也在不断地优化。订单管理系统是对每一份订单从接单、合同评审、样衣生产、采购、生产、装箱出运直到客户意见反馈的所有环节进行信息化管理。该系统对每个环节进行跟踪和监控，使环节与环节之间相辅相成，部门与部门之间相互监督、相互促进，使企业内部信息资源得到最大程度的共享、协同合作，提高企业生产率和经济效益，从而提高服装生产企业的核心竞争力。现在，大部分服装生产企业还是以劳动密集型为主的加工制造企业，虽有少量服装生产企业开始使用计算机技术，也只是进行一些简单的办公和档案管理，并没有充分发挥计算机在企业的信息化管理中的作用。因此建立一套符合企业自身需求的订单管理系统已经成为服装生产企业所必须面对的状况。

（二）订单管理系统优势

企业的订单管理是涉及企业生产、企业资金流和企业的经营风险的关键环节。订单管理是企业管理中的源头管理。实施订单管理信息系统，对企业有非常大的优势。订单管理信息系统投资少，数据和系统安全性好，减少了大量的人力成本和简单重复劳动；该系统根据订单批准量开出库量，出库量有严格的流程和额度控制，可较好地规避企业经营风险，减少企业的资金压力；通过客户的信息表和绩效信息表，各级管理者可随时掌握客户的情况，避免由于业务人员的流失造成公司客户流失现象的发生；通过及时核对客户和公司间的货款，维护客户和公司利益，避免虚报业绩、截留货款现象的发生，货款可以得到有效控制；通过各品种的订货量、出库量和返货量的对比，分析经营中的问题，可及时调整经营策略，减少企业的损失。

（三）订单管理系统具备的基本功能模块

1. 订单管理

系统支持单次及批量订单，系统的订单管理与库存管理相连接，并且在下订单时有库存预警及提示功能，订单管理同时与客户管理相连接，可查询历史订单情况以及订单的执行情况。

2. 经销商管理

系统以企业的销售渠道建设为重点，对供应链中的信息流、物流和资金流进行系统规划，全面实施过程监控，加强企业与销售商之间的业务合作，通过规范经销商内部的业务流程来提高其资源管理的能力，同时向客户提供了全方位的销售体验和服务。

3. 仓库管理

仓库管理以条形码为数据源，使用数据采集终端扫描条码标识，进行数据采集。系统从级别、类别、货位、批次、单件等不同角度来管理库存物品的数量，以便企业及时了解和控制库存业务各方面的准确情况，有效地进行产品物流监控。

4. 销售费用管理

为解决销售费用流向问题，企业市场负责人投入了大量经费用于渠道和终端建设，但是在市场上的反响一般。该系统可建立一套完善的销售费用管理体系，把费用控制到合理范围内。

5. 费用预算及考核

系统可对企业财务预算进行监控，即在财务预算执行过程中对预算执行情况所进行的日常监督和控制。通过预算监控发现预算执行的偏差，对企业各责任中心预算执行结果的考核，是保证财务预算管理体制发挥作用的重要手段和环节。

6. 直供客户销售结算

在系统中，统计报表和直供客户的对账单都可以自动生成Excel电子表格文件，避免了大量烦琐的计算和文件格式转换。对账单能够明确地反映每个直供客户的款项明细，简化了日常工作。

三、订单管理系统案例

（一）工厂端接单系统

1. 深圳市博克时代科技开发有限公司MTM接单系统

（1）系统介绍。博克MTM接单系统是集展示、互动、销售、下单、财务、分析为一体，为消费者提供订阅、查看、咨询、下单、生产、送货等一条龙服务的接单系统。该接单系统面向大型服装企业研发，目的是帮助服装企业实现订单数字化、设计网络化、生产智能化。

（2）系统特点。

①相对于传统的互联网服装商城，博克 MTM服装接单平台商业模式创新，服装商家无需先生产再销售，该系统既支持批量订单，也支持个性化单次订单。

②系统既支持标准号下单，也支持量体下单和改尺寸下单。用户可以通过3D虚拟网络系统参与产品设计，实时看到不同款式、部件和面料所产生的成衣效果，甚至可以自主设置绣字、图案等个性化设计。

③系统支持订单管理、财务管理、产品管理以及客户管理等功能，并能与企业ERP、财务系统、库存系统、生产系统及物流系统等做对接集成，是服装企业实现 C2B（customer to business）转型的强大武器。

2. Dagle工厂订单管理系统

（1）系统介绍。Dagle工厂订单管理系统是在德国工业4.0"原材料（物质）=信息"的开发理念的基础上结合国内工厂行业现状而打造的一款工厂智能SaaS软件管理系统，该管理系统具备工厂ERP、经销商OEM、消费者客户管理3大系统管理模式。

（2）系统特点。

①该系统针对工厂和用户，建立了高度灵活的个性化和数字化的产品与服务的生产模

式，能够把工厂日常管理所涉及的所有业务流程有效地进行整合。

②实现了企业各部门、各流程环节上的协调管理、相互制约、互相监督，确保各部门信息传递的畅通，避免信息孤岛的形成，减少企业重复劳动，提高管理效率，实现软性制造和个性化定制道路。

③不仅满足企业对生产进行简易管理的需求，突破局域网应用的局限性，而且使数据管理延伸到互联网与移动商务，无论是内部的管理应用还是外部的移动应用，都可以在Dagle工厂订单查询系统中进行业务流程的管控。

④软件主要功能模块：库存管理、销售订单管理、采购管理、生产管理、财务管理、客户会员CRM管理、多角色协同。

3. 4PNT 四方网络科技——电商订单管理系统

（1）系统介绍。4PNT电商供应链与物流运营管理解决方案面向电商企业、品牌制造企业和传统企业，提供电子商务平台信息化和电商物流信息化整合解决方案。通过整合国内外电商平台，将电商在各种直营、分销渠道的订单、客户、库存等信息进行集成同步和统一管理，实现国内电商、跨境电商业务和配套的物流业务的高效协同运营。

（2）系统特点。

①该系统可满足内贸、跨境、线上对线下（online to offline，O2O）业务订单统一管理；可以提供订单统一对接、合/拆单、退/换货、促销、预售、售后跟单、智能分仓、线上换号等管理功能。

②通过统一API接口对接各种国内外商城平台、电商ERP系统、企业内部管理系统等实现订单自动同步。

③通过统一API接口对接物流渠道服务，进行线上换号和电子面单交互，实现订单轨迹跟踪；与仓库管理系统、配送管理系统、配置管理系统、关务管理系统集成，实现电商业务全链条一体化管理。

4. 钜茂ERP工厂订单管理系统

（1）系统介绍。钜茂ERP是一套专为中小企业设计的企业资源计划管理系统软件，其依照ERP原理以及先进的管理理念，结合中小企业实务需求研发而成。ERP系统包含了出口贸易、生产管理、库存管理、总账会计、人事行政等几个子模块，其流程贯穿了企业的销售、采购、仓库、进口、生管、品管、人事薪资、财务等各个部门，环环相扣。钜茂专家ERP订单管理系统提供多种单据格式以及利润分析功能，可管控分批交货，随时掌控订单状况，即时对订单利润进行预估，与生管、库存系统软件无缝衔接，快速将订单信息转到生管模组形成生产需求，即时查询订单产品的库存量等。其采购部分则可有效帮助企业采购部门掌握已进与未进状况，同时通过进价决策即时获得各供应商的报价及以往交易历史价格，系统自动生成采购总表等。该系统与生管、库存系统的相结合应用，更能发挥系统功效，如系统可通过采购建议运算自动得出物品采购需求量，而无须再进行手工计算下单。

（2）系统特色。

①任何交易单据都具有多币别转换功能。

②决策分析功能，及时了解客户过往的交易信息以及产品项目的销售策略。

③价格试算功能，业务人员可立即获得利润信息以及最近3个月订单（销货）数量价格与平均单价。

④可通过订单利润分析即时获得不同成本计算之订单利润。

⑤客户订单可直接抛转成为生产需求单（与生管系统结合），以利于与制造部门沟通，同时避免重复性的工作。

⑥采购人员通过采购建议（可与生管、库存系统结合）自动获取最佳采购数量，透过决策分析即时了解供应商以往的交易历史价格。

⑦客户订单与采购单均可有效地处理分批交货。

⑧系统自动产生多种格式的交易单据。

⑨与库存、品管系统相结合，随时掌握订单未交、采购未进状况。

（二）顾客订单管理系统

1. 报喜鸟控股股份有限公司MES系统

（1）系统介绍。以MTM智能制造透明云工厂为主体，以私享云定制平台和分享云大数据平台为两翼，实现从传统制造向智能制造的成功转型，通过CAPP、RFID、智能吊挂、MES制造执行、智能ECAD、自动裁床和EWMS等系统建设，打造EMTM数字化驱动工厂；"私享定制云平台"，通过对Hybris电子商务平台的二次开发改造，与国内专业软件厂商合作开发虚拟现实仿真技术与3D渲染技术，构建PLM、CRM、软件配置管理（software configuration management，SCM）等系统，实现一单一流、一人一板、一衣一款的全品类模块化客户自主设计。

（2）系统特点。

①智能工厂内，通过RFID物联网技术将订单转化为无线电子工单数据，实现对订单状态的全程可视化跟踪。

②通过工位终端系统（PAD）和智能工艺系统的显示，指导工位实施不同订单个性化的工艺要求；通过智能吊挂系统实现一单一流。

③实施MES智能生产系统，以自动化传感技术整合吊挂系统和显示系统，智能、自动、精确、简单地对396项生产工艺操作进行管控。个性化的产品下线后，进入WMS系统，通过精准化的物流送至消费者手中。

④同时，通过CRM客户关系管理系统管理消费者资料、体型、穿着习惯等数据，以大数据的精准方式提供进一步的个性化服务。MES智能系统解决了个性化订单通过传统纸质工艺单传递的低效率和高差错等问题。

2. 红领集团C2M系统

（1）系统介绍。红领模式专注于个性化定制方向，着手开始接收定制化订单，并启动了个性化服装量身定制系统平台搭建计划，开始从规模化批量生产向大规模个性化定制生产转变。该系统运用互联网思维创新经营理念，以信息化与工业化深度融合为基础，充分运用信息技术，以大数据为依托，以满足全球消费者个性化需求为目标，进行个性化产品的工业化流水线生产，创新电子商务零售消费者对工厂C2M+O2O模式，建立起订单提交、设计打样、生产制造、物流交付一体化的酷特互联网平台，有效实现了消费者与制造商的直接交互，消除了中间环节导致的信息不对称和种种代理成本，改变了现有的商业规则和生产模式，创造了全新的商业理念，实现了实体经济与虚拟经济的有机结合。

（2）系统特点。C2M是消费者在终端提出需求，直接对接工厂，由工厂来满足消费者的个性化需求的商业模式。C2M大规模定制商业模式的业务系统是C2M商业模式实现C端到M端高效运作的逻辑。在良好的顾客体验和顾客参与的情景下，形成了顾客的个性化需求。

①顾客需求的产生是整个生产流程的起点，通过款式个性化和形体个性化两种个性化实现的形式获取个性化数据。

②通过信息化手段和工具使得工厂实现对数据的识别。

③通过数据建模和解析实现智能排板和智能裁剪等工序，并进行后续订单工序的拆分，再将订单数据通过射频芯片卡派发给各个工序的员工，实现标准化的零部件生产和组合，从而实现规模定制。

3. 八骏科技CRM订单管理系统

（1）系统介绍。CRM订单管理系统可管理全渠道业务的各个方面，如订单处理、物流管理、客户服务、预测和购买、库存管理、市场营销和会计等一系列流程。通过CRM系统的订单管理功能，企业可以更加高效地处理订单，确保订单的准确性，提高客户满意度，并优化销售流程。

（2）系统特点。

①供应商全面管理。CRM订单管理系统可以跟踪所有供应商及其具体价格、应用规则和使用方案来提高准确性。系统根据订单跟踪所有通信，可创建供应商合同并管理入职流程，包括风险评估和质量审核。

②快速建立报价单。订单处理CRM系统可在几分钟内建立专业的报价，规范条款和条件，实施批准工作流，帮助销售团队为客户选择合适的产品和服务，确保一致的定价和折扣。

③订单创建与处理。订单处理CRM系统可以在完成和开具发票时跟踪其状态，使用电子签名可以提高速度并减少文书工作，直接从报价记录中创建订单。

④合同自定义管理。订单处理CRM系统可生成品牌提案和合同，使用可自定义的模板，满足客户的理想需求，合并电子签名，使客户拥有更轻松的购买体验。

⑤自动化流程。订单处理CRM系统根据订单创建项目案例或活动，同时可从订单创建多个发票，自动执行重复性任务，并消除与报价、CPQ和订单等相关的管理负担。

⑥实时追踪订单完成度。订单处理CRM系统可以跟踪订单状态和订单上的各个订单项。只需简单操作，即可自动创建供应商的采购订单和发票，直接从订单创建客户合同。

⑦获取实时报告。通过订单处理CRM系统可以轻松查看本周到期的报价，批准报价，未结订单，未结发票等操作。CRM系统能提供销售实时可见性，通过销售代表或团队跟踪订单绩效以管理佣金，快速确认收入。

⑧复购管理。订单处理CRM系统会自动提醒客户合同到期时间，确定续订率并预测未来的订阅水平，使用灵活的条款创建和管理订阅，并收取相应款项。

四、订单管理系统流程

订单管理系统流程如图2-2所示。企业使用订单管理系统后极大地提高了企业生产效率，减少了订单的失误。有效地增进了企业与供应商、工厂之间的沟通，管理成本也得到了控制，员工的工作效率也得到了提高。订单管理系统能够对已有的合作订单进行分析，并及时给出调整。对于仓库管理，系统能及时对仓库的货物自动执行备料操作，避免其他订单抢货，同时执行出入库操作，通过订单锁定后直接出货，提高操作效率。同时，订单管理系统能够快速计算出在客户所要求的时间点实现客户所要求货物的数量需求。

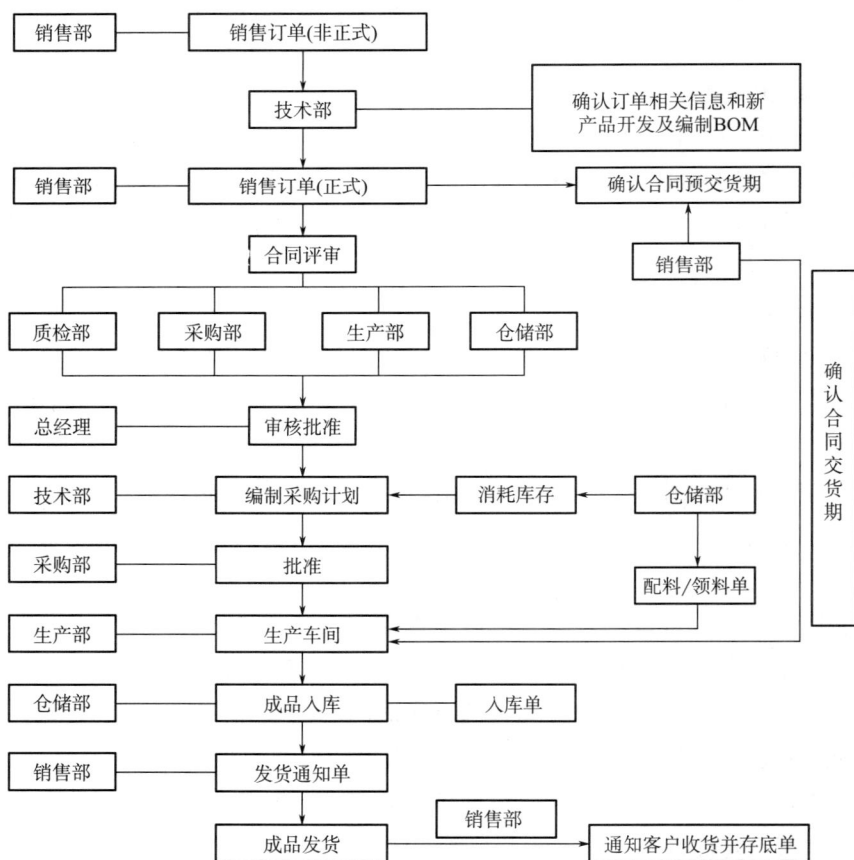

图2-2　订单管理系统流程图

第三节　人体数据收集与处理

当下我国发展处于新时期、新节点，服装行业持续升温，服装定制、智能服装和个性化服装订单量增多，为应对由此产生的种种问题，服装企业面临着由传统化向智能化转型。个性化定制服装生产之前，对于人体的数据采集是不可或缺的环节。随着市场对于人体数据要求的提高，人体测量技术也在不断发展，经过了由手工接触式到非接触式，由二维到三维的发展历程，并向逐步自动测量和利用计算机测量、处理和分析的方向发展。传统的人体测量工具如软尺、身高计等，虽然能够对人体简单部位进行数据获取，但是需要有经验的师傅进行人体接触测量，获得的数据信息有限，费时费力。所以，市场对人体测量提出了新要求，无接触、准确、节约时间成为人们对数据采集的期望。近年来，非接触人体测量方法和三维人体扫描逐步被服装生产市场采纳运用。

一、人体测量方法

服装生产之前，为了获得更准确的板型，增加服装穿着的舒适度，需要对人体数据进行采集。现在市场上的人体数据采集方法主要包括接触式人体数据采集和非接触式人体数据采集。

（一）接触式人体测量方法

数据采集需要根据服装生产厂的需要进行。如果只是需要客户的身高、三维等简单数据信息，可直接利用身高测量仪、软尺进行数据读取。若需要对人体特殊部位进行精确测量，可使用传统的马丁测量尺。马丁测量尺是接触式人体测量的主要测量仪器，如图2-3所示。马丁测量尺由各种不同的测量工具组成，包括身长尺、横规、触角器、滑动计、直尺、钢卷尺等，用于精确客观地测量各种人体尺寸和体型，包括高度、长度、厚度、深度以及各部分

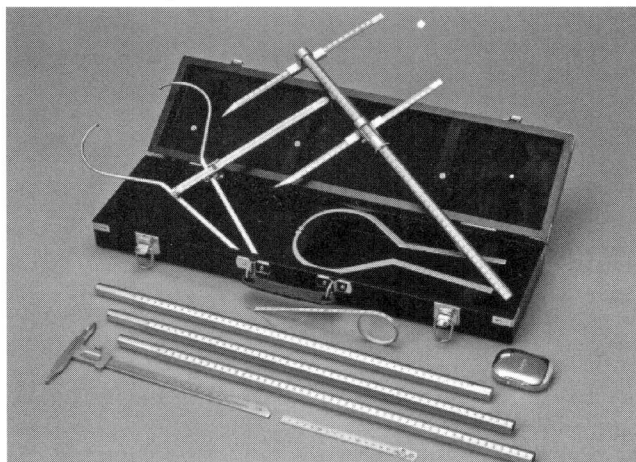

图2-3　马丁测量尺

的直径。例如，可以使用触角器测量头骨、颊骨、腰等部位的直径和长度；使用滑动计测量小尺寸的长度，比如鼻宽、耳朵宽、嘴宽、手长、足长和足宽等；用钢卷尺测量维度和曲线的长度。传统的马丁人体测量工具复杂，需要由经验丰富的师傅操作，需要直接与人体接触，而且不能快速获取人体数据。

（二）非接触式人体测量方法

非接触式人体测量是指利用市面上的三维人体扫描仪对人体数据进行无接触获取，具有快速、准确、全面获取人体数据信息等优势，被广泛应用于人体测量与数据采集项目中。

三维人体扫描仪，集光学测量技术、计算机技术、图像处理技术、数字信号处理技术为一体，通过光学反射，利用科学的计算方法获取物体表面的空间坐标值。三维人体扫描仪工作原理如图2-4所示。三维扫描仪通过对物体进行扫描，获得该物体的空间三维坐标，再将收集的数据进行三维重建计算，在虚拟世界中创建实际物体的数字模型。在扫描过程中需要利用时间差测量法、三角测量法和相位测量法来获取数据。时间差测量法是利用光束的传播时间来测量被测点与参考平面的距离，由于激光的偏向性好，所以采用激光效果比白光好；三角法轮廓测量技术以三角测量原理为基础，通过照射在被测物体上的光的出射点、投影点和成像点三者之间的几何关系确定物体各点的高度；相位测量法是利用光栅条纹受投影物体高度影响的现象来测量三维物体的表面轮廓。扫描得到的数据通过数字转换器、照相机或扫描仪获得与区域图像类似的等高线图，再由模型软件处理转换为空间点，以点数据云显示虚拟模型、关键标志，具有扫描迅速、重现尺寸准确等优点。

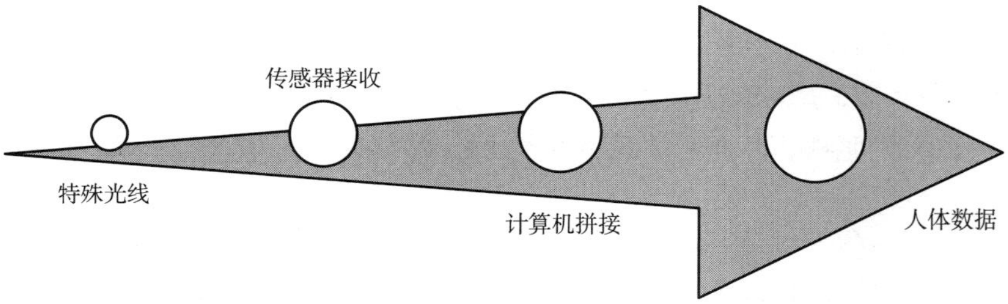

传感器接收

特殊光线

计算机拼接

人体数据

图2-4 三维人体扫描仪工作原理

二、三维人体扫描仪

按目前国内外的研究现状，三维人体扫描仪按光源来分有激光、红外、普通白光；按扫描方式也分主动式和被动式；根据扫描仪形态可分为手持式三维人体扫描仪和台式三维人体扫描仪两大类。手持式三维人体扫描仪和台式三维人体扫描仪的几种常见设备型号以及其优点和应用范围介绍如下。

（一）手持式三维人体扫描仪

由北京力泰友联科技有限公司生产的AlphaH是一款小巧便携的三维人体扫描仪，如

图2-5所示。这款扫描仪采用红外和散斑成像技术，无接触的快速捕捉人体三维体型和尺寸。该扫描仪特别适用于对移动性和便携性要求高的客户，比如服装门店和上门量体、运动员的现场体型测量等。配合AlphaStudio数据分析软件，可以应用于如人体工学、运动生物力学、医疗健身以及服装设计定制等领域。手持式测量仪有以下优点：高精度光学测量、便携性高、独特的人体扫描算法、完整的人体尺寸测量流程、操作简单。AlphaH数据可以实时存储在云端，提供多种数据接口，可以与客户

图2-5　AlphaH手持式三维人体扫描仪

自己的各种App、微信、小程序、网上商城、下单系统等系统对接。

（二）台式三维人体扫描仪

1. Anthroscan Bodyscan彩色三维人体扫描仪

Anthroscan Bodyscan彩色三维人体扫描仪精度高，专门用于精确地获取人体三维体型、尺寸以及色彩的三维人体扫描仪。这款扫描仪能够快速捕捉人体三维点云图像和彩色纹理信息，是目前最精确的三维扫描仪之一，图2-6为Anthroscan Bodyscan彩色三维人体扫描仪工作图片。可应用于众多的科研开发领域，如体型测量、人体工学、运动生物力学、体育健身科研、生命科学、服装设计和虚拟仿真、影视动画以及3D打印等领域。

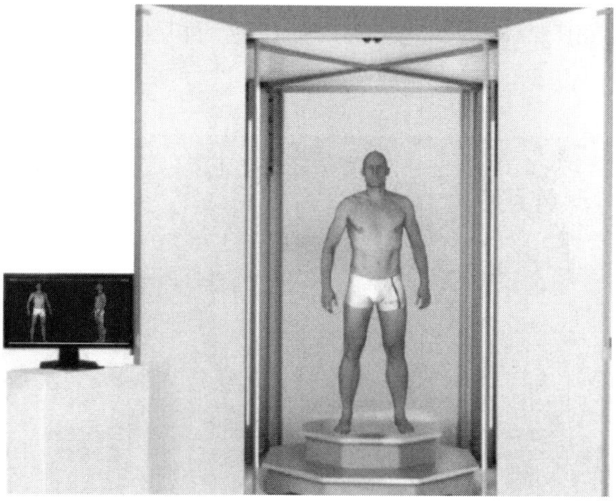

图2-6　Anthroscan Bodyscan彩色三维人体扫描仪

2. AnthroscanM4三维人体扫描仪

AnthroscanM4三维人体扫描仪是一款高精度激光三维人体扫描仪，如图2-7所示。该仪器

能够快速精确地捕捉人体的三维点云模型，快速计算人体尺寸。是目前最精确的三维人体扫描设备之一。该扫描仪适合于研发和科研使用，如人体工学、尺寸调查、运动生物力学、服装设计、医疗健身等领域。

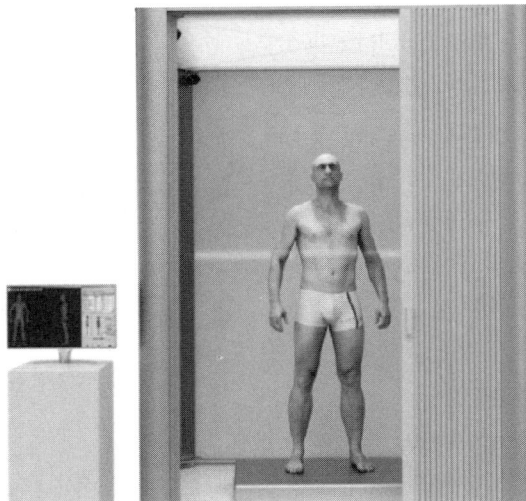

图2-7　AnthroscanM4三维人体扫描仪

3. AVAone三维人体扫描仪

AVAone三维人体扫描仪是采用红外线深度传感器技术的三维人体扫描仪，能够快速获取三维人体体型和尺寸，如图2-8所示。这款扫描仪专门供服装、健身等行业门店使用，如用于成衣和制服的号型推荐以及量身定制等流程。

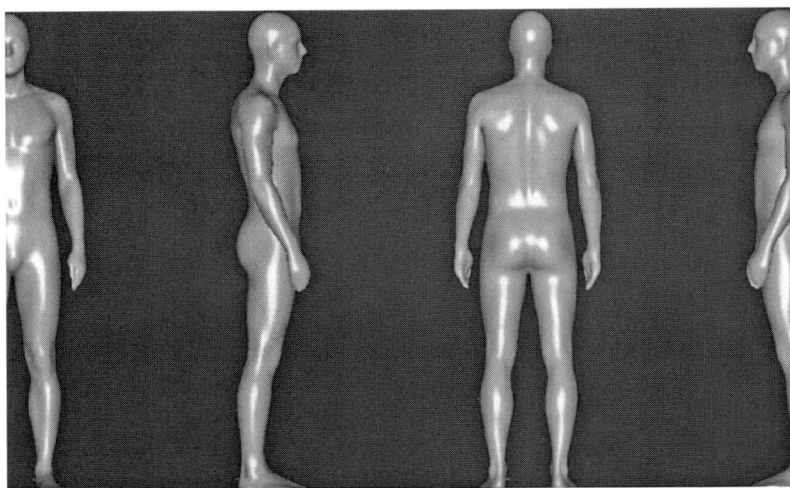

图2-8　AVAone三维人体扫描仪

4. SIGMA-1脊柱侧弯三维扫描仪

SIGMA-1脊柱侧弯三维扫描仪便于携带，如图2-9所示，专门用于无辐射、无接触的脊柱侧弯快速测量和筛查。扫描仪采用最新的红外线三维成像和仿真技术，能够精确地捕捉人体后背的三维图像，自动识别脊柱形态。其广泛应用于体育健身、医疗健康和身体姿态调查等领域。

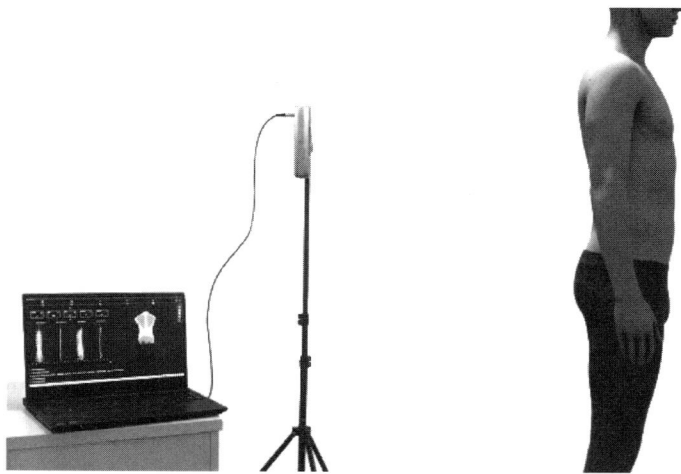

图2-9 SIGMA-1脊柱侧弯三维扫描仪

三、三维人体扫描仪测量数据提取

（一）数据处理软件

非接触式人体测量需要在指定软件上获取数据。例如，一款专业的三维人体扫描仪3D CamegaCP-1200人体三维扫描仪，完成人体扫描后，可以生成数据文件。人体扫描后需要使用专业人体尺寸分析计算软件工具，对扫描的3D模型进行处理和尺寸提取，才能得到详细精准的尺寸清单。下面介绍几种专业数据处理软件。

1. Geomagic Studio

Geomagic Studio是由美国雨滴（Raindrop）公司设计的一款逆向工程和三维检测软件产品，可根据人体通过三维扫描所获得的点云数据自动生成准确的三维模型，并且通过这些数据来创建良好的多边形模型或网格模型，使用软件的功能将该模型转换为NURBS曲面。该软件主要功能包括：自动将点云数据转换为多边形（Polygons）、快速减少多边形数目（Decimate）、把多边形模型转换为NURBS曲面、曲面分析（公差分析等）、输出与CAD、CAM、CAE匹配的档案格式（IGE、STL、DXF）等。

2. CloudForm

CloudForm三维点云数据处理软件是北京博维恒信科技发展有限公司研发的拥有自主知

识产权的专用三维重建软件。CloudForm主要功能是对3D CaMega三维扫描仪采集到的三维点云数据进行预处理，形成高质量整体的三维型面点云数据。CloudForm软件具备强大的数据处理能力，能处理高达数千万点点云数据，拥有多种灵活精准的拼接技术、强大的除噪融合功能、多种实用的计算手段、多种形式的数据接口以及人性化的用户使用环境。该软件具有计算三维图像数据任意两点的距离（直线弧面、投影），计算角度、半径等几何尺寸，能够获取任意方位一条或多条截面线等功能。为满足用户对不同格式文件的需求，CloudForm预留了通用格式的数据接口，能输出为ASC、IGS、STL、OBJ、WRL等格式。这些格式能和ProE、UG、SolidWorks、Catia、Imageware、Geogmagic、Polyworks、Delcam、3ds Max等三维设计软件兼容。CloudForm软件中一般只用来进行去噪处理和组内拼接，其他操作如补洞、组间拼接等在Geomagic软件中处理速度会更快。

3. Anthroscan（Scanworx）

Anthroscan（Scanworx）是专门针对三维人体图像的处理和数据提取而开发设计的一种三维图像数据处理软件。其主要功能包括：扫描仪扫描控制；以点云、三角网格、结构面等方式显示三维图像；图像的净化、平滑、三维网格重建等处理；生成封闭人台Avatar；自动提取人体尺寸；互动测量人体尺寸，包括距离、维度、角度；任意提取人体图像截面及分析；输入3D格式；互动放置"电子皮尺"；测量尺寸输出为Excel兼容格式；生成HTML格式的尺寸报告；支持多种姿势的扫描；批处理功能；客户自定义尺寸和扫描方案等；自动导出人体尺寸到服装量身定制CAD软件中。

4. 3D Reshaper

3D Reshaper是一款处理3D扫描仪、激光扫描仪等3D点云数据的建模软件。该软件能进行3D曲面重建及检测，可简单快速处理点云数据，是结合人体工程学、基于Microsoft Windows环境所开发。其主要功能包括：导入与剔除，拼接配准与最佳拟合、过滤、分类及删减扫描噪点；3D建模及噪点滤除、三角网重构修补工具、模型网格裁切；IGES、STEP文件处理CAD模型生成。

（二）准确数据提取

为了得到理想的数据，三维人体扫描仪在使用时需要男性被测者穿着浅色（白色最好）贴体内裤，女性被测者穿着浅色（白色最好）贴体吊带和内裤。但是扫描过程中仍然存在不可避免的误差，这就需要操作者使用与三维扫描仪配套的软件进行数据处理。经过数据处理之后，可得到人体数据文件。操作者首先需要进行数据过滤，查看是否有数据丢失或者测量不准确现象，如无，可直接使用数据，提取关键部位尺寸信息；如有，需要重新测量或者使用专业数据处理软件，手动进行关键数据获取。

四、三维人体扫描技术的应用

（一）"量身定制"前数据获取

最初的服装定制是为了满足少部分个性化顾客的需求，保证其着装的舒适性和合体度。

但是随着工业化量身定制的发展，服装定制逐渐由"私人定制"向"批量定制"发展。无论是哪种定制方式，在生产前都需要获取顾客或者顾客群的身体尺寸数据。在今天的市场中，客户的需求是多样化的，建立以顾客为导向的企业理念对服装企业至关重要。

（二）构建人体数据库

三维人体扫描仪可以用于进行大规模人体数据获取，避开传统人体数据采集弊端，高效、节约时间、精确度高。并且测量结果可直接呈现于计算机系统，避免了人工输入的误差，统计结果更加真实可靠。同样，企业也可以通过智能卡存储个人消费者的测量数据，建立顾客的人体数据库，并且对客户的身体数据进行存储和及时更新。

（三）提供虚拟模特尺寸

三维人体扫描仪得到精确人体数据之后，还要经过虚拟试衣、调整二维板片等过程才能真正将数据用于生产，具体流程如图2-10所示。首先对三维扫描仪扫描得到的数据进行提取。对于数据的提取不需要提取全部扫描结果，只需要按照工厂服装生产需要，提取关键部位尺寸数据，如身高、胸围、腰围等。通过电子订单传输到生产部CAD系统，系统根据相应的尺码信息和客户对服装款式的要求（放松量、长度、宽度或者特殊功能服装），在样板库中找到相匹配的样板。然后将二维样板导入服装虚拟试衣软件Style 3D中，并且按照实际测量值编辑虚拟模特尺寸，进行虚拟试衣。根据虚拟试衣效果，进行二维板片调整，最终得到适合顾客尺寸的服装二维样板。输出二维样板，可直接投入服装工厂生产。

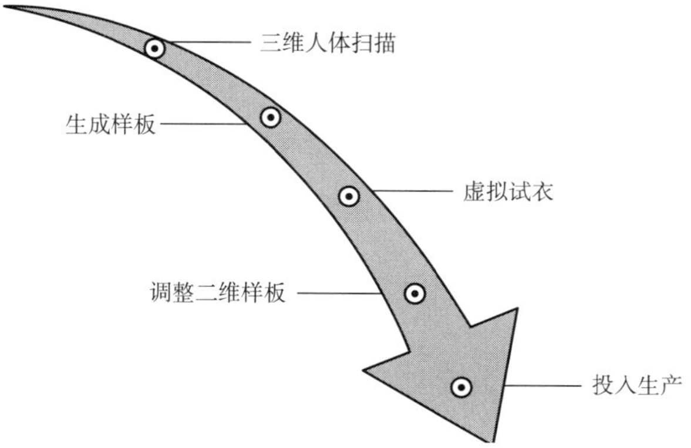

图2-10 生产前准备流程

（四）直连智能生产

通过三维人体扫描仪得到的人体数据，可以生成电子订单并传输到CAD系统，系统根据数据自动匹配样板。打板师根据顾客的需求以及服装工艺需要进行板片调整，输出工艺板片。然后进入裁床形成衣片，最终通过智能吊挂系统进行生产。

三维人体扫描技术正以独特的优势应用到服装工业中，已在量身定制、数据库建立、虚拟试衣以及智能生产等领域广泛应用，加快了企业对市场的反应速度，使服装生产和设计更具个性化和人性化。但是三维人体测量技术作为一项新兴的技术领域，人才匮乏，需要培养服装设计、服装工程、计算机视觉、数字图像学、计算机编程等交叉学科人才。另外，价格昂贵以及测量设备巨大、不方便移动等问题也亟须解决。总的来说，三维人体测量技术对于人体数据获取方式和服装行业发展的推动无疑是巨大的。随着科技进步，技术迭代更新，三维扫描技术会更加成熟完善，造福纺织服装、医学以及其他领域。

第四节　物料管理系统

物料管理是企业运行中不可缺少的环节，是主要针对物料储存、流通和使用而设置的管理手段。对于需要原材料的企业来说，在未对原材料进行加工之前的管理十分重要，它关系到原料应用时的效率问题，好的管理方式可以提高运行效率，提升制造环节的顺畅度。

一、物料管理概述

物料是生产单位维持生产活动持续不断进行所需物品的总称。物料管理就是以经济合理的方法管理生产所需的一切原材料、产品、配件及工具。

服装物料管理作为服装生产的基础环节，管理工作比较烦琐，如果在管理运行中出现错误或不利情况，可能会造成物料积压，无法正常进行企业的正常运行，甚至导致企业流动资金短缺。在服装物料管理系统中，物料是管理的主要对象，把相关物料控制管理好，使生产活动能够顺利进行。用最少的钱创造最大的效益，花最少的时间将效率大幅提高，是进行服装物料管理的目的，即便物料只是处于一个安全库存的状态。服装企业使用的物料种类繁多，科学地管理、合理地选择并恰当地使用物料，对稳定服装生产，提高产品质量，节约资源，降低成本等有着重要作用。

（一）物料的管理特性

1. 相关性

所有物料都因为某种需求而存在，同时这些物料的品种、规格、性能、数量、质量等多种属性都会受到需求的约束，因此相互之间会有一种依存的关系。相关性说明：没有需求的物料，就不应进入企业，更不应存在库存。

2. 流动性

流动性是存在相关性关系的结果，流动性反映着相关性，物料总是从供应侧向需求侧的方向流动。不流动的物料就是处于呆滞、积压的状态，而且会发生因过时落后或变质而被淘汰的危险，从而造成严重的资金损失。故而企业的日常工作之一就是要保持所控制的物料流动畅通无阻，并及时分析、处理积压的物料。

3. 价值

物料是一定有价值的。库存的物料价格，不仅有进货价，而且要支付保管、保险、利息等各种仓储费。这些支出需要占用资金，而资金又是有时间价值的。使用资金的目的应是实现利润。库存的物料既是资产，也是负债。并不是库存越多越好，库存过多会导致资金风险增加。库存只能是需求计划的结果，没有需求的库存只会带来浪费。

（二）物料管理的任务

在服装生产过程中，从最开始原材料的分配到动力、燃料的供应，再到成品的包装、运输，物料供应系统都是不可或缺的。如果物料管理中有一个环节脱节，那么后续的运作程序就不能顺畅运行，因而，物料管理的重要性可见一斑。物料管理的主要任务有以下三方面。

①确保生产的正常运行。服装生产过程中需要使用成百上千种物料，各种物料的运送、保管、储存等工作都要有确切的安排，物料管理的其中一项任务就是用最经济的方法完成各种物料的采购、保管和发放工作，从而保证企业生产活动可以不间断地进行。

②妥善保管物料。这一内容主要指的是合理储存、妥善保管物料，加快周转，减少储存消耗，同时也防止物料的老化、损坏以及质量下降。

③做好物料回收以及废料利用工作。主要作用为监督生产部门合理、节约用料，在合理情况下降低成本。

在正常情况下的服装生产中，物料的费用会占销售总额的50%以上。相对来说，利润所占的比例较少。所以物料管理的最主要目的就是将资金利用降到最低，将供应效率发挥到最大。

二、传统物料管理

服装行业在国内是计算机应用起步较早、发展较快、效益较高的先进制造行业之一。物料管理的方法是物料部业务运作的表现形式，随着生产方式的变化以及秩序的不同，物料管理的方式方法也不同。但不管怎么变换，其目的都是保证物料管理的适宜性。目前常见的方法有批号与型号管理法、物料总量管理法、物料配送管理法。这些方法都是在传统方法的基础上一步步改进而来的物料管理方法，目前应用率高，人工用时也较长。

从20世纪80年代初至今，以CAD技术为核心的计算机应用得到了快速的发展，也取得了比较好的经济效益。随着IT技术的发展，信息的处理和传输也发展到了一个全新的阶段，对于服装企业来说，物料管理方式需要及时从人工管理向计算机管理转变。

（一）物料管理方式

1. 批号与型号管理法

该方法管理的依据是物料的批号和型号。从开始进料到最后出货，完全是按照型号和批号分开批量进行采购、贮存、发放、出货和核销的。

从准备采购开始，将相应物料进行编号（如成分、规格、质量分档、当时状态等）。在将货物运送进库时，根据相应编号进行物料的赋号，相当于给了每种物料一个铭牌，同时在入库登记中将编号体现出来。由于传统管理方法以人工为主，所以分类不会太细，一般都是以大类进行区分。之后，用登记在册的编号进行物料的工厂内运转。

该法很明显的缺点就是需要花费大量的时间编号，如果物料数量增多，管理人员的工作量就会是巨大的。同时，如果管理人员在进行编号时出现工作失误，由于纸质版运作方式，大量的数据纠错非常困难，容错率较差。

2. 物料总量管理法

该方法是以物料的需求总量为依据，在控制适度库存的基础上实施物料的计划管理。

物料总量管理方法需要在将所需物料放进库存之前，统计好所需要的物料总量，再进行进货储藏流程。该方法对于仓库的要求不大，比较适合仓库规模较小的企业使用。基于仓库面积限制这一瓶颈，可以有效控制物料进货量，也避免了因为物料过多而导致的堆积问题。

当企业规模逐渐扩大时，这种方法就显得力不从心了。因此，企业需要明确自己的定位，选择较为合适的物料管理方法。

3. 物料配送管理法

该方法是物料部与配送中心建立机制，对所需要的物料按计划配送。这种方法适合部分通用性物料。

该法需要物料部门和配送部门相互合作，建立一种共同的机制，目的是将物料按计划配送至需要的位置。

该方法的物料配送方便，但是两个部门之间需要有相应的沟通配合，如果有一个部门没有将工作做好，那就可能导致相应工作无法正常进行，影响后续作业进程。同时，此法需要企业的物料类别不能太杂，不能混有比较不常用的物料，以通用性物料为主。

（二）存在的弊端

在过去，服装产业属于劳动密集型产业，员工的素质、管理水平都相对较低，一些先进的管理理念并没有被应用到大多数的企业之中。目前，尽管有少数规模较大的企业在管理上有较高水平，但绝大多数的企业，尤其是中小型服装企业主要还是依靠老师傅的经验、口诀等传统管理形式。在物料管理上也存在以下问题。

①绝大多数的物料单据，以纸质形式进行保存以及传输。随着时间的叠加，未规整的大量单据堆积，导致查找历史单据混乱，影响财务会计的账单审查。工作因此变得繁杂，限制了工作效率的提高。

②因为所要生产的产品有多种规格、型号、品种，且物料的品种多，也较为零碎，于是就造成了物料管理的复杂，无法随时了解原材料、半成品、成品的收、发、存的实时状态，使得管理人员无法清晰地掌握整个加工工厂的库房动态。

③不能很好地监控领料用料的情况，可能会造成车间不能按需领料，有大量的原材料滞留在生产现场，影响采购计划的数量规划，也造成生产车间的拥堵，工人无法正常工作。

④工厂内的用料情况无法及时传输到决策部门，常常是因为人为因素导致无法及时送达，严重的话可能导致生产进度中断，影响生产作业。

⑤对于新老顾客的判断只能凭借记忆，无法精准识别，在洽谈时不能给出准确报价，也

不能及时出货。

⑥企业的管理者不能同时监控生产进程中的各个环节，导致很多环节区域存在盲点或盲区，无法进行真正意义上的管理。

三、现代物料管理系统

为应对目前越来越多的生产订单，同时受到国外相关科技及行业竞争的影响，国内相关的服装企业都在进行系统的企业管理升级。现代物料管理系统应用互联网、云技术，将所有的管理工作集成在云端并进行数据处理，从而节省时间、人工、费用。

在现行的多种物料管理系统中，各有特色、各有利弊，下面对部分系统进行介绍。

（一）旺店通ERP物料管理系统

1. 系统简介

旺店通是北京掌上先机网络科技有限公司旗下品牌，国内零售云服务提供商。基于云计算SaaS服务模式，以体系化解决方案，助力零售企业数字化智能化管理升级。为零售电商企业的订单管理及仓储管理提供解决方案，致力于帮助企业实现数字化转型，企业规模化发展。旺店通作为电商管理软件服务品牌，为零售企业的电商经营提供订单管理、仓储管理双加持服务。以乐高式解决方案适配商家的实际业务流程，用"千店千面"的管理模式实现降本增效。

2. 产品特点

旺店通EPR物料管理系统的核心特点如下：

①能够进行多层次管理。该系统支持多货主管理、多仓库管理，这样能够在多个维度立体式划分仓库并进行管理。同时支持仓库的集中或分布式部署，不管仓库是否在管理所在区域，都可以进行精准地管控及任务分配。

②可以完成无纸化FR作业。该系统支持通过PDA设备进行无纸化操作，PDA设备与主服务器之间会进行实时的数据交互。配合自主研发的适用于PDA设备的软件，与系统的契合度更高，流程控制也更加规范。

③采用多种拣货方式作业。该系统运行时，会将订单类型进行智能分析，针对不同的订单类型指定不同的拣货方式。同时为不同的拣货方式提供对应较为便捷的出库流程，最大程度地提升效率。

④可自选搭配的出入库环节控制。丰富的出入库环节控制选项可供选择，用户可自己定制更贴近仓储特色的出入库方式，灵活控制进出库业务。

⑤拥有备注换货功能。传统不支持备注换货的系统，只能手动查询相关订单，再进行手动修改，工作量非常大。该系统可以建立货品映射表，通过客服备注后自动更换商品，减轻管理人员的工作量，相对更为省心。

3. 产品缺点

虽然ERP系统代表着先进的企业管理模式，是企业信息化的典范，但也存在一些缺点。

①贵。一方面是ERP的软件、硬件、实施服务的购置费用较高；另一方面是ERP的升级和维护成本很高，其中拥有生产成本（TCO）的企业资源计划系统（EPO）系统要比一般的IT系统高出很多。

②慢。一方面，性能很慢。由于ERP往往需要运行一些复杂的业务流程或处理一些超大型的事务，一不小心就会陷入性能瓶颈；另一方面，ERP反应很慢。ERP主要是商业套件软件，企业再次开放的能力有限。大多数企业发展过程中需要依靠制造商，很难对业务需求的变化做出及时的响应。

③难。一方面，实施困难。ERP实施过程中需要企业高层领导的支持。业务相关部门不支持、团队吸纳、数据技术准备不完善，都会造成工程项目失败；另一方面，操作和维护困难。ERP系统体系庞大，结构复杂，如果没有专业人员进行专业的接管，系统很难使用或很好地使用。

4. 系统使用情况

目前，旺店通在天津、上海、广州、杭州、义乌等50多个地区设有网点，实现了全国338个五线以上城市的就近服务，累计服务了中粮集团、联想佳沃、同仁堂、好想你枣业、洽洽食品、周黑鸭、西王集团、RIO锐澳、衣恋集团等多家著名企业。

（二）飞阳智能物料管理系统

1. 系统简介

飞阳智能物资仓储管理系统通过RFID识别技术、二维码扫描终端设备实现系统自动导入云端，利用与主机无线连接的液晶显示屏、标识平板和电子料签等实时显示物资收、发、存信息，实现对物资的智能化管理。

2. 产品特点

①公司物资管理实行统一领导，分级管理，逐级负责的管理体制。分公司项目部对公司所属项目部门的业务工作实施指导、监控、检查等。

②统一需要的物资限/定额需求计划、验收、限/定额发（领）料，定期盘点和消耗核算，做到量价双控，降低耗材费用。

③以分公司工程项目物资管理为基础进行编制，力求适用于分公司及所属各项目部的物资管理工作。

3. 系统使用情况

①案例一：RFID智能立体库管理系统助力鑫陶科技。鑫陶科技是一家现代化的分子筛生产厂家。其产品种类多、重量大、包装规格大小不一，有袋装、桶装等，仓库空间大，但利用率极低。为了解决这个问题，广州飞致创阳信息科技有限公司集密集架、自动化及信息化为一体，开发了一套符合鑫陶科技的智能立体仓库管理系统，提高了仓库利用率，同时规范仓库的管理，减少仓管人员的投入，为企业降低了成本。

②案例二：智能物资仓储管理信息系统助力中国中铁。中铁作为国内大型企业，点多线广，基层单位众多，物资消耗数量巨大，但物资管理一直是弱项，依旧停留在人工管理的

阶段，大量的单据、报表、统计由人工手动来完成，物资的发放采取的是"用完再算"的方式，物资消耗和成本支出的掌握依靠事后的报表。物资计划依靠估测，准确性差，也不能得到及时调整，容易造成极大的浪费。飞阳以"让管理更简单"为宗旨，为中铁定制开发了一套智能物资仓储管理信息系统，强化了分公司物资管理工作，促进物资管理的规范化、制度化、标准化、精细化、信息化，保障施工生产所需物资供应，降低物资采购和消耗成本，提高项目盈利能力。

（三）佳顺进销存系统

1. 系统简介

佳顺商业进销存系统适用于中小企业，如商场，超市，销售门店等，用于商业采购、领用、销售、报表、打印、财务等，实现信息化管理。可管理内容包括产品生产入库发货送货；商贸公司、批发零售公司的商品采购、销售发货；办公使用物品保管、分发、借出、归还等。

2. 产品特点

①库存管理。扫码快速出入库；实时库存预警，支持仓库调拨，有效避免压货损失；实时库存、BOM清单，提高生产效率。

②入库管理。商品采购入库与退货、生产入库、次品返工、库存、入库统计、退货统计等。

③出库管理。商品销售、客户退货、部门领用、部门退回、出库统计、退库统计、库存等。

④财务管理。开单同步财务，流水数据自动更新，智能利润分析，财务情况一目了然。

（四）轻流进销存管理系统

1. 系统简介

该系统将供应商、采购、库存、销售、财务、内部管理等场景全覆盖，实现进、销、存闭环管理；支持完全自定义，一体化操作，提升工作效率，为制造企业高效管理赋能。

2. 产品特点

①供应商管理。相关信息录入、资质审核、客诉整改、状态变更等全部在线操作，打造供应商管理闭环。

②采购管理。关联采购需求及库存数据；一键生成/创建采购订单，供应商信息匹配。

③库存管理。关联采购订单信息，掌握采购进程；异地多级仓库管理，货品验货、盘点、调拨一步到位。

④销售管理。销售订单关联库存报表，实时反馈供销详情；数据看板整合合同、出库、回款等信息一目了然。

3. 系统使用情况

①案例一：苏州美达王钢铁制品有限公司。该公司是由日本株式会社美达王（即日本最大的钢铁贸易公司）投资的日商独资企业，主要从事钢板的切割（激光/火焰切割）、加工和

销售。生产部门需要清晰准确地掌握生产物料的位置、剩余数量等信息，方便生产过程中的及时调取、领用。美达王通过轻流搭建的进销存管理系统，可以帮助生产部门及时了解原材料的数据明细以及储存的位置，同时建立了完善的生产与物控运作体系，保障了生产与物料运作的有序进行；轻流具有强大的数据分析和报表功能，且轻流特色Q-Robot可以实现数据实时更新，便于管理者分析和调整策略；业务流程相关节点负责人，可以在计算机、手机等多终端登录处理。

②案例二：重庆渝维家具有限公司。该公司是一家从家具方案设计到家具制造、上门安装和长期维护，提供一条龙服务的现代化企业。公司以前采用Excel或者纸质记录客户的需求，例如型号、数量等，记录过程烦琐且容易出错；流程上需要多部门合作，传统的线下电话或者邮件沟通过程中容易出现信息流转错误；因定制生产的模式，订单生产的过程中涉及多种配件采购，且对于时效性要求非常高。以往生产通过传统的方式提交采购申请，容易出现信息传递滞后或不准确等情况，采购到货以后与库管人员的衔接也存在效率问题。通过轻流搭建的销售订单管理系统，产品清单、订单信息以及业务统计等信息均能详细记录，极大地方便了业务管理人员查询和记录；信息之间科学化管理避免了出现传统纸质管理下的信息记录错误等低级问题，极大地提高了管理效率；通过轻流系统，采购环节高效嵌入整个订单生产过程，与生产部门和库管部门之间实现高效沟通，对于整个生产流程的效率提升起到很大帮助，加快了定制单的交货速度。

（五）智能仓储物流解决方案

1. 智能面料仓储方案

传统面料仓储痛点：存放无序、空间利用率低、拣选费时费力、无仓储信息。

解决方案1：四项穿梭车立体仓（图2-11）。

特点：库体高度≤10m；存储密度、安全系数高；仓库利用率高达80%～85%；作业方式灵活；适用于老旧厂房技术改造。

解决方案2：堆垛机立体仓（图2-12）。

图2-11　四项穿梭车立体仓

图2-12　堆垛机立体仓

特点：库体高度≤10m；存储密度、安全系数高；仓库利用率高达80%～85%；出入库效率高；适合新建厂房，层高较高。

2. **智能辅料仓储方案**（图2-13）

传统辅料仓储痛点：库存单位（stock keeping unit，SKU）种类多，造成摆放无序、杂乱、无信息、拣选困难。

图2-13　智能辅料仓储方案

解决方案1：PTL仓储灯光指引系统（图2-14）。

特点：操作人员无须培训，按灯快速定位（快速）；库位亮灯由系统确定无须反复确认（准确）；按下确认键时自动完成数量增减（同步）；可按灯光颜色及闪烁等状态灵活组合业务场景（灵活）；可减少无效步骤，提高作业效率（经济）；1.5个月实施完成可利用原有货架（实施快）；实现半自动化。

解决方案2：自动导引车（automated guided vehicle，AGV）货到人拣选（图2-15）。

图2-14　PTL仓储灯光指引系统

图2-15　AGV货到人拣选

图2-16 料箱到人拣选解决方案

特点：货架高度≤2.4m；2～3个月实施完成、速度快；能省1～2人、价格适中；库内无人、存储密度高；不需要拆箱换箱子；全自动。

解决方案3：料箱到人拣选解决方案（图2-16）。

特点：货架高度≤6m；2～3个月实施完成、速度快；适用SKU多片存储广泛；库内无人、存储密度高于AGV；需要拆箱换箱高度可达6m；全自动。

四、现代系统的改进趋势

在发达国家物料需求计划（material requiremet planning，MRP）应用已十分普遍，普及率可以达到80%左右。世界财富500强中，有80%的企业使用了MRPII／ERP，而且ERP的应用还以每年25%的速度增长。随着网络化时代的深入发展，全球经济的联系越发紧密，使企业面临着新的竞争与挑战，服装制造业的竞争焦点已经从单个企业之间的竞争转为跨企业的竞争，从原材料供应商、生产商到客户等整个虚拟产业链的竞争。如何在供需价值链中找准自己的最佳定位，如何提高企业自身和虚拟产业链的核心竞争力，将是现代服装企业竞争的主题。同时，竞争环境对服装企业的管理同样提出了新的要求。利用电子商务手段、先进的管理模式和经营理念，最大限度地提高企业运营效率，拓展经营管理范围，已经成为服装企业的重要生命线。

未来ERP技术的发展方向和趋势分析如下。

1. ERP与CRM的进一步整合

ERP将更加面向市场以及顾客，通过基于知识的市场预测、订单处理与生产调度、约束调度功能等，进一步提高企业在全球化市场环境下的优化能力；进一步与客户关系管理CRM结合，实现市场、销售、服务的一体化，使CRM的前台客户服务与ERP后台处理过程集成，提供客户个性化服务，使企业具有更好的顾客满意度。

2. ERP与PDM的整合

PDM将企业中的产品设计和制造全过程的各种信息、产品不同设计阶段的数据和文档组织在统一的环境中。近年来，ERP软件商纷纷在ERP系统中纳入了PDM功能或实现与PDM系统的集成，增加了对设计数据、过程、文档的应用和管理，减少了ERP庞大的数据管理和数据准备工作量，并进一步加强了企业管理系统与CAD、CAM系统的集成，进一步提高了企业的系统集成度和整体效率。

3. ERP与MES的整合

为加强ERP对生产过程的控制能力，ERP将与MES、车间层操作控制系统（shop floor

control，SFC）更紧密地结合，形成实时化的 ERP / MES / SFC系统。

4. 加强数据仓库和联机分析处理（online analytical processing，OLAP）**功能**

为企业高层领导的管理与决策，ERP将数据仓库、数据挖掘和联机分析处理 OLAP等功能集成进来，为用户提供企业级宏观决策的分析工具集。

5. ERP系统动态可重构性

为适应企业的过程重组和业务变化，人们越来越多地强调 ERP软件系统的动态可重构性。为此，ERP系统动态建模工具、系统快速配置工具、系统界面封装技术、软构件技术等均被采用。ERP系统也引入了新的模块化软件、业务应用程序接口、逐个更新模块增强系统等概念，ERP的功能组件被分割成更细的构件以便进行系统动态重构。

6. ERP软件系统实现技术和集成技术

ERP将以客户 / 服务器、浏览器 / 服务器分布式结构、多数据库集成与数据仓库、XML、面向对象方法和Internet / Extranet、软构件与中间件技术等为软件实现核心技术，并采用EAI应用服务器、XML等作为ERP系统的集成平台与技术。

未来，ERP技术以满足网络化、集成化、柔性化和智能化为发展方向，为企业提供一个全新的管理平台，实现基于 Internet应用，适应企业跨地域的异地应用要求，并逐步过渡到以电子商务平台为基础的网络化 ERP阶段。同时，ERP系统还将集成ERP、CRM、SCM等功能，支持服装企业对经营、管理模式的不断调整和变化，适应服装企业变革的需要。

复习与作业

1. 以具体服装智能生产为例，介绍案例中用到了哪些智能化技术。
2. 探讨三维人体扫描仪在服装智能生产中的应用。
3. 简述智能下单的概念。
4. 以自己的理解描述现代化智能下单模式。
5. 简述仓库管理的概念。
6. 非接触式人体测量的方法有哪些？
7. 说出两种常见的三维人体扫描仪。
8. 物料管理的特性是什么？
9. 什么是 ERP 物料管理系统？
10. 尝试介绍 MTM 的定义与应用。

参考文献

［1］赵吉军.服装 MTM 快速反应中版样处理流程［J］.山东纺织科技，2012，53（4）：
　　34-36.
［2］徐俊杰，许先锋，杜红卫，等.电网智能操作票管理系统［J］.电力自动化设备，2009，
　　29（11）：98-101.

［3］吴彦君，贾丽丽，冯蕾.服装定制平台与 MTM 系统数据库的构建［J］.天津纺织科技，2017（5）：9-12.

［4］王楠楠，陈建伟.国内外服装 MTM 的比较及国内应用现状分析［J］.山东纺织经济，2010，27（11）：79-80，108.

［5］金周银，李仁旺.服装企业度身定制的客户订单管理系统的设计与实现［J］.工业控制计算机，2010，23（3）：79-80，83.

［6］侯绪花.基于层次分析法的服装个性化智能制造评价体系研究［D］.杭州：浙江理工大学，2019.

［7］陈庆龙，高志民，孙志宏，等.基于 NET 技术的服装生产企业订单管理系统的设计与实现［J］.计算机应用与软件，2005，22（12）：64-65，90.

［8］李艳霞.基于 JBPM 的服装外贸订单管理系统设计［J］.河南科技，2015，34（2）：23-25.

［9］陈子娟.YD 纺织集团订单信息服务管理流程优化研究［D］.广州：广东工业大学，2019.

［10］吕映含.走进世界级的"裁缝铺"——红领集团 C2M 商业模式的解构［D］.广州：暨南大学，2018.

［11］潘力，王军，姚彤，等.接触与非接触式人体测量数据比较［J］.大连工业大学学报，2013，32（2）：140-142.

［12］徐继红，张文斌.非接触式三维人体扫描技术的综述［J］.扬州职业大学学报，2006，10（3）：49-53.

［13］郭娟，羿莹.非接触式三维人体扫描技术的应用分析［J］.山东纺织科技，2018，59（1）：39-41.

［14］刘烈金，梁晋，尤威，等.三维人体扫描系统的研究及其应用［J］.中国工程机械学报，2017，15（1）：27-30，35.

［15］张帆.ABC 分类法在服装物料管理系统中的应用［J］.软件导刊，2015，14（4）：41-43.

［16］陈启申.供需链管理与企业资源计划（ERP）［M］.北京：企业管理出版社，2001.

［17］闫亦农.中小型服装企业物料管理系统的研究与开发［D］.天津：天津工业大学，2004.

［18］KUTAS M, FEDERMEIER K D. Thirty years and counting: finding meaning in the N400 component of the event-related brain potential（ERP）.［J］. Annual review of psychology, 2011, 62：621-647.

［19］黄振中.G 公司订单管理优化研究［D］.桂林：桂林电子科技大学，2023.

第三章　服装智能制造——缝纫前期

课题名称： 服装智能制造——缝纫前期

课题内容： 1. 服装设计

　　　　　　　2. 数字化人台及虚拟试衣技术

　　　　　　　3. 智能化背景下的 CAD 制板

　　　　　　　4. 智能裁剪

课题时间： 8 课时

教学目的： 理解服装数字化的新概念，了解数字化人台的概念及应用现状，了解虚拟试衣技术在服装设计中的应用及意义；了解智能化背景下服装 CAD 的现状及发展趋势；了解智能裁剪的原理及应用，重点掌握服装数字化生产技术、智能化发展趋势以及相关软件和设备的应用方法。

教学要求： 1. 掌握服装设计基本要素及设计原理。

　　　　　　　2. 了解服装设计的新方式和新技术。

　　　　　　　3. 了解数字化人台及虚拟试衣技术的概念及应用。

　　　　　　　4. 掌握服装 CAD 软件的使用方法。

　　　　　　　5. 了解国内外服装 CAD 技术现状及发展趋势。

　　　　　　　6. 了解自动铺布系统及智能裁剪系统。

在服装智能制造的前期，需要将所要制作的服装在款式、类型等方面进行设计，同时结合客户的个体尺寸，通过智能化测量方法进行3D人体扫描，得到制作所需的各种数据。通过对数据的对比处理，进行服装初期的制板工作，随后进行智能化裁剪，得到部位裁片。本章将通过对服装设计流程的介绍，引申出数字化人台、CAD系统、智能裁剪等用于缝纫前期的智能化设备。

第一节　服装设计

设计是将构思的内容用各种形式表现出来的一种活动，它用一定的材料塑造平面的或立体的形象来反映客观事物，且具有美学特点。

服装设计是运用一定的美学规律，将设计构思用裁剪、工艺、造型等手段表现出来的一种过程。它是一门综合学科，涉及科学、文化等相关知识，同时还需设计师掌握造型结构、缝制工艺、面料再造、视觉传达、生产管理、市场营销等方面的技能。

一、服装设计概述

（一）服装设计要素及法则

设计师要达到市场的需求，首先要从服装设计的要素入手，传统的服装设计要素主要有造型、色彩、面料三个方面。随着时代不断的变换和发展，人们对服装的设计需求逐渐提高，因此市场对服装设计师的要求也更高。

对于传统的服装设计要素，一是造型，服装造型是指通过构思设计、运用缝制等工艺手段、塑造立体服装形象的过程和结果，主要有A型、H型、X型、T型、O型五种廓型；二是面料，面料是服装设计中将构思物化过程的主要载体，不同材质的面料影响着服装的造型风格及形式，按照服装款式风格的需要，还可以对面料进行起筋、绲带、抽褶、扎结、拼接、编制、染色、手绘等再造手段表现设计效果；三是色彩，指颜色的光彩，它不仅影响服装的"性格"，而且代表文化、背景、民族、环境及生活阅历等。

如今时尚风潮越来越多元化和个性化，对服装的要求越来越高。传统的设计要素已经无法满足市场需求，人们的关注点已经转移到服装的合体性、舒适性、功能性，同时对服装的美观、时尚、潮流需求也更高。

（二）服装设计分类

服装设计要点包括造型设计、局部设计、色彩和面料设计。造型设计看整体，局部设计为细节，色彩和面料设计则为锦上添花，对于服装设计师来说，这是最需重视的三个部分。

1. 造型设计

造型设计包括廓型设计和结构设计。服装廓型是一种外观概况，不包括服装内部的结构和款式细节。服装廓型可以简单概括并体现出服装的造型。随着社会文明的进步、经济的发展，服装造型从远古时代的缠绕式、披挂式，发展到如今变化多样的结构形式，是一个由感性到理性的过程。为了简便地辨识多种造型，根据服装的外观来归纳其造型，可分为A型、H型、X型、T型、O型五种廓型。服装的内部布局，即细节和款式，有分割、拼接、装饰与多种形式组合。一件服装的外部造型确定以后，必须考虑内部结构的分割与组合，要与外轮廓相匹配，使之相互协调、映衬，廓型和结构不可独立存在。

2. 局部设计

款式设计的主要内容就是服装局部部件的变化，局部部件关系到服装整体造型的形成，它的风格、款式、色彩、大小、位置、形状都必须与整体造型协调，从而达到衬托造型、完善造型的作用。一般在服装中的局部部件是指衣领、门襟、下摆、衣袖、衣袋等。其他局部部件主要是指门襟、下摆和纽扣等，它们在服装设计中也有着举足轻重的作用。

3. 色彩和面料设计

色彩是服装构成的三大要素之一，它是物质和精神集中的体现。任何一种颜色都会有一种情感的表现，这种情感表现在服装上，会使服装具有生命力，成为一件艺术品。因此，服装色彩的设计根源始于对色彩的理解和对色彩的感性迸发。服装设计不仅是对服装造型、款式、色彩的创意设计，更是要利用面料的创意提高艺术感染力。

随着社会的进步、科技的发展，服装面料已不仅存在单一的平纹、斜纹、缎纹等形式，也出现了更多的新型面料，如环保面料、立体印花面料、手绘面料等；功能性面料也越来越普遍，如防雨面料、防辐射面料、隔热面料等。新型面料的出现为服装设计提供了无限的想象空间，解放了设计师被禁锢的设计思维，极大地拓展了设计思路。

（三）服装分类设计

传统的服装分类比较简单，通常按照性别、季节、年龄、功能、品类分类，贴合人们的日常生活。如今的日常生活中，服装的分类更为复杂和多样，更趋向于满足人们的个性化需求，如按场景设计、风格设计等细分。

按照场景设计服装，即比较注重着装者与场合的互融。例如，在统一风格的前提下，MAXRIENY品牌更注重产品应用场景的塑造，以场合化着装作为品牌核心，服装分为大型时尚聚会装、公众社交聚会装、日常聚会装和精致职场装，以此为脉络，再通过更多数据的追踪勾画出女性目标客群的用户画像。

按照风格设计服装则越发多元化。近几年，一些小众风格正在崛起，加之科技和社会热点的融入，变成了独属于这个时代的标志。例如，"机能未来风"是干净利落的服装廓型剪裁，同时在原有廓型上横向增加服装的分量感。在探索服装廓型的空间上挖掘更多微妙关联，当单品与单品之间横向拼接，在保留分量感的同时也增加了自然的层次感。"解构主义"是反对称、反常规、反完整的解构样式的服装，反对非黑即白的理论，在形状比例、颜色上处理得自由得当。这种类型的服装设计本身充满个性，其设计蕴含着当代人文的哲思和前卫美学，其造型跳跃、断裂、分割、拼贴的表现力造成视觉上的冲突和矛盾，使其造型更神秘富有内涵。

二、服装设计的新方式

传统服装设计，因缺少对智能制造设备的引入，导致设计者在设计过程中只停留在传统的设计模式里，如绘画类以手绘为主，设计类和综合实践类也只是按照传统的设计模式从草图绘制到设计产品完成。由于欠缺智能制造技术，无法让学生从草图绘制阶段直观地感受最终的设计效果。因设备的不完善，服装设计一直处于停滞不前的状态，设计效果体验感不高，设计作品也可能与市场需求脱离，因此，服装设计中开始应用AI智能技术、3D打印技术和数字化技术。

（一）AI智能在服装设计中的实际应用

在人工智能的大环境下，人工智能与设计表现出较好的协同性。一方面，设计为人工智能提供不确定性与可能性，另一方面人工智能为设计提供一种解决问题的新方式。在"科技、时尚、绿色"成为纺织服装行业新定位、新标签的当下，智能制造驱动服装设计实现了颠覆式创新。智能制造对服装设计的影响，首先是智能制造技术能够为服装设计者提供技术支持。需要注意的是，应用中必须不断提升应用人员的技术水平，最大化发挥技术优势。目前来看，智能制造技术与服装设计的融合尚不成熟，要达到预期效果，还需进一步改进。其次是提升设计体验，新时代背景下，消费者对互动体验需求提升，让消费者的想法、灵感融入设计中，在智能制造技术支撑下得以实现。

案例：2020年11月10日，为服装行业开发移动身体扫描专利技术的3DLOOK有限责任公司宣布推出3D人体扫描实验室，该实验室旨在为时尚品牌和零售商提供最全面的身体数据点。3D人体扫描实验室协助科学团队收集身体测量结果和形状数据，每次扫描超过100万个数据点，包括测量值、纹理和位置。这些数据将被用来对每个特定身体部位进行高度专业化的研究，并训练其神经网络和ML算法以实现准确性。3D人体扫描实验室将帮助创建定制的人体测量解决方案，以生成准确的尺寸和服装合体性建议。

除此之外，国内电子商务的飞速发展，为虚拟试衣提供了大量需求。在智能制造驱动下，3D虚拟试衣系统成为新宠。该系统的出现可在一定程度上弥补网络购物无法体验试衣效果的缺点。同时，3D虚拟试衣系统与VR技术的结合，进一步提升了网络购物的真实体验感，在服装设计的发展中，科学地引入智能制造技术，将带来颠覆性创新的可能性。

目前行业中已经有多个优秀可靠的商业化三维虚拟试衣软件，并被国内外高校、服装公司、研究机构所采用，如美国的Vstitcher和Optitex、韩国的CLO 3D、中国的Style 3D以及法国力克（Lectra）公司的Modaris等软件。

（二）3D打印技术在服装设计中的实际应用

在服装材料方面，传统的服装设计所用的服装材料都是棉、丝、麻等传统材料，而应用3D打印技术可以利用液态或粉末的3D打印材料，通过3D打印设备的层层喷注，形成特殊质感的服装，扩展了服装设计的材料应用领域，使服装设计在造型构思方面能够实现设计师的构想，使设计师能充分发挥自身的想象力，通过3D打印技术实践自己对于服装设计的灵感。

在服装色彩上的表现，3D打印技术应用在服装设计领域中，对于服装设计的色彩层面表现有着突出的贡献。不同造型、不同色彩搭配的3D打印部件经过不同的身材、体型的模特穿着，会呈现不同的色彩表现。除此之外，在3D打印技术和计算机建模技术共同支持下的服装设计能够精准表达出服装设计师所要体现的复杂颜色，使服装设计不受到使用材料本来颜色的限制，能够通过计算机准确地调和服装颜色，甚至通过不同的造型设计产生不同的光线折射效果，由此展现出服装设计中色彩层面的丰富表达。

在服装造型上的创新，将3D打印技术应用到服装设计领域，还能够使服装造型具有多样化的设计。在传统服装设计领域，要想使服装呈现不同的造型和效果，对衣服的面料以及辅助材料的支撑效果，造型设计的技术都有极高的要求。造型设计是服装设计领域的重要组成部分，能为使用者和观看者提供多样化的视觉表现。因此，对于造型层面的设计是所有服装设计师在进行服装设计时的重中之重。3D打印技术应用到服装设计领域之前，受限于材料以及服装本身的重量和制造技术，许多设计师的服装造型灵感不能得到充分的展示。应用3D打印技术之后，用新的方法对服装的造型进行建模，运用3D打印材料，通过3D打印设备能够精准地复原设计师对于造型的要求，打造出传统服装制造工艺所无法呈现的服装造型。

案例：Iris van Herpen品牌高级定制时装的3D打印定制时装（图3-1），不仅完美贴合身体而且服装线条"肆意生长"，设计独树一帜。其特殊的造型和设计师对于服装质感和立体的要求无法通过传统的材料实现，而利用3D打印技术能够将3D打印材料与锦纶等传统服装材料完美融合，赋予服装立体挺拔的质感。

图3-1 Iris van Herpen品牌2022秋冬高级定制时装
（图片来源：VOGUE RUNWAY官网）

（三）数字化技术在服装设计中的实际应用

在样板设计阶段，主要用到的数字化技术是服装软件。一般是通过服装系统完成数字化设计，即在服装系统中开展规格设置、基础样板绘制、放缝、放码，再完成排料后的各项操作。目前，服装行业常用的服装软件包括富怡、博克、爱科、英格等。在服装结构模板制作过程中，需结合身体测量结果制定规格尺寸，之后结合该规格尺寸开展样板绘制，然后进行放缝，在放缝过程中应认识到不同缝位的切角具有不同的放缝方式。当模板制作完毕后，即可开展放码操作。放码分为手动放码、自动放码两种方式，通常将两者进行结合应用。

在排料阶段，主要用到的数字化技术是计算机模拟切割和全自动化技术。排料是基于工艺要求开展高性价比织物配对的过程。对于大规模的服装生产，要求一系列码数统一排料，如果进行人工排料，则要不间断地计算铺料和排料过程中最理想的面料利用率。服装排料系统的主要作用是在计算机页面上模拟切割机的工作模式。设计人员通过推动、铺设不同类型的接缝服装片，预先确定布的宽度及布料的方向，基于网格对齐、大小匹配等条件下的计算方法，计算出理想的织物部位。如此一来，可有效防范裁片遗漏情况的出现，并发送可排放信息，最终通过数控切割机，开展面料自动切割。服装排料系统通过数字化技术实现排料的全自动化，可有效提升排料的效率。

在图案设计上，主要用到的数字化技术是运用扫描仪、Photoshop、CorelDRAW等工具进行设计。图案在服装中的应用并非直接将传统图案、纹样等进行复制粘贴，而是在适当保留的基础上开展有效创新，依据时尚潮流和文化发展趋势，实现与服装设计的有效融合。在此过程中，设计人员需要认识图案，并有效开展图案的采集、整理工作。在过去的服装图案设计中，对图案的采集、整理需要应用纸张、画笔、颜料等工具，由于难以进行灵活调整，设计效率大打折扣。将数字化技术引入服装图案设计中，可显著提升工作效率。将采集的图案资料经由扫描仪、Photoshop等工具进行传输，图案的式样、细节、色彩等，均可进行及时修改和储存，为服装图案设计带来极大的便利。随着近年来标准库的构建，海量图案资料的有效存储得以实现，设计人员可依据不同种类、时期开展多方面的深入研究，并且图案设计更便捷、更易被设计人员当作设计元素进行创新设计。

综上所述，推动智能制造技术的落地应用、提升科技转化率，是推动服装定制产业发展的助推器。为此，服装企业首先要做的，就是加大技术研发力度。现开发应用较广泛的技术包括无线射频识别技术、3D试衣系统等，而其他技术应用较少。提升智能化应用，服装企业需要了解消费者的动态需求。智能制造技术在信息获取、分析方面的能力可发挥巨大作用。同时，智能制造技术可提升企业的生产效率，进一步节省人力、物力和时间成本，为提升生产效率、实现柔性化生产、拓展深度合作提供技术保障。

在全国各行业都在持续推进科技创新的形势下，智能化的发展将在大部分行业的未来发展中持续发挥创新引领和带动作用。在服装定制和服装设计领域，科学地应用智能制造技术，不仅能够推进装备、软件、信息技术协同创新，提升服装行业的精细化、柔性化、智能化水平，还能缩短供需两端的距离，进一步促进服装消费市场的繁荣，满足不充分不平衡的新消费需求。

第二节 数字化人台及虚拟试衣技术

在纺织服装行业第四次工业革命的背景下，网上作业成为最佳选择，各种虚拟仿真软件迅速抓住机遇，占领市场，并进行不断地迭代升级。虚拟仿真技术不仅在纺织服装领域有所涉及，在虚拟游戏人物、医疗行业以及3D电影领域都得到了广泛应用。电影、游戏和服装行业亟待新技术，以满足人们对更真实的虚拟体验的需求。但是，游戏和电影领域对于虚拟人物真实程度要求不高，设计师可以创造性地设计与真实人物不同的虚拟人物。所以电脑游戏和电影的电脑三维动画（computer-generated imagery，CGI）部分中使用的角色在视觉上看起来更符合理想化的身体外形，与真实的人体形态有一定差距。相比之下，服装行业需要专注于创建非常准确的虚拟形象，并在此基础上创建逼真、合身的虚拟服装。

近年来，服装产业已经成为国民经济增长中不可或缺的一部分。在建设纺织服装强国目标的推动下，我国服装行业正朝着科技化、信息化、可持续的方向发展。随着消费者对服装舒适性和个性化需求的提升，服装企业对私人定制服装的设计与生产需求日益增长。例如，立裁人台是服装设计与制作中常用的重要工具，但现有的立裁人台规格已较难满足服装个性化设计的需要，且人台的制作目前主要采用传统的手工方法，特定规格人台的再制作会大大降低服装设计与加工的效率。因此，建立能够满足个性化服装设计与人台快速制作等需求的数字化人台模型越发重要。

一、数字化人台

（一）数字化人台简介

数字化人台是在计算机虚拟环境中对某一特定人的体型特征具有细致描述的人体模型的仿真。数字化人台的核心技术为三维人体建模技术，其融合了计算机视觉、计算机图形学、人体工程学等多门学科，是利用计算机来模拟真实人体，并以三维立体的形式真实展示人体模型的数字化建模技术。作为计算机人体仿真的一部分，三维人体建模技术被广泛应用在影视人物制作、游戏角色建模、人机工程、医学研究以及服装行业中三维立体缝合、三维服装展示、虚拟试衣等方面，其建模过程通过确定人体特征部位参数来建立特征围度间的比例关系进行建模。长期以来，服装业一直在努力创造出适合人体的服装板型。随着3D扫描技术和统计分析软件的出现，已经可以依据种族、年龄、性别、国家、城市来快速分析身体的尺寸和形状，快速提取出有代表性的身体尺寸和形状。许多服装公司正在从实体模特转向数字化人台，虚拟技术的部署为他们提供了更大的灵活性，可以快速更新身体尺寸数据，并降低生产成本。

（二）数字化人台现存问题

随着虚拟数字化的进一步发展，各种虚拟试衣软件逐步商业化。随着服装返工率的增长，服装行业对于虚拟模特的真实性要求越来越高。现有的一些虚拟模特存在的皮肤完全光滑、不符合真实人体特征、虚拟形象绝对对称、定义人体关键尺寸的数量有限等缺点暴露出来。因此，这些数字化人台不能准确地模拟真实的脂肪分布、皮肤弹性以及肌肉轮廓。

这些虚拟形象可能在视觉上很吸引人，但不符合真实的人体形态，这将导致消费者使用虚拟模特进行虚拟试穿时出现问题。例如，在线服装公司为顾客提供具有光滑轮廓的虚拟形象，让他们想象自己穿某件衣服的样子。虚拟形象会使服装看起来比现实中更有魅力，导致顾客对自己穿着真实服装的样子产生误解。实际穿着时，衣服并不像网上虚拟试穿时那么合身，可能会导致退货率增高。除此之外，许多在线零售商现在提供个性化的合身选择，老年顾客可以提供包括年龄、身高、胸围、腰围和臀部尺寸在内的信息。这些数据帮助软件生成一个光滑、对称的虚拟形象，如图3-2所示。然而，这并不适用于残疾人或老年人。真实老年人身体形态，如图3-3所示。光滑、绝对对称的数字化人台不能正确地模拟衣服的合身性，在这种情况下，未来残疾人和老年人应该使用更真实的数字化人台来描绘他们真实的身体形状，从而准确地评估衣服的合身程度。

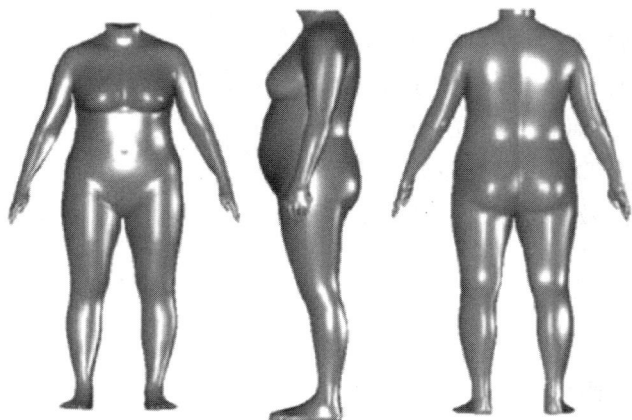

图3-2　老年人数字化人台

图3-3　真实老年人身体形态

为了增加虚拟试衣的真实性、减少工厂返工率、提升客户满意程度，急需提升各个虚拟软件中虚拟模特的真实性。现有的虚拟模特由于定义人体的关键部位尺寸有限，而其他部位尺寸主要依据关键部位尺寸进行变化，所以导致虚拟模特与真实人体之间的真实性低、虚拟模特之间的差异小，不能满足个性化定制和紧身服装制作对于虚拟模特的要求。而且，目前在3D服装设计软件中使用的虚拟化身并不能准确地模拟真实人体，例如在身体周围不同位置形成的不均匀脂肪块等。因此，负责创建虚拟角色的软件开发人员应该在设计角色时考虑到这些因素。

（三）数字化人台工作方式及技术原理

数字化人台的构建主要有两种方式：参数对比构建和逆向工程方法构建。参数对比构建方法通过赋予不同的参数数值，能快速实现系列化、个性化、数字化人台的模拟。逆向工程方法构建是在三维人体扫描数据的基础上，对人体扫描点云进行去噪、对称、空洞补点等一系列操作，快速实现基于用户人体的数字化人台的生成。人体扫描后需要使用专业人体尺寸分析计算软件工具，对扫描的3D模型进行处理和尺寸提取以及重塑表面纹理，才能得到去噪效果好且较为精准的模型。

（四）数字化人台应用于虚拟试衣

虚拟服装，能够通过特定的虚拟试衣软件直接在虚拟模特上快速设计服装原型，使用"画线转板"的功能，减少设计所需的准备时间。这是时尚行业的一大进步。在研发和销售过程中，虚拟仿真服装可以帮助工作人员更精确地工作，节省时间和费用。近年来，数字化人台广泛应用于各种虚拟试衣软件。通过对市场上几种虚拟试衣软件功能进行总结，可以发现，数字化人台应用于虚拟试衣软件的途径主要有两种：一种是利用虚拟软件中自带的虚拟人台数据库，通过人体各控制部位参数调整，构建较为符合真实人体的数字化人台，如图3-4所示。另一种是通过三维人体扫描技术得到真实的人体模型，对模型进行降噪处理后

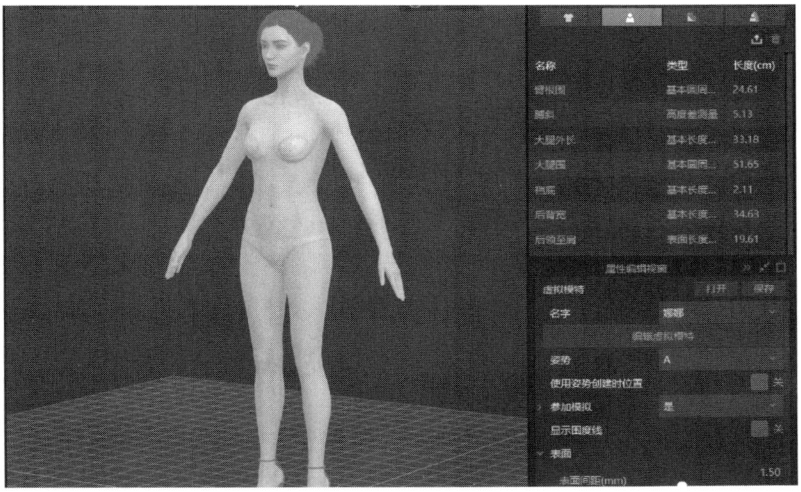

图3-4 参数调整数字化人台
（图片来源：天津工业大学纺织科学与工程学院虚拟仿真实验室）

生成对应文件直接导入虚拟试衣软件，以此作为虚拟化身进行虚拟试衣。

借助于相应试衣软件的帮助，数字化人台可在虚拟环境中进行试衣操作。通过在生成的数字化人台上贴标记点，与试衣软件中虚拟服装的标记点相匹配，并结合面料纺织技术与虚拟缝合技术，可以构建出一个高效真实的虚拟试衣系统，该系统能够真实有效地展示服装款式，不仅满足设计师在设计样本的样衣试制过程中对数字化人台的需求，还能满足消费者在线购买服装时对与自身相近的数字化试衣模特的需求。以下为虚拟试衣三个主要步骤的示范过程：制板—三维人体扫描—导入虚拟试衣软件，完成虚拟试衣。

1. 制板

使用富怡服装 CAD Super V8软件进行制板，得到M码的女T恤2D板片，如图3-5所示。再将生成的DXF文件导入虚拟试衣软件，生成三维模特的试穿效果。

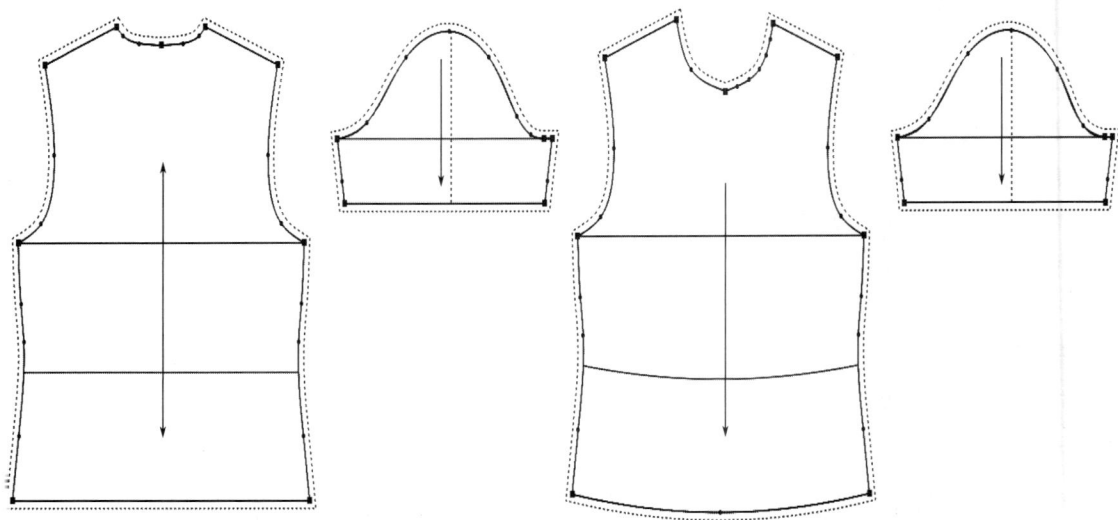

图3-5　CAD生成的二维板片

2. 三维人体扫描

利用三维人体扫描技术可以进行真实人体扫描，Anthroscan PlusM4是德国的 Human Solutions 公司开发生产的高精密激光立体扫描设备，扫描仪装置和扫描结果如图3-6所示。它可在几秒内快速获取模特三维数据，自动建立全身人体模型并采集模特尺寸数据，同时使用强大的人体数据计算和分析功能，对扫描数据进行处理。该设备主要用于测量人体尺寸、建立人体模型、分析三维人体形态、服装定制、服装虚拟试衣、人机工程与工效评价等方面的研究。

3. 导入虚拟试衣软件

将扫描的人体模型导入到虚拟试衣软件中，以此作为虚拟模特完成虚拟试衣，虚拟试衣效果如图3-7所示。

综上所述，数字化人台的出现极大地推动了影视、游戏以及服装行业的发展。尤其是服

图3-6 Anthroscan PlusM4扫描设备和数据处理界面
（图片来源：天津工业大学纺织科学与工程学院虚拟仿真实验室）

图3-7 虚拟试衣效果图

装行业，数字化人台可提供在线设计、量身定制、在线试衣、在线服饰搭配、在线社交等多种服务。针对数字化人台的研究目前已取得不少成果，但数字化人台真实度提升仍是难点，也是未来技术的发展趋势。

二、虚拟试衣技术

三维虚拟服装是当前虚拟技术研究中的一个热门课题。许多品牌也建立了自己的虚拟试衣系统和虚拟工作室。虚拟试衣技术可以成为客户在网上购买衣服时视觉效果预估的良好工具。伴随"工业4.0"的蓬勃发展，数字孪生（digital twin，DT）技术出现，这是一种具有实时同步、忠实映射、高保真度特性和能够实现物理世界与信息世界交融的可视化技术手段。该技术在服装智能工厂、虚拟试衣等领域得到了应用。虚拟试衣作为服装CAD技术之一，可以实现对服装的视觉呈现、预测、设计、打板、模拟和评价，在改善穿着尺寸、减少样品生产成本、缩短产品研发周期等方面具有重要作用。

（一）虚拟试衣技术简介

虚拟服装的制造是在样板结构和虚拟模型基础上，进行剪裁，然后利用虚拟布料的缝合和弹性来实现三维服装的三维模型，并根据模型的姿态变化来模拟服装的穿着效果，其过程与真实的服装制造方法如出一辙。

在服装行业中，真正意义上的虚拟服装始于虚拟试衣软件。虚拟试衣软件是虚拟试衣技术的一种工具载体，帮助人们在数字状态下看到、预测、设计、打板、模拟和评定服装，以此来提高服装生产效率，降低生产成本和减少资源浪费。在20世纪90年代，人们开始对服装进行3D仿真的研究，这种技术可以在参数化的虚拟模型上进行虚拟的服装测试，或通过扫描人体来进行虚拟的服装测试，从而推动服装产业的发展。利用这种技术，可以将服装从2D平面展示到立体的服装试衣，并能将虚拟的立体设计模型变为真实的3D服装。从2D至3D的虚拟服装设计，是以物体物理性质为基础，对虚拟模型进行3D模型的仿真。

近几年，三维虚拟试衣系统在许多行业中得到了广泛的应用，在服装生产过程中，很多公司都在使用3D虚拟试衣技术，主要是因为从制板到成衣的生产成本增加，传统的制衣工艺利润降低，因此，服装企业需要进行转型。在这种环境下，虚拟服装的制造、跟踪、时间、空间方面的优势得到了充分发挥，衣服的尺寸和合身程度有所提升，同时减少了样品的制作成本，加快了新产品的研发进度。

（二）虚拟试衣软件

市场研发的虚拟试衣软件主要有3D虚拟试衣、服装和环境渲染、虚拟模特走秀等功能，其中3D虚拟试衣是软件的核心功能，包括2D制板、3D服装模拟、服装合体性检查等。由于不同软件的虚拟试衣功能在服装制作过程、软件模块的功能设计、模型库的资源储备上都具有差异性，致使虚拟试衣体验用户选择虚拟试衣软件时出现困难。此外，当前服装建模和实际应用依然存在较大差距，一是由于服装仿真、人体建模与二者交互模拟的算法结构复杂；二是人体试衣3D形态建模目标具有多样化特点。

1. 虚拟试衣软件概述

基于以上虚拟试衣技术的优势，近些年相继出现多款虚拟试衣软件，如美国派吉姆（PGM）公司的3D Runway、法国Lectra公司Modaris 3D Fit、新加坡Brozwear公司的Lotta（叶海莲，陈依蕾，2018）、德国公司Assyst GmbH的Vidya、中国杭州凌迪科技的Style 3D和韩国CLO Virtual Fashion公司的CLO3D等，结合服装设计与工程、人体工效学等知识，虚拟试衣技术的相关研究工作出现了多样化发展趋势，不同软件的虚拟试衣功能也有所差异。

2. 虚拟试衣软件工作流程

以虚拟衬衫为例，其制成后的成果展现分为两部分：一是服装2D样板；二是3D样衣模拟。使用Vidya、Style 3D和CLO3D三款软件分别进行衬衫虚拟建模，对其性能进行对比。由虚拟衬衫制作过程可知，三款虚拟软件在制作衬衫时都包括制板、制作白坯布样衣、选取面料和辅料以及制作成品样衣4个步骤，但二维样板制作、虚拟服装展示的基础材料和虚拟服装的模拟效果调整处的表现细节有所不同。

（1）二维样板制作。服装净样板可以使用DXF格式文件导入样板，也可以在软件的2D制板界面中直接设计。三款软件都使用这两种方式制作衬衫样板，其中Vidya要求样板文件的编码信息必须携带衬衫号型信息，而Style 3D和CLO3D则不需要，未设置服装号型的样板默认为标准码服装样板。

（2）基础材料展示。制作虚拟衬衫需要使用虚拟面料、虚拟辅料、虚拟缝纫明线和虚拟模特（digital human model，DHM），而虚拟面料质感受面料纹理属性和材质属性控制。当虚拟服装和DHM模拟平衡后，使用材料虚拟展示台可增加服装美感的展示形式。三个软件所含的材料种类不同，虚拟服装体现的质感和风格也不同。相比于Vidya和CLO3D，Style 3D的虚拟服装展示中基础材料的特点是具有线上资源开放的共享平台。由于线上资源可由官方和用户自由创作并上传，该部分的资源在现实制作或者生产中存在不确定性。

（3）模拟效果调整。使用统一的3D面料，虚拟服装制作完成后，需要检查虚拟服装的2D样板与3D样衣缝份长度之差，差值越小，样衣与样板差距越小。模拟服装过程中，需要根据样板设计面积大小调整粒子间距。粒子间距影响虚拟试衣的仿真性和流畅性，数值越小，模拟性能越高。粒子间距控制服装建模的网格面数量，当面料的网格数量越大时，面料整体棱角锋利度变高，服装仿真性效果变差，这与各软件虚拟试衣的建模算法相关。三款软件在检查和调整模拟效果时展现的性能有明显不同。

Vidya、Style 3D和CLO3D三款软件最终的建模效果分别如图3-8～图3-10所示。

综上所述，依据虚拟衬衫制作经验，对Vidya、Style 3D和CLO3D三个软件的虚拟试衣功能进行综合评价，得出以下结论：Vidya的虚拟试衣功能综合性能评价最高，CLO3D虚拟服装展示多样性较Style 3D丰富，Style 3D服装模拟仿真效率较CLO3D突出。作为虚拟试衣技术的载体，不同的软件展现的虚拟试衣功能不同。3D虚拟服装的功能逐步为纺织服装院校、企业和科研用户的开发工作提供了有力的支持。

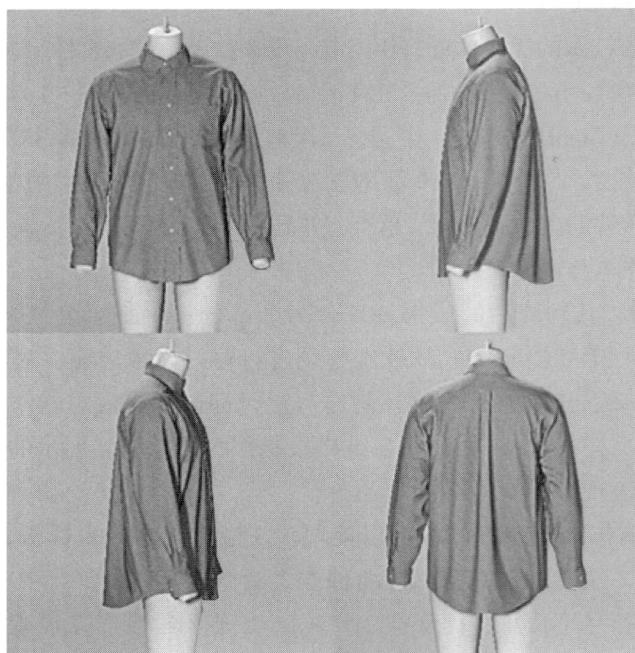

图3-8　Vidya对T恤建模效果

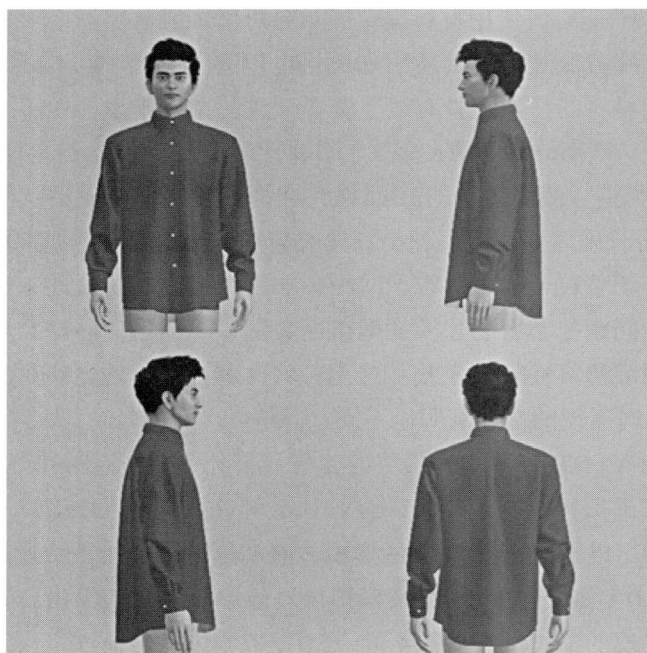

图3-9　Style 3D对T恤建模效果

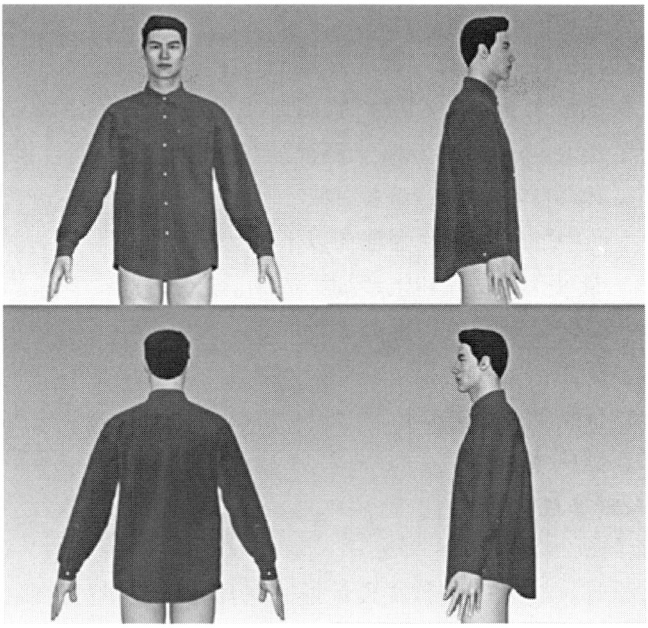

图3-10 CLO3D对T恤建模效果

第三节 智能化背景下的CAD制板

智能化技术在CAD制板领域的应用，可以提高制板过程的效率和精确度，为设计师提供更好的工作体验。该技术具备自动化设计、参数化建模、智能辅助设计、高级分析和仿真、数据交互和协同设计等功能。总体来说，智能化背景下的CAD制板技术可以提供更高效、精确的制板工具和功能，帮助设计师快速完成设计任务，并提升设计质量和效率。

一、服装CAD概况

（一）服装CAD概念

服装CAD系统是计算机辅助设计技术与服装产业有机结合的产物，集计算机图形学，数据库、网络通信等计算机及其他领域的知识于一体，是服装设计师在计算机软硬件系统支持下，通过人机交互手段，在屏幕上进行服装设计的一项专门的现代化高新技术。

（二）服装CAD智能化应用

服装CAD作为一套服务于纺织、服装企业发展而产生的软件，它集纸样设计、放码、排料于一体。在工业转型、升级的大背景下，智能制造、智慧工厂成为服装企业的发展趋势。服装CAD的应用是现代服装工业发展的必然结果，它带给服装企业的不仅是资源的节约，更重要的是设计师设计水平和产品质量的提高。

服装CAD具有速度快、绘图准确、管理方便、易于修改等优点，非常适合于多品种、小批量、短周期、变化快的服装行业。据统计表明，通过运用服装CAD，企业的设计成本可降低10%～30%，设计周期可缩短30%～60%，产品质量可提高2～5倍，设备利用率可提高2～3倍，面料利用率可提高2%～3%，节省2/3人力或场地。

服装CAD在工业生产中的作用主要表现在以下4个方面。

①提高工作效率，缩短产品设计和生产加工周期。

②改善工作环境，减轻劳动强度，提高设计质量。

③降低生产成本，提高经济效益。

④方便生产管理，有利于资源共享。

（三）服装CAD系统构成

1. 服装CAD的软件系统组成

（1）款式设计系统。

①二维服装款式设计。二维服装款式设计通过选择系统提供的绘画工具和调色板绘制新图案、时装画、款式图、效果图。系统内有丰富的款式库、面料库、配饰库等。可以通过绘制、彩色扫描仪扫描、摄影机、录像机、数码相机摄入新图样来扩充图库，也可从网上下载有价值的资料来扩充图库。

②三维服装款式设计。三维服装款式设计具有二维款式设计的系统功能，同时款式设计系统提供的三维立体着装效果更是手工无法完成的，这极大提高了设计师的设计水平和生产效率。

（2）样板结构设计系统。样板结构设计系统是设计师利用计算机进行结构设计和制作工业样板的工具。样板结构设计系统中操作方法主要有原型设计样板法、直接设计样板法、自动设计样板法、输入衣片样板法。

（3）样板推档设计系统。衣片放码是在基样衣片的基础上完成各种号型样板的放缩和绘制。在该系统中衣片的放码有交互式放码和全自动放码两种方式。

（4）排料系统。排料系统分为交互式排料和全自动式排料。交互式排料指由操作者操作各种不同种类及不同号型的衣片，通过平移、旋转、比例、翻转等形式来形成排料图，计算机实时计算每次排料结果的面料利用率。自动式排料指计算机按用户事先指定的方式来自动配置衣片，让衣片自动寻找合适位置靠拢已排衣片或布料边缘。排料过程中，计算机可多次试排，寻找最佳排料方案，精确度高，不会漏排。

（5）款式工艺图及工艺单设计系统。该系统用于辅助制定生产工艺说明书。与款式设计系统不同，该系统主要进行款式图、样片的结构关系图、缝制方式示意图及文字、表格的绘制。

（6）三维试衣系统。该系统建立在各种款式数据库基础上，为不同体型、不同需求的人进行快速的样衣试穿，其中人体轮廓通过摄像仪或数码相机输入。

（7）款式数据库管理及联网管理系统。系统用于对款式效果图、工艺结构图、样板、非料单、生产工艺单、客户档案等各种数据库进行智能化的网络管理，如图3-11所示。

2. 服装CAD的硬件系统构成

硬件系统是软件系统的载体，CAD系统硬件设备大致可以分为输入设备、电脑、输出设备三类，硬件组成如图3-12所示。

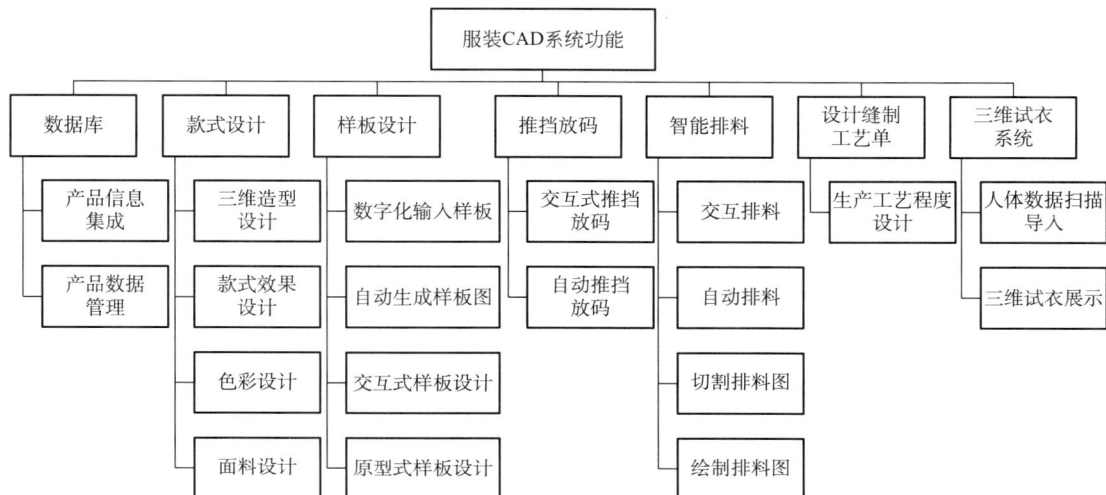

图3-11　服装CAD系统软件组成图

图3-12　服装CAD系统硬件组成图

常见的输入设备有数字化仪，也称数字化读入设备。该设备相当于一个大型扫描仪，其功能是在10~15min内将一套衣服的样板精确地输入计算机，经过编辑后，就可以用于生产。扫描仪可用来扫描款式效果图或面料。而数字化纸样读入仪可以用来读取手工绘制的纸样。此外还有数码相机、摄像机等。

CAD软件供应商一般会对计算机系统配置提出推荐性要求，以便能更好地呈现CAD制图效果。

常见的输出设备有打印机、绘图机、裁床等。打印机主要包括生成系统报告的彩色喷墨打印机或激光打印机。绘图机是把计算机产生的图形用绘图笔绘制在绘图纸上的设备。裁床可以与CAD系统相连直接进行裁剪，具有裁割路径智能化、刀具智能化等特点。

二、服装CAD发展现状

作为现代设计工具的服装CAD技术，是计算机技术与服装行业相结合的产物。从1972年的MARCON系统到现在，国内外已有上百个不同的服装CAD系统。

（一）国内服装CAD制板系统

我国服装CAD的研究开发工作始于国家"六五"计划时期，是在引进、消化、吸收国外服装CAD系统的基础上进行的，其研究基础是美国格伯（Gerber）公司的服装CAD系统。其后，中国航天工业总公司710研究所、北京日升天辰电子有限公司、杭州爱科电脑技术公司、杭州时高科技开发中心及香港富怡电脑公司等纷纷研发了自己的服装CAD系统。我国在20世纪80年代将服装CAD系统的研制和开发列入了"星火计划"。目前，国内已有50余套系统通过了各种形式的鉴定并提交用户使用，系统的软件功能较齐全，应用领域较广泛，在一定程度上可与国外CAD软件相媲美。

1. 富怡（Richpeace）服装CAD系统

（1）发展概况。深圳市盈瑞恒科技有限公司成立于2001年4月，是我国服装行业、服装数字装备产业中服装CAD、CAM、CMIS产品技术和配套设备的开发商、供应商和服务商，是集开发、生产、销售、培训和咨询服务为一体的高科技服装设备专业企业。该公司专门为纺织服装企业提供设计、生产和管理等全方位的计算机辅助设计系统、计算机信息管理系统、计算机辅助生产系统等系列产品。公司现有产品包括富怡款式设计系统、富怡服装打样系统、富怡服装放码系统、富怡服装排料系统、富怡服装工艺单系统、富怡服装CAD专用外围设备、服装企业管理软件，以及自动电脑裁床等。

该公司拥有自主知识产权的服装数字装备产业化平台，包括以下3个体系。

①服装产品技术体系：该公司实现了技术多元化、产品系列化、营销网络化和市场国际化的经营格局，建成了我国服装数字装备产业化平台，拥有3大服装产品系列和30多个产品品种，包括富怡服装CAD软件系列、富怡服装设备系列和富怡三维自动人体测量样片生成一体化系列。

②服装技术服务体系：该公司拥有为用户提供增值服务的技术服务体系，包括服装设计创意工作室、服装工艺实训工作室、服装多媒体教学演示工作室和服装CAD技术实验室。

③服装数字设备生产体系：该公司于2006年建成了服装数字设备天津生产基地，包括绘图机生产线、拉布机生产线、计算机裁床生产线和有关服装设备配套生产线等。

（2）系统特点。常用版本为"富怡服装CAD系统V1.0"，该版本在开样放码部分整合了公式法与自由设计，特点是联动，包括结构线间联动，纸样与结构线联动调整，转省、合并调整，对称等工具的联动，产品比较成熟，升级速度较慢。

（3）市场份额。富怡CAD软件在国内职业院校的普及率已经达到80%以上。目前已有超过100个国家和地区的数十万用户都在使用富怡CAD系列软件。该软件在欧洲、美洲、印度、东南亚、韩国、南非等市场被广泛使用。

2. ET系统

（1）发展概况。深圳市布易科技有限公司创立于2003年，是以服装CAD软件为主导产品的国家高新技术企业，产品功能强大，服务口碑好，目前已建成覆盖全国的销售服务网络。

（2）系统特点。最新版本的ET CAD线上版具备优异的网络化通信能力、强大的数据交换能力和灵活的弹性配置模式，是面向工业互联网架构，基于多方数据共享的服装CAD系统。ET CAD线上版全面开放裁床和自动排接口，自由度更高，操作空间更大。秉承ET系统数据安全的传统，ET CAD线上版采用基于项目级的板型文件加密技术，安全保障高。

（3）市场份额。ET系统在国内占比较大，主要集中于长三角地区和珠三角地区。

3. 智尊宝纺（Modasoft）服装CAD系统

（1）发展概况。智尊宝纺服装CAD系统是北京六合生科技发展有限公司开发的一款服装CAD软件，该公司是一家新兴的高新技术开发企业，专业从事于服装CAD等服装行业系统软件及配套设备的开发与推广。

（2）系统特点。该系统配备有集同类软件智能笔于一体的智尊笔，其功能已拓展到30～50个，针对女装复杂的省褶问题，能做到1s转省，在打板内使用任何工具均不用区分正负值及XY轴。同时，系统具有DXF导入、导出功能，能兼容美国格伯（Gerber）、法国力克（Lectra）、日本东丽（TORAY）等所有通用格式，此外还具有全面的缩水处理功能。

（3）市场份额。智尊宝纺与世界顶级的服装CAD研究机构有较多合作。

4. NACPRO服装CAD系统

（1）发展概况。上海德卡服装科技有限公司是一家新兴的服装高科技企业，主要从事服装CAD、CAM、ERP系统的销售和售后服务工作，采用日本和美国的先进技术，并汇集了国内大批在服装高科技领域有着先进技术和丰富经验的优秀人员。

（2）系统特点。新一代NACPRO服装CAD制板系统是德卡公司对上代产品NAC2000使用反馈的基础上开发出来的新一代智能化制板系统，它包括了独特的文件管理系统，快速的样板设计系统，多样化的快速放码系统，强大的排料系统，快捷简便的样板输入系统以及灵活多样的打印系统。

（3）市场份额。NACPRO系统在国内职业院校的覆盖率约30%，用户集中于长三角、珠三角地区的中小型服装企业。目前已推广至日本、东南亚等国际市场，服务全球数千家企业用户。

5. 爱科（ECHO）服装CAD系统

（1）发展概况。杭州爱科电脑技术有限公司成立于1994年，该公司是全球非金属行业智能切割一体化解决方案提供商，在中国是最早进行服装CAD系统软件研发的专业公司，在国内享有很高的知名度。爱科服装CAD软件"爱科魔方"是该公司的主打产品。爱科公司结合美国先进的机械制造工艺，在国内研发并生产了具有先进水平的自动化切割系统。该工作在"九五"计划期间曾被列为省级服装CAD商品化推广应用项目。2000年，由中国服装集团公司控股，该公司成立了"纺织工业服装CAD推广应用中心"，承担着国家对外的国际培训推广以及尖端产品的研发。爱科公司现已通过国家版权局登记的自主版权软件产品有：服装CAD、服装CAPP、服装CAI、服装ERP、服装PDM、二维服装CAD、服装电子商务系统和远程教学系统等。公司主导产品ECHO服装CAD一体化系统包括计算机试衣、款式设计、纸样结构设计、推挡放码、排料和款式管理等软件功能。

（2）系统特点。ECHO服装CAD一体化系统经过几十年的研发，已经涵盖了设计、打板、放码、排料、工艺、三维、数据管理、生产管理等功能强大的软件产品群，可随用户不同的成长阶段，逐步提供最佳的配套方案，深受服装企业的欢迎和青睐。ECHO具有复合的制图工具、强大的修改功能、定义部位之间联动功能、文字库和文字输入功能、缝边类功能、切角类功能等辅助工具。

（3）市场份额。该系统功能完整全面，概念准确新潮，定价适中，应用范围广阔，市场占有率具有逐年增加的态势。迄今为止，ECHO服装CAD、CAM、ERP系统已涵盖北京、上海、浙江、江苏、广东、福建等主要服装生产基地，拥有近千家客户网络。

6. 航天工业公司710研究所（Arisa）航天服装CAD系统

（1）发展概况。早在20世纪80年代中期，北京航天工业公司710研究所（简称710所）就凭借雄厚的计算机技术实力，在相关部门的支持下，率先开发了国内服装CAD系统。航天Arisa服装CAD系统是由710所在"星火计划"和"八五"科技攻关计划的支持下，于1986年在北京开发，是国内最早一批自行开发研制并商品化的服装CAD系统，在全国推广应用比较广泛。特别是在20世纪90年代初期，在大力推广研发技术的同时，北京航天工业公司710研究所较早地瞄准国外先进技术，成为用户数量最多的国内服装CAD开发商与供应商。目前，航天Arisa服装CAD系统功能包括：款式设计、纸样设计、放码、排料、电脑试衣、摄像输入等系列CAD软件及通用系列数字化仪和绘图机等硬件设备。

（2）系统特点。航天服装CAD系统的功能模块有款式设计、样板设计、推挡放样、排料、电脑试衣等5个系统，囊括了服装设计和生产的全过程。该公司最新开发了衣片数码摄像输入、工艺单和三维人体测量系统，大大提高了软件的实用性。摄像输入设备通过数码相机获取衣片照片文件，在计算机中，软件自动完成图片的读入和轮廓线的识别，远快于数字化仪中人工逐点读入的速度。工艺系统可以绘制出工艺单文件，并且可随时在Word或Excel里修改。

（3）市场份额。该公司考虑到大、专院校继续教育和培训教学、专业人员的需要，专门定制了教学和网络版本软件，目前已有60多所院校在使用。

7. 博克（BOK）智能服装云CAD系统

（1）发展概况。博克智能服装云CAD系统由深圳博克时代科技开发有限公司研发运营。博克成立于2003年，是经过国家相关部门认定的国家高新技术企业及深圳双软企业。公司专注于服装数字化解决方案和互联网平台研发与推广，为行业客户提供以智能样板为核心的数字化整体解决方案。通过系统集成，公司打通上下游数据，实现服装生产的定制化、柔性化和智能化。

（2）系统特点。该系统针对目前服装行业市场趋势而升级研发，可通过云端素材库选取适合部件套用，自动对接客户数据报表，专门为团体大货定制而研发。一套软件可以解决有关服装打板的所有问题，为企业有效降低库存、提高企业利润。系统包含打板、自动放码、排料生产等功能于一体，是一款操作简单、使用高效、成本低的实用性软件。

（3）市场份额。经过十多年的对服装行业深入研究和推广服务，建立了广泛的行业客户资源，服务于国内外3万多家企业用户。

（二）国外服装CAD制板系统

20世纪60年代初，美国最先将CAD技术应用于服装加工领域并取得了良好的效果。在世界各国拥有数千用户的格伯（Gerber）公司占据了服装CAD技术的领先地位，并形成了新的技术产业。70年代起，一些技术发达国家也纷纷向这一领域进军，取得了较好的成效。在国际上影响较大的有法国的力克（Lectra）、美国的派吉姆（PGM）、日本的东丽，另外，还有新发展起来的、在欧美服装企业界享有盛誉的德国艾斯特（Assyst）系统，拥有着服装CAD/CAM系统较为全面的性能。

1. 法国力克服装CAD系统

（1）发展概况。力克公司成立于1973年，在全球拥有2500余名员工，多年来，为100多个国家的客户提供服务，其业务覆盖的地理范围十分广泛。作为时尚、汽车和家具市场的主要参与者，致力于提供工业智能解决方案、软件、设备、数据和服务，以推动服装生产数字化转型，凭借其契合各行业需求的先进技术，为业内设立了行业标准，并收购美国格伯系统，推动在服装领域完成工业4.0转型。

（2）系统特点。力克服装CAD系统的OPENCAD计算机辅助设计工作站，特点是采用中文软件，不分工作站等级，具有高度亲和性，目录为交谈式设计，附有象形符号小键盘，开放式系统可与各个品牌系统兼容，实现产品信息的沟通。该公司最新推出的OPEN CAD系统具有模块化和开放性的特点。它包括5种基本系统，即M100、M200、X400、X400+以及X600S系统，用户可根据速度、容量、储存器等要求进行选择。相关模块包含了力克公司开发的功能模块及CAD、CAM联机运行系统。其开放性主要在于提高了与其他服装CAD软硬件的兼容性。

（3）市场份额。该公司在全球100多个国家有30家国际子公司，还设立了5个国际热线支援中心，3个国际先进科技中心。于20世纪90年代初进入中国市场，以其"优异的性能、合理的价格、得当的营销策略"在中国市场赢得了较大的份额。

2. 美国格伯服装CAD系统

（1）发展概况。格伯科技有限公司成立于1968年，是位于康涅狄格州南温莎的格伯科学集团公司的4个业务分部之一。公司为服装、运输工具内饰、家具、合成材料和工业纺织品等行业提供方案。20世纪80年代初进入中国市场，对中国服装CAD技术的应用与开发起到了带动和示范作用。为适应中国市场，格伯科技率先将工作站系统移植到微机上，使系统价格由几十万美元降至几万美元，为普及CAD技术奠定了基础。其于2021年被法国力克收购。

（2）系统特点。格伯系统采用工作站形式实现样板、放码、排料一体化，具备UNLX多用户、多任务能力，兼备同步作业，具有强大的联网能力。硬件配置方面具有处理速度快、兼容性好、高分辨率的特点，采用区域网络、以太界面、网络BNO界面板，使界面友好、亲和。

（3）市场份额。格伯科技公司销售网络遍及全世界，在117多个国家设有办事处、代理商和分销商。该公司在中国北京、上海、广州、武汉、杭州等地设有办事机构，多年来，其产品在服装、航天、汽车、家具、产业用纺织品、交通及制鞋等领域已拥有众多用户。

3. 日本东丽服装CAD系统

（1）发展概况。日本东丽集团社创建于1926年，现在已发展为在日本拥有118家公司，在海外的20个国家和地区拥有124家公司的综合型化工企业。它以生产合成纤维为主，在塑料、复合材料、化工、水处理、电子材料、医药、医疗器械等领域开展着广泛的业务。而服装CAD事业作为东丽集团旗下的一项业务，由上海丽泰信息技术有限公司作为其在中国（除广东以外）的总代理，提供产品及售后服务。

（2）系统特点。不断升级更新的CREA COMPO是东丽ACS软件系统的主导产品，系统的最大特色在于它用信息化的思维模式实践于服装工艺流程。该公司开发的Toray-ACS Ⅱ服装CAD系统设计了三维人体模型，使二维衣片和三维人体之间建立起对应关系。在款式多变、高效沟通的时期，多元化、集成式菜单，配合模拟试穿的系统功能让制板软件更贴合打板师的操作。东丽公司独有的推挡方式，结合各号型的试穿比对及统一分配量、自动对合衣领袖窿等功能的加强，减少了批量生产前的烦琐。

（3）市场份额。东丽ACS软件系统的CAD产品在日本服装行业的市场占有率达80%，98%的日本知名服装生产商都在使用东丽CAD系统。

4. 美国（PGM）服装CAD系统

（1）发展概况。PGM自1996年在上海设立中国代理公司，至今已先后向中国10多所高等学府赠送了设备和软件，建立近30个CAD、CAM教育合作中心，范围涵盖了全国十多个省、市的纺织服装专业院校。PGM不仅为中国纺织服装专业人才的数字化教育做出了贡献，同时更为中国纺织服装企业在CAD、CAM方面的科学应用储备了大量的专业人才。

（2）系统特点。PGM服装CAD系统拥有良好的兼容性，可以读取各种通用格式。其智能排料可以设置单面、回折、圆筒等多种铺布方式。对应不同的铺布方式，系统能够进行相应的排料。

（3）市场份额。PGM在中国已经拥有了超过5000家的使用客户，更以超过35%的市场份额，位居前列。

5. 加拿大派特（Pad）服装CAD系统

（1）发展概况。加拿大派特公司是一家服装CAD、CAM专业技术公司，于20世纪90年代末开发中国市场，因其操作简便、功能强大及系统开放性好的特点，迅速被中国服装企业接受。派特系统功能包括：Pad服装CAD系统、服装CAM系统、ERP企业管理系统、Pad-LILANAS服装款式设计系统及Pad-PUL SE绣花软件系统等。

（2）系统特点。派特系统革新制衣方法，综合建立了快速高效的设计纸样、放码和生产纸样的工序，拥有灵活高效的软硬件配置。派特系统兼容于所有软件，如DXF和AAMA输入/输出档案格式。派特系统具有全球领先的排料系统，其系统的开放性好，软件中包括20多种国家文字。

（3）市场份额。公司在上海等地设有服务中心，经过多年发展，现已有各类用户两百余家，并与有关服装专业技术学校合作进行系统推广与培训。

6. 德国艾斯特（Assyst）服装CAD系统

（1）发展概况。艾斯特服装CAD系统于20世纪90年代末进入中国市场，其系统适应面广、性能兼容。其致力于一体化的3D解决方案，比如Vidya三维虚拟样衣，Sketch三维设计软件，3D Avatar Studio三维人台设计等，使Assyst CAD系统成为服装三维数字化设计开发整个流程的重要一环。

（2）系统特点。Assyst CAD系统配备了200多个智能模块，自运行模式构建步骤（宏）接管了耗时的日常任务，提供了速度均匀性，避免了错误的可能。Assyst CAD 与 3D Vidya、标记设计和PLM的集成将开发和生产连接起来，创建了一个连续的工作流，2D裁片可以在3D中快速模拟，Assyst中的智能技术使模式构建变得快速和直观。其数据库具有模块化逻辑，在管理2D模式和3D模拟方面非常灵活，其中包括版本管理。依托于Assyst的时尚云，用户可以访问所有CAD和3D数据。

（3）市场份额。Assyst的服装制板CAD软件是一套完整的服装样板设计软件，已经有近30年的历史，在世界各地，特别是欧洲地区有广泛的用户使用。该公司在上海等地设有办事机构，近年来凭借多用户平台和在线网络支持等现代技术及优质的服务，也在中国市场赢得了一席之地。

三、服装CAD发展趋势

服装CAD技术的成功应用不仅拓展了计算机的应用领域，也加速了传统服装产业向现代化转型。随着计算机技术的不断发展、多媒体和网络技术的逐渐成熟、服装流行速度的加快、消费需求的多样化，服装CAD在服装行业的应用将越来越广泛，并深入渗透到设计、生产、管理、销售和服务的各个环节。服装CAD正朝着智能化、三维立体化、集成化、网络化、简易直观化、开放式与标准化的方向飞速发展。

（一）智能化

早期的服装CAD系统缺乏灵活的判断、推理和分析能力，使用者仅限于具有较高专业水平和丰富经验的技术人员，而且在操作方法上只是简单地用鼠标、键盘和显示器等现代工具取代传统的纸和笔。随着服装CAD应用人群的不断扩大和计算机技术的飞速发展，开发智能化专家系统已成为服装CAD发展的新方向。例如，西班牙Investronica公司的智能自动排料功能，除了系统设置的排料方案外，操作者利用交互排料的优化方案，系统可将其存储、添加到自动排料方案中，这样系统就具备了一种"学习"功能，系统反复使用，功能就会越来越强。GS-2000计算机制板系统，提供多种结构连接设计法，也就是把预先设计好的服装各结构部件连接在一起，形成一款服装结构图的方法。其核心技术在于各结构部件的设计数据具有一致性和继承性。

（二）三维立体化

最初的服装CAD系统是基于平面图形学原理开发的，无论是款式设计、样片设计还是试衣系统，其中的基本数学模型都是二维平面的。随着人们对服装品质与合体性要求的不断提高，服装CAD迫切需要由当前的二维平面设计状态发展到三维立体设计状态。

随着三维人体测量技术的逐渐成熟，三维服装CAD也初步完成了从理论研究向实践应用的转变，基于3D技术的量身定制系统和虚拟试衣系统也已经走进了人们的生活。虽然三维服装CAD技术有了突破性的进展，但服装在现实生活中是柔性的，它会随着人体的运动不断变化形态。服装CAD在实现从二维到三维的转化过程中，解决织物质感和动感的表现、三维重建、逼真灵活的曲面造型等问题，是三维服装CAD走向实用化、商品化的关键。

（三）集成化

为在激烈的市场竞争中取得优势，服装企业必须建立快速反应机制，提高生产效率。实现整个服装生产的高度集成已成为当今服装业发展的必然趋势。

早在20世纪80年代，计算机集成制造的概念就已经被提出。计算机集成制造系统（computer integrated manufacturing system，CIMS）是在信息网络技术、计算机技术、自动化技术和现代科学管理的基础上，将设计、生产、管理、营销、服务等各个环节，通过新的生产管理模式、工艺制造理论和计算机网络有机地集成起来，根据市场需求变化，随时做出相应的合理调整。由于信息资源共享，企业内部各部门之间很容易协调，反应的速度也非常快，从而可以充分利用人力、物力资源，最大限度地降低生产成本，提高生产效率。典型的CIMS系统主要由4个部分组成：CAD、MIS、GAM和FMS，即计算机辅助设计系统、计算机辅助制造系统、管理信息系统和柔性加工系统。

计算机集成制造系统赋予了工业自动化崭新的含义，是迄今为止计算机技术与设计、制造系统完美结合的典范。计算机集成制造系统将在传统服装产业向现代化产业过渡中起决定性作用，因而正在逐步被服装企业接纳和采用，并在不久的将来被整个服装行业广泛应用。

（四）网络化

对一个现代化的服装企业来讲，建立高效、快速的反应机制是其在激烈的市场竞争中胜出的关键。而在接单、原料采购、设计、制定工艺到生产出货的全过程中的网络化运作，已成为服装企业在市场竞争中不可缺少的快速反应手段。21世纪是互联网时代，基于网络的辅助设计系统可以充分利用网络的强大功能保证数据的集中、统一和共享，实现产品的异地设计和并行加工。因此，开发开放式、分布式的工作站和网络环境下的CAD系统将成为网络时代服装CAD发展的重要趋势。

（五）简易直观化

一套好的服装CAD系统，不仅要性能稳定、功能强大，还要界面友好、操作方便、易学易懂、快捷高效。这样能最大限度地激发设计者的创作灵感、简化操作过程、提高生产效率。而这也是服装CAD系统在发展与完善过程中必然的选择。界面友好、易学易懂的服装CAD系统最明显的标志就是将原本抽象的界面和工具图标变得直观形象化，对每一步操作都给出简洁明了的提示，让多数操作者只看提示就能完成操作。

（六）开放式与标准化

目前应用的服装CAD系统众多，所采用的计算机外部设备品牌繁多，因此宜采用开放式系统，以便用户根据需要灵活地选择、配置各种设备。开放式系统主要体现在开放的工作平台、用户接口、开发环境、应用系统以及各系统之间的信息交换和共享。在信息化时代，开放的标准是一个全球性的问题。同时，制定和完善服装CAD技术标准并贯彻执行标准，不仅可以促进服装CAD技术进一步提高，也能促进服装CAD技术在服装行业的普及应用和国际的交流合作。只有标准化的服装CAD系统才有利于计算机数据管理，便于查询和资源共享，才能加快信息传递的速度，减少等待的时间和重复劳动，从而得到更好的推广和应用。

第四节　智能裁剪

裁剪工程是纺织服装生产环节中极为重要的一环，直接影响缝纫工序的进行以及服装成品的规格和品质。目前纺织服装企业裁剪时，有手工裁剪和智能裁剪两种方法。传统的手工裁剪费时费力，对于服装质量的保障率较低，现已逐步淘汰。如今智能裁剪已成为越来越多纺织服装企业在智能化浪潮中的首选，通过智能化裁剪设备的应用，实现精准裁剪，以此提高企业的核心竞争力。智能裁剪的内容包括自动铺布系统、智能裁剪系统和智能裁片仓储系统。

一、自动铺布系统

自动铺布系统是纺织服装生产行业中不可或缺的装备之一，作为自动数控裁剪的前一道工序，铺布的质量和精度直接影响着裁片的质量。自动铺布机、裁床、集电装置等设备构成了自动铺布系统的重要组成部分。自动铺布机是一种能够自动将织物铺设在工作面上的机械设备。自动铺布机是置于裁床上工作的，而裁床的功能除承载铺布机外，还可以裁剪衣片等。集电装置是可以为铺布机提供电源的电器构件。

在长期的现代服装业生产实践中，服装自动化生产环节起到至关重要的作用。在现代服装业生产中，应用自动化的铺布系统，有利于减轻劳动强度，减少人力物力消耗，提高产品生产效率与生产水平，促进服装业生产的现代化。

全自动铺布机是现代服装裁剪自动化系统中的重要装备，在服装生产流程中有不可替代的作用，提升了服装生产效率，加快了产业发展。

1. 设备简介

（1）全自动铺布机（机织）。奥瑞布王全自动铺布机（机织），如图3-13所示。该机配备PLC可程式计算机控制，采用先进的触摸屏操作，方便设定拉布方式、长度、拉布层数、速度等功能设置操作，可避免长度设置和人为操作失误所产生的意外。

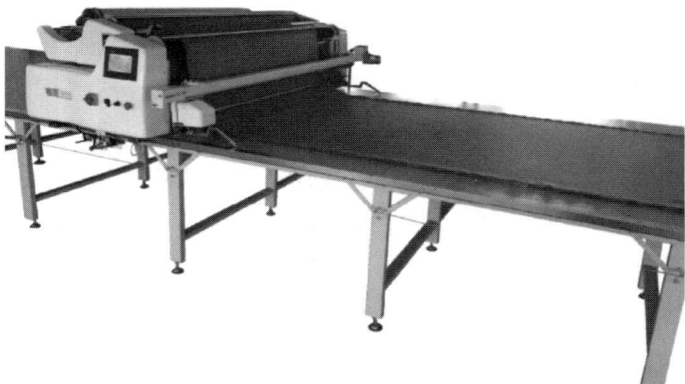

图3-13　全自动铺布机（机织）

（2）全自动铺布机（针机全功能）。奥瑞布王全自动铺布机（适用于平织、针织布料），如图3-14所示。该机配置与全自动铺布机（机织）相近，采用斗式置布篮设计，便于装载较大的卷支布料。布王铺布机不仅在自动控制上配置了先进的系统，同时在铺布过程中也可以对突发状况做出及时反应。其配备的自动加减速功能，可避免长度设置及人为操作失误所产生的意外。

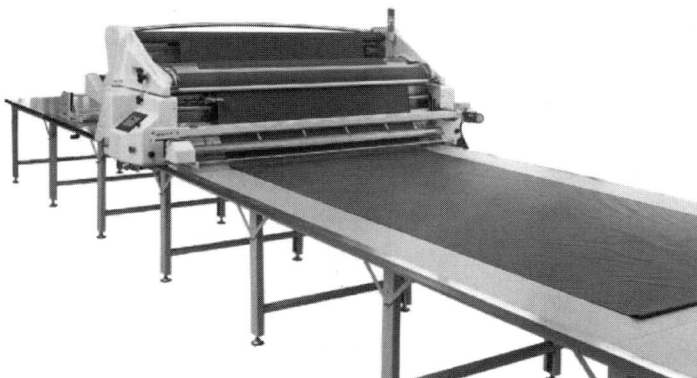

图3-14　全自动铺布机（针机全功能）

上述两种针对不同服装面料的全自动铺布机，主要的性能特点如下。
①触摸屏作业界面实时可视，设定简易，操作方便。

②自动对边功能，在拉布过程中可以实时追踪布边，节省面料损耗。

③无布停机，自动驶回原点，无张力拉布，简化操作，提高生产效率。

④移动遥控式急停方式，即时控制、快捷安全。

⑤拉布机用PLC可程式计算机控制速度变化，运行平稳而安全。

2. 工作原理

全自动铺布机是由多种装置构成的整体，包括机器运转装置、布料传送装置、精准对边装置、布料裁剪装置等，依靠双PLC与触摸屏的控制运转、相互配合完成布料裁片。自动铺布机通过机械手臂将布料铺开并固定在工作台上，使布料呈现不受外力的自然状态并自动切断布料。

3. 操作流程

全自动铺布机的工作方式：首先将布料放到送布装置上，布料的起始端铺展开并用布料裁剪装置压紧，手动将起始端布料切齐并做好铺布准备。在计算机界面设置好铺布机自动工作的各项参数，按"开始"按钮下达执行命令，机器开动后送布装置将布料送到指定长度位置后停止工作，布料裁剪装置切断布料后提升装置高度并回到起始端位置，如此反复多次运转，直到达到目标铺设层数。

该机器具有多种功能，主要包括：确定铺布长度、自动调整铺布张力、显示铺布层数、监控布料使用情况、慢速起步功能、调整铺布速度、控制布料对边、掌握幅宽的走刀行距、面料铺叠时自动轴向扩展、消除张力、减少褶皱并保持布料表面平整光滑等。

4. 先进性及局限性

现阶段，纺织服装生产领域已有越来越多的企业投入使用全自动铺布机，并搭配自动裁剪设备共同使用，能最大限度地减少误裁、漏裁、多裁等问题，提高裁片质量和效率，并节省巨大的生产成本。最重要的是，相比于传统的多人合作人工铺布或半自动铺布机，全自动铺布机的自动化程度高，铺布过程中不需要人工操作，节约了大量劳动力。由于铺布速度快，生产效率相较于以往大大提高。由于采用独特的松布和送布技术，所以缝料可以保持无张力放平。由于微计算机测长技术的应用，所以切断缝料的首尾精度可达 ±3mm。由于自动对边技术的应用，缝料边缘可以非常整齐，从而提高缝料的利用率。

全自动铺布机在一定程度上优化了我国服装工业装备结构，不仅提高了服装成品的质量，保证了稳定的生产力，而且大幅度提高了铺布效率，提高劳动生产率，同时减少了工人的劳动强度，增加了企业的效益。因此，越来越多的企业选择使用自动铺布机来整理布料，全自动铺布机也得到了广泛的应用。但是它也存在一定缺点，首先，随着纺织服装生产的自动化以及智能化，在一定程度上也导致了工作机会的减少。其次，全自动铺布机设备价格昂贵，中小型服装生产企业购买压力大。值得注意的是，全自动铺布机使用精度高，日常要注意设备的保养与维护，确保工作状态良好，否则调整和维修比较费时费力。

二、智能裁剪系统

裁剪是将服装面料裁切为裁片的过程。随着科技的进步与发展，服装裁剪领域的设备朝着自动化、数字化、智能化的方向不断发展与普及，利用智能裁剪系统进行裁剪作业已经成为必然的发展趋势。裁床是进行裁剪作业的硬件，要使得裁床有效运行还需要相应软件的支撑。软件所具备的功能主要包含接受制板、排板以及修板的数据信息，并确保裁剪的有效性，控制裁床能够有效运行。利用智能裁剪系统可以实现服装裁剪的自动化，节约生产成本，提高生产的精准度与工作效率。

裁剪设备的作用是在裁剪台上按裁剪纸样将单层或多层面料裁剪成符合工业板型标准的合格裁片，供缝纫工序使用。裁剪工序将直接影响服装成品的质量。因此，越来越多的企业采用智能裁剪系统，针对裁剪工序设计了精密的仪器设备，例如，博派智能科技有限公司、上海睿柯科技发展有限公司、浙江尼森智能科技股份有限公司等，其智能裁剪设备推动着纺织服装产业体系升级发展。

（一）自动裁剪设备

服装产业的生产需要经过多道工序才能制作出最终完整的产品，裁剪工序直接关系到生产成本与成衣质量。随着时代的发展，服装行业开始步入自动化时代，一些大型的纺织服装生产企业摒弃老旧的裁剪设备，引进了更加先进的服装自动裁剪设备，如服装自动裁床和激光裁剪机等。

1. 设备简介

（1）服装自动裁床。自动裁床（也叫自动裁布机，automatic cutter）是服装业裁剪技术的一大革新，它利用CAD数据控制刀的转动方向来生产所需要的裁片。作为自动化程度最高且最具代表性的设备产品，自动裁床主要包括计算机控制系统、裁床操作系统、真空吸气装置，如图3-15所示。其中，真空吸气装置的原理是将待裁面料层上方的塑料薄膜与裁剪台面之间的空气抽离掉，这样大气压力的作用可以使待裁面料与台面紧密贴合，对待裁面料层起到固定的作用，使得在裁剪过程中面料不容易移动，达到确保裁片精度的目的。

图3-15　服装自动裁床（多层裁）

（2）激光裁剪机。激光裁剪机是指利用激光裁剪服装面料的裁剪机，由裁床、金属衬板、激光裁头、传动定位装置横向导轨、纵向导轨和激光器构成，如图3-16所示。其结构特征是在裁床上铺设网状金属衬板，裁床床面两边分别设置相互平行的纵向导轨和齿条，两条导轨上分别对称设置可沿其纵向移动的传动定位装置，两个传动定位装置由横向导轨固接，在横向导轨上设置可沿其横向滑动的激光裁头，在裁床侧面设置作为激光裁头激光源的激光器。通过计算机控制，传动定位装置带动激光裁头在裁床上方可作平面运动，同时释放高能激光，快速准确地切割面料。

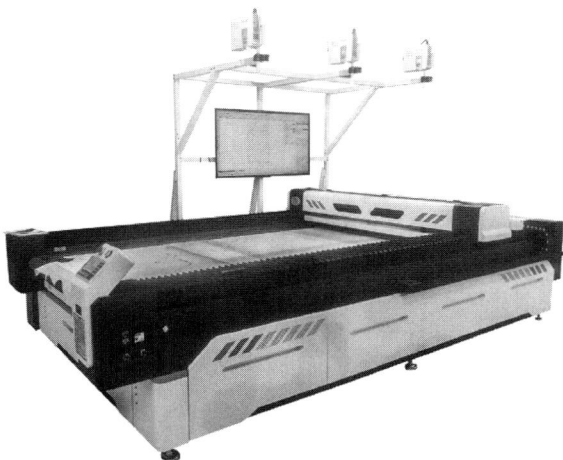

图3-16　激光裁剪机

激光裁剪机是利用激光束聚焦后所产生的能量熔融纤维而达到切割裁剪的目的。通过调节激光束强度，可加工单层、两层乃至多层织物。在不同的激光强度下，切割单层布料和多层布料的速度不同。在布料切割过程中，激光强度与加工速度的关系是速度越大，所需激光强度越大，布料含化学纤维成分越高，加工越容易。激光切割点的移动技术和移动规律、激光发生技术和裁剪过程控制技术构成了织物面料激光裁剪技术，可用于多种形式的规则或不规则形状织物裁片的加工，包括衣片的复杂形状、简单形状等。该设备的应用范围包括运动内衣和各种紧身衣的前期裁剪工艺，既减少了工人的劳动强度，又能提升产品的生产品质。

服装自动裁床连接服装CAD系统之后，就可以完成自动铺布和自动裁剪面料的任务，彻底改变了服装人工裁剪的方法，极大地提高服装裁剪效率。自动裁剪的精准度不但是裁剪效率的重要影响指标，也是企业成本核算的重要环节。服装行业和市场激烈竞争的特点决定了今后服装裁剪系统的发展趋势必然是朝着高精度、高自动化的方向发展。

（3）智能裁剪房系统。智能裁剪房系统具有自动上布、自动铺布、自动贴标签、自动送布、自动裁剪功能，拥有真空吸附及气动贴标签手臂，采用伺服控制技术，实现吐布轴与主轴电动机转速的比例性跟随。该系统采用机械式弯管防撞机构，提升安全性能，并且实现了对裁刀的实时监控，如图3-17、图3-18所示。

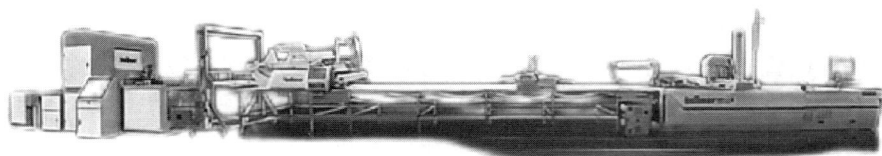

CAD制图
制板生成供整套裁剪房设备
板图文件,搭建裁剪房局域
网数据互通

裁剪房局域网实现设备之间
数据的无缝对接

瑕疵保存系统   识别验布瑕疵标记   铺布瑕疵报表   数据可视化展示

01 验布机
检验面料瑕疵点,标记保存至系统,打通与铺布机、裁床底层数据

02 铺布机
投影实时板图,检测瑕疵点标识导入到报表系统,精准传递瑕疵裁片具体信息

03 贴标机
识别板图数据,自动打印二维码瑕疵位置所在层信息,从裁片开始打通数据链

04 裁床
识别现剪板图件数,配合铺布层数信息,统计裁剪产量分析裁剪效率,告别逐片验片,快速识别瑕疵裁片

05 裁片超市
根据裁片上的二维码信息(打标机生成),实时导入WMS系统

图3-17 智能裁剪房运作系统

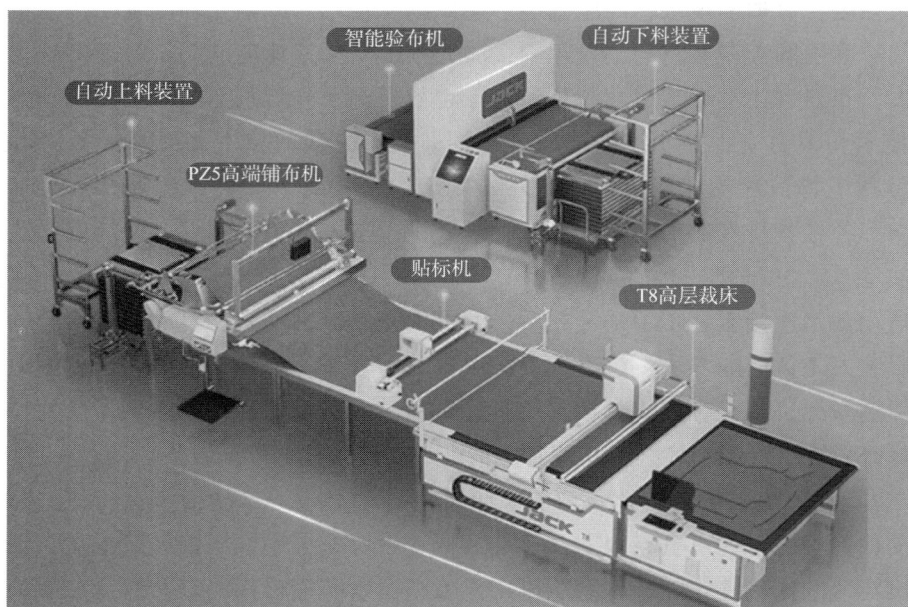

图3-18 智能裁剪房

2．工作原理

自动裁剪设备是利用服装CAD软件的排料数据，使用CAM设备，通过电—机信号转换实现自动定位、切割、打号等一系列工作。裁剪采用上下往复运动的刀具或采用激光切割。

3．性能特点

①与服装CAD联机使用，衣片精度高，切口整齐。

②上下运动的裁刀透过面料层后，在弹性良好的鬃毛式裁床中移动，不会损伤刀具。

③裁刀由计算机控制运动，面料平服吸附稳定，裁刀宽度小并能自动刃磨。

④所有裁片一次成形，并完成打号、定位，生产效率高。

4．先进性及局限性

（1）自动裁剪设备的主要优点。

①通过引入智能的自动裁剪设备到纺织服装生产领域中，服装生产自动化、智能化、产业化的程度提高。

②由于仪器设备的精密化程度高，产品质量好而且稳定，不会受人为因素影响，如工人操作的熟练度、心理状况以及健康状况等。

③提升企业形象，智能裁剪系统、标准化且干净有序的裁剪环境是企业形象的有力保障，智能化的企业更加受到国内外合作方的青睐。

④提高面料的利用率，使面料得到了有效管理与控制，节约生产成本。

⑤裁剪速度快，操作灵活方便，生产周期短，降低质量管理内耗，生产质量更稳定，生产效率更准确，订单交付更及时。

⑥节约劳动力，降低劳动强度等。

（2）在织物面料裁剪中采用激光的优点。

①激光束在各个方向都是锐利的，不受任何几何形状的限制。

②裁剪轨迹很窄，使得邻近两块布料的裁剪线能够紧密排列，可节约布料。

③激光束是永远锐利的，可避免调换刀片造成的停机。

④裁剪沿垂直方向作用，使得多叠层的上下层面料外形完全一致。

⑤裁剪前，激光束不施加任何力，不需要真空布料定位装置。

⑥通过控制激光强度，可以获得多种处理效果，如裁剪、吻切和标记等。

但是，自动化裁剪设备也具有它的局限性。例如，服装自动裁剪机存在真空吸附问题。从节能的角度而言，自动裁剪设备的真空吸附装置能耗过大，真空吸附消耗电能占该机床所耗总能源的80%～90%。无论采用多档吸附，还是控制排气阀等，依旧会在裁剪的不同阶段不同程度存在发动机功率与底盘严重不匹配的现象，从而对能源造成极大的浪费。

从环保的角度而言，裁剪过程中需要使用大量的塑料薄膜，从而对环境造成极大的污染；从裁剪精度的角度而言，在裁剪加工时，随着裁剪工作的进行，裁剪台上难免会出现漏气的现象。为解决这一问题，很多裁剪机都采用了再次覆膜的解决措施，即将已经裁好的部位重新用塑料膜覆盖住。但这一措施无法覆盖裁剪刀附近裁剪部位，在裁剪刀不断移动的同时，漏气部位也在不断地发生变化。同时，在大气压的作用下，空气便会重新进入到真空控，当在离出气口较远的位置发生漏气时，这部分空气便不容易被抽走。随着面料裁剪的进行，塑料薄膜被裁切的头端吸附能力急剧下降，对面料的固定作用减弱，进而裁片的裁剪精度降低；同时所须裁剪的面料种类不同，与塑料薄膜的摩擦系数不同，且面料厚度也不一样，固定面料的吸附压力也有所变化，这些因素都难以把握和控制。

除此以外，自动裁剪设备价格昂贵，只有部分大型企业具备购买的能力。该仪器设备也存在维修不便、不及时，维护保养不易且售后服务费用高等问题。这些问题造成一些纺织服装企业"买了怕用，用了怕坏，坏了怕修"的现象。因此，服装自动裁剪设备还须不断完善升级，才能拥有更广阔的市场前景。

（二）案例介绍

1. 博派智能科技有限公司

博派智能科技有限公司是一家高新科技公司，该公司利用在自动控制领域的经验，融入先进的计算机辅助设计系统及软件系统，在智能自动裁剪控制领域取得突破性进展，成功开发了针对户外、汽车座椅、服装、家居、沙发座椅、医疗、玻璃纤维等领域的智能裁剪设备，并对碳纤维、玻璃纤维、防弹材料等新材料的裁剪有了针对性的解决方案。目前，博派以先进技术为依托，紧跟世界工业智能化发展潮流，产品遍及全国各地及海外市场。

该公司智能裁剪设备包括高速全自动裁剪机、小批量单层自动裁剪机、自动铺布机、切割机、绘图仪和读图板等多种智能设备仪器。

（1）高速全自动裁剪机。高速全自动裁剪机使用"G-CUT软件"智能裁剪控制核心软件。独特的控制方式及算法，确保智能裁剪的高速反应速度及裁剪精度，如图3-19所示。同时，该设备采用全套SMC高品质气动元件，确保设备的各种动作流畅，经久耐用，安装的顶级精度的减速机，可以精准控制裁剪惯量。

图3-19　D-8002S高速全自动裁剪机

该设备的工艺自动打孔技术可以根据客户产品特点，实现定位、纽扣、工艺等孔位的自动冲孔，同时支持多规格空心孔的工艺要求。使用裁剪自动磨刀的技术，可根据裁剪面料的不同，任意设置刀具的研磨距离，研磨时间等，提升裁剪效率。设备所具备的吸附自动覆膜的功能，能够有效提高裁剪吸附的真空度，实现面料稳定的固定。通过对刀具速度的自由控制，设备实现各种复杂成分面料的裁切，确保切边无熔着和粘连。其特点是：精度高，大幅提升裁剪的精确度，软性材料的精度可控制在0.5mm以内，提升成品的品质；效率高，相较于人工的效率高数倍，同时可提升后道缝制效率15%左右；环境好，无粉尘并减少损耗，给纺织服装生产企业创造优良的工作环境并节能降耗，更加适合环保生产；并且接受高端定制及特殊制板，具有多层高效智能裁剪功能。

（2）小批量单层自动裁剪机。博派小批量自动裁床，可连接任意一款CAD软件，计算机辅助设计与切割可以同时进行，带放料机构，如图3-20所示，可切割PVC、TPU、PU、皮革、仿皮、涂层布、网胶皮、机织布、针织布等不同面料。该设备可以自定义切割位置，更加省料；具有优良的切割精度、速度，其切割速度是传统手工速度的3倍；采用进口高密度台面毛毡，防止切割过程中造成损伤；采用可靠的台面结构，应用时间长，平均费用低。

图3-20 小批量单层自动裁剪机

（3）自动铺布机。博派的自动铺布机，如图3-21所示。该设备具有以下技术特点：无布停机，自动驶回原点；当设备不使用时，5min自动关机；紧急停止时，已下放布料不会拖拉；设备具有流线外形，可降低风阻，减少噪声，降低震动；具有PLC触控屏幕作业系统；无张力式拉布作业；简化操作，提高生产效率，保证产品品质。详细的规格参数，见表3-1。

图3-21 博派自动铺布机

表3-1 自动铺布机规格参数

机型	LIT-WIN-KW500	
电压	1P/220V	
电动机功率	1kW	
拉布宽度	1600 ~ 3100mm	
裁台宽度	1830 ~ 3330mm	
机器质量	340kg	400kg
布料质量	80kg（max）	
布料幅宽	500mm（max）	
行走速度	100m/min（max）	
机器尺寸	2600mm × 1800mm × 950mm	3800mm × 1800mm × 950mm
装箱尺寸	2800mm × 2000mm × 1250mm	4000mm × 2000mm × 1250mm
净重/毛重	570kg/860kg	610kg/970kg
拉布高度	标准型单拉 220mm，加高300mm（max）	标准型双拉 150mm，加高230mm（max）
拉布方式	单向拉布/双向拉布/多段式长短拉布	

2. 上海睿柯科技发展有限公司

上海睿柯科技发展有限公司是专注于研究智能裁剪系统的企业，经过多年来对大量数据的调研和实践论证，研发了ACP服装裁剪智能导航系统，并广泛地运用到了国内大批制衣企业中。从研发成果和客户使用的实际运用数据看，在不改变服装企业原有生产工序流程的情况下，ACP服装裁剪智能导航系统的实际功效能为服装企业节省3.3% ~ 6.2%的面料，裁剪功效提高22%，裁剪正确率可达100%。目前国内多家知名制衣企业都在使用ACP服装裁剪智能导航系统，包括宁波雅戈尔旗下的衬衫制衣厂，波司登集团旗下的雪中飞制衣公司等。

综上所述，自动铺布机种类繁多，为服装生产加工提高了生产效率。当然，智能化的脚步不会停止，自动铺布机的改良革新的步伐同样不会停止。无论是它的精度、效率，还是整体架构等，都会进一步优化提升。自动裁剪机同样如此，未来将进一步降低刀刃薄度，提高刀刃强度，使裁剪更加精准。

自动铺布机从20世纪70年代投入产业化应用以来，已在自动化程度以及节约用料等方面有了很大的提高，有力地促进了服装工业的发展。近年来，为了适应面料品种和材质的不断创新，自动铺布机在实现无张力铺布和提高对特种面料的适应性等方面又有了很多改进。随着铺布机技术性能的不断提高，不仅使拉布和裁剪作业更加方便快捷，也为服装CAD、CAM的推广应用和计算机集成服装制造系统的创建打下了良好的基础。今后，为了更好地适应服装面料、辅料及特种行业（如汽车座椅、安全气囊、帐篷、沙发等）缝制用料多元化的发展趋势，自动铺布机的技术性能和智能化、精细化程度还会有新的提高和创新，这将会进一步促进缝制工业更好更快发展。

3. **常州纳捷机电科技有限公司**

常州纳捷机电科技有限公司建于2006年，秉承"专注，智能，人性化"的方向，专业从事非金属材料智能裁切装备及其解决方案的研发和制造，是江苏省高新技术企业。

在纺织服装业，"小单快返"这种商业模式逐渐成为市场主流，纳捷科技为团服定制、高端量身定制、样衣小批量裁剪、生产和管理数据贯通、车间智能化改造等方面提供多种一体化智能裁剪解决方案，协助企业在数智化转型的同时，效能方面也得到大幅度的改善和提升，获得了众多优质企业的认可。

该公司自主研发的AR投影定位裁剪系统，可以广泛应用于以下裁剪应用场景。

①西服衬衫对条对格裁剪。

②对花、对称、还原花、还原格裁剪。

③粘衬裁片二次精改，领子精改。

④投影补片（在生产过程中裁片损坏）。

⑤多尺码混合裁剪，不同尺码不同颜色傻瓜式收料。

⑥西服定制中投影不同颜色，区分上衣、裤子、马甲。

⑦避残排料。

2020年，该公司开发完成了边走边裁DS系列智能裁剪系统，如图3-22所示，实现了针机织面料横条纹对条裁剪、数码印花面料轮廓识别裁剪、衬衫条格及西服明格的对条对格裁剪，从上料到裁剪全程自动化，无须人工干预。

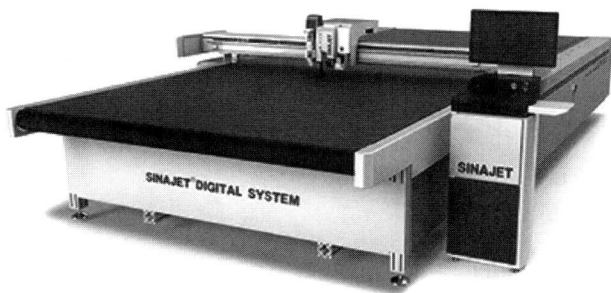

图3-22　DS系列智能裁剪系统

三、智能裁片仓储系统

智能裁片仓储系统是利用人工智能技术进行面料裁片和仓储管理的系统。它通过计算机视觉和图像识别等技术，自动进行布料的裁剪，提高了生产效率并减少了人力成本。智能裁片仓储系统具备实时监控和反馈功能，能够持续追踪裁剪进程，及时发现和纠正潜在的问题。管理人员可以通过系统接收实时反馈信息，如裁剪进度、质量检查结果等，以便及时做出调整和决策。系统还具备数据分析和优化能力，通过收集和分析裁剪数据和生产过程数据，可以为企业提供关键指标和决策支持，从而提高生产线的整体效率和质量。

智能裁片仓储系统可以实现以下功能。

①面料裁剪优化。系统可以根据订单需求和布料规格，自动计算最优的裁片方案，确保最佳的利用率和节约材料。

②自动裁剪。系统通过机器人或自动裁剪设备，将裁剪方案转化为物理操作，精确地进行面料的切割和裁片。

③实时监控和反馈。系统可以实时监测裁剪进程，并提供反馈信息，如完成情况、质量检查等，帮助管理人员及时调整和优化生产流程。

④仓储管理。系统还可以管理裁剪后的面料碎片或余料，对其进行分类、标记和储存，便于后续的利用或再加工。

⑤数据分析和优化。系统可以收集裁片数据和生产过程数据，进行统计分析和挖掘，帮助企业优化生产计划、提高生产效率和质量。

⑥智能仓储管理能够对裁剪后的面料碎片或余料进行分类、标记和储存。自动化处理可以提高仓库空间利用率，并便于后续的再利用或再加工。此外，系统还能够实现面料库存的实时可视化，帮助企业管理和优化物料供应链。

☞ 复习与作业

1. 服装设计三要素是什么？分别简述其概念。

2. 服装设计分类与服装分类设计的概念区别？分别简述其概念。

3. "解构主义"服装是什么？

4. 简述 AI 智能在服装设计领域的实际应用意义，并举例说明。

5. 排料阶段主要用到的数字化技术是什么？

6. 简述数字化人台的概念及核心技术原理。

7. 虚拟试衣软件的主要功能有哪些？

8. Vidya、Style 3D 和 CLO3D 三个软件的虚拟试衣功能优缺点对比。

9. 服装 CAD 在工业生产中的作用主要表现在哪几个方面？

10. 简述服装 CAD 技术的发展趋势。

11. 根据本章所学，说出两款铺布机并指出其优缺点。

📚 参考文献

［1］张萌.《赛博朋克》在服装设计中的研究与应用［J］.西部皮革，2023，45（1）：91-93.

［2］马磊.数字化、智能化技术在纺织产品设计中的应用进展［J］.纺织导报，2021（2）：27.

［3］王姣姣.3D 打印技术在服装设计中的运用研究［J］.西部皮革，2022，44（16）：117-

119.

［4］吴亮.数字化技术在服装设计中的应用分析［J］.纺织报告，2022，41（9）：18-20.

［5］杜宇君.3DLOOK研发3D人体扫描实验室［J］.纺织科学研究，2020，31（12）：9.

［6］BALACH M, CICHOCKA A, FRYDRYCH I, et al. Initial investigation into real 3D body scanning versus avatars for the virtual fitting of garments［J］. Autex Research Journal, 2020, 20（2）: 128-132.

［7］中国纺织工业联合会流通分会研究咨询部.纺织服装专业市场走进新时代［J］.纺织服装周刊，2018（2）：14-17.

［8］YANG J, CHAN C K, LUXIMON A.A survey on 3D human body modeling for interaction fashion design［J］. International Journal of Image and Graphics, 2013, 13（4）: 1350021.

［9］董淑英，周玉生.复杂系统仿真与人体仿真探讨［J］.计算机仿真，2010，27（5）：1-4，36.

［10］LIU K X, WANG J P, ZHU C, et al. A mixed human body modeling method based on 3D body scanning for clothing industry［J］. International Journal of Clothing Science and Technology, 2017, 29（5）: 673-685.

［11］PANDURANGAN P, EISCHEN J, KENKARE N, et al. Enhancing accuracy of drape simulation. part II: Optimized drape simulation using industry-specific software［J］. Journal of the Textile Institute, 2008, 99（3）, 219-226.

［12］KUIJPERS A, GONG R H. Virtual tailoring for enhancing product development and sales［J］. Global Fashion, 2015: 19-21.

［13］HYUN S H, BAE S J. A study on the utilization of Korea traditional patterns for fashion cultural products［J］. Journal of the Korean Society of Clothing and Textiles, 2007, 31（8）: 1252-1261.

［14］LIN Y L, WANG M J. The development of a clothing fit evaluation system under virtual environment［J］. Multimedia Tools and Applications, 2016, 75（13）: 7575-7587.

［15］COLLIER B J, COLLIER J R. CAD/CAM in the textile and apparel industry［J］. Clothing and Textiles Research Journal, 1990, 8（3）: 7-13.

［16］SAYEM A S M, KENNON R, CLARKE N. 3D CAD systems for the clothing industry［J］. International Journal of Fashion Design Technology and Education, 2010, 3（2）: 45-53.

［17］陈义华，陆红接.服装CAD制板基础：富怡V9.0从入门到精通［M］.北京：中国纺织出版社.2016.

［18］J YAMINI, N RAJKISHORE, P RAJIV. Computer-aided design—garment designing and patternmaking［J］. Automation in Garment Manufacturing, 2018, 253-290.

［19］王政，寿弘毅，盛卫民.自动铺布机在服装裁剪自动化系统中的应用［J］.浙江纺织

服装职业技术学院学报，2015，14（1）：37-40.

［20］NGAI E W T，PENG S，ALEXANDER P，et al. Decision support and intelligent systems in the textile and apparel supply chain：An academic review of research articles［J］. Expert Systems with Applications，2014，41（1）：81-91.

［21］何贤安. 双 PLC 控制的智能铺布机的电子齿轮设计计算［J］.机电信息，2020（15）：121-122.

［22］吴彦君，冯蕾，卢金宝，等.服装智能化生产车间建设方案［J］.天津纺织科技，2018(2）：10-13.

［23］LU J M，WANG M J，CHEN C W，et al. The development of an intelligent system for customized clothing making［J］. Expert Systems with Applications，2010，37（1）：799-803.

［24］马冠男.服装加工设备及其机电一体化技术［J］.轻纺工业与技术，2011，40（4）：134-136，140.

［25］赖松.上海睿柯发布服装智能裁剪系统［J］.纺织服装周刊，2012（12）：65.

［26］张莉，许君，马大力，等.基于主观评价和熵权—TOPSIS 的虚拟试衣软件评价［J］.毛纺科技，2022，50（11）：80-87.

［27］XU J，WEI Y，WANG A C，et al. Analysis of Clothing Image Classification Models：A Comparison Study between Traditional Machine Learning and Deep Learning Models［J］. Fibres & Textiles in Eastern Europe，2022，30（5）：66-78.

第四章　服装智能制造——缝纫中期

课题名称： 服装智能制造——缝纫中期

课题内容： 1. 智能监控系统

2. 智能化缝制单元

3. 智能物料运输系统

课题时间： 6 课时

教学目的： 了解服装智能制造缝纫中期阶段的生产顺序；了解智能监控系统的控制系统和不同的传输技术；了解智能化缝制单元的构成、设备、关键技术；了解智能吊挂生产管理系统和智能 AGV 系统；了解 AMR 物流机器人和工业协作机器人；重点学习缝中阶段进行监控和调度的工业软件。

教学要求： 1. 了解服装智能制造缝中阶段的生产流程和基本工作原理。

2. 了解服装智能制造缝中生产过程中所需的生产设备和使用的相关技术。

3. 掌握智能监控系统在缝纫中期生产流程的监控和调度、对生产数据进行采集和使用的 RFID 技术。

4. 了解智能化单机缝制设备，掌握自动化缝制关键技术，了解智能化缝制案例。

5. 了解智能吊挂生产管理系统，掌握 AMR 物流机器人的结构和类别。

在服装智能化缝制阶段，按生产顺序主要是完成裁片从裁片库通过运输设备到工位的运输、裁片的定位、抓取和缝制。缝制过程的智能化不仅体现在运用智能化运输设备和智能化缝制设备上，还体现在对整个缝中缝制阶段进行实时监控和智能调度的工业软件上。本章将从智能监控系统、智能化缝制单元和物料运输系统三大部分进行介绍。

第一节　智能监控系统

智能监控系统是服装智能制造缝纫中期不可或缺的一个环节，最终目的是实现各个环节相互协调，提高生产效率。要实现缝中阶段对生产流程的监控和调度，首先需要对生产数据进行采集，借助RFID技术将裁片的工艺信息传送到工位看板上，工人按照工艺单对裁片进行缝中操作，此外也通过看板设备将信息反馈到上层控制软件中，并借助车间可视化设备，达到对生产全过程的监控和调度。上层控制软件在技术上实现用虚拟网络把不同的实体设备联系到一起，对信息进行集成处理、生产调度。同时，系统与其他生产管理系统集成，实现全面的生产监控和优化。通过与计划排程系统、质量管理系统以及供应链系统的连接，智能监控系统可以实现自动化的生产调度和资源分配，提高生产线的整体效率和灵活性。

一、工业软件控制层

工业软件是推动智能制造高质量发展的核心要素，是工业化和信息化融合的重要支撑，是推进我国工业化进程的重要手段。工业软件是制造业数字化转型的关键支撑，对于很多现代制造业行业来说，从源头开始就离不开工业软件。工业软件是工业技术和知识的程序化封装，能够定义工业产品、控制生产设备、优化制造和管理流程、变革生产方式、提升全要素生产率，是现代工业的"灵魂"。在服装制造的缝中阶段，对生产业务流程起到监控调度作用的工业软件主要有以下三类：企业资源计划、高级计划与排程系统（APS）和制造执行系统（MES）。

（一）企业资源计划

企业资源计划是建立在信息技术的基础上，为企业的决策层提供运行决策手段的管理平台，其核心是供应链管理，对企业所拥有的人、财、物等资源进行综合平衡和优化管理，完善企业财务管理体系，实现资金流、物流、信息流的有机结合。ERP能够及时掌控终端销售、库存信息，合理调配资源，提升产品畅销率、优化业务流程、提高运营效率，降低运营成本，提供高效、准确、及时的数据分析，为企业决策提供有力的数据支持，实现对业务数据的集中化管理，提升企业整体监控和决策能力。

服装ERP软件是服装、鞋帽、饰品等行业把传统ERP中的采购、生产、销售、库存管理等物流及资金流模块，与电子商务中的网上采购、网上销售、资金支付等模块整合在一起，以"全面内控、精细管理"为理念，以电子及电子技术为手段，以商务为核心，针对服装、鞋帽、箱包和家纺等大中型时尚企业推出的一整套资源信息管理方案。

（二）高级计划与排程系统

高级排产是基于供应链管理的计划排产方法。实际建模中，针对服装企业多品种、小批量等订单特点，基于APS理论建立了面向多订单生产线的APS模型，并且设计算法来求解模型。此外，在实际实施过程中还需紧密贴合企业自身业务流程特点，识别特定的瓶颈工序，再基于资源约束进一步求解。

高级计划与排程用于解决供应链计划或工厂生产计划排程和生产调度问题，常被称为排序问题或资源分配优化问题。目前，服装行业的生产管理计划性不强，大多数企业仍然处于手工或利用Excel表格的方式进行生产计划管理的阶段。这种落后的排产方式无法跟订单数量、客户交期、生产设备、生产负荷、物料等紧密联系，实际生产中频繁变化的生产计划使生产永远处于被动救火状态。APS系统可以实现各部门共享从接单到出货的所有信息，消除信息孤岛，在物料计划、生产计划、生产排程、销售计划、交货计划、供应链系统分析等资源约束的基础上均衡资源，同步给出在不同条件下最优的生产排程，实现快速排产，对需求变化做出快速反应，使得生产计划安排最合理，工单生产时间最优，流程时间最短，在制品库存最少，交货期最准时，设备设施资源利用最合理，从而实现企业产能效率最佳、经济效益最大。APS系统主要由产能规划、需求管理、生产排程、物料管理、计划执行、异常处理等模块组成，实现订单排程的高度柔性，快速响应客户需求，实现最优排产结果，最大限度地利用生产资源。

1. APS和ERP的区别

APS不但可以解决ERP无法解决的详细生产计划问题，还可以出色地解决物料问题。APS具有精细到工序级的物料清单，考虑每道工序的物料投入和所用资源，使得生产物料计划更为精细，适应多品种、多工序、多订单、小批量的生产类型。有限能力排程与无限能力排程的最大区别在于有限能力排程考虑了资源、物料约束，能够获得更加详尽的生产物料计划。APS能够通过订单关联自动分析出延期或质量不合格的原材料将对哪些订单造成影响，并通过订单拆分，紧急插单等一系列功能来减小这种突发状况给订单准时交货带来的不利影响。设备故障会导致该设备在维修期间不可用，APS可及时输入设备维修时间信息，重新自动快速排程，评估设备故障造成的影响，根据是否有订单脱期，决定是否需要采取应对措施，如更换班组、切换机台、设置加班等。

2. APS的应用功能

APS不仅是制定计划的一个工具，除了对生产管理计划部门有积极影响外，还促进了其他相关模块的升级，对生产制造、采购、仓库、销售、生技、人力资源等部门都有较大的意义。

（1）制造。APS帮助MES获得精确的工序计划时间。生产现场的实时数据可以立即跟生产计划做对比，形成生产现场的"监督—预警"模块；APS可以直接调入计划中的各类信息，而不必手工录入数据，直接降低生产现场数据录入工作量；生产现场的绩效考核把实际执行与计划结合起来，完成计划的准确率和完成率成为考核的重要指标之一。

（2）采购。APS同步化考虑生产计划、采购计划和外协计划，可以根据精确的物料需求时间来决定最佳的供应方式，真正实现准时化（JIT）生产方式，使成本最低，库存量最小。

（3）库存。APS可以提前掌握原料、半成品、产成品的精确出入库时间和数量，从而事先做好准备工作，并在指定的时间对出入库事务进行控制，加强企业生产过程库存的控制和管理。

（4）销售。APS可以进行多种"如果—如何"，或者虚拟现实和生产预演的计算，对客户发出的订单快速计算和处理，在几分钟之内快速答复用户交期。

（5）设备。APS可以精确地制定每个设备点检、维修和维护的计划，让设备管理与生产管理紧密连接，从事后的维修变成事先的保障性维护。

（6）人力资源。通过产能规划，APS可以明确未来一段时间内对人员的需求。

（三）制造执行系统

MES最初是由AMR公司提出的一个概念，意为位于上层计划管理系统与底层工业控制之间的，面向车间生产控制执行层的生产管理信息系统，具体可分为3层，即计划层、执行层和控制层，如图4-1所示。

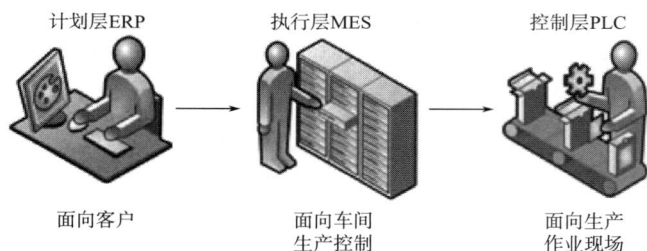

图4-1　企业生产管理系统

MES是面向制造企业车间执行层的生产信息化管理系统，主要包括生产管理、工艺管理、过程管理和质量管理4个方面。在过程控制方面，MES通过相关信息的采集与处理，对从订单下达开始到产品完成的整个产品生产过程进行实时监控管理，对生产过程中发生的异常情况能够及时反馈，使相关人员及时采取对应措施进行整改。MES是服装企业CIMS信息集成的纽带，是企业实现车间敏捷生产的基本手段。作为车间信息管理技术的载体，MES在实现服装企业生产过程自动化、智能化、网络化等方面发挥着巨大作用。

MES主要包括生产管理、仓储管理、设备管理、数据管理、订单管理、计划管理、质量管理、物料管理（图4-2），这使得服装智能生产可以科学排产、缩短生产周期、减少前置时间、提升产品品质。MES可以根据设计工艺、产线状况（人员能力，在制品数量，品质、路程远近等）实时动态规划工艺路线，柔性分组、缩短节拍、减少关联、简化管理、提升效率，实现全程数字化任务状态与可视化透明管理。MES生产调度系统具备生产追溯、计件工资、线计划、数字化生产要素、自动化生产过程、智能化任务分配、部件并行匹配、成品配套包装等功能，是一体化的生产系统操作门户，实现了生产管理由数字化向智能化的转变。

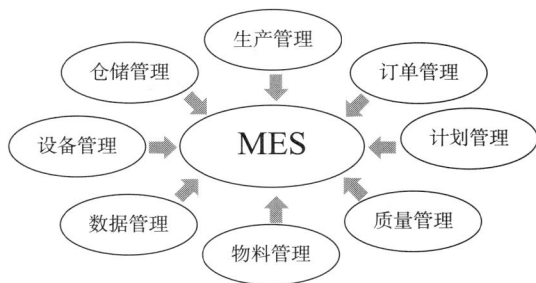

图4-2　服装企业MES组成图

1. MES工厂建模

工厂建模从高层面规划了如何对MES系统中的组织、生产布局、生产时间、产品、物料、工艺路线和维修基本资料进行管理的方案，根据企业的实际情况定义其工厂物理模型、职能组织结构，主要包括车间、产线建模，工位、采集点建模，仓库、缓冲区、存储地点建模，物流路线建模，产品及其结构建模，生产工艺及其路线建模，生产设备建模、工作时间建模等。完成对工厂建模的定义工作，定义出组织结构、生产布局、生产人员、生产时间、要生产的产品、要管控的物料、使用的工艺路线、操作标准、制造BOM、品质标准与方案，为生产、品质与物流功能提供基础数据支撑。

在工厂布局时考虑到多方面的因素，系统会将相同的作业内容布局在同一生产区域中，按照产品的流转方式划分为不同的工作中心，以达到减少在制品的运输时间的目的。在产品生产过程中，产品往往是在一个工作中心的某条生产线上加工完成后，继续被送入下一个工作中心或另一段生产线进行加工，即我们通常所说的流水线式生产。在系统中，通过对产线、工段、工序、工位以及相互关系的设定，可以构建一个立体的生产布局。在此布局之上，由于不同产品的投产会经过不同的工艺流程，因此通过产品工艺路线的设定，可以规定某个型号的产品在生产线上的流转方式，同时通过制造BOM的设定，定义产品在各个工序的具体内容，如组装上料工序中允许使用哪些种类的原料。工厂建模是MES实施的业务基础，其他模块都在本模块配置正确的前提下开展工作。

2. ERP与MES的区别

ERP的生产计划是以订单为对象的前后排列，考虑到时间因素，以日为排列单位，先后日期依据销售订单和销售预测的时间、制造提前期和原材料采购提前期、库存等因素来计算，是基于订单的无限产能计划。

MES的生产计划是基于时间的有限产能计划，以生产物料和生产设备为对象，按照生产单元进行排程；以执行为导向，考虑约束条件，把ERP的生产订单打散，重新计划生产排程。MES的生产计划是ERP的生产计划落地的基础和保证。

不仅如此，通过生产计划，MES还可以统一管理物料、工艺、品质、关键生产节点等生产全过程。通过与生产跟踪模块和统计分析模块结合，MES可以实时获取订单和生产计划的生产进度、生产效率。

3. MES的应用功能

（1）制造执行。在对工厂的人员、设备、组织架构、生产工艺等进行建模的基础上，MES将对ERP、APS中的生产计划进行细化，并根据当前的生产状态进行工序级调度，将详细调度信息分派给相关的人员和设备，采集生产完工信息、品质信息、人员和设备的状态信息，通过跟计划和生产标准进行比对和分析，得出生产进度和产品KPI（设备综合效率、绩效工资、人员工作效率等）。

（2）生产调度。MES首先对ERP、APS的生产计划进行工序级调度，基于生产计划的要求、产品的定义信息和资源能力信息，解决生产的约束性和可用性；MES根据设备产能、批量等拆分或合并订单，对生产任务的先后顺序进行重新安排；MES根据当前的实时生产状态（设备、人员、物料、品质、物流路线等）进行后续生产活动的安排，以实现最佳的本地资源利用。

（3）生产派工。MES把安排好的生产任务分派给相关的设备和人员，实现按工作量安排合适技能的人数、合适的设备，减少现场人员和设备的闲置浪费问题；MES按照技能等级、产品种类、品质状况、物流线路等把合适的工作分派给合适的工人，提高工作效率；按照设备的能力、性能、操作岗位的技能等级、物流线路等，将合适的工作分派给合适的设备，提高设备的稼动率。

（4）操作管理。MES通过产品生产的操作次序的合理安排，选择、启动和移动工作单元（例如批次、子批次或批量）。实际的操作工作（手工或自动）是过程控制的一部分，在MES层次主要是分发标准作业指导书（SOP），比较实际操作与标准工时并提醒操作人员等。

（5）数据采集。MES主要处理数量（质量、单位等）和有关参数（比率、温度等）的过程信息，以及控制器、传感器和执行器的设备信息，主要包括：传感器读取、设备状态、事件数据、操作员登录数据、交互数据、操作行动、消息、模型计算结果，以及其他产品制造的信息。MES的数据采集可以定时采集或者实时采集（基于事件触发），按时间或者事件添加数据把采集的信息联系起来。

（6）生产跟踪。MES根据生产和资源的历史数据跟踪生产过程，向生产调度模块提供信息，使生产调度可以根据当前情况进行更新，同时也向统计分析模块提供生产过程中详细的人员设备的实际使用情况、物料的投入与消耗、产品的生产信息等。

（7）设备管理。MES协调、指导和跟踪设备、工具以及相关资产的维护，保证了设备、工具以及相关资产的制造可用性，并且保证反应性的、周期性的、预防性的，或者先发性的维护调度得以顺利进行。MES的设备管理提供设备登记、设备维保、设备的监控统计与分析等功能。MES的设备台账提供对设备生命周期完整、详细的信息管理，可以打印设备标签，导出统计报表，方便对设备进行全方位的管理，并通过对设备数据的自动化采集，自动进行设备稼动率等分析。

（8）品质管理。MES品质管理模块具备组查、巡查等全方位的品质管控体系，可以方便对品质情况进行多条件的统计分析和报表；它可以通过RFID工位终端系统进行品质管理，发现问题以后，可以将不合格品退回原工位、质检工位或者指定站位，移动终端上有摄像头，可以拍摄瑕疵裁片与产品上传到系统统一管理；返修返工数据与工位及质量检验人员的绩效挂钩，自动和计件工资结合。

（9）物料管理：MES的物料管理模块对企业在生产运行中所涉及的物料活动进行协调、指导、管理和跟踪，包括物料接收、物料存储、物料移动、物料处理或转化，以及物料出货。MES可完成部件BOM、订单BOM、基准BOM、设计BOM、生产BOM、作业BOM的自动转换，实现自动化的生产配料。通过与RFID物料卡信息绑定，MES实现自动化的领料管理，将所发物料与RFID卡号或二维码绑定。当物料运送至缝制工位，通过读取RFID卡或二维码信息，工人可实时调取工艺图，进行相关业务操作。

同时，MES系统的管理模块通过数据采集控制层可以实时地监控到服装车间内部的情况，智能服装制造执行系统工作流程，如图4-3所示。数据采集控制层主要是由末端设备以及网关组成的。末端设备是由各种类型的数据采集和控制模块组成的，如传感器设备（湿度传感器、RFID、声音传感器等）等。底层传感器设备将采集的数据上传给MES系统，实现信息流、物料流、劳动力流、设备流的实时数据采集和控制，帮助企业及时获取生产进度、员工表现、各工序完成及工时情况、作业效率等信息，实时反映车间现场状态，为管理决策提供可靠依据。

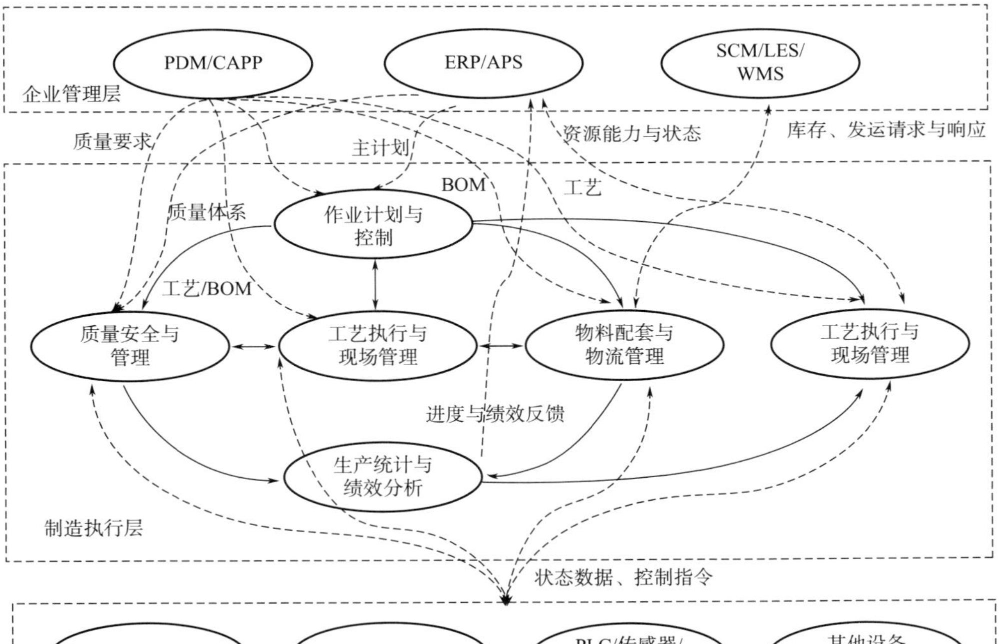

图4-3　智能服装制造执行系统工作流程

101

二、生产可视化管理层

可视化管理的方法最早由久留米大学的泽田善次郎教授在他的《工厂管理的可视管理》一书中系统性地提出。该方法首先在日本的企业丰田汽车公司投入使用，在其使用后，企业的效率得到大幅度提升、浪费大幅度降低，同时产品交付准时、质量优异。之后，日本的许多企业都大量采用可视化管理的方法。同时，该方法逐渐被众多欧美企业所接受并加以推广应用，如KODAK专门成立了可视化管理的团队来推动可视化管理，并取得了巨大的收益；HONEYWELL公司将其在航空维修领域的运用也发挥了良好的效果；对航空的安全做出了巨大的贡献。鉴于众多大公司在可视化管理方面取得的不菲业绩，众多的中小企业也开始逐步推广运用可视化管理。

智能可视化管理主要是以计算机视觉信号作为立足点，并借助于数据的分析，运用计算机交互来表达抽象的数据，并将其转化为图形或者图表的管理办法，使生产人员可以在最短的时间内搜集到生产信息，为决策工作的顺利开展提供支持，达成生产信息透明化、生产数据可视化、生产决策智能化这一目标。车间可视化工具包括红牌、看板、信号灯、操作流程图、告示板、生产管理板等。车间智能看板系统和MES数字化电子智能制造虚拟工厂是主要的可视化管理系统。

（一）车间智能看板系统

智能看板系统由数据采集、内容发布和管理协同3大子系统组成。数据采集子系统负责从各数据源如计划管理系统、人员管理系统、品质管理系统、设备管理系统、制造执行系统、安全警报灯系统等处获取数据。内容发布子系统负责按照管理协同子系统设计的样式，显示指定的数据，并从产线获取生产数据传递到服务器中。管理协同子系统负责设置控制各个看板的显示内容、显示格式，配置各工业云终端的运行参数，控制各个工业云终端。

1. 车间智能看板系统功能

在应用方面，该系统可以自动计算生产目标、生产达成率、不良率，并以表格、图表、图片、声音（语音）、视频等形式全方位的展示，充分满足企业可视化需求，支持液晶显示器、LED数码屏、数码灯等多种显示与输出设备。

在功能集成上，该系统集生产进度、人员绩效、机台状态、E-SOP、安灯警报、现场视频监控等于一体，对生产过程中的人、机、料、法、环进行360°无死角监控，及时反馈生产现场问题。

2. 车间工位机PAD看板（RFID工位终端系统）

PAD（工位终端系统）通过给工位安装对应的工位终端，实现数据采集、产线控制、SOP、报工移库、品质管控、安灯警报、报障维修等功能，包括RFID工位机和RFID工业计算机两种工位终端，如图4-4所示。

（1）RFID工位机方式：本方式主要适用于工位数量多，手工进行数据采集，不需要分发多媒体（如SOP）的场景，如箱包鞋帽行业，压铸、锻造、研磨加工、组装等通过流转卡（工票）进行场内（车间）物流的情形。

（2）RFID工业计算机方式：针对工位数量少、需要自动采集大量数据且需要分发多媒体（SOP）的场景。RFID工业计算机具备RFID工位机的所有功能，并可以分发多媒体（根据生产订单的工艺路线和当前工序，实时、动态分发SOP），支持拍照。

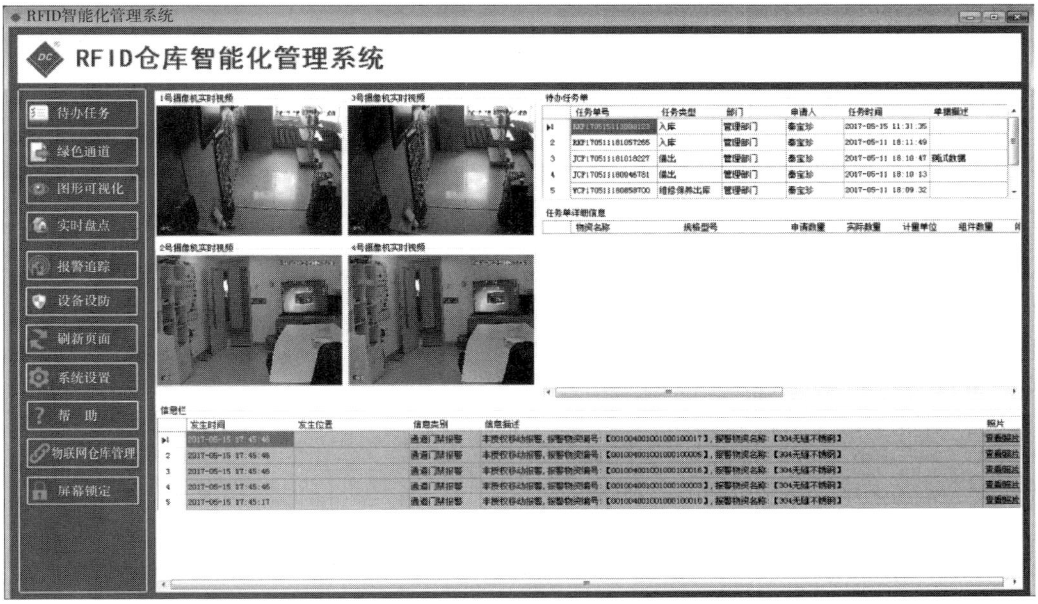

图4-4　RFID工业计算机界面图

（二）MES数字化电子智能制造虚拟工厂

除了上述借助智能看板对生产状态进行监控外，还可以将数字孪生虚拟工厂与实际工厂的采集数据通过MES管理系统有机结合，实时完成新产品导入、产量监控、产线监控（产品条码监控、设备故障报警和质量监控）、物流监控等工作，真正实现信息化、数字化制造。

传统生产监控系统是通过摄像机录下视频，人工目视监控，没有数据交互，属于事后检查，达不到信息化制造要求。而MES信息化生产监控系统，可将MES系统数据（生产设备通过现场总线等工业物联网传到MES）传送到虚拟VR工厂，可实时完成产量监控、产线监控、产品（条码）监控、设备故障报警、物流监控等。相对视频录像监控，虚拟VR工厂监控是实时数字化驱动，准确全面，也可通过手机APP实时监控。

1. MES数据提取

实时提取或按节拍定时提取工厂MES数据库的数据，转换成MES数字化VR生产监控实时数据，主要参数有工艺类型、当前节拍、产线代码、每条产线节拍产量等。

2. 产线和产品监控

（1）产线监控：基于RFID技术的信息，实时展现实体工厂有多少生产线在工作，某生产线正在缝制哪些部位，缺料设备在实体工厂中的位置和类型。

（2）产品监控：每个RFID卡在生产线什么位置，因生产故障产生的过程不良（not given，NG）编号。

3. 设备监控

虚拟VR工厂实现了对多条生产线的实时监控，这些生产线根据工艺类型同时进行模拟工作。其中，特别关注那些因EMS（电子制造服务）缺料而受到影响的生产线。对于这些生产线上的设备，应用一套报警系统：当设备发生故障时，会自动触发报警并伴随灯光闪烁提示。操作人员可以在虚拟环境中漫游至发出报警的设备位置，详细查看报警信息。这些信息基于实体工厂中设备故障的实时数据，使得虚拟VR工厂能够准确地展现故障设备在实体工厂中的具体位置以及故障的类型。这样的实时展现功能极大地方便了操作人员快速派人处理故障，并且可以实时查看故障处理的结果。一旦故障得到解决，系统会及时通知MES（制造执行系统）对生产节拍进行相应的调整，以确保生产流程的连续性和效率。通过这种方式，我们能够确保生产线的高效运转，同时减少因设备故障导致的生产延误。

4. 物流监控

基于MES所设置的日周转节拍，实时展现AGV车的运行情况。基于AGV故障5G无线传感信息，展现故障AGV车在实体工厂中的位置。

5. MES控制机电联动联调

基于MES制定的生产流程，虚拟VR工厂可实时展现指令信息在VR工厂中的工业以太网和现场总线的信息流动情况，并驱动生产线及设备运作，便于进行工厂电气和机构的联调和电气故障处理。

三、数据传输技术

可视化管理在落实的过程中将生产数据收集作为前提，需要考虑设备的配置情况、生产的状态、人员安排以及物料供给等多个方面的内容，并借助通信网络对数据进行传递。生产数据采集主要包含现场生产数据的搜集以及设备生产过程中形成的数据的收集。在开展现场数据采集时，需要运用RFID技术和远程字典服务（remote dictionary server，Redis）技术，了解半成品和成品的数据信息。

（一）RFID技术

电子射频识别（RFID）技术是一种非接触式的自动识别技术，它可以通过射RFID频信号自动识别目标对象所携带的信息。RFID技术借助电子标签和阅读器通过无线网络传输终端实现信息传递和共享，服务器可接收和查询数据信息，有助于管理者实时监控生产进度，并根据实时数据及时分析生产进度，对生产进行调整和改进，解决服装生产企业信息传递困难的问题。目前该技术已在服装的库存、分发、零售和物流等方面运用，推动了服装智能制造领域的快速发展。

1. RFID技术信息采集设备构成与工作原理

该技术主要由电子标签、读写器和数据管理系统3部分组成，如图4-5所示。技术包括

RFID电子标签的制作、随裁片运输、信息识别、录入和传输等工艺流程。首先，要制作RFID电子标签卡，内容包括工艺参数、工艺要求、流程安排、裁片信息和检验员信息，并将其附着在裁片、半成品上，以便后续对产品信息进行记录和位置实时追踪。带有RFID卡的裁片通过物料传输设备，在执行调度中心的控制下被运送到安装RFID阅读器的智能缝制工位上。RFID读写器发射一定频率的载波信号，当携带信息的RFID电子标签出现在信号范围内时，电子标签会感应到信号，并通过自身天线中的线圈产生相应感应电流，感应电流产生的能量会刺激电子标签将携带的目标信息发射出去，而读写器感应到相应信号会对标签信息进行读取，并在电子看板上显示，也可外接PLC和工业传感器对缝制过程中数据进行收集，然后发射一定频率信号将数据信息发射给服务器。数据管理系统是数据存储中心，对数据进行简单分析和处理，汇总给上层执行控制系统，通过对数据分析，为管理者进行生产决策提供数据支撑和依据。

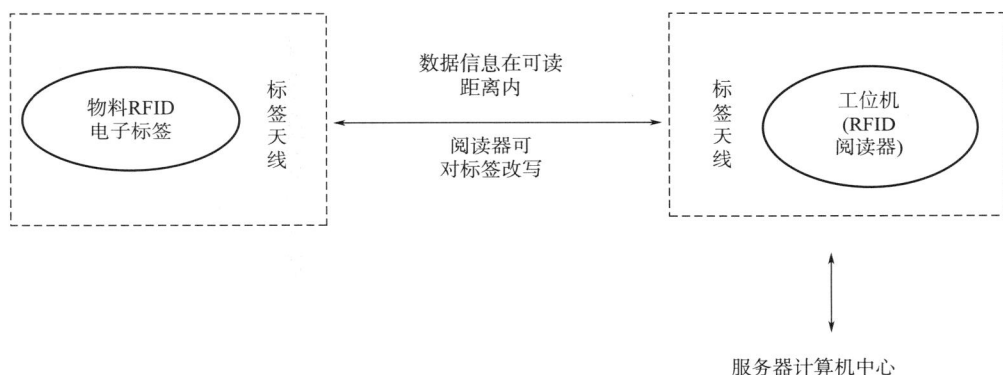

图4-5　RFID技术的原理

2. RFID技术在缝中环节的优势

传统服装生产线数据传递存在生产进度不清晰、生产线不平衡、交货期延迟、在制品堆积、返工率高、绩效不合理、产品流向不明、计件困难等问题。运用RFID电子标签代替传统纸菲（即用印章将生产款式、号型、部位名称等印在纸上，随产品到后续工序中，员工进行工艺操作时会将纸菲剪下来）和条码（即条形码，利用计算机将服装生产信息制成条形码，通过打印机打印出来，最后生产统计者通过扫码形式记录员工生产数量），有助于提高信息传递数字化和生产车间智能化及柔性化程度，实现生产线数据采集自动化，便于实时监控生产线，质量问题可追溯性、生产线可视化程度得到进一步提高。企业管理者可根据生产数据做出相应生产指导，提高整个车间生产效率。如图4-6所示，为RFID卡在缝中环节生产信息自动采集过程。

3. RFID技术的适用条件

（1）基本的网络支持：应用RFID技术实现信息采集与传输离不开网络支持，服务器与

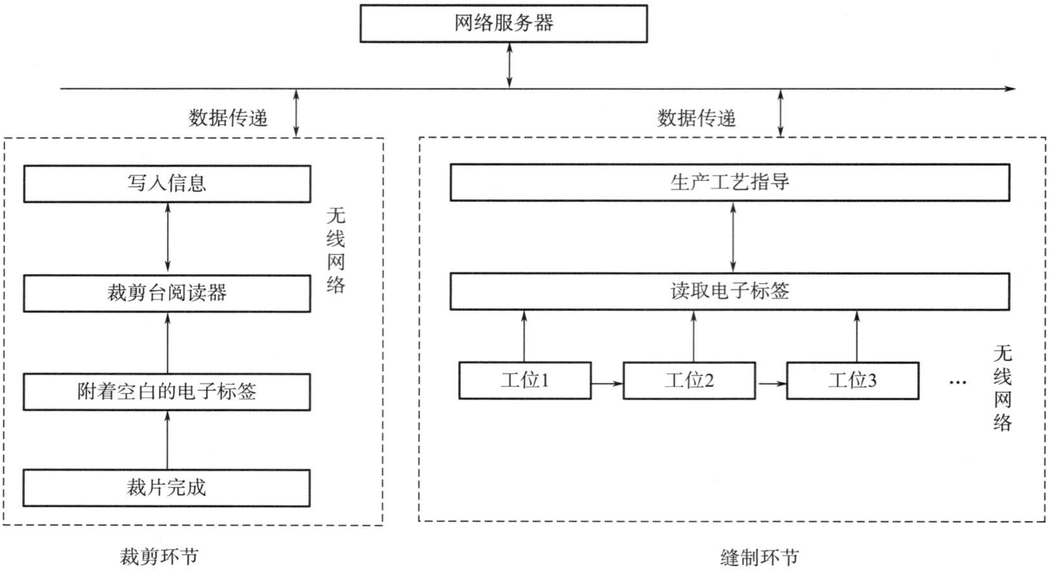

图4-6　RFID卡在缝中环节生产信息自动采集过程

企业MES系统相结合才能及时获得整个生产资料，否则采集的数据无法进行实时分析。

（2）完整的生产链结构：RFID技术可快速对在制品进行追踪，服装企业要具有完整的生产链结构，否则生产信息追踪会出现断层，不能完整追踪在制品位置。

（3）严格的管理制度：在生产线上运用RFID技术，员工需要严格按生产操作进行生产，不能按个人操作习惯进行生产，如生产前要刷卡，识别员工身份，运用吊挂系统生产线，不能手拿衣架等。

（4）了解RFID技术：领导和员工必须对RFID技术有充分认知，对员工进行相关生产培训，使其了解引入该技术对企业的益处。

（5）设备安装与参数调试：需要对吊挂流水线车间进行生产线智能化改造，首先在每个站位（吊挂生产线车位）安装工位机，然后对工位机调试，包括工序列表、设备号（所在吊挂的站位号）、频点（车间无线网频数）和工位（所在车间号、产线号和工位号组成的序列号，如3114表示3号车间、1号生产线、14号工位），完成车间无线网安装，无线网是生产数据传递媒介。

（二）Redis技术

非关系型数据库（NoSQL）将数据存储于缓存之中，而传统的关系型数据库（structured cuery language，SQL）将数据库存储在硬盘中，查询速度远不及NoSQL。NoSQL数据库包含Redis、MongoDB、Memcached等。其中，Redis采用键值存储方案，将全部数据保存在内存中，是理想的缓冲层实现方案；同时，Redis还支持多种数据类型、操作简便，具有支持缓存内容及数据持久化的能力，整体执行效率高。Redis能够对静态数据进行缓存处理，提高数据查询速度和效率。

1. Redis工作原理及模式

Redis全称为Remote Dictionary Server（远程数据服务），是一款开源的，基于内存的键值对存储系统，其主要被用作高性能缓存服务器使用，当然也可以作为消息中间件等。Redis独特的键值对模型使其支持丰富的数据结构类型，即它的值可以是字符串、哈希表、列表、集合、有序集合，而不像Memcached要求的键和值都是字符串。同时由于Redis是基于内存的方式，免去了磁盘I/O速度的影响，因此其读写性能极高。传统的数据库将数据直接存储在磁盘中，受到磁盘I/O性能的影响，而Redis则是将数据存储在内存中，因此运行速度极快。

2. Redis的功能特点

（1）支持多种数据类型：Redis支持多种数据结构，例如字符串、哈希表、列表、集合、有序集合等，并提供了丰富的数据操作命令。例如，可以使用 SET和GET命令来设置和获取字符串，使用LPUSH和LPOP命令进行列表操作等。

（2）支持事务：Redis可以使用MULTI、EXEC、WATCH等命令来实现事务。

（3）支持主从同步：Redis提供了主从复制机制，可以将主Redis实例上的数据同步到多个从 Redis实例上，从而提高系统的可用性和扩展性。

（4）支持Lua脚本：Redis允许通过Lua脚本执行批量操作，从而提高处理效率。

（5）支持过期时间：Redis支持设置Key的过期时间，当 Key过期后，Redis自动将其删除。

（6）支持发布和订阅：Redis允许多个客户端订阅一个频道，当发布者发送消息到该频道时，所有订阅者都可以接收到该消息。

第二节　智能化缝制单元

服装业的发展是社会经济发展的重要影响因素，同时制造技术的发展是服装生产发展的根基。智能制造在服装行业中正发挥着越来越重要的作用，其中缝纫是生产智能化改造的关键环节。从单台设备自动化和产品智能化入手，紧扣关键工序智能化、关键岗位机器人替代，实现生产效率和产品效能的提升，是智能化的物质基础。

智能化缝制设备依赖于识别、定位抓取技术的集成发展。本节内容将从智能缝制设备和涉及的关键技术展开介绍。智能化缝制单元是指由电控自动缝纫机和其他辅助功能的程控驱动器组合而成的，具备自动定位、自动送料、自动缝纫等功能的机电一体化缝制设备，如自动开袋机、自动绱袖机、自动模板缝纫机、自动裤片包缝缝制单元等均是智能化缝制设备。智能化缝制单元是集机械、电子、传感器和物联网等技术于一体的智能化、集成化产品，是实现服装模块化、集成化、标准化制造的关键环节。

智能化缝制单元的特点：

①机器智能记忆，包括缝制记忆、布料薄厚操作记忆、压力记忆等。

②可以及时抓取生产数据，包括缝制进度、工时等数据。

③可以通过物联网和5G网络快速组成服装柔性生产线。

使用智能化缝制单元能提升服装加工的品质和效率，节约劳动力成本，降低对操作工熟练程度的要求，确保服装批量加工时品质的一致性。

一、智能化单机缝制设备

智能化单机缝纫设备由智能化缝制单机及控制系统组成。单机缝制设备即电脑控制式缝纫机，也称电脑缝纫机。电脑控制式缝纫机由微电脑控制，能自动完成设定好的缝制工作。该设备可以根据布料薄厚自动调整压脚，根据款式颜色选用适当的图案、针号、线号；缝制过程全自动电脑控制，智能变速；设备可自动识别模板对应的线迹文件，多种花样自动循环缝纫，还具有渐变针迹、记号标识、断线检测和回针重线等功能，实现模板自动定位、自动读取、自动缝制，不停机、连续缝。

在服装行业中，单机缝纫作为一种智能制造方式，对于制衣企业来说具有重要意义。首先，它可以降低生产成本，由于操作简便一般的操作工人即可上岗，从而节省了人力成本。其次，单机缝纫采用计算机软件制板，保证了产品品质的稳定性，提高了缝纫工艺的精度和一致性。此外，单机缝纫还可以实现电脑联网和远程遥控，方便网络信息的传输和管理。从市场信息采集到服装加工生产下单的整个流程都可以实现信息化管理和智能化生产，实现了缝纫数据的互联互通。本节将智能缝纫设备分为普通缝纫设备和特种缝纫设备进行介绍。

（一）普通缝纫设备

普通缝纫设备的介绍见表4-1。

表4-1　普通缝纫设备

缝纫设备	适用	设备效用	创新点
GC1918-MDZ直驱式微油自动剪线上差动送料平缝机	通用	①本机专门设计采用小型内置式、大功率、大扭矩的伺服电动机直接驱动；②启动和停止反应快、定位准、针杆部位采用微油润滑；③外形新颖美观、操作空间大、缝纫性能优异	①特殊设计的可调式切布机构，操作方便，缝制与切除缝料边一次完成；②配置高性能计算机数控系统，通过操作面板可方便地进行各种缝纫模式的设定
GC20528-DZA直驱式针杆离合自动剪线双针平缝机	牛仔	①采用小型大功率伺服电动机直接驱动，噪声低、振动小，节能显著，启动停车反应迅速；②气动松线及气动抬压脚装置的设置，减轻了操作者的劳动强度；③配置高性能伺服控制系统，性能优异稳定，具有多种缝纫模式可供选择	①针杆变换机构设计合理，切换、复位动作顺畅敏捷；②两根独立针杆既可同时工作，也可选择其中一根针杆停止，使之实现转角缝纫

缝纫设备	适用	设备效用	创新点
GC20518-DZA系列直驱式自动剪线高速双针平缝机	衬衫	①采用LED照明灯、气动松线和气动抬压脚装置，减轻了操作者的劳动强度；②剪线机构设计合理，剪线动作稳定可靠；③配置的伺服控制系统性能优异，嵌入式操作面板和电子手轮的设计，使操作轻松自如	①双直针、立式自动润滑旋梭勾线，构成两行平行的双线锁式线迹；②针杆摆动与机针同步送料，能确保线迹均匀及防止缝料滑移
GC0518系列高速针送平缝机	衬衫	①采用连杆式针送布送料机构，连杆挑线、旋梭勾线，构成双线锁式线迹；②高低速缝纫，倒顺缝针距误差小，可广泛适用于衬衫、服装厂缝制薄料织物；③采用电子伺服电动机，数字电路控制，具有自动剪线、自动定位、自动定针数等数项自动缝纫模式，性能稳定，操作效率极高	上下轴用螺旋伞齿轮传动，圆盘式针距调节机构，杠杆式倒顺缝机构，全自动润滑，针送布方式使送料性更加稳定，缝料层之间不会产生滑移
GC0518-MCD自动剪线高速针送料侧切刀平缝机	衬衫	①采用连杆式针送料机构，针送料方式使送料特性更加稳定，缝料层之间不易产生滑移；②采用数字电路控制、配置专用电子电动机，具有自动剪线等数种功能，操作效率极高	配置了可调式切布机构，调节操作方便，设计精巧，省时省力、缝制与切除缝料边一次完成
GC188-MC高速侧切刀平缝机	衬衫	①采用连杆式送料机构和连杆挑线，旋梭勾线，上下轴用螺旋伞齿轮传动，全自动润滑；②噪声低、振动小、省时省力，提高了生产效率；③采用电子伺服电动机，数字电路控制，具有自动剪线、自动定针位、自动定针数等数项自动缝纫模式，性能稳定，操作效率极高	本机型是海菱GC188系列产品之一，外观新颖、设计精巧，装置了可调式切布机构，调节操作简便，使缝制与切除缝料边一次完成
GL13118系列暗缝机	中西服面料的缲缝、扎驳、暗缝	①采用针杆挑线、摆动线勾结构，组成曲形单线链式线迹，能满足中西服面料的缲缝、扎驳、暗缝工艺的要求，并能适应中厚度的针、棉、化纤等织物的使用；②调换相应的针板、机针、抬布轮零件，更能扩大使用范围	①最高转速：2500r/min；②单线链状线迹有平台式和筒式两种机型

缝纫设备	适用	设备效用	创新点
K6超快小方头步进绷缝机	各种薄厚包缝	①速度超快，工作效率倍增，车缝效率比市场上电脑绷缝机效率要高35%以上，起缝加速仅需0.18s，刹车时间只要0.24s； ②步进驱动，稳定无声，整机声音至少降低6dB，无噪声；剪线和抬压脚力度提升一倍，剪线精准，更稳定；使用寿命长，更耐用；剪线和抬压脚响应快	①采用菱形设计，机壳边缘离压脚仅2cm，车缝时上料与送料非常方便； ②过线全采用陶瓷工艺，保证线路流畅、线迹均匀平整，且过线经久耐磨；增配收线装置，可调节线环大小，保证在高速车缝时不易出现跳针
JK-8670BDⅡ-UT细筒式高速电脑绷缝机	各种薄厚包缝	①上下剪线，下剪线刀组调节螺钉为活动式，剪线范围广，毛病少，工作效率高，精准剪线； ②操作灵活、手势自如。细嘴周长小，小头圆周周长仅180mm，主要适用于缝制T恤的袖口、童装袖口以及圆形小物等体积较小部位的服装缝纫	①凸轮防绕：预防底线断时绕在打线凸轮上，加快了工作效率； ②快速定位：打线凸轮卸下后可以快速安装，方便、快捷、准确； ③压脚坡度优化，过梗顺畅、线迹均匀，不良品少；采用大风量手轮，随机器运转散热，延缓电子元器件老化时间，延长电动机使用寿命；采用伺服电动机，省电71%
C6厚薄自适应智能包缝机	各种薄厚包缝	①自动适应小单快返、厚薄切换频繁的问题； ②线迹平整不起皱； ③缝制范围广，动力强、效率高	①快速启停动力强劲，效率提升35%，空缝、剪线、抬压脚声音轻； ②放料空间提升54%； ③电子化数控，数字化显示更精准、压脚力度有保证
C5S（气动）不用剪线头的气动电脑包缝机	各种薄厚包缝	①前吸废料，后吸线头，缝纫时，有效防尘、清洁环保； ②吸风剪线将缝纫结束后的线头控制在5mm以内，免去二次修剪线头； ③起停响应时间缩短50%，匹配7000r/min转速，效率提升35%以上	①独有的油脂润滑方式，并使用黑金刚针杆和滑杆，有效避免机油污染面料，清洁耐久； ②压脚抬起放料时，送布牙往下运动（低于针板面），实现牙齿不刮布且放料更轻松

缝纫设备	适用	设备效用	创新点
GM288系列高速包缝机	各种薄厚包缝	①从两针到六针，有基本型、自动剪线型等20余种机型；②结构上吸收了国家先进水平设备的优点，性能上突出了市场需求的适应面广、实用性强的特点；③缝线平稳、操作性优越、维护简便	①本机主要部位装有滚珠或滚针轴承，运转轻滑，缝线、切刀以及弯针的调整都极为方便；②采用全封闭润滑系统和硅油冷却机针装置，差动牙微量调节和按钮式针距调节装置

（二）特种缝纫设备

表4-2为特种缝纫设备的介绍。

表4-2　特种缝纫设备

缝纫设备	适用	设备效用	创新点
HLK-430/HLB-430直驱式电子套结机/钉扣机	牛仔花样钉扣	①机型为干式机头，仅在机床处用油盒微量供油，其他部位采用特殊润滑脂润滑，不会对缝料造成污染；操作轻松，维护简便，适用性强，生产效率高；②采用小型大功率伺服电动机直接驱动，国产专业花样机智能控制系统，高精度步进电动机送布和抬压脚结构	①系统内存数十种标准套结及钉扣样式，用户可采用通用的存储卡进行快捷方便的软件升级和花样编辑操作；②随机配置的专用操作面板，可方便操作者进行各项缝纫模式及参数的设定和修改，可在40mm×30mm范围内进行套结样式的缝纫
HLK-03/-03（HP）电子套结机	西服套结	①上海标准海菱缝制机械有限公司自行研发的小型套结花样两用机型；②采用国产专业花样机控制系统，高精度、大扭矩步进电动机传动，内存60种标准套结样式；③主轴由微型大功率伺服电动机直接驱动	①随机配置的专用操作面板，可方便地进行花型选择、缝速选择、缝纫模式及有关参数的设定和修改，可在30mm×30mm范围内进行花样图形的缝纫，通过专用花样编程软件编制图形；②可由USB接口进行输入存储调用，配上专用压脚（需另购）即可做特殊套结样式或小型花样的缝纫

缝纫设备	适用	设备效用	创新点
 GC22818-1D自动剪线筒式附衬缝纫机	西服的钉缝和纫缝	①采用计算机控制机针的上停针或下停针，具有自动剪线功能，并在剪线后能靠地起缝； ②圆筒型缝台，适合于弧面、曲面、筒状物料的作业； ③由于缝速可自如调整，手拉式送料方式灵活方便，运行平稳、噪声低	①服装附衬作业的专用缝制设备； ②不锈钢圆筒式缝料导向座使操作顺滑简便； ③由于压脚的行程可达18mm，即使在缝制较厚的衬垫时也能方便地工作
 GC20818系列自动剪线附衬缝纫机	西服附衬、附挂面、扎后背里	①采用计算机控制可方便地设定上停针或下停针，自动剪线功能使作业省时、省力、节约缝线； ②由于可自如调整缝速，使手拉式的送料方式灵活方便，提高生产量	①服装附衬作业的专用缝制设备； ②采用滑杆挑线、旋梭勾线、半自动润滑，故缝纫性能优良，调整维护简便
 GC24818系列立柱式附衬缝纫机	西服附衬	①采用计算机控制机针的上停针或下停针，立柱式的缝台更适宜于弧面、曲拐型物料的作业； ②由于可自如调整缝速，使手拉式的送料灵活方便，提高了制品的质量和产量	①服装附衬作业的专用缝制设备； ②采用滑杆挑线、旋梭勾线、半自动润滑，故缝纫性能优良，调整维护方便
 MG-60A小型工艺模板机	各种薄厚面料服装	①占地面积小，1200mm×1535mm（折叠后1300mm），两种缝纫范围自由切换； ②德国工业设计，做工精良，细节极致，简洁、大气，机架三面包围，整机美观；整机一体化，四周与机器无缝衔接，操作屏上三色按钮——急停、压框、启动设计，便于高效操作	①RFID射频模块超高识别； ②双动刀剪线设计，减小缝料下底面线头残余； ③远程进行故障诊断，系统升级，并可以实现打板图形文件传送，统计加工信息

缝纫设备	适用	设备效用	创新点
JK-T3020多工艺电脑花样机	牛仔口袋	①可通过USB直接导入花样，多达999种；适用于皮具、皮革制品、箱包、鞋类、牛仔等特殊部位缝制；②只需将模板的圆柱销卡到夹具的槽中，踏脚踏开关，模板即能实现快速、简单更换，并精确定位	①可用于缝制牛仔口袋，线迹美观牢固，速度快，效率高；②大功率伺服电动机驱动，可获得强大的机针贯穿力，超厚料的缝纫也能顺利进行
JK-T9270D/9280D机电一体曲腕机	牛仔、衬衫、雨衣	①按钮调节即可灵活地改变机器的针距，满足多种缝制需求；②PL拖轮装置为内置式直驱拖轮，结构简单，PS拖轮装置为外置拖轮，通过同步带、变速箱来传动，拖布量调节范围大，调节方便	①可加油润滑式后拖轮，使送布更轻、更平稳，使用寿命更长；②悬臂筒型缝台，操作舒适方便

（三）模块式智能协同缝制单元

1. 威士WS-8210B六工位自动衬衫袖克夫缝制单元

该系统是由多个部件（包括自动缝制单元、整烫单元、视觉系统和机器人应用）组成的组合生产线系统。其中，袖克夫自动压烫、自动送料、自动缝纫、多轴直线运动结构以及机器人视觉辅助缝纫是智能协同缝制单元的核心组成部分。这个系统使用压烫、明线缝制、锁眼钉扣等工艺，一次性完成工序，以确保袖克夫工序的连贯性和缝制质量，如图4-7所示。

工作流程：由机械手自动上下缝料，通过视觉传感器感知布料位置，机械手调整夹持缝料方向和角度来抓取缝料，然后自动规划好路径，把缝料送至缝纫台上按正确的要求缝纫。

设备优势：

①操作自动化，采用预放料、旋转送料与自动收料装置，可实现连续、高效加工。

②操作智能化，缝纫质量可控，降低了工人劳动强度和对熟练工的依赖。

③多工位缝制袖口的形状（圆角、直角、

图4-7　威士WS-8210B六工位自动衬衫袖克夫缝制单元（图片来源：上海威士机械有限公司官网）

斜角）可任意设定。

④具有自动变模、快速换模、收料位置自动定位功能，操作简便。

⑤里衬扩张装置，能使袖克夫缝制完成后向里自然弯曲，满足衬衫穿着的合体性、美观性。

⑥自动裁剪并收集废料功能，在缝制同时完成修边，边距厚薄可调。

⑦自动断线检测功能，可实时保证缝制效果，并配有紧急停止按钮装置，确保设备安全运行。

2. 富山HSAT-K2 T恤自动开口下摆包缝无人工作站系统

该单元采用多种前沿技术，如工业机器人抓取和传送技术、AI技术中的机器视觉技术、自动缝纫技术、机械手自动输送技术、自动收料技术等，如图4-8所示。

3. HSAT-K5自动接橡筋机

通过识别技术，该设备可精准定位单个、多个标识位置；识别灵敏，采用超声波切带，可以不分橡筋带的厚薄，超声波切刀自动变频，刀口平齐，无毛边；微电脑温度控制系统，在传送中自动熨烫橡筋带，保证橡筋熨烫整齐、平整，免除整形工序，如图4-9所示。

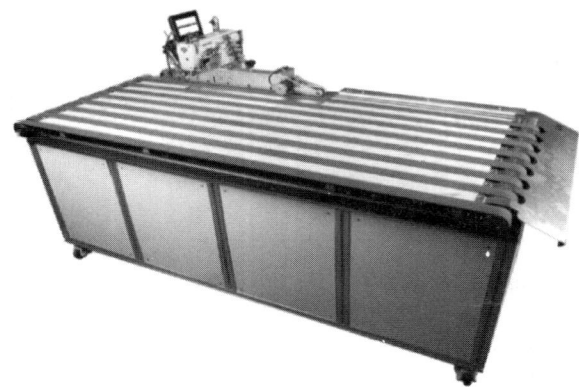

图4-8　富山HSAT-K2 T恤自动开口下摆包缝无人工作站系统

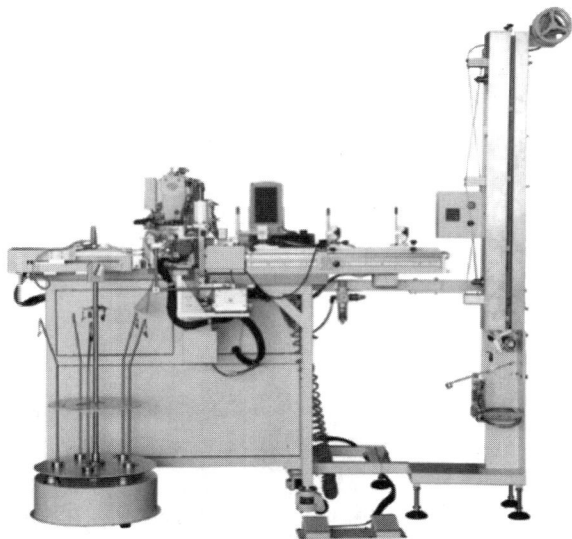

图4-9　HSAT-K5自动接橡筋机

二、自动化缝制关键技术

在服装制造业中，处理柔性织物是一个具有挑战性的问题。柔性织物的处理过程包括了分离、抓取、平移、放置、定位、送料和缝纫等操作。尽管缝纫时间只占总生产时间的10%~30%，但其他处理操作时间占据了更大的比例，这使得自动化技术面临着很大的困难。其中一个困难是难以对柔性织物的物理行为进行建模和模拟，因为织物具有复杂的静态和动态行为。此外，织物通常是轻而柔软的，在抓取、分离和放置过程中，即使施加少量的力，也可能导致织物发生明显的变形和褶皱。这对后续的切割和缝纫操作产生了很大的影响。解决这个问题需要开发先进的抓取、放置、识别和定位技术，以确保在缝纫之前对织物进行准确处理。本节介绍了面料的夹持和机器视觉识别技术。

（一）智能化缝制设备的柔性面料夹持技术

1. **吸风夹持技术**

工作原理：吸风夹持器使用视觉传感器（摄像头）检测两个输送机上是否存在材料，并将物体姿态信息传达给机器人；然后，位置协调器将对象姿势从世界坐标系转换为夹持器坐标系。机械臂将夹具定位在材料上，夹持器安装的光纤传感器和电容传感器用于促进夹持器的精确定位，以便与材料精确对齐；启动抽吸装置来完成材料操纵。该操作由整个吸入控制系统控制。

特点：可以轻柔搬运工件，抓具的结构设计紧凑、节省空间。特别是由于可直接从上方吸住工件，没有抓手占用空间的问题，因此该技术可以无缝定位工件，但对于多孔织物，抽吸技术有一定局限性，吸风夹持设备如图4-10所示。

图4-10　施迈茨真空夹持机器人
（图片来源：机电之家官网）

2. **吹风夹持技术**

工作原理：该技术主要利用了空气动力学原理，使用一个连接在夹具上的喷气喷嘴，以便将织物的边缘从堆叠中提起。随后，两个钳口从边缘抓住织物。系统包含两个传感器，一个用于检测织物顶部位置，另一个用于确保钳口内织物的存在。

特点：吹风夹持技术可以在不损坏织物的情况下抓住织物，但是精确控制气动变量去夹持一块织物有一定难度。

3. **冷冻夹持技术**

工作原理：通过冻结接触流体实现夹持器和织物之间的材料黏合。冷冻夹持器将织物放在密封的表面上。利用压缩空气将水液化，并将液化的冷冻水通过夹持器活动区域的中心孔，压在夹持器和织物表面之间的间隙中。该技术能够在不引起织物材料张力的情况下施加黏合力。该技术的特点如下。

①低张力下的高附着力。

②在搬运过程中，纺织品表面不会受损。

③适用于各类织物。

④夹持和释放时间短，可靠性高。

4．静电夹持技术

工作原理：利用电极之间的高电压产生电场，可用于吸附织物。通过打开/关闭或增加/减少施加在电极上的电压来控制产生的附着力。

特点：这种方法避免了对织物表面造成损伤，并在操作和运输过程中保持无褶皱。但在实际工业生产的环境中，灰尘和微纤维可能会削弱静电电场产生的吸附作用，并且该技术对比较厚重的面料静电吸附处理不是十分理想。

新型静电夹持器，用于在自动化服装制造中抓取和压平织物。夹持器由四个电黏附垫组成，以吸附和压平织物，如图4-11所示。

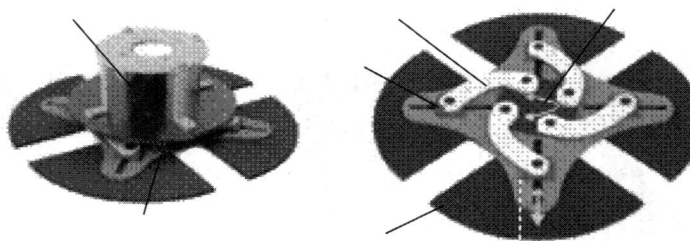

图4-11　新型静电夹持器

5．机械夹持技术

工作原理：模拟人类手指与织物交互的方式，设计有两个手指。由工业电动夹具驱动，包括摄像头、触觉传感器及其连接线的集成空间组成。除柔性金属棒外，整个机构由塑料（PA12）制成。夹具可以在接触表面时发生弯曲而不断裂，同时指尖上覆盖着触觉传感器，可以通过手指横向运动收集有关纺织品粗糙度的数据，连接摄像头视觉处理系统，识别织物并移动到指定位置。该技术的特点如下。

①必须仔细选择所施加的夹持力，以便机器人能够在不损坏织物的情况下处理织物。

②机械灵活性需要持续优化，通过改进力传递，优化摩擦运动控制，实现手掌的自适应灵活性。

③触觉探索灵巧度有待提高，手指的功能不仅是拾取和握住衣服，还通过提供触觉感知信息来支持认知系统。

④在滑动两个夹持器尖端时收集数据，作为人类手指摩擦运动的近似值。

⑤对夹持运动的控制越好，采集的数据越精确。

6. 针夹持技术

工作原理：使用锋利的针阵列刺穿织物表面进行操作，其中电动针夹持器可以电动调整针的长度，适用于多种类型织物，且对织物结构没有明显的损害。

（二）智能化缝制设备的机器视觉识别技术

1. 机器视觉概念

智能缝制的视觉识别主要涉及机器视觉和图像识别技术在人工智能领域的应用。机器视觉是一种使用机器代替人眼进行测量和判断的系统，它利用光学装置和非接触传感器自动捕获目标对象的图像，并通过图像处理设备对图像进行各种运算和分析，以提取目标对象的特征信息或根据分析结果进行运动控制。这种技术可以用于各种场景，如工业生产中的质量控制、医学影像分析、安防监控等。

通过机器视觉和图像识别技术，智能缝制系统可以快速、准确地识别并分析织物上的图案和纹理，从而确定合适的缝制模式和缝制方式。这种技术不仅可以提高缝制效率，还可以减少人工操作的需求，进一步推动智能缝制的发展和应用。

2. 机器视觉系统结构

典型的机器视觉系统包括：光源、镜头、相机（包括CCD相机和COMS相机）、图像处理单元（或图像捕获卡）、图像处理软件、监视器、通信/输入输出单元等，机器视觉系统的构成如图4-12所示。

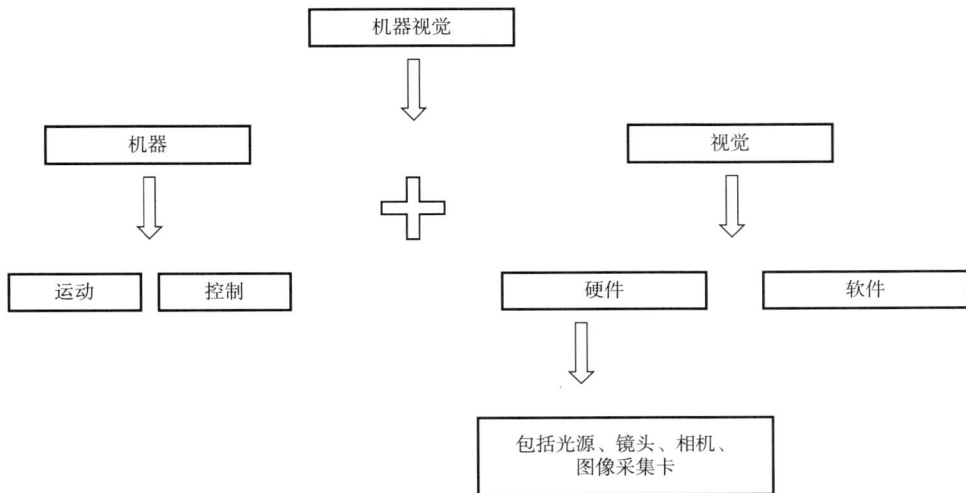

图4-12　机器视觉系统的构成

3. 机器视觉系统工作流程

机器视觉系统工作流程主要分为4个部分：相机定位、图像分析与处理、目标物状态识别及机器人的动作操控。先利用相机定位对目标物建立运动坐标系，获取物体坐标；然后将获取的目标物图像进行分析和处理；状态识别以图像分析为基础，对目标物的状态进行分析和处理，从而根据图像处理与分析的结果操控机器人的动作行为。工业机器人的使用是现代工业相对于传统工业的进步与发展，解决了传统工业成本高、效率低、耗时长等缺点，将人们双手解放出来，让现代化的工业生产更加自动化、智能化。

4. 机器视觉工业应用优势

相比人类视觉，机器视觉在精确性、速度性、适应性、客观性、重复性、可靠性、效率性、信息集成方面优势明显。从具体参数看，机器检测比人工视觉检测优势明显：机器视觉检测比人工视觉检测效率高、速度快、精度高、可靠性好，同时，机器工作时间更长、信息方便集成、可适应恶劣环境。因此，在一些方面机器视觉能够代替人眼更好地进行工作。同时，随着深度学习、3D视觉技术、高精度成像技术和机器视觉互联互通技术的持续发展，机器视觉的性能优势将进一步扩大。具体总结如下。

①机器视觉系统可以快速获取大量信息，而且易于自动处理，也易于同设计信息及加工控制信息集成。

②利用机器视觉进行检测不仅可以排除人为主观因素的干扰，还能够对这些指标进行定量描述，避免了因人而异的检测结果，减小了检测分级误差，提高了生产率和分级精度。

③提高生产的柔性和自动化程度，在一些不适合于人工作业的危险工作环境或人工视觉难以满足要求的场合，常用机器视觉来替代人工视觉。

④加工工艺参数调优，如智能缝纫设备在对各种面料进行缝制加工时，首先要进行缝制参数设置，如缝纫机车速、缝线张力、线迹形式、线迹大小等，这些参数设置不好，往往会影响缝制质量。因此在缝制过程中，可以利用AI技术中的机器视觉技术、机器学习和深度学习技术来选择最优缝制参数，使缝制质量达到最优。

5. 机器视觉工业应用

①引导和定位。视觉定位要求机器视觉系统能够快速准确地找到被测零件并确认其位置，上下料使用机器视觉来定位，引导机械手臂准确抓取。在服装制造领域，设备需要根据机器视觉取得的裁片位置信息调整夹持头，准确抓取柔性面料并进行定位，这就是视觉定位在机器视觉工业领域最基本的应用。

②检测。检测生产线上产品有无质量问题，该环节也是取代人工最多的环节，如在服装智能制造领域的质检阶段、智能缝制阶段的裁片边缘和长度的检测。

③高精度检测。有些产品的精密度较高，可达到1~2cm甚至到微米级，人眼无法识别这些微小的元器件，因此必须使用机器来完成。

④识别。利用机器视觉对图像进行处理、分析和理解，以识别各种不同模式的目标和对象，达到数据的追溯和采集。一般的机器识别系统借助照相机完成。图像识别在机器视觉工业领域中最典型的应用就是二维码的识别。

⑤分拣与搬运。现代工业生产与运转过程中，不可避免地会有一些分拣的工作。传统利用人力进行分拣工作的方式存在较大局限，而视觉机器人的应用可以极大地提高工业生产的

效率及工作精确度，进而解放了人们的双手。

6. 机器视觉研究前景

机器视觉行业应用场景的不断延伸，对行业技术提出了更高的要求和更有针对性的需求，未来机器视觉行业将向着主动视觉、3D视觉、与5G融合、深度学习、嵌入式视觉等方向不断提升性能。

（1）深度学习的重要性增强。深度学习在机器视觉领域的应用能有效提高其识别精度，助力机器视觉在各行业的应用得以实现。未来，深度学习在机器视觉领域的重要性将进一步提高。

（2）与5G进行深度融合。机器视觉与5G融合有利于完善视觉系统的实时性，是打造智能工厂的一项重要创新。当前已有部分机器视觉企业与互联网企业合作推出"5G+机器视觉"的解决方案，机器视觉与5G深度融合将是行业未来一个重要的发展方向。

（3）主动视觉与3D视觉发展。在机器视觉系统中加入反馈机制，使系统具备主动选择机制，能够在新环境中主动探索，以实现整体智能的提升。3D视觉赋予智能装备形态与距离的感知能力，对智能家居、工业测量及智慧物流等领域发展具有重要意义。

（4）嵌入式视觉将进一步增长。基于嵌入式机器视觉在自动驾驶、消费电子等领域的广泛应用，该技术能够利用云端数据，大幅提升处理能力。未来，嵌入式视觉的需求将进一步增长。

（5）接近真实"视觉"。真实环境具有开放性与复杂性、三维、动态变化等特点。将真实环境的特点与生物感知机理融合起来，机器视觉就会更接近真实的"视觉"。

设备案例：箭马公司的JM-998S视觉识别自动送扣缝纫机，在行业内率先将视觉图像识别技术运用在送扣机上，借助这一技术可以让纽扣在缝制时，完全按照设定的方向有序排列进行送扣缝制，如图4-13所示。

三、智能化缝制案例

（一）Sewbot自动缝纫机器人

该系统包括一个自动缝纫机（automatic sewing machines，ASM）和两个机械手臂，用来搬运和多方向移动织物，确保织物按照程序既定路线缝制。

工作原理：该系统利用高度精准的机器视觉技术来观察和分析织物，可以检测并自动调整面料中的变形。在一个70英尺（177.8cm）长的T恤生产线上，有多个机器人执行各种任务，包括裁剪、缝合、添加衣袖和质量检查等。使用高精度的机器

图4-13 JM-998S视觉识别自动送扣缝纫机

视觉和实时分析，结合精密的线性制动器和微型操控设备，机器人可以以亚毫米级的精度将布料穿过缝纫机，纠正材料的变形。因此，这个自动缝纫机器人可以模仿裁缝的动作和处理织物的方式，持续地操作和调整织物。

系统特点：缝制过程从编程开始，当设计师使用2D或3D模型设计产品时，储存在Gerber的Accumark文件中的缝制数据会嵌入机器人的文件中；Softwear的机器视觉系统，可以在0.5mm的精度内追踪到针头的位置，并且追踪到织物中的每根线的线程。其配置了能够每秒捕获超过1000帧的专用相机，并提供了图像处理的算法来对每一帧上的线程进行检测。

该系统移动织物有两种方式，第一种是使用四轴机械臂，可以使用真空夹具把织物提起和放置；第二种是360°传送系统，传送装置为嵌入式球形滚轴的工作台。随着每个滚轴高速独立移动，滚轴可以根据需要重新定位织物或平整织物，如图4-14所示。

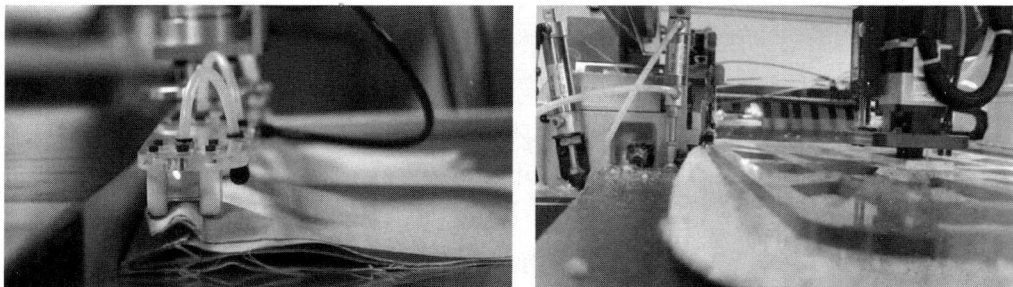

图4-14　Sewbot自动缝纫机器人

（二）智能坐垫缝制微型工厂

智能坐垫：能够通过强光脉冲与用户进行交互，并与其他缓冲器进行无线通信，主要功能是为用户提供智能缓冲的坐垫。由Texprocess智能缝制微型工厂制作，如图4-15（a）所示。

该系统结构组成：技术绣花机、自动裁剪机、抓取机器人系统和自动缝纫机。

工作流程：通过技术绣花机将导电纱线和LED等材料绣在大面积的织物上之后，将裁片转移到自动裁剪机上进行裁剪。随后，机器人使用真空夹持器将裁剪好的裁片转移到缝纫机的机架上，由自动缝纫机进行缝制，如图4-15（b）所示。

（三）SINTEF Raufoss Manufacturing的机器人引导缝纫项目

结构组成：一台工业C型框架缝纫机、两个机器人手臂（一个机器人手臂用于引导缝制的纺织品，另一个用于检查纺织品的边缘并调整运动方向）、传感器和摄像系统。

工作流程：机器人手臂抓取织物放入缝纫机，通过传感器检查缝制的纺织品拉伸性能并不断调整来引导缝纫。通过Linux计算机、机器人操作系统和各种软件对机器人的运动进行实时控制，如图4-16所示。

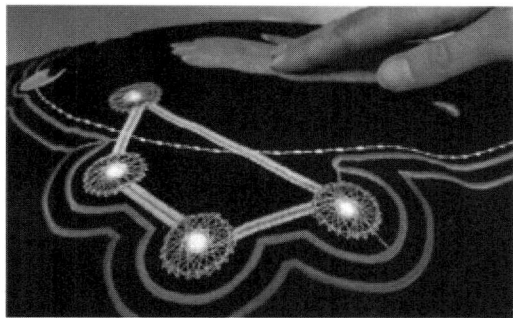

(a) 智能坐垫

(b) 抓取机器人系统

图4-15　智能坐垫缝制微型工厂

图4-16　机器人引导缝纫项目

（四）珞石机器人协同智能缝制系统

珞石机器人推出的XB7机器人协同智能缝制系统，如图4-17所示。该系统搭载自主研发的新一代xCore控制系统及AutoGen智能视觉规划技术，率先攻克了柔性物料控制和机器人与缝纫设备协同控制等自动化难题。该系统采用一台六轴工业协作机器人吸附衣片，通过视觉识别系统辨识衣片轮廓与角度进行精准传送，自动生成缝制线迹与机器人运行轨迹，控制缝制设备完成包缝与平缝的加工。

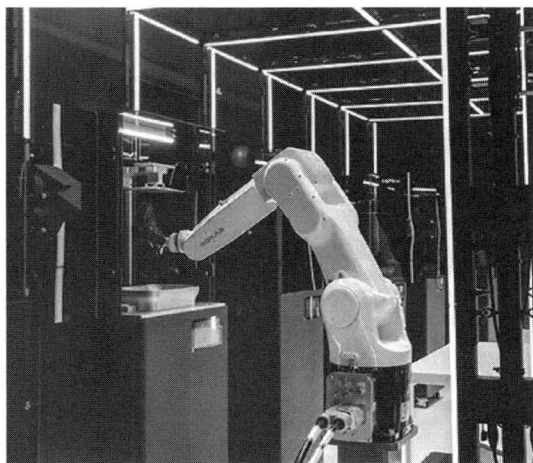

图4-17　XB7机器人协同智能缝制系统

第三节 智能物料运输系统

服装智能制造过程中，智能物料运输系统扮演着重要的角色，它是一种先进的技术设施，旨在提高生产效率、降低成本，并确保服装面料、辅料在制造过程中精准顺利的传送。本节从智能吊挂生产管理系统、智能地面物流配送系统、智能生产分拣系统展开介绍。它们的结合应用可以提高缝中阶段的生产效率、降低成本、优化物流流程，为企业带来巨大的竞争优势。

智能吊挂生产管理系统可以实现对生产过程的监控和管理。通过使用传感器和网络技术，系统能够实时获取装配线上的数据，包括生产速度、产品质量等关键指标。同时，系统还可以自动化地调整装配线的运行状态，保证生产过程的稳定性和可靠性。这样，企业管理人员可以及时采取相应的措施，优化生产计划并提高生产效率。

智能地面物流配送系统，包括智能自动导向车和有轨道式小车（rail guided vehicle，RGV）。系统根据物流需求和订单信息，利用自动化设备和算法，智能地规划最优的配送路径，并将货物定时送达目的地。这不仅节省了人力成本和时间，还避免了传统手工配送中可能出现的错误和延误。更重要的是，通过实时监控和数据分析，系统可以进一步精细化管理供应链，提升物流效率和响应能力。

智能生产分拣系统通常由自动化机器人和计算机控制系统组成。通过预先设置的程序和算法，系统可以准确地识别、分类和跟踪不同类型的服装物料。这种自动化过程消除了人为错误，减少了烦琐的手工操作，大大提高了分拣速度和准确性。

一、智能吊挂生产管理系统

（一）智能吊挂生产管理系统发展历程

智能吊挂生产管理系统在纺织服装生产开始应用是在20世纪70年代，由简单的手工和机械传输方式逐步演变而来，是一种为了提高生产效率和管理水平的新型传输方式，也是信息化和工业化有机融合的产物。在服装生产中，服装吊挂流水线是服装生产的执行系统，它本身并不能实现智能化生产，只有通过具有通信功能的云平台与MES系统对接，实现对自身工作状态的感知，具有自适应能力，能够根据作业数据进行调整，这样才能通过数据应用和工业云服务，实现企业整个业务流程的智能制造与科学运营。

为提高生产效率、缩短生产线上的物流周期，服装生产企业对智能吊挂生产管理系统产品的需求开始逐渐增加，用户除了大型企业，还有少量的小型企业。目前，市场上主要的智能吊挂生产管理系统有瑞典铱腾（Eton）、德国杜克普、新加坡的衣拿（INA）和SMARTMRT以及中国的上海威士、宁波圣瑞斯、浙江衣拿等，图4-18为衣拿智能吊挂系统场景图。

（二）智能吊挂生产管理系统构成

基本的智能吊挂生产管理系统组成：主传动系统、主轨道、进站机构与支轨道、工作站（工位）、出站机构、气动系统、控制系统、电子件和软件部分以及型材支架、储备站衣架等。每一个工作站（工位）又包括进、出站放行机构、衣架提升机构和操作终端等。其中最核心的软件部分，包括生产信息的采集、整理、分析和智能调度系统以及整个吊挂系统运行所需的驱动软件。

智能吊挂生产管理系统利用单元生产模式进行服装加工。同一个工序可由多个工作站加工，一个工作站也可以加工不同

图4-18　衣拿智能吊挂系统场景

的工序。系统从整体构成来看，可分为机械架构和管理控制系统两部分。机械架构从外观上可分为高吊悬空式和落地式两种；管理控制系统按管理控制方式可分为：人工控制、计算机自动控制、人工与计算机控制。控制系统由上机位软件管理中心、硬件控制节点、操作终端和主轨道四部分构成，其控制系统结构如图4-19所示。

上位机软件是整套控制系统的"大脑"，实时与终端程序进行数据交换，对数据进行保存、分析和显示，通过有效的调度算法控制每一件衣服的整个生产过程。主要根据下位机采集反馈的数据对负载衣料的吊架进行调度，完成制衣工作站监控管理和企业生产管理，控制服装加工过程的顺利进行。同时，上位机将采集的数据进行分析，以报表形式展现给用户。上位机软件也支持跟其他信息管理软件，如ERP、OA进行不同方式的数据对接，将整个公司信息整合起来。

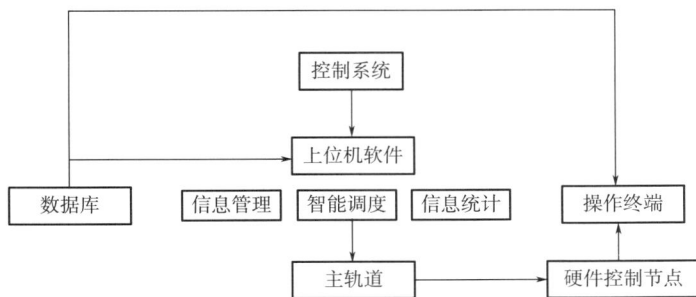

图4-19　智能吊挂生产管理控制系统结构

（三）智能吊挂生产管理系统与RFID技术、MES的协同工作

智能吊挂生产管理系统借助RFID技术通过MES制造执行系统、APS智能排产系统和可视化技术进行智能排产，执行和调整生产计划，监控生产进程。

在服装生产线上，一套衣服将被拆解成不同部分的裁片，各部分的裁片附上RFID卡在

MES的控制下通过智能吊挂生产管理系统传送到相应的工位，同色、同工艺的部件通过智能匹配后将被运输到同一工位，消除了换线和换工艺的麻烦。MES与智能吊挂生产管理系统的深度融合，实现了数据驱动生产。通过RFID技术与上层系统的配合，实现对服装吊挂生产线上每个衣料的位置和加工等信息的精确识别和实时追踪。面对瓶颈工序等问题时，MES系统会根据该工序的工艺、设备、人员等信息，在服装吊挂生产线查找可替代的工作站，找到可替代瓶颈工序的人员，自动消除生产瓶颈，保障服装吊挂生产线高效运转，实现工序间的生产动态平衡，持续推动服装吊挂生产线提质增效。

MES与服装吊挂流水线深度融合系统，实现了工艺自动分解、在制品智能调度、生产动态平衡、机位能力评估、设备在线检测等诸多智能制造的刚性需求，是集人工智能、大数据、无线通信、工业物联网于一体的综合技术应用。主要特征如下。

①MES与吊挂流水线深度融合，使整个车间成为统一的调度单元，传统制造中的生产平衡、现场调度等难题得到有效解决。

②工艺自动分解。所有的工艺将按照现场实际能力动态分解、分配并驱动现场制造过程，传统制造中的员工请假、人员不足等问题得到解决。

③跨线调度。抛弃传统管理仅在产线内部调度的限制，将车间作为统一的在线调度单元。

④全数据驱动。生产计划进入系统后，所有管理都由数据驱动，这得益于MES内置的CPS系统，该系统实时监视车间现状，人工智能驱动工位/工艺分解、推送及检测。

⑤设备联网实现全数字化模型。吊挂、缝制设备等所有产线设备联网，数据精确到车缝的针数，自动进行工艺校验，提升在制品质量。

⑥进度及风险预测。通过历史大数据分析，按照实际订单进度实现交期预测，风险管控。

（四）智能吊挂生产管理系统的特点

1. 工艺适用性

智能吊挂生产管理系统可以自动平衡同工序中不同员工的效率差异，在向下一工序输送在制品时，系统会自动送给存货最少的工作站，减少在制品的等待时间，提高生产效率。

智能吊挂生产管理系统在生产过程中可以通过机器清楚显示生产中的各部位、各吊架以及各环节具体情况，这种操作特性便于管理者在生产过程中随时监查和及时调整，降低残次品所造成的成本损失，保证生产系统的服装质量。

2. 生产灵活性

智能吊挂生产管理系统采用模块化流水线，易于变化和拓展，可轻易添加工作站和暂存区，对于优化生产流程有重要帮助，能快速地变换流水线设置，适合多品种的生产。传统的流水线在遇见插单、追单等情况时，转变过程慢，市场适应能力弱。而智能吊挂生产管理系统在遇到该情况时，只需要通过计算机改变工艺流程，再由工作人员进行外部监控、修正操作，即可确保每个工作车间都可以立刻投入新的生产环节，每个工作车间的设备都可接收新的制作程序，按照新的路线传输衣片。当插单、追单任务结束时，即可恢复原产品的加工生产设定，维持生产车间的秩序。采用智能吊挂生产管理系统的服装车间既可以及时根据市场需求做出适合流行风格的衣服，又可以提高企业的反应能力。

3. 生产了然性

智能吊挂生产管理系统采用悬挂衣服的方式生产，在生产过程中衣服质量易于用肉眼观察，质检更加容易，并且在操作系统还可通过扫描以及信息系统的储备对流水线上的每一件产品进行记录，对记录信息进行收集、整理后以图表的形式通过显示器提供给工作人员，进一步实现生产透明化。当员工发现衣服有瑕疵时，可以及时将该吊架送去检修工作车间，保证了服装的质量，让不合格的产品即时检出。另外工作车间在需要改变服装的用线颜色、衣码时，只需要进行电脑操作便可以达到目的，既节省了时间，又提高了产品产量。设备数字化操作促使管理更加方便，进一步减轻了员工劳动强度，形成了资源的合理利用，方便了管理层的监察与管理。

4. 空间节省性

智能吊挂式传输系统因其吊挂性而不占用地表面积，员工在工作车间不会因衣服堆积数量多而感到压抑，车间环境完全符合6S的环境要求，保证了员工在工作时的良好环境。在运输过程中无须人力搬运衣片和半成品，很大程度上降低了员工的工作强度。

5. 系统适用性

智能吊挂生产管理系统的中央控制系统可以实现对裁片自动分类和暂存裁片，可以在同一条吊挂线上进行不同品种的生产，可以与上下游的裁床、缝纫机、智能仓储等设备以及CAD、CAPP、CAM、MES、ERP等软件系统数据信息共享。

6. 技术局限

想要熟练掌握智能吊挂生产管理系统的应用，就必须有专业的员工培训以及员工之间默契的配合，倘若一个环节出现问题，整条流水线就要断层。

7. 空间、成本局限

部分场地面积相对较小的企业应用系统的空间受限制，厂家投入引进智能系统成本过高。

（五）国内外智能吊挂生产管理系统生产介绍

总结各公司的智能吊挂生产管理系统，并作横向比较，结果见表4-3。

表4-3　各公司智能吊挂生产管理系统特性横向对比

公司名称	系统名称	系统特性	优势
浙江瑞晟智能科技股份有限公司	SUNRISE智能吊挂系统	计算机化管理，配合企业级数据库、管理软件、电子技术、RFID技术、工业自控技术及先进的机械传动技术	①低气压中断链条； ②衣架自动回归； ③管理透明可视化
瑞士Eton Systems公司	吊挂系统	计算机控制 柔性控制自动运行	①投入产出时间短； ②减少在制品数量； ③同时生产多种产品； ④缩短交期； ⑤及时的信息反馈

公司名称	系统名称	系统特性	优势
浙江衣拿智能科技股份有限公司	衣拿柔性链条智能吊挂系统	计算机化智能管理系统 RFID射频技术 视觉效果好 适用服装全系 工作位停留位置可调整	①外观大气，视觉效果好，适用服装全系； ②工作位停留位置可调整，方便不落架生产
	衣拿豪华型臂式智能吊挂	适用于针织、运动、家居服等产品	①高性价比； ②高产出比
厦门康裕隆科技有限公司	服装后道自动吊挂系统	后道成衣上线 大烫流水传输 后道检验 后道检验完毕上线后道传输分拣系统 包装缓存与吊牌区	①操作简单，智能配送； ②可将缝制与后道系统自动衔接，并完成整个后道的传输与分配工作； ③批量化、小型化
南通明兴科技开发有限公司	CleverMax服装家纺智能吊挂系统	实时监控异常 软件操作，吊架传输自动调整 多款同时在线生产 无缝换款 轨道吊架	①主动智能分析； ②调度过程更便捷高效； ③基本实现少人化和无人化生产管理
宁波圣瑞思工业自动化有限公司	智能服装生产吊挂输送系统	AI数字孪生技术 RFID射频识别技术 智能悬挂控制系统 条式主输送机构 上下摆动式进出变轨机构 链条式迷你提升机构	①提升产量，缩短周期； ②交班快捷，提高使用率； ③提高产品质量监管； ④降低堆积，减轻负担； ⑤缩短换款时间

二、智能地面物流配送系统

智能地面物流系统可在服装生产中，根据生产的实际需求提供定制化、模块化的解决方案。通过智能搬运机器人（AGV，AMR）、配套协作分拣设施硬件等智能设备，实现缝中阶段对原料的智能运输，实现全自动化作业，减少人工成本以及货物损耗。智能物流物料配送系统通过与智能吊挂系统相结合，打造全新的智能工厂规划解决方案。

（一）智能物料搬运机器人

1. AGV智能搬运机器人

智能搬运机器人，能够替代人工完成繁重的搬运任务，通过大规模集群化部署，可以大大降低企业生产过程中搬运时间和成本，降低企业运营成本。

AGV指装备有电磁或光学等自动导引装置，能够沿规定的导引路径行驶。其主要功能表现为能在计算机监控下，按路径规划和作业要求，精确地行走并停靠到指定地点，完成一系列作业功能。

在工业4.0的背景下，通过引进AGV动态物流系统、改变现有人工分拣、人工搬运模式，可有效实现分拣中心物流自动化。由于服装生产物料调度具有较大的变化性和随机性，因此通过AGV完成搬运工作更为高效。通过MES系统控制AGV搬运物料，实现物料在面料仓、辅料仓、自动裁床、线外工位、吊挂流水线、货架缓存区之间的调度，可以完全代替人工和叉车调度，避免混料。AGV调度系统与MES系统进行对接，实现了通过MES系统根据服装生产要求对AGV小车的调度控制，大幅提高了服装厂在裁剪区、线外工序区、车缝区的工位生产效率和工序完成情况信息管理的及时性、可靠性。图4-20为工厂生产车间AGV工作图。

图4-20 工厂生产车间AGV工作图

2. AGV智能搬运机器人的基本结构

AGV硬件组成包括车载控制器、导航模块、电池模块、障碍物探测模块、报警模块、充电模块、通信模块和行驶机构。软件组成主要由控制系统软件通过Wi-Fi或其他数据链路层，控制AGV动作。主要的控制功能包括：地图管理、路径导航、路径规划、AGV导引控制、自助充电控制、交通管理、任务分配、报警信息管理等。图4-21为AGV小车硬件结构图。

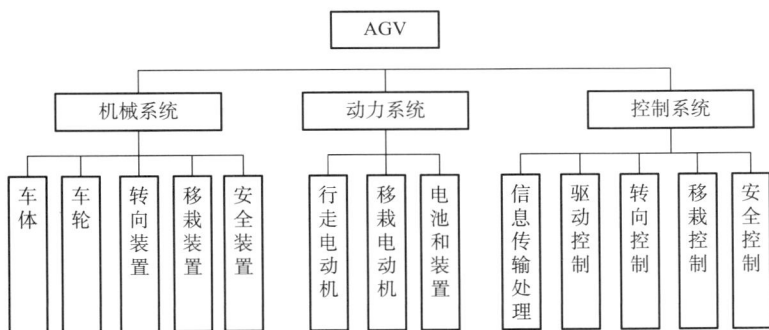

图4-21 AGV小车硬件结构图

3. AGV智能搬运机器人分类

（1）按引导方式分类。

①电磁导引。电磁导引是较为传统的导引方式之一，目前仍被许多系统采用，它是在AGV的行驶路径上埋设金属线，并在金属线上加载导引频率，通过对导引频率的识别来实现AGV的导引。

特点：引线隐蔽，不容易污染和破坏、导引原理简单可靠，便于控制和通信，对声、光无干扰，制造成本较低。

②磁带导引。磁带导引技术与电磁导引相近，用在路面上贴磁带代替在地面下埋设金属线，通过磁感应信号实现导引。

特点：灵活性比较好，改变或扩充路径比较容易，磁带铺设也相对简单。但此导引方式易受环路周围金属物质的干扰，由于磁带外露，易被污染，难以避免机械损伤。因此磁带导引的可靠性受外界因素影响较大，适合环境条件较好，地面无金属物质干扰的场合。

③惯性导引。惯性导引是在AGV上安装陀螺仪，在行驶区域地面上安装定位块，AGV可通过对陀螺仪偏差信号与行走距离编码器的综合计算，以及地面定位块信号的采集来确定自身的位置和航向，从而实现导引。

特点：技术先进，定位准确性高，灵活性强，并且便于组合和兼容，适用领域广。

④激光导引。激光导引有两种模式：一种是在AGV行驶路径的周围安装位置精确的激光发射板，AGV通过发射激光束，同时采集由反射板发射的激光束，确定其当前的位置和方向，并通过连续的三角几何运算来实现AGV的导引；另一种是自然导引，通过激光测距，结合SLAM算法建立AGV小车的整套行驶路径地图，不需要任何辅助材料，柔性化程度更高，适用于全局部署。

特点：定位精确，地面无须其他定位设施，行驶路径灵活多变，能够适合多种现场环境。其缺点是制造成本高，对环境要求相对较高（光线、地面要求、能见度等）。

⑤视觉导引。视觉导引有两种方法。一种是利用摄像头实时采集行驶路径周围环境的图像信息，并与已建立的运行路径周围环境图像数据库中的信息进行比较，实现对AGV的控制；另一种是借助二维码的图像识别方法，利用摄像头扫描地面二维码，通过扫码定位技术实现路径导航。

（2）按驱动方式分类。

单轮驱动：舵机模组，应用于叉车AGV。

差速驱动：差速驱动模组，应用于背负式AGV。

全方位驱动麦克纳姆轮：这种全方位移动方式是基于一个有许多位于机轮周边的轮轴的中心轮的原理上，这些成角度的周边轮轴把一部分的机轮转向力转化到一个机轮法向力上面。图4-22为艾吉威无反光激光小车。

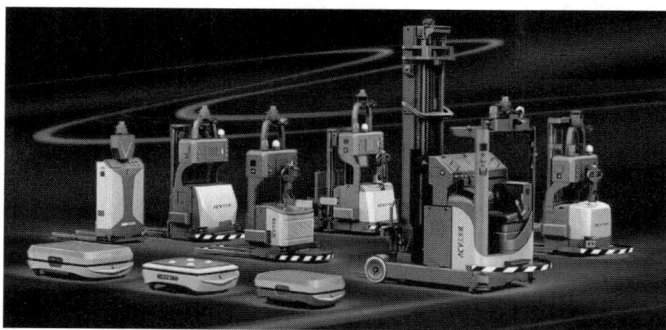

图4-22　艾吉威无反光激光小车

4. AGV智能搬运机器人控制系统

（1）磁导航AGV控制系统。车载控制系统通过对磁导航传感器、站点号自动识别地标传感器、漫反射式红外检测传感器、碰撞胶条、面板控制按钮等信号的采集，经过编写好的算法程序计算处理，控制驱动单元、装卸机构、显示屏等执行机构，实现AGV的导航控制、导引控制、装卸控制，如图4-23所示。

站点号自动识别：在AGV路径旁放置RFID非接触射频卡，由车载射频卡读卡器实时读取RFID卡中存储的加减速、路径编号、工位编号、仓库编号、等待时间等大量信息，能够很好地解决视觉识别特征所带来的实时性、多义性问题。

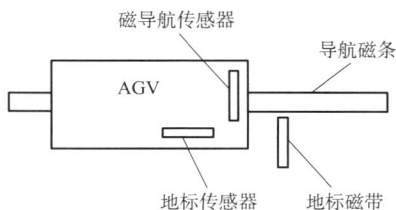

图4-23 磁导航原理图

（2）激光导航控制系统。激光导航AGV的控制系统主要可分为两部分：地面控制系统和车载控制系统。

地面控制系统即地面固定设备，主要负责任务的分配，如车辆调度，交通管理，电池充电等功能。车载控制系统即车载移动设备，在收到上位机系统的指令后，负责AGV的引导、路径选择、小车行走、装卸操作等。

（3）AGV安全控制系统。AGV的安全控制系统既要实现对AGV的保护，又要实现对人或其他地面设备的保护。其安全保护方法可归纳为两类：接触式和非接触式两种保护系统。

接触式避障系统：采用激光障碍物传感器和雷达扫描仪组成安全防护装置，确保运行安全。规定范围内检测到障碍物体进入危险区域时，AGV自动停车，障碍物移走后自动恢复运行。AGV前面设有接触式传感器——保险杠，当保险杠与障碍物发生碰撞，AGV会停车保护，障碍物移走后自动恢复运行。AGV具有离线保护、偏离轨道自动纠正功能。

非接触式避障系统：目前常见的主要有视觉传感器、激光传感器、红外传感器、超声波传感器等。

5. AGV智能搬运机器人的调度系统

（1）系统架构。AGV调度系统接口程序通过局域网控制现场AGV同时，调度系统能够提供接（OPC等）上传数据至ERP或MES。

（2）系统功能。

①AGV调度任务。AGV调度任务，就是与AGV进行通信，从空闲AGV中选择一台，并指导AGV按照一定的路线完成运输的功能。

②实时路径规划。实时路径规划就是根据选中AGV所在的位置，以及目标站点位置，对AGV的行进路线进行最优规划，并指导AGV按照规划路线进行，以完成运输功能。

③交通管制。在某些特定区域，由于空间原因或工艺要求，同时只能有一辆AGV通过，（或两辆AGV不能对向行驶），则需要调度系统对AGV进行管理，指导某一辆AGV优先通过，其他AGV再按照一定的次序通过，这个过程称为交通管制。

④现场设备信号采集与动作控制。现场有些设备需要与AGV进行物理对接,实现物料的自动卸车,在此情况下,必须通过调度系统采集现场设备的运行状态信息,并且在某些时候需要发送信号控制现场设备的动作。

⑤MES或ERP接口。调度系统任务信息可能来自MES或ERP系统,同时系统也有义务向MES或ERP汇报任务执行结果,信息包括状态查询、任务查询、任务下达、任务修改或取消、任务情况汇报、AGV当前站点、运行状态(待命、启动、停车等)、传感器状态、当前运行速度。

⑥现场呼叫接口。响应现场某些设备信号作为呼叫信息,或者响应现场人工按钮动作为呼叫信息。调度系统与现场呼叫信息均通过协议进行通信。

⑦设备工况监控。对AGV的运行状态及任务信息等进行监控,以图形化的界面对AGV行进路线与位置信息进行显示(这部分可以考虑使用组态软件),具有任务信息历史、AGV工作状态日志查询等功能。

6. AGV智能搬运机器人工作流程

①AGV地面控制系统接收上位机发出的任务启动命令后,启动相应的物料搬运任务。

②车辆管理根据AGV的任务执行情况调度AGV执行任务,并通过无线电将命令发送到AGV。

③AGV随时报告车辆位置、状态信息及任务执行信息,交通管理根据各AGV的位置,确认每一辆AGV下一步应该走的路径。

④任务管理根据AGV任务执行信息报告上位控制计算机。

⑤地面控制系统在必要时使用输入输出模块控制外围设备。

⑥地面控制系统把各种AGV系统的运行状态发送给图形监控系统,图形监控系统使用这些运行状态构建各种监控界面,供系统维护人员使用。

7. AGV与AMR智能搬运机器人

AMR(autonomous mobile robot)是指可以智能理解环境,并在其中自主移动的机器人。AMR通过多模态传感器(激光雷达、摄像头、超声雷达等)对现场环境进行感知,利用智能算法对感知数据进行解析,从而能够形成对现场环境的理解,在此基础上自主选择最有效的方式和路径执行任务。AMR一般具备丰富的环境感知能力、基于现场的动态路径规划能力、灵活避障能力、全局定位能力等。

AMR是在传统AGV技术基础上发展起来的新一代具有智能感知、自主移动能力的机器人技术。AMR与AGV虽同为自动搬运设备,但在许多重要方面有本质区别。其中差异最大的就是自主性:AGV需要沿着预设的路线,依照预设的指令完成任务,在任务执行过程中无法根据现场环境的变化改变行为。而AMR具有环境感知和自主规划的能力,能够应对复杂的现场环境变化。基于智能感知、自主移动的能力,AMR可以更加灵活地在仓库或工厂等环境的各个位置之间灵活规划路线。在高度动态的操作环境中,AMR能够更好地与人类合作执行任务,使工作流程更加高效。AGV、激光AMR和视觉AMR的能力对比见表4-4。

表4-4 AGV、激光AMR和视觉AMR的能力对比

项目	AGV	激光AMR	视觉AMR
定位	磁导条、二维码	AMCL、反光条、激光SLAM	VSLAM、视觉语义定位、多模态融合
导航	固定路线	自由导航	自由导航
避障	停等避障	激光避障	多模态融合、视觉避障
Docking	盲停	激光目标定位	多模态融合、视觉语义、目标定位
跟随	无	激光跟随	视觉跟随
能力	①按照预设的轨道或路线行驶，只要轨道或路线不出现故障，其运行过程相对稳定，受环境因素干扰较小；②技术相对成熟，部分导航方式，如磁条导航、光学色带导航等的成本较低，且结构和控制系统相对简单，在一些大规模应用场景中，整体成本具有优势	①具有在稳定环境下的定位能力但当环境变化时（有运动物体、货物被搬运或者工位发生变化等），激光定位容易失败；②只能进行简单的避障，不能区分障碍物类别，不能很好地跟踪和轨迹预测，有安全隐患；③Docking（停靠或与各类设备对接）依赖于定位精度，只有导航到目标附近才能依赖激光进行Docking，不能在较大范围内自主寻找目标；④无法做到稳定跟随，无法做到视觉交互	①依托视觉语义解析能力，能够分析场景中的不变的和变化的信息，具有在复杂动态环境下的定位能力，能够适应环境变化；②能够区分障碍物类别，进行跟踪和轨迹预测，从而实现更安全、更灵活的避障；③视觉Docking能在较大范围内自主寻找目标，不依赖高精度定位，对环境的容忍度更高；④稳定跟随，具有视觉交互能力
生命周期成本	磁导条、二维码	激光雷达造价高，后期更换维护成本高	摄像头造价低廉，后期更换维护成本低

在物流搬运的过程中，往往需要多台AMR的协同运作，AMR调度系统需要统筹所有AMR的行为，调度整体的协同效率达到最优。调度系统的性能一般要从三个方面来衡量。

①安全性。相比于传统的AGV，由于AMR先天的技术优势——自然无轨导航技术，AMR在没有设备和障碍物的区域，可以规划出无数条不同的路径，一旦某些区域发生异常或者堵塞，AMR随时随地可以切换路线，当然也包括最简单的绕障功能。

同时，高效智能的调度系统可以根据电量、位置、路径繁忙度等信息调度最合适的AMR完成配送任务，这种调度的灵活性很大程度保障了AMR的安全性。

②稳定性。调度管理系统是保障多台AMR高效稳定协作的根本。高效的调度管理系统能对AMR进行更智能的集群管理，系统会根据每台AMR的任务情况，进行合理的调度安排，例如当AMR经过十字路口或是道路会合路口时，调度系统能快速地做出反应，提前为小车更改、选择最优路径且在运输途中能够自主识别包括卷帘门、叉车接驳台、RGV、桁架门等在内的各类上下游交互设备，实现安全交互。通过优化任务分配和路径规划，调度系统高效提升了用户的工作效率和自动化水平，做到了安全精准输送，确保AMR能够实现不断岗地连续工作，始终保持7×24h行驶和稳定对接。

③兼容性。除安全性和稳定性外，调度系统的兼容性也是AMR能够助力场内柔性物流发挥的重要因素。在应用端的生产制造中，调度系统不仅能使AMR高效稳定有序地运转，更善

于和其他的生产、管理系统紧密结合，具有突出的兼容性。

一般而言，AMR的调度系统可以无缝对接企业WMS、ERP、MES系统，能够打破横亘于部门间的"信息孤岛"，实现用户从设计研发、生产制造到销售服务等各环节的数据互联互通，并在此基础上促进资源优化整合，进一步提高生产效率和产品质量。同时，调度系统还能将物联网、云计算、大数据等新一代信息技术与企业的生产运营全流程融合，为企业的数字化、智能化转型升级提供解决方案。

（二）智能箱式穿梭车RGV（有轨穿梭车）

智能有轨系统是缝制企业车缝、熨烫的经济型解决方案，有利于改善企业的生产现场环境和提升质量管理水平，提高生产效益。采用轨道滑车及岔道式设计，适合各种生产环境。该系统配合智能服装吊挂系统使用，可将各生产环节有机衔接，实现轻松搬运。岔道灵活设计，可满足不同款式产品需求，轻松实现缓存、返修、优选、合并等物流要求，维护方便，性价比高。系统可用于绱袖区、缝制区、后道整烫区以及立体仓储，图4-24为轨道式自动引导车。

图4-24　轨道式自动引导车

1. RGV简介

RGV即"有轨制导车辆"，也称"有轨穿梭小车"。RGV在物流系统和工位制生产线上都有广泛的应用，如出入库站台、各种缓冲站、输送机、升降机和线边工位等，按照计划和指令进行物料的输送，可以显著降低运输成本，提高运输效率。

2. RGV结构

RGV主要由车架、驱动轮、随动轮、前后保险杠、链条输送机、通信系统、电气系统及各罩板组成。

3. RGV分类

RGV由于采用有轨行驶，其应用场合相对简单，常见可按照两种方式进行分类，一是按照功能可分为装配型RGV和运输型RGV两大类型，主要用于物料输送、车间装配等；二是根据运动方式可以分为环形轨道式和直线往复式，环形轨道式RGV系统效率高，可多车同时工作，直线往复式RGV系统一般只有一台RGV，做直线往复式运动，效率相对环形轨道式RGV系统比较低。环形轨道式RGV设备特性分类见表4-5。

表4-5 环形轨道式RGV设备特性分类

设备类型	概况	性能特点
环形穿梭车系统	采用环形穿梭车进行运输，其轨道在平面内呈闭环布置，穿梭车沿轨道单向运行，该环形轨道可以同时运行多台穿梭车，实现货物的快速、准确输送，从而改善了往复式穿梭车输送能力有限的缺点	①车身体积小、高速、调度灵活、定位精准； ②安全性，主动行走轮上安装条码阅读器，环形轨道安装条码标识，小车在弯轨处不会出现丢步，保证小车行走安全可靠； ③穿梭车为环形穿梭车，多站台作业，提高了出入库设备的利用率、效率较高； ④一台穿梭车出现故障时，其他穿梭车可以完成任务，不影响正常作业
多层穿梭车系统	可适应仓库内多规格塑料箱和瓦楞纸箱的高速缓存；可以在货架轨道上运行，将料箱存入指定的货位内或者放置到相应的出口位置，从而实现料箱货物的出入库；多层穿梭车使用夹抱式伸缩叉，采用双深位设计，使狭窄的巷道实现双深位存储，使仓库存储密度和效率大幅度提高	①车身体积小、质量轻、速度快、调度灵活、定位精准； ②单工位双深位使其出入库处理能力比传统仓储系统提升了几倍，效率显著提升； ③多层穿梭车可在多层多巷道间作业，灵活性很高； ④单台穿梭车出现故障时，可及时调度其他穿梭车来完成任务，不影响正常作业； ⑤较少的设备可处理大量货位；同时，多层穿梭车采用低电压供电，相同货物处理量情况下，与传统堆垛机相比该系统可省电10%，成本更低； ⑥实用性，系统可扩展，只需增加货位和小车，旧的设备可持续使用

4. RGV应用特点

由于RGV结构简单，对外界环境抗干扰能力强，对操作工要求也较宽泛，运行稳定性强，故障发生相对较少，整体维护成本相对较低，可靠性高。也正因为RGV只能在轨道上行走，RGV路线一经确定后再进行改造就比较困难、成本高，因此对使用场所的适应性和自身扩展性方面较差。

三、智能生产分拣系统

自动化机器人是智能分拣系统的核心。机器人根据计算机控制系统的指令，准确地定位和抓取需要的物料，并将其放置到特定位置或完成其他操作，如包装、标记等。智能服装分拣系统适合各类服装生产工作，高速准确识别货物，错误率极低，分拣动作轻柔，对货物的冲击力小，能够长时间高速分拣货物。系统自动进行数据记录处理，可与企业已有的ERP管理系统进行实时数据信息共享。该系统能大大提高企业的效率和效益，节约企业的生产成本和管理成本，提升企业智能化和管理水平。

1. 协作机器人简介

协作机器人（collaborative robot）是被设计成可以在协作区域内与人直接进行交互的智能机器人。传统工业机器人自身不具备感知能力，只会执行已编好的固定工作动作，其工作环境必须与人隔离，否则会出现一定的危险性。相对于传统工业机器人，协作机器人最根本的变化是具有一定的感知能力，可以在安全区域中使用。当有人进入该区域时，协作机器人可放慢速度，在接触到人类后能感知到其存在并停止固有工作流程，避免对人体造成伤害。传统工业机器人与协作机器人具有各自擅长的领域。传统工业机器人具有负载能力大、速度快的特点，在大批量的规模化生产中，具有不可替代的作用。协作机器人则适应于生产工艺和流程变化频率高的场景，能够为更多场景实现自动化，尤其是传统用户以外的潜在市场。协作机器人与工具端，如夹爪、视觉、力控、末端执行器等集成后可以实现各类自动化应用和自动化流程。

2. 协作机器人结构

人身安全保障对协作机器人的运行精度、操作灵活度及零力矩控制与碰撞检测技术等方面提出了更高要求，因此协作机器人核心零部件产品类型与工业机器人略有差异，主要包括中空直流电机、安全控制器、力矩传感器、减速器、制动器、编码器等，协作机器人可分为本体、功能集成部件、智能应用控制器三部分。

本体主要是指机器人本体、机械臂制造。

功能集成部件主要是指机器人本体与喷涂、抓取、上下料、分拣等生产环节的集成应用部件，主要指末端的机械手。机械手通常分为三种，即工业夹持器、灵巧手和欠驱动手。工业夹持器是最简单的机械手，主要用于刚性物件的抓取和传送；灵巧手自由度高，依靠多电机控制其运动，其动作灵巧、能抓取和传送各种较小柔性物件，适应范围广，但由于其机构和所用传感器复杂，要应用多电机控制，其控制程度难、成本高所以其应用受到极大限制；欠驱动手不用电机驱动，引入了智能自适应技术，可对各种物件进行抓取和传送，欠驱动手是当前全球研究创新的前沿技术。

智能应用控制器由智能软件、智能控制器及相机等外设传感器组成，产品利用多传感融合及人工智能技术为协作机器人应用赋能。其功能模块包含机器人模块、相机模块、力觉模块、运动规划模块和视觉模块，同时具备三维仿真、脚本编程和日志系统等功能，可以运用于分拣、涂胶、装箱、检测、打磨和装配等领域。

3. 协作机器人的分类

从主流协作机器人产品分类来看，一是按照结构分类，协作机器人主要包括双臂机器人和单臂机器人。其中，双臂机器人作业范围相对较广，可适应相对复杂的工作场景，但其生产及应用成本较高，在生产线点位密集、生产柔性化要求较高、操作单一且重复性动作频次高的行业，双臂机器人适用性及应用性价比相对较低。单臂机器人则在生产及应用成本和安置空间上具备较大优势；二是按照协作机器人负载能力分类，主要包括有效负载<5kg、5kg≤有效负载≤10kg、有效负载>10kg三类。

4. 协作机器人安全技术的实现方式

各大机器人厂商的机器人配备各自的安全技术，如ABB的SafeMove、Fanuc的DCS、KUKA的KUKA.safe，但其安全功能还比较初级，例如将物理的围栏换成了虚拟围栏、检测到有人靠近时自动停止等，与完整的协作安全技术仍有差距。UR协作机器人的关节是模块化中空电机+中空减速器+双编码器构造，这种模块化关节质量轻，可以低成本检测外力干扰，从而实现机器人与人协同工作；KuKa则是基于含力矩检测的模块化关节，这类关节是目前最复杂、最先进、成本最高的关节，代表下一代机器人的发展方向。它相比UR协作机器人的关节多了力矩传感器，更安全、更灵敏，可实现更高级力控。

以雄克和ABB Yumi为代表的协作机器人，都是无刷直流电机驱动减速器，靠检测电流实现碰撞检测和拖动示教。这种关节功率小、质量轻，本质上较安全，但负载也无法与普通工业机器人相比。

5. 工业协作机器人应用特点

工业协作机器人应用特点见表4-6。

表4-6　工业协作机器人应用特点

特点	快速安装	灵活部署	编程简单	安全可靠
介绍	110V、240V电源自适应 轻盈的底座 无须围栏 多元化的生态合作方式 360°旋转运动 通用的工具端法兰设计 即插即用的末端执行器	自重轻，自重比高 自由驱动，拖拽运动 编程简单 支持多种通信协议 机械结构精巧 无刷直流电动机 兼容多种开发语言 谐波减速机	可视化轨迹 模拟调试 通用程序模板 DebianWheezy 触摸屏操作 模块化编程 离线仿真 C++/Python URCap插件	独立的安全监控系统 安全信号冗余设计 风险评估 安全设置密码 碰撞力检测 安全状态输出 防护停止 紧急停止 操作系统密码

协作机器人作为工业机器人产业链中一个非常重要的细分类别，有它独特的优势，但因产品定位的原因，缺点也很明显：

（1）速度慢。为了控制力和碰撞强度，协作机器人的运行速度比较慢，通常只有传统机器人的1/3～1/2。

（2）负载小。低自重，低能量的要求，导致协作机器人体型都很小，负载一般在20kg以下。

（3）精度与工作范围。为了减少机器人运动时的动能，协作机器人一般重量比较轻，结构相对简单，这就造成整个机器人的刚性不足，工作范围与人的手臂相当，但定位精度比传统机器人低。

6. 协作机器人发展趋势

（1）产品上，更智能、更安全、更高性能。人机协同，是协作机器人的根本价值。而决定能否更好地实现人机协同的是机器人的智能性。自2021年，"大族机器人"率先提出"智能协作机器人"的概念起，协作机器人进入智能时代。未来，研发将进一步强化协作机器人的视觉、力矩、声控、触控，使协作机器人能够更好地看、听和感知外部环境，具备更强的预判碰撞行为发生功能，可更好地自动检测协作人员的作业路径与距离，并智能进行降速、等待、避开、重构轨迹等友好反应，可有效避免伤害发生。

（2）需求上，小负载仍是主流趋势。灵活性和易用性是协作机器人的主要优势。灵活性是指使用者可以很简单地进行编程和操作，同时可以将协作机器人很容易地无缝接入现有的生产线或物流系统中。这对于目前制造业小批量、多批次、多品类的生产模式非常友好。目前，主流的协作机器人安全模式是协作机器人感知到人或障碍物时会减速停止。但是协作机器人越大，风险就越大，为了减轻这种风险，它们的运行速度较慢。传感器和软件算法可以提高负载更大的协作机器人的速度和安全性，但这需要更高的成本。因此，负载较小的协作机器人拥有竞争优势，占据市场主导地位。

7. 服装领域协作机器人案例

（1）协作机器人与AGV协同。复合机器人将是未来机器人的一个重要发展趋势，它如同拥有了人的腿、手、眼，可以从事更加柔性、更灵活的工作。在中德院培训中心，UR协作机器人和MiR自主移动机器人（AGV）紧密协作，流畅地完成每个站点的装卸工作和物料运输，高度灵活，不受地点和工作空间的限制，可提高适应性和工作效率。复合协作机器人协同安全操作，可以在动态环境中与工人顺利配合工作。

UR和MiR组成的复合机器人，如图4-25所示，依赖多重传感器安全系统并通过规划算法主动预测、识别路况，及时避障，从而实时微调行驶路线，完成各个工站的上下料和物料转移工作。

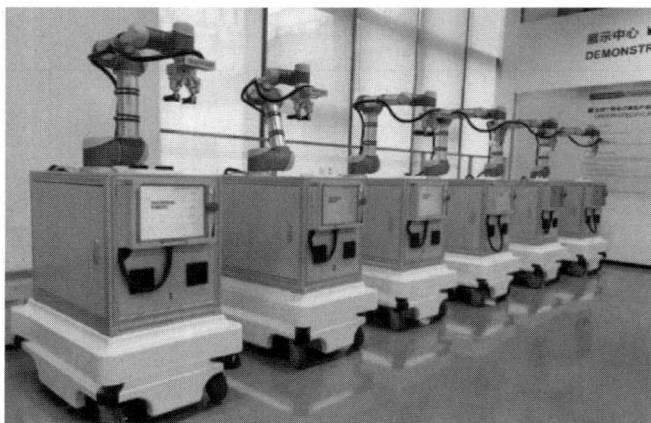

图4-25　复合机器人

（2）协作机器人末端集成协作智能缝制。协作机器人采用通用末端IO接口，实现夹爪等工具的即插即用，配合真空吸盘交替进行面料的抓取和放置工作，配备机器视觉或者力传感器辅助机械手定位、缝制工件。例如，新松协作机器人末端根据要求轨迹喷涂多种胶水，可制作无缝运动衣。该机器人具有优异的牵引示教功能，牵引示教可协助操作人员更方便容易地编写程序，同时可以控制涂胶出胶量，保证均匀出胶。

（3）协作机器人智能扫描。珞石新一代柔性协作机器人xMate结合匹克3D打印技术，如图4-26所示，通过对模特关节进行扫描，可根据扫描数据与结果生成3D模型，1h内完成打印工作，提供量身打造和专属定制的康复支具。

图4-26　协作机器人智能扫描

典型协作机器人设备介绍见表4-7。

表4-7　典型协作机器人设备介绍

品牌	设备名称	设备图片	应用特点
大族机器人	MAiRA多感知智能机器人		搭载精密3D摄像头、3D视觉传感器与点云成像处理器，灵敏扫视并自主生成物品、空间与场景的三维图像； 搭载360°全景传声器矩阵的3D声识技术，触屏遥控、图像可视化、操作器简单易用； 搭载HDM触屏按键、DOF电子皮肤，精准响应手势触控
	Star复合机器人		搭载大族AGV、大族六轴协作机器人、视觉系统、力控夹抓； 基于自然无轨导航技术，无须场景改造，自动生成环境地图，实现调度规划服务快速部署； 高效对接企业MES、WMS系统

续表

品牌	设备名称	设备图片	应用特点
新松多可机器人	双臂协作机器人		集成两个SCR3协作机器人，双臂可协同作业，头部视觉辅助定位，可快速切换工作场景；具有碰撞监测功能，有效降低意外伤害，主动安全与被动安全双重保障；易操作，一体化设计
珞石机器人	新一代柔性协作机器人xMate		xMate采用七自由度设计，冗余运动控制，精准灵活；灵敏力感知，一指触停，安全性好；采用无控制柜设计，轻量化机身，机器人系统质量在20kg左右，容易部署；全状态反馈，高动态力控，零力拖动

四、物料运输系统与执行控制系统的协同运作流程

个性化服装生产物料调度的变化性和随机性比较大，上层控制系统与下层运输生产端的协同作用可以提高服装智能制造过程中在裁剪区、车缝区的工位和线外工序区工位的生产效率，实现生产的纵向集成和端到端的集成（端到端集成是把所有该连接的端点都通过网络互联起来进行集成，其继承了产品定制化生产和垂直集成的概念）。在服装制造业中，物料传输设备通过MES系统来控制其行进路线及动作，其主要任务是配送生产线上的服装物料。

1. 协同工作的优势

①搬运路线可随时调整，能实现高效、灵活的物料配送。

②智能搬运机器人的使用提高了服装生产线组织编排的柔性和及时反应能力。不同款式的服装产品有不同的工艺流程，需要一条单独的生产线与之对应，智能搬运机器人根据不同款式服装的工序编排，把服装半成品从一个工位运送到另外一个工位。通过定义不同款式服装的虚拟生产线，设备可适应不同款式的服装产品生产。

③通过物料配送、员工配置、设备监控和在制品自动识别等方式实现服装生产协同，满足服装小批量、多品种的生产要求，降低瓶颈工序对生产的限制，均衡生产任务。

2. 协同工作流程

MES系统对各模块单元暂存物料进行分析，并根据生产优先顺序进行排序，ERP根据物流需求或生产计划向智能搬运机器人控制系统发送调度指令（包含位置、路径、时间），智能搬运机器人根据收到的指令自动运输物料至指定模块单元工位位置（物理工位包括裁剪、缝制、整烫、质检、包装等工位）。

复习与作业

1. 列举出一到两个智能化缝制案例，并对案例进行分析和课程讨论。

2. 了解智能化缝制系统以后有什么启发？针对未来的服装智能化数字工厂的发展有哪些建议？

3. 简述服装智能制造——缝纫中期的生产顺序。

4. MES 系统由哪些部分组成？

5. 传统生产监控系统和 MES 信息化生产监控系统有哪些区别？

6. 从不同的方面分析 APS 和 ERP 的区别。

7. 简述 RFID 技术信息采集设备构成与工作原理。

8. 智能化缝制单元有哪些特点？

9. 智能缝制设备的柔性面料抓取技术有哪些，分别简要概括不同技术的特点。

10. 智能化缝制案例中哪些可以运用到未来智能工厂中？

11. 简述智能吊挂生产管理系统的构成。

12. 物料运输设备与执行控制系统的协同运作的优势有哪些？

参考文献

［1］刘瑶.广东省工业软件产业发展对策研究［J］.电子产品可靠性与环境试验，2023，41（3）：114-117.

［2］陈晓晨.快速成长型民营企业人力资源管理问题探究［J］.黑龙江人力资源和社会保障，2022（7）：7-9.

［3］吴莹莹，王睿，费衡.基于 MES 的企业高级计划排产系统的设计［J］.现代计算机，2022，28（23）：102-106.

［4］阎慧杰，许琛，李志林，等.基于 MES 的制造企业工艺设计及生产调度研究［J］.锻压装备与制造技术，2022，57（2）：102-105.

［5］尹志浩.自行车智能制造工厂 MES 系统研究与应用［D］.上海：上海第二工业大学，2020.

［6］罗凤.智能工厂 MES 关键技术研究［D］.绵阳：西南科技大学，2017.

［7］李晓勇，傅高峰，王龙，等.MES 系统多工厂标准化配置化的研究与实现［J］.中国管理信息化，2017，20（5）：60-63.

［8］程新喜.可视化管理及其在 F 公司的运用［D］.厦门：厦门大学，2008.

［9］李杨梅，刘成娟，侯星，等.基于可视化看板的车间物流管理系统设计与实现［J］.造船技术，2020，248（2）：77-82，92.

［10］CHENG F T, CHANG J Y C, HUANG H C, et al. Benefit model of virtual metrology and Integrating AVM into MES［J］. IEEE Transactions on Semiconductor Manufacturing, 2011, 24（2）：261-272.

［11］丁敏．缝纫机器人带来的机遇和挑战［J］．中国纤检，2018（2）：124-125.

［12］兰兰，王元．缝机革命［J］．中国服饰，2015（11）：88-89.

［13］李若磊，李耀光，闫鑫．基于视觉的缝纫机器人控制系统设计［J］．新型工业化，2022，12（1）：62-66.

［14］HUR H, KIM J Y, CHO Y K, et al. Technical feasibility of robot-sewn anastomosis in robotic surgery for gastric cancer［J］. Journal of Laparoendoscopic & Advanced Surgical Techniques, 2010, 20（8）: 693-697.

［15］代浩岑，孙丹宁，赵文博．工业机器人技术的发展与应用综述［J］．新型工业化，2021，11（4）：5-6.

［16］杨奕昕，贺思桥，张健．服装加工数字化生产线的构建［J］．机电产品开发与创新，2017，30（6）：36-37, 98.

［17］肖春建．服装设备自动化的现状和发展［J］．纺织报告，2017，36（3）：62-64.

［18］游达章，李芮秉，张业鹏，等．自动缝纫机嵌入式控制系统设计［J］．现代电子技术，2018，41（21）：124-127.

［19］KOUSTOUMPARDIS P N, ASPRAGATHOS N A. Intelligent hierarchical robot control for sewing fabrics［J］. Robotics and Computer-integrated Manufacturing, 2014, 30（1）: 34-46.

［20］KUDO M, NASU Y, MITOBE K, et al. Multi-arm robot control system for manipulation of flexible materials in sewing operation［J］. Mechatronics, 2000, 10（3）: 371-402.

［21］李海涛．从CISMA2015看缝纫设备技术发展趋势［J］．纺织机械，2015（11）：16-17.

［22］ZACHARIA P T. An adaptive neuro-fuzzy inference system for robot handling fabrics with curved edges towards sewing［J］. Journal of Intelligent and Robotic Systems, 2010, 58（3）: 193-209.

［23］文中伟.CISMA 2015：智能缝制风头健［J］．纺织机械，2015（10）：65-69.

［24］刘鑫．衬衫袖衩自动缝制设备送布机构的分析与设计［D］．武汉：武汉纺织大学，2016.

［25］卢晓．智能吊挂系统在纺织行业中的应用探讨［J］．设备管理与维修，2019（8）：143-144.

［26］WAN S B, XU J, ZHENG Y X, et al. A new construction of garment personalized customization mode combined with garment intelligent production［J］. Journal of Physics: Conference Series, 2021, 1790（1）: 012096.

［27］张玉斌，刘艳华，胡玉良，等．大规模服装定制与智能生产系统网络集成［J］．天津纺织科技，2018（4）：26-28.

［28］易芳．智能制造2025圣瑞思服装智能生产系统［J］．中国纺织，2018（10）：126-127.

［29］张技术，徐亚萍，孙玉钗.基于RFID技术的服装生产信息智能采集与实践［J］.针织工业，2020（8）：63-66.

［30］周佳亮，高春雷，何国华.物料运输车物料自动化传输系统的设计研究［J］.铁道建筑，2019，59（3）：131-135.

［31］赵皎云.服装制造数智化转型中的物流升级［J］.物流技术与应用，2022，27（2）：52-55.

［32］苏晓东.智能制造技术在纺织服装行业的运用分析［J］.纺织报告，2023，42（1）：49-51.

［33］王玉红，汪会.服装生产企业智能制造技术研究及应用［J］.化纤与纺织技术，2023，52（1）：31-33.

［34］刘锦程.关于智能技术在服装生产制造中的应用［J］.商场现代化，2022（14）：10-12.

［35］KALTSAS P I, KOUSTOUMPARDIS P N, NIKOLAKOPOULOS P G. A review of sensors used on fabric-handling robots［J］. Machines, 2022, 10（2）：101.

［36］JILICH M, FRASCIO M, AVALLE M, et al. Development of a gripper for garment handling designed for additive manufacturing［J］. Proceedings of The Institution of Mechanical Engineers Part C: Journal of Mechanical Engineering Science, 2021, 235（10）：1799-1810.

［37］LE T H L, JILICH M, LANDINI A, et al. On the development of a specialized flexible gripper for garment handling［J］. Journal of Automation and Control Engineering, 2013, 1（3）：255-259.

［38］刘海.浅谈基于机器识别的服装智能化生产技术［J］.轻纺工业与技术，2020，49（4）：58-59.

第五章　服装智能制造——缝纫后期

课题名称：服装智能制造——缝纫后期

课题内容：1. 智能后整理

　　　　　2. 智能产品包装及入库

　　　　　3. 智能仓储

课题时间：6课时

教学目的：掌握服装在前期制作完成后，到流入市场之前需要进行的一些关键步骤；了解制作完成的服装进行的相关处理，让其能以商品的形态出现在市面上，并符合服装商品的各项标准。

教学要求：1. 了解污渍处理原理。

　　　　　2. 了解服装整烫过程原理要点。

　　　　　3. 掌握常见污渍的去除方法。

　　　　　4. 掌握质量检验的关键要素。

　　　　　5. 掌握服装产品包装及入库的基本方法。

　　　　　6. 掌握智能化仓储管理主要设施及作用。

在完成缝纫前、中期的各步骤之后，服装智能制造流程进入缝纫后期。在服装智能制造流程中，缝纫后期起着重要作用。此阶段借助智能科技，确保制作完成的服装在市场上展示出商品化的形态，并满足各项服装商品标准。智能后整理、智能包装和智能仓储是缝纫后期的关键步骤。

智能后整理环节借助机器视觉技术，能够准确检测和修剪线头，确保服装的完美细节；同时，先进的智能熨烫设备，可以精准控制温度和压力，去除服装上的褶皱，使其外观整洁、质量上乘。智能包装采用智能化的包装设备，能够根据服装的尺寸和形状，自动调整包装材料并进行包装作业。同时，该环节通过内置的传感器和智能标签，实现对包装过程的监控和追踪，确保包装质量和防伪安全。智能仓储借助物联网和人工智能技术，实现对服装的智能存储和管理。使用RFID标签或传感器，能够追踪和管理每件服装的位置和状态。智能仓储系统能够自动化完成库存盘点、分拣和出货，实现高效准确的物流运作。通过智能后整理、智能包装和智能仓储这些关键步骤，制作完成的服装能够以智能化的方式进入市场，展示给消费者，并满足各项服装商品标准和要求。智能科技的应用提升了制造流程的效率和精确性，为服装制造业带来了更大的发展潜力。

第一节　智能后整理

服装后整理是保证产品质量的重要环节，是通过处理改善服装外观、增加服装服用性能的过程。服装后整理可以使成品服装外观干净整齐，表面无明显褶皱痕迹、污渍异味，其目的是增加服装的美感并提高销售量。服装后整理主要包括毛梢处理、污渍处理、整烫、质量检验4方面的内容。

一、毛梢处理

毛梢处理是服装加工最容易，但也是充满挑战的一道工序。此环节容易受到人为因素和客观环境因素的影响。前者是工作人员对毛梢的处理不够重视，常认为毛梢不是产品质量的直接问题，因此容易掉以轻心。后者则是场地、工作台、产品储存器的清洁指数问题。

毛梢又称线头，分为"死线头"和"活线头"两种。死线头是指服装在缝纫加工的过程中，缝制开始和结束时未将缝纫线剪除干净而残存在加工件上的线头，活线头是指生产过程中黏附在服装上的缝纫线头和衣片上滑脱的纱线头。这些留在或黏在服装上的线头，如果不处理干净，会影响整批服装的质量，严重时会造成服装大量返工，影响生产进度和经济效益。

1. 处理线头的方法

目前的大工业生产，进口设备大多具有自动剪线器，其技术指标是线头长度不能大于4mm，大多数线头还须靠人工剪除。处理线头，一般有3种方法。

（1）安装自动剪线器。进口缝纫设备大多备有自动剪线器，也可以在普通缝纫机上安装自动剪线器，随时剪去缝纫过程中的线头。其中，自动剪线器的原理是由电磁阀拉动从动杆，从动杆接触控制凸轮，起动剪线机构，剪切型的剪线刀就利落地将缝线剪断。

（2）手工处理。操作人员将死线头和活线头剪掉，或者用带有黏性的纸或胶布将线头黏除，放置在一个容器内，以防再次粘到服装上。

（3）吸取法。吸尘器或吸线头机能将产品上的线头、灰尘吸干净。这种节约人力成本且效率高的方法，已被多数成衣企业采用。其中，吸尘器的原理是吸尘器电动机高速旋转，从吸入口吸入空气，使尘箱产生一定的真空，灰尘通过地刷、接管、手柄、软管、主吸管进入尘箱中的滤尘袋，灰尘被留在滤尘袋内，过滤后的空气再经过一层过滤片进入电机再流出。

2. **智能化线头检测技术**

随着机器视觉技术的发展，更多智能化线头检测技术被开发。

以下是4种可应用于线头的检测和修剪的机器视觉技术。

（1）Cognex In-Sight Vision系统。Cognex是一家领先的机器视觉解决方案提供商，他们的In-Sight Vision系统可用于自动线头检测和修剪。该系统结合了图像处理和模式识别算法，可实时检测线头的位置和形状，并通过控制机械臂或切割设备来自动修剪线头，如图5-1（a）所示。

（2）Keyence Vision系统。Keyence提供了一系列高性能的机器视觉产品，用于各种应用场景。Vision系统可以通过高分辨率图像采集和先进的图像处理算法，准确地检测线头的位置和状态，并根据需要执行线头的修剪操作，如图5-1（b）所示。

(a) In-Sight 2000 Mini视觉传感器　　(b) Keyence Vision系统

(c) FQ2系列视觉传感器　　(d) Basler ace 2系列相机

图5-1　机器视觉图像采集

（3）Omron FQ2 Vision传感器。Omron的FQ2 Vision传感器结合了图像采集、处理和模式识别功能，可用于线头的检测和修剪。它可以在高速生产线上实时监测和识别线头的位置和形状，并实施精确的修剪操作，如图5-1（c）所示。

（4）Basler视觉相机。Basler是一家被广泛应用于工业视觉领域的相机制造商。他们的视觉相机具有高质量的图像采集能力，可与专业的图像处理软件集成，以实现线头的检测和修剪，如图5-1（d）所示。

这些产品是目前市场上广泛使用的机器视觉解决方案，具有不同的特点和功能，适用于生产制造过程中线头的检测与处理。

二、污渍处理

服装在生产和穿着使用过程中，会受到人体皮肤分泌物、排泄物，自然界尘埃、污浊气体，动植物、矿物中的物质，工业原材料和化工产品，生活用品等多方面的污染，在服装上容易形成各种污渍，包括固体性污渍、油脂性污渍、水溶性污渍等。这些污渍既影响服装的物质性，又影响服装的美观。服装受到各种污染后，其性能和机能都可能发生改变，不但影响人的着装形象、品位，还会影响服装的使用寿命。因此，必须对遭受污染的服装采取去渍、洗涤的措施，彻底清除污渍，使其清洁，恢复衣料应具有的性能。

成衣的外观质量标准，除了要求板型准确、缝制工艺优良外，还要求服装产品外观整洁，无污渍。因此，除了在制作过程中注意外，还要对已经存在的污渍进行处理。成品污渍主要包括：裁剪或缝制过程中的粉渍；生产或整理过程中的浆糊渍和胶水渍；熨烫过程中的水渍；使用设备过程中的机油渍和铁锈渍；划样过程中的铅笔渍或圆珠笔渍；加工过程中操作人员沾上的汗渍；原料或成品放置时因潮湿而产生的霉斑等。

首先应根据面料及污渍的类别，选择合适的去污剂，既无毒、无害、无污染，又不能破坏面料的色泽和成分。其次，成衣上的污渍去除时，可使用牙刷或小尼龙刷等进行刷洗，还可以选用除污喷枪及除污清洁抽湿台来清除成衣上的污渍。难以去除污渍的面料，要及时调整或换片。最后，整烫时发现污渍，并设法去除，称拓渍，拓渍是一种局部洗涤的方法。

（一）污渍种类

服装上的污渍主要可分为油污类、水化类、蛋白质类3种。

1. 油污类

机油、食物油、化妆品、油漆、药膏等。除油漆、沥青、浓厚的机油之外，一般的油渍沿边缘逐渐淡化，且往往呈菱形（经向长而纬向短），这类污渍一般较易识别。

2. 水化类

浆糊、汗、茶、糖、酱油、冷饮、水果、墨水、圆珠笔油、铁锈、红药水、紫药水、碘酒等。

红药水、紫药水、碘酒、红蓝墨水往往有鲜明的色彩；茶渍、水渍呈黄色且有较深的边缘，不发硬；薄的浆糊渍在织物上发硬，有时也会有较深的边缘，但遇水易软化。

3. 蛋白质类

血、牛奶、昆虫渍、痰涕、疮脓等。蛋白质类污渍在织物上一般无固定的形状，但都发硬，且有较深的边缘。其中除血渍、昆虫渍的颜色较深外，其余多数污渍呈淡黄色。

3种类型的污渍在织物上都有比较明显的特征，需要根据各种污渍来选择合适的去污方法。

（二）常见污渍的去除方法

去渍原理是在去渍洗涤过程中，通过溶剂（干洗剂或水）或去渍剂和机械力的作用，削弱、降低和破坏污渍与服装间所形成的各种结合力，使污渍脱离衣服，达到去渍洗净的目的。

1. 常见污渍的去除

去污材料主要是洗涤剂，由于污渍种类繁多，其去除方式也较多。服装生产过程中较为常见的污渍去除方法分析如下。

（1）油性污渍及其去除。服装上的油污是最为常见的污渍，不同服装的各种油污属性有差别。使用同样的方法去除不同的油污，往往效果相差很多。人们力求找到较为简单的方法去除不同的油污，但是，采用针对性强的方法去除污渍，仍然是去渍技术的主要途径。油性污垢的范围主要有：油脂性污垢，胶类、胶黏剂类污垢，蜡质类污垢，树脂类污垢和油性复合污垢5类。

由于油污种类不同，被沾染污渍的面料不同以及面料颜色的不同，去除的方法也有所不同。去渍时主要考虑以下几点。

①形成油污渍迹的单一性油渍是极少的，大多数是含有各种成分的复合性渍迹。因此，要根据所含有的成分来设定去除油污渍迹的方法，也就是去渍方案要有针对性。如果是单一性油污，采用溶剂去除比较简单；如果是复合性油污，就应该采用复合型去渍剂去除。

②油脂与颜色共存的油污渍迹会表现出不同颜色，有的是油脂本身的颜色（大多数是黄色），有的是混合或溶解在油脂里的其他色素颜色（如酱油、辣椒、番茄酱、虾油等）。去除油污时，要同时考虑去除这些不同的色素颜色。

③去渍的时机非常关键。由于油脂性污渍沾染在纺织品上后，会继续受空气、日照等环境因素的影响，逐渐氧化。因此，衣物上的油污渍迹存留时间越久，去除起来就越困难，而在洗涤前去渍要比洗涤后去渍更为有利，尤其是去除经过干洗后的油污渍迹难度很高。含有色素的油污渍迹经过干洗后，色素与纤维的结合牢度加强，难以彻底去除。因此，选择适宜的去渍时机，可以事半功倍。

④衣物面料的纤维成分决定着油污渍迹与衣物的结合牢度。疏油性纤维（即亲水性纤维）如棉纤维、麻纤维、丝纤维、毛纤维以及黏胶纤维面料沾染了油污渍迹，相比而言比较容易去除。而亲油性纤维如锦纶、涤纶、腈纶、酸酯纤维等面料沾染了油污渍迹，则比较难去除。

⑤面料的染料种类影响去渍结果。市场上的面料多达数万种，所使用的染料也有上千

种。由不同的染料染色或印花的纺织品其色牢度也不尽相同。染色牢度等级较低的面料在去渍时承受能力一般比较差。因此，面料使用的染料会直接影响去渍结果。染色牢度较高的面料去渍效果稍好，染色牢度低的面料（如各种真丝面料）往往在去渍过程中伤及面料上的染料，造成去渍后原有污渍处发白。

油性污渍的去除方案主要包括：先水洗，后干洗，去除油渍；使用汽油去除油渍；使用福奈特去油剂去除油渍；使用西施去渍剂去除油渍；使用客施乐去渍剂去除油渍；使用福奈特中性洗涤剂Ter Go去除油渍；高温强碱洗涤去除油渍；使用四氯乙烯去除油渍。

（2）颜色污渍及其去除。颜色污渍是衣物上最常见的渍迹，服装上所有的污渍都会表现出与衣物颜色不同的特性。因此，几乎可以把所有的污渍都归结为颜色污渍。

颜色污渍主要包括天然色素类颜色污渍、合成染料类颜色污渍和不能溶解的细微颗粒污后形成的颜色污渍。

颜色污渍的特点：

①以单一性颜色污渍为主。在各种颜色污渍中，单一性的颜色污渍是最多的，由服装掉色形成的串色、搭色和洇色都是含有不同的染料成分；食品、饮料、青草、水果、蔬菜一类造成的颜色污渍其主要成分是植物性色素；由文化用品类（如水彩笔、彩色墨水等）造成的颜色污渍，也属于各种染料的颜色污渍等。

②与其他污渍相混合的颜色污渍要分别处理。在颜色污渍中，食物类和化妆品类的颜色污渍大多数含有其他成分，如油脂、蜡质、鞣酸、糖类、淀粉以及蛋白质等。去除这类颜色污渍必须考虑其他成分的处理（如先经过水洗洗涤），再进行颜色污渍的去除。

③最为复杂的颜色污渍是黄渍。在颜色污渍中，黄渍的比例最高，也是最为复杂的颜色污渍。除了天然色素中的黄色污渍和染料类的黄色渍迹外，黄色渍迹还包括未能漂洗干净的洗涤剂残余、风化性的黄渍、氯漂后的少量残留等。

④细微颗粒污垢形成的颜色污渍是最顽固的。当固体颗粒污垢的颗粒度小于$5\mu m$时，就有可能进入纤维中间或是嵌在纤维上，成为非常难以彻底洗净的顽固污渍，如各种颜料类的渍迹、细微金属粉末渍迹、某些涂料类渍迹等。

⑤保护衣物原有底色是去除颜色污渍的前提。去除颜色污渍的途径主要有3种选择：利用氧化剂或是还原剂进行漂色的办法把颜色污渍去除；利用物理化学手段的剥色方法剥除颜色污渍和采用单纯的物理方法去除服装上的色迹。

去除颜色污渍的方案主要包括：氯漂剂去除颜色污渍；氧漂剂（双氧水、彩漂粉）去除颜色污渍；保险粉漂除颜色污渍；福奈特中性洗涤剂剥色；去渍剂去除小范围色迹。

2. 智能洗衣

智能洗衣可通过洗衣方案智能选定、洗衣流程自主控制、洗衣效果自动检测来实现节能减排的目标。智能洗衣可以利用超声传感器判断衣服材质类型；利用磁电式传感器测量转速，再以惯性为中间量来检测衣服重量；在洗衣机排水通道设置截留装置和红外光电传感器，对洗衣过程不同阶段的排放水进行检测，判定污物是否完全清除，以及洗涤剂是否漂洗干净；利用压电传感器检测脱水阶段衣物含水量，控制脱水转速，以降低洗衣机和衣服在脱水过程中的损耗。

近年来人工智能技术在洗衣机械方面的应用有很多，包括图像处理技术、智能控制技术（单片机技术）、智能语音识别技术及物联网技术。

通过图像处理技术可以实现不同模式的目标与功能对象的识别。图像处理技术在提升洗衣机械的智能化水平方面具有很大的潜力。在洗衣机械领域中，图像处理技术主要是针对被洗涤衣物进行信息识别，通过对不同衣物材质、尺寸等物理特性的智能识别，启用不同的洗涤模式，帮助使用者更精准、有效地选择适合的洗涤模式。

智能控制技术已经被广泛用于提升洗衣机械的智能化水平，单片机是实现这一技术最有力的工具。单片机捕捉和处理更多的过程参数，一方面需要合理的数学模型，另一方面，对单片机的性能也有一定的要求。

智能语音识别技术可以使洗衣机械与用户进行流畅自然的沟通，从而直接控制洗衣机的工作状态。在洗衣机械领域，智能语音识别技术主要是通过对不同关键字、误操作等特性的智能识别，会提示、启用不同的洗涤模式，从而帮助用户理解和使用洗衣机械。

物联网技术可以使洗衣机械在任何时间、任何地点感知用户的指令，并且高效的执行。目前，物联网技术主要是针对洗衣机械进行远程控制、云端服务，并且通过对被洗涤衣物所需电量、洁净程度以及加入洗涤剂种类等主要方面进行智能化控制，从而对被洗涤衣物采用最佳的洗涤方式。

3. 新型污渍清洗技术

除了常见的污渍去除方法，目前，有许多学者研究了新型污渍清洗技术。例如，尤丽霞研究了超声波处理技术对织物污渍去除的影响。超声波清洗主要利用的是空化效应，清洗液在超声波的作用下，会产生空化气泡，在气泡崩溃的瞬间，局部产生可达几千个标准大气压的高压并伴随有强大的冲击波和高速射流。强大的冲击波一方面破坏污物与被清洗件表面的各种吸附，另一方面会引起污物层剥离清洗件表面并分散到清洗液中。空化产生强大的冲击波作用于被洗织物和污渍，大大减弱污渍和织物之间的各种黏附力，强化了洗涤液的作用。王永礼等人也通过清洗试验证明超声波清洗技术是一种新型的物理清洗技术，具有方便、迅速、有效、安全、无污染等优点，可适用于丝织品文物清洗。赵馨等提出拍打式洗涤设备用于羊毛、真丝等高档服装的精细型洗涤方案，拍打式动作由电动机带动的偏心轮使压锤上连结的滑杆上下来回滑动，通过调节升降台的高度，调节纺织品与压锤的距离，达到压锤接触、不接触纺织品的两种洗涤作用形式。

4. 去渍设备

去渍台是配备了各种条件和工具的工作台，是具有一定规模的洗衣企业必备的技术设施。目前的去渍台有两种类型：一种是常见的去渍台，备有负压臭氧工作台、蒸汽喷枪、清水喷枪、高压冷风喷枪，有的还配有皂液喷枪或去渍剂喷枪；另一种是超声波去渍台，它配有超声波发生器和去渍枪、负压抽湿工作台以及一些辅助工具等。

棉织物的防污、易去污、抗菌多功能"一浴法"整理工艺，优化工艺条件。工艺流程主要为：浸轧—预烘—烘焙。

在防污、易去污单一性功能整理中，整理液的pH对整理后棉织物防污、易去污功能的影响最大，其次是整理剂的浓度以及轧液率。

①常用的防污整理剂：铝皂和石蜡类拒水整理剂、硬脂酸类拒水整理剂、聚硅氧烷类拒水整理剂、含氟类聚合物拒水拒油整理剂。

②常用的易去污整理剂：聚氧乙烯类易去污整理剂、聚丙烯酸类易去污整理剂。

污渍处的整理有很多方法，需要选择简单化、易操作、成本低的去污方法，所以在选择洗涤方式时应知晓原理，才能更好地进行污渍处理操作。

三、整烫

整烫是在服装制作完成之后进行的工序，对于服装外观十分重要，因此也有"三分做，七分烫"的说法。整烫可使服装上的褶皱得以消除，保持衣物的平整，同时有利于塑造服装的立体造型，使服装的造型更符合人体曲线与功能要求，达到外形美观、穿着舒适的目的。

服装中对于熨烫要求较高的主要是西服、大衣、制服等机织外衣。这类服装除了在缝制环节需要进行小烫外，后整理环节中整烫设备也是较为耗时、昂贵的。例如，西服最终外形的挺括、饱满、圆顺和各类整烫设备的定型处理分不开。

西装的整烫按照部位来分主要有：双肩整烫、驳头整烫、胸部整烫、背部整烫、挂面止口整烫、袖身袖窿整烫等，通过这些后整理设备的模具与高温蒸汽压力的配合，使服装达到良好的外观形态。

（一）服装整烫过程原理

服装经过整烫获得平挺、丰满、美观及有立体感的外观效果，整烫过程中不论加热、变形和冷却，都需要一定的时间来完成。整烫的过程可以分为加热阶段、塑形阶段和固定阶段，一般而言，服装整烫原理的4大要素为：加热、加湿、加压以及去湿冷却。

1. 加热

加热是指热源向织物传递一定热量，使织物在一定时间内升高到一定温度的热能交换。加热具有两方面的作用，一方面是使衣料热塑变形，织物纤维内部的分子反应活跃，分子链段在受热后活动能力相应加大，促使织物内部结构排列发生强烈的变化，在应力作用下就会产生形变。另一方面是对织物进行烘干除湿，使纤维分子重新固定，达到热塑定形的目的。

2. 加湿

加湿是通过对织物增加一定量的水分，使织物达到一定的湿度。仅通过加热不能完成整烫的过程，同时还要依靠水分使热能迅速进入纤维内部，实现热量的快速传递，缩短加热时间，削弱纤维抗变形能力，并且不会因为温度过高而损害纤维。整烫利用加湿促使纤维组织呈现膨胀、疏松、伸展的状态，借助水分子的润滑作用，在热和压力的作用下，织物迅速干燥达到热定型的效果。

3. **加压**

加压是指外部改变织物结构、分布、密度和形状所施加的力。依据衣料的质地和具体的要求选择合适的加压力度。通过压力作用克服分子间和纤维纱线间的缠绕阻力，使纤维分子链段做定向位移，重新有次序地排列组合。改变面料中纤维、纱线的拉伸或收缩，以及组织结构的不同分布密度，达到各种凹凸和弯曲的组合变形，实现重新塑形的目的。

4. **去湿冷却**

去湿冷却是指快速去掉织物所含的水分，达到环境湿度，使织物在一定时间内快速降低到一定温度的热能交换。衣物在进行温度、湿度、压力的作用后，只能达到暂时的定型，因为还存在一定的温度和湿度，纤维分子还保持一定的活跃状态，只有通过急剧冷却强行让纤维分子静止和组织结构固定，并达到或接近环境温度和湿度，进而提高衣物抵抗变形的能力，实现保型的目的。

（二）熨烫工艺分类

按照服装熨烫的方式不同，目前出现的熨烫工艺主要分为3大类：手工整烫、平面整烫和立体整烫。

1. **手工整烫**

手工整烫的工艺是不可或缺的基本工艺，操作者往往使用归、拔等工艺来完成熨烫过程，然而手工整烫除了使用轻巧、方便外，也存在着弊端，如对服装的压力控制不规范、加湿喷蒸汽不够均匀、定型温度与冷却温度控制不精确等。

2. **平面整烫**

手工整烫工艺具有轻巧方便的优势，但是对使用者有一定的要求，在使用电熨斗时，虽能除去衣物上的褶皱，但操作者劳动强度较大，往往感到腰酸背痛，同时极易造成烫伤。平面整烫工艺和立体整烫工艺的出现，对操作者熟练程度的依赖性和熨烫工艺的难度要求有所下降。平面整烫工艺是指利用上下烫模或者烫板的相互作用来完成熨烫的过程，主要包括压烫工艺、压褶工艺以及黏合工艺等。

①压烫工艺是指利用上、下烫模之间的相互作用来完成熨烫的过程。

②压褶工艺指的是服装经过压褶制作来形成具有褶皱效果的工艺，处理后的服装会更加美观和时尚，一般把褶皱的效果和留存时间的长短作为参考。湿度对织物的老化有强烈影响，高湿度条件下褶皱的展开速度非常快，在高湿度的环境下，用熨烫的方法使布料展开褶皱会更有效。

③黏合工艺是利用黏合衬的胶面和面料的反面相叠合，在一定温度、时间、压力下黏合在一起，使服装挺括、不变形，其特点是黏合强力好、耐洗涤性和耐酸碱性。

3. **立体整烫**

立体整烫使服装平直、挺括、丰满、富有立体感，更加符合人体造型。立体整烫工艺的流程简单、生产效率高。立体整烫分为人像蒸汽熨烫工艺、去皱挂烫工艺、衬衫立体整烫工艺3种。

（1）人像蒸汽熨烫突破了传统加压熨烫的概念，熨烫时压力只占次要地位，而温度与时间是最重要的参数。人像熨烫机等高科技的熨烫设备能提高熨烫的质量。

（2）去皱挂烫工艺利用蒸汽发生器产生的蒸汽，作用于服装的表面，能够很好地消除服装上的轻微褶皱。挂烫机有手持式和立体式两种，在一定程度上降低了操作者的劳动强度，但是，该熨烫方式需要操作者始终手持熨烫头，并对悬挂的衣物反复进行熨烫，也会使操作者手臂感到酸痛，且熨烫效率较低。目前，蒸汽挂烫机在锅炉、喷头和支撑杆等结构上做了大量创新，极大地提高了熨烫效果与质量，促进了大量新型产品的问世，提高了我国挂烫机产品的市场竞争力，满足了市场的需求。

（3）衬衫立体整烫工艺是衬衫加工过程中的关键，主要针对袖口和领口部位。针对衣服衣领处褶皱过多的现象，李晓茜等研制出一款基于图像识别的家用自动蒸汽熨烫装置，通过十字滑台控制熨烫蒸汽头反复往返运动，利用摄像头进行图片采样，通过图像处理判断衣服衣领处或褶皱过多处，对衣服进行深度熨烫，使衣服平整。立烫工艺实现了服装的自动熨烫，解决了手动操作过程中安全性低、操作难度大、操作费力等缺点，集智能化、人性化、自动化于一体，具有一定现实意义和开发价值。

（三）熨烫工艺设备

1. 手工整烫设备与工具

①熨斗。

②蒸汽发生器。

③真空烫台。

④其他辅助工具，包括烫枕、铁凳、喷水壶、垫呢等。

手工整烫设备与工具如图5-2所示。

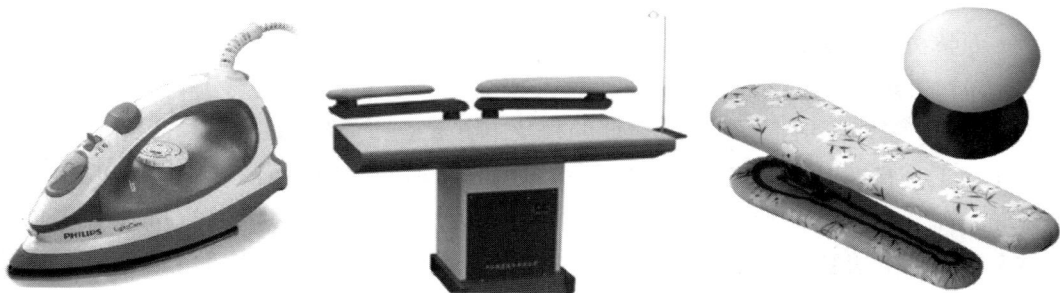

图5-2　手工整烫设备与工具

2. 机械整烫设备

（1）分类方式。按整烫对象分为西装整烫机、衬衫整烫机、针织服装整烫机；按在工艺过程中的作用分为中间工序熨烫机和成品熨烫机；按操作方式分为手动式熨烫机、全自动熨烫机、半自动熨烫机。

（2）常见机械整烫设备。

①蒸汽锅炉［图5-3（a）］。工作原理：加热设备释放热量，先通过辐射传热被水冷壁吸收，水冷壁的水沸腾汽化，产生大量蒸汽进入汽包进行汽水分离，分离出的饱和蒸汽进入过热器，通过辐射、对流方式继续吸收炉膛顶部和水平烟道、尾部烟道的烟气热量，并使过热蒸汽达到所要求的工作温度。

②全自动蒸汽烫台［图5-3（b）］。工作原理：全自动蒸汽烫台是按动一次按钮后能自动地按规定程序完成整个熨烫程序的熨烫机。在全自动循环过程中，初压、喷气、热压、抽气等时间按熨烫衣服面料性质、厚薄、产量质量要求设定，可灵活调节任意时间来完成自动熨烫的过程。

③人像熨烫机［图5-3（c）］。工作原理：将服装套入人形的内胆烫模上，以高温蒸汽从服装内部向外喷射进行熨烫的熨烫机，用于对羊毛衫、羽绒服等长纤维服装的熨烫，也适

(a) 蒸汽锅炉
(图片来源：河北永成和昌机械科技有限公司)

(b) 全自动蒸汽烫台
(图片来源：狮龙公司)

(c) 人像熨烫机
(图片来源：上海涤星洗涤设备有限公司)

(d) 吸风烫台
(图片来源：上饶市伙业环保科技有限公司)

图5-3　常见机械整烫设备

用于小型洗染行业中对洗染后的服装的整理。熨烫时将衣服套入人形的内胆烫膜上，让高温蒸汽从衣服内部向外喷射，蒸汽渗入纤维而达到熨烫目的，并从热风机内鼓入热风使之干燥定型。该设备可以避免因施加压力而引起的纤维倒伏和压扁等不良现象，使整件服装显得丰满平整，毛感性强。

④吸风烫台［图5-3（d）］。工作原理：通过离心电动机高速旋转产生强大的气流向下流动，在熨烫时通过自吸风装置产生的吸力防止面料随熨斗移动，把刚熨烫过的面料快速冷却定型。该设备适应范围较广，应变能力强，可以用于中间工序熨烫以及成品熨烫，同时也适宜多品种及批量生产。

（四）智能整烫系统

威士公司设计了基于RFID物联网技术的运动服智能化无人后整理系统，由产品HGX-Q9000型隧道式整烫机，结合智能输送、动态暂存系统，以及带有RFID芯片的特制衣架等组成，完全实现了自动化、智能化的高效后整理模式。目前这款机器已广泛应用于运动、休闲、时装等产品的自动化后整理领域，在大幅提升产量的同时，降低了劳动强度，减少人力投入，实现了无人化生产，解决了干燥防潮的难题。电脑系统还能实时监控车间现场的产能和缝制流水线的生产效率，极大程度上方便了管理者掌握工厂的生产情况。

智能整烫系统是由威士的产品HGX-Q9000型隧道式整烫机、提升装置、动态暂存装置、自动投入装置及智能分拣系统装置组成，如图5-4（a）所示。提升装置根据工位布置，将成衣挂在一个设有RFID自动识别设备的衣架上，提升至高空轨道，再通过投入口安装的读写器，快速采集单件服装信息，并传递给控制系统。控制系统对每件导入的服装进行数据关联，数据库一旦查到有相同的服装流水号，即指令剥离机构将相同流水号的上装和下装剥离到同一下料杆，并分配到对应的包装线上，实现了自动配对分拣，从而大幅节省了劳动力、提高了生产效率，确保了配对的准确无误。

隧道式烘干机物流输送系统是一项连续式流程作业，即一个流程完成后，服装自动进入下一个流程，上一个流程循环进行再加工，极大提高了生产效率。威士客户隧道式烘干机物流规划图，如图5-4（b）所示。衣服被悬挂送入输送线，输送线带着服装连续循环进入隧道式烘干机，在箱体中进行加热烘干，挂烫定形。高速度热蒸汽快速通过吊挂服装使其干燥，纤维变软，有效防止衣物变皱，提高了熨烫品质。重要的是热风可循环重复利用，达到最低的能量损耗，烘干机物流规划示意图，如图5-4（c）所示。烘干完成后，输送线将服装自动输送至折叠机，进行自动折叠包装。实现了服装从烘干、分类、折叠的全自动流水式作业，提高了生产效率与烘干品质、节省能源、减少人工干预、降低劳动强度。图5-4（d）为其内部热风循环示意图。

智能化无人后整理系统适用各类服装企业、服装制造商，整套系统每小时处理量可达1500件（25件/min），23条缝制流水线上，共节约了46名熨烫工人和23名包装工人，缩短了流水线的占地排布。

(a) 智能整烫系统

(b) 隧道式烘干机物流规划图

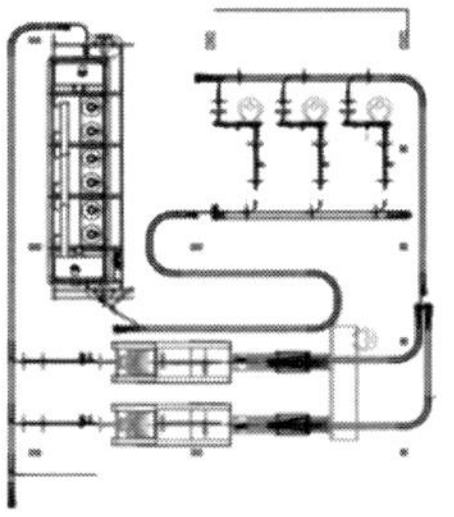

(c) 威士客户隧道式烘干机物流规划图

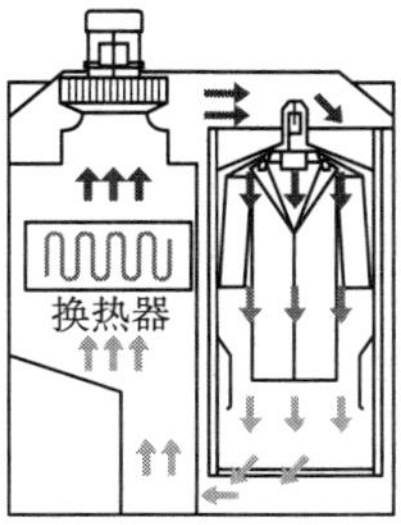

(d) 内部热风循环示意图

图5-4 智能整烫系统的组成

四、质量检验

服装成品的质量会受到面料、设计结构以及生产工艺等方面的影响。因此对于成品的检验应该从影响因素入手。当前，由于技术的不断进步，对于成品检验的方式也变得越来越多。在具体的检验过程中，需要遵循国家相关的规范和标准，从而保证检验结果的科学性。企业为提升检验的效率，需要成立相应的部门，由专业技术人员完成此项工作。

服装的后整理过程中，检验是必不可少的一环，虽然服装的质量无法通过检验来提升，但是严格的检验过程能够防止不良品流出，对于发现的问题也能够及时处理和改进，因此质量检验的重要性不言而喻。把关是质量检验的基本作用，尽管智能化技术不断发展，但质量检验的作用依然无法取代。服装在包装出厂前一定要经过全数、全面检验，以确保服装尺寸准确、缝制精良、熨烫平服、无明显污渍、线头，整件服装符合相应标准或订单要求。服装成品的现代质量检验相对于传统的检验方式，还能起到预防的作用。在成品检验中，一旦发现问题，可以快速掌握材料零件的基本情况，从而及时对问题进行纠正。对于后续检验出的问题，还能采取一定的急救措施，避免问题的扩大化。

质量检验包括以下6项。

1. 外观检验

外观检验指的是对服装成品的大小、结构、色彩、图案以及造型等方面的综合情况进行检验，检验内容有尺寸公差、外观疵点、缝迹牢度等方面，这种检验方式是质量检验的必要纽成部分，也是企业的核心竞争力之一。上海大学的研究团队设计了一种用于无纹理织物的图像采集系统，其中包含特定的照明模块。该团队采用运动结构（SFM）和基于贴片的多视图立体（PMVS）技术重建了褶皱织物的三维表面轮廓。对于功能性不太强的服装产品，外观检验在很大程度上与市场的预销售情况有较大关系。对于非专业的消费者而言，对服装的第一感觉就是外观。在外观检验的过程中，需要对衣领、袖口等每个部位的缝纫质量、缝线的美观性、线头，工艺的对称性，缝线的配色进行检验，从而保证服装的总体美感。

2. 安全性能检验

服装与人体的皮肤直接接触，其安全性与消费者的安全健康有直接关系。因此对服装成品进行检验时，安全性能的检验也是必不可少的一部分。

纺织品生产加工过程是一个冗长复杂的物理化学加工过程，在这些加工过程中，纺织品可能沾染有害物质的主要工序有：棉花种植、合成纤维纺丝、浆纱、退浆、印花、整理等过程。接触的化学品包括纤维原料、油剂、浆料、染料以及整理剂等各种染整助剂。残留在纺织品上的化学物质，经过洗涤大部分可减少或去除，但仍有部分残留在上面，会在穿着、储存、压烫过程中释放出来。为人们提供安全和生态环保的纺织品服装，服装通常采用pH、甲醛、偶氮染料、可萃取重金属等化学测试项目进行检测。实时直接分析质谱（DART-MS）已成为对各种样品进行快速质谱分析的成熟技术。DART-MS能够在开放环境下快速分析样品，可应用于检测服装产品中的化学残留物。

3. 物理性能检测

服装类型多种多样，对于不同类型的服装由于穿着的场合存在差异，在性能参数的设计上也会存在较大的差异。针对防水服而言，应该重点检验防水面料的质量参数以及成分的安全性能。对于制服的检验需要根据使用的场合确定使用的性能。学生校服应该以宽松舒适为主，棉质面料是常用的面料。职员的制服应该保证总体的设计美观大方。对于保安服、警服的设计，需要充分考虑其工作环境，在面料的选择上侧重耐磨性较好的材料。一些特殊行业对服装的撕裂强度、断裂强度、耐磨性也会有所要求。这些需要使用专业的设备和测试方式完成检验。因此，对于服装的物理性能检测相对复杂，并且对于相关的参数还需要进行必要的计算。面料的质量参数也是需要充分考核的内容，这对成品的责任划分有重要的意义。

4. 色牢度检验

色牢度是指印染纺织品的颜色在使用或加工过程中抵抗各种环境因素作用的能力。其实质是反映染料（颜料或其他着色剂）与纤维结合的牢固程度以及染料发色团对环境因素的稳定性。色牢度是评价印染纺织品质量的重要指标，也是消费者所关心和投诉较多的质量问题之一。有色纺织品在使用或加工环境因素作用下，部分染料（颜料）脱离纤维，或者染料分子的发色团被破坏，或者又生成新的发色团，由此引起颜色饱和度、色相、明度变化的现象，称为变色。导致这种变色的环境因素主要是颜色不鲜亮或外形不美观。无法被当作服装制作的主流材料，如蚕丝、皮革、羊毛、麻等。

5. 纤维成分检验

纺织品纤维成分的准确标识是考核产品是否合格的重要内容。另外，纤维成分也是决定纺织品质量的重要因素，因此纺织纤维的鉴别与定量检测在众多检测项目中占有重要地位。纺织纤维的鉴别通过各种手段来考察纤维的物理和化学特征，并将其与各种已知纤维的特征相比较，从而对纤维进行定性的分析。苏州大学的研究团队提出了一种基于形态滤波的织物缺陷检测新方法。首先，对织物的结构节点进行分析，提取结构特征，对结构单元进行选择。其次，进行灰度形态学运算和顶帽变换，突出缺陷区；同时，亮度分布不均匀的现象大幅减少。然后将功率变换和阈值相结合，以分割缺陷区域。该方案可以精确检测缺陷，同时降低算法的复杂性和环境光的干扰。

6. 包装检验

对于消费者拿到的服装成品而言，包装也是重要的组成部分，由于包装对产品本身的影响相对较小，因此在服装成品检验的过程中，此方面检验处于次要的位置。对于包装的检验，具体需要检验箱体的结实程度，箱体文字印刷是否清晰等。还应该重点检验吊牌信息是否与服装符合。这种检验多为定性判断，相对简单。但检验人员也需要提高自身认识，避免出现敷衍情况。

第二节　智能产品包装及入库

服装的包装一般要进行挂吊牌、折叠、装袋（装盒）、装箱环节。包装是在产品运输、储存、销售过程中为保护产品以及识别、销售和方便使用商品而使用特定的容器、材料及辅助物等对产品所附的装饰的总称。包装也指为了达到上述目的而进行的操作活动。

一、上吊牌

服装的吊牌是服装的使用说明的重要组成部分，里面要包含服装的各种信息：品牌、种类、材质、号型、执行标准、安全级别、洗涤保养方法等。吊牌是消费者了解服装的重要途径，要求必须清晰、准确、真实。

上吊牌有很多种方式，其中吊牌枪作为一种上服装吊牌的方式具有重要的作用，即用枪针带进去胶针的方式按一定的步骤完成，一般将吊牌挂到产品的商标处，也可用于鞋帽、毛绒玩具等针织纺织产品上及其他用途。其操作方法是装上胶针，把连着的胶针插入吊牌枪顶部的圆形夹缝内；吊牌枪贴上标签，将针穿过标签洞和织物，扣紧扳机；吊牌枪上刀片，当插入新的刀片时，要将其装在正确的位置上，也就是将其插至顶端；吊牌枪内调钢针，使针帽对准针头，向前转动针闩，且抽出此针。同时，需要注意的是吊牌枪有粗细两种，粗吊牌枪适合打厚的衣服，细吊牌枪适合打薄的衣服或者一些高档的衣服。粗吊牌枪的枪针比较粗，所打的针眼大，要与粗工字形胶针配套使用。细吊牌枪的枪针较细，所打的针眼小，要

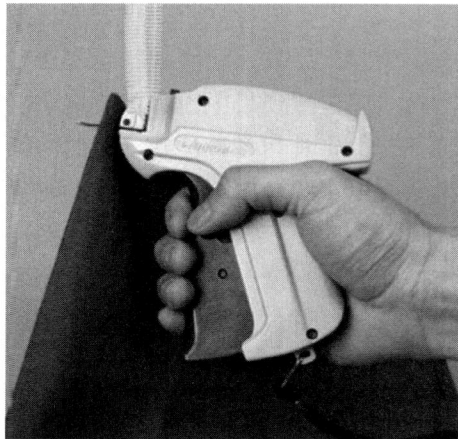

图5-5 吊牌枪

与细工字形胶针配套使用。服装生产中常用的吊牌枪，如图5-5所示。

二、包装

（一）包装的分类

①按用途分类，有销售包装、工业包装、特种包装3类。销售包装是以销售为主要目的的包装，它起着直接保护商品的作用。其包装件小，数量大，讲究装潢印刷。包装上大多印有商标、说明、生产单位，因此又具有美化产品、宣传产品、指导消费的作用。工业包装是将大量的包装件用保护性能好的材料（纸盒、木板、泡沫塑料等）进行的大体积包装，其注重包装牢固度，方便运输，不讲究外部设计。特种包装用于保护性包装，其材料的构成须由运送和接收单位共同商定，并有专门文件加以说明。

②按包装的层次分类，可分为内包装和外包装。内包装也叫小包装，通常是指将若干件服装组成最小包装整体。内包装主要是为了加强对商品的保护，便于再组装，同时也是为了分拨、销售产品时便于计量的需要。服装的内包装在数量上大多采用5件或10件，半打或一打组成一个整体。外包装也叫运输包装、大包装，是指在商品的销售包装或内包装外面再增加一层包装。它的作用主要用来保障商品在流通过程中的安全，便于装卸、运输、储存和保管，因此外包装具有提高产品的叠码承载能力，加速交接、点验等作用。

（二）包装的作用

服装包装的作用主要有两个方面，一方面是保护作用，保证服装以良好状态运到目的地；另一方面是宣传作用，介绍产品特征及使用方法，并通过外观造型设计，激发消费者购买欲望。

（三）包装的形式与设备

1. 包装的形式

服装的包装形式有挂装（立体包装）、折叠包装和真空包装袋装、盒装等，挂装的服装是整烫要求较高、外形要求高的西服、大衣类服装，需要有合适的衣架和防尘袋包装，并且具有良好抗褶皱性，能保持良好外观，提高商品附加值。折叠包装的服装多采用透明的塑料袋包装，其中男衬衫为保持衣领的形态一般采用纸盒包装。真空包装的服装，一般体积小、质量轻、不沾污、易存放。

袋装和盒装的服装还要进行装箱，有单色单码的装箱方式，也有混色混码的装箱方式。装箱要严格按照装箱单的配比装入，然后对包装箱进行密封，使用的纸箱要清洁、牢固、印刷清晰、密封条粘贴到位。箱贴要粘贴在指定位置。

经过一系列的后整理环节，服装被装箱等待出运，一般在出运前还要进行一次随机的抽箱检验，对箱内所装服装的号型、颜色、外观、缝制进行最后的质量确认，保证产品的品质后才能出运。外销的服装还需要报关检查，拿到检验合格证后到期出运。

2. 包装的设备

包装的设备有全自动服装包装机（图5-6）、立体包装机（图5-7）、真空包装机（图5-8）、自动折衣机（图5-9）等。

（1）全自动服装包装机。工作流程：人工摆放衣服，设备自动将衣服进行两边折边，并输送到对折工位，实现首次对折，再将衣服自动往前输送，进行二次对折，自动输送到装袋工位进行装袋，一件衣服包装完成后，循环包装下一件衣服，以此类推。该设备适用的产品有厚款服装，如Polo衫、卫衣、棉服、夹克、大衣等，工作速度可达600件/h。

工作原理：用变频无段调速电动机的运转，通过三角皮带驱动齿链式无级变速器转动，变速箱内通过变速链条的调速，得到了不同的运转速度，再由同步带传给行星差动机构，使纸膜输送长度的调整、变速箱的输出轴经过链条传动带动纸膜压辊转动输送纸膜，纸膜输出长度的设置可在齿链调速器上施行手工操作。设备在包装过程中由光电跟踪色标进行监控，同时变速箱还通过多组链传动，实现了全自动包装物件。

图5-6　全自动服装包装机
（图片来源：富怡官网）

（2）立体包装机。工作流程：将电源插入插座，把薄膜从机箱顶部引入上部的薄膜滚轴，同时注意不要将薄膜超过挂衣服的挂钩下缘，挂上衣服后，检查机器封口各处是否会压住衣服。检查完毕后，打开电源开关，根据需要选择上下封口，调节加热时间，点击机箱侧面启动开关，机器开始工作并在热合黏接处进行封口并切断。

工作原理：放在支承装置上的卷筒薄膜，经导棍组、张紧装置，由光电检测控制装置对包装材料上商标图案位置进行检测后，通过成型器卷成薄膜圆筒包裹在充填管的表面。先用纵向热封器对卷成圆筒的接口部位薄膜进行纵向热封，得到密封管筒，然后筒状薄膜移动到横向热封器处进行横封，构成包装袋筒。计量装置把计量好的物品，通过上部充填管充填进包装袋内，再由横向热封器热封并在居中切断，形成包装袋单元体，同时形成下一个筒袋的

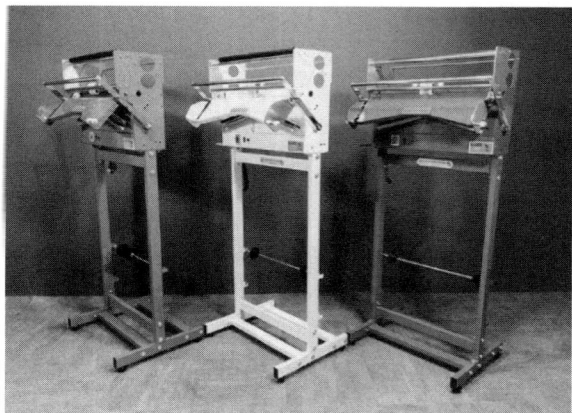

图5-7　立体包装机

底部封口。

（3）真空包装机。工作流程如下。

①抽真空：真空室合盖，真空泵工作，真空室开始抽真空，包装袋内同时真空，真空表指针上升，达到额定真空度（由时间继电器ISJ控制）真空泵停止工作，真空停。在真空工作的同时，二位三通电磁阀IDT工作，热封气室真空，热压架保持原位。

②热封：IDT断开，外界大气通过其上部进气孔进入热封气室，利用真空室内同热封气室之间的压力差，热封气室充气膨胀，使其上热压架下移，压住袋口；同时热封变压器工作，开始封口；在此同时，ISJ工作，数秒后，热封结束。

③回气：IDT通，大气进入真空室，真空表指针回到零，热压架依靠复位弹簧复位，真空室开盖。

④循环：将上述真空室移至另一真空室，即进入下一个工作过程，左右两室交替工作，循环往复。

工作原理：追踪系统是包装机的控制核心，采用正反向双向追踪，进一步提高了追踪精度。机器运行后，薄膜标记传感器不断检测薄膜标记（色标），同时机械部分的追踪微动开关检测机械的位置，上述两种信号送至PLC，经程序运算后，由PLC的输出Y6（正追）、Y12（反追）控制追踪电机的正反追踪，及时发现包装材料在生产过程中出现的误差，同时准确地给予补偿和纠正，避免了包装材料的浪费。检测若在追踪预定次数后仍不能达到技术要求，可自动停机待检，避免废品的产生；由于采用了变频调速，大幅减少了链条传动，提高了机器运转的稳定性和可靠性，降低了机器运转的噪声。该包装机具有高效、低损耗、自动检测等多功能、全自动的高技术水平。

（4）自动折衣机。工作流程：衣服放置在传送带上，传送带依靠传动轴带动衣服移动，当衣服到达叠衣平台时通过折叠板翻转来实现衣物的折叠，折叠完毕后再利用传送带进行输送完成包装。

工作原理：利用单驱动多凸轮的运动方式，凸轮机构使从动件按预定运动规律作间歇往复运动，与连杆机构串联形成组合机构来完成衣物的折叠过程。

图5-8　真空包装机
（图片来源：食品加工包装在线官网）

（四）智能包装及案例

智能包装指人们通过创新思维，在包装中加入了更多的新技术成分，使其既具有通用的包装基本功能，又具有一些特殊的性能。行业追求打造出生产效率高、自动化程度高、更可靠、灵活性强、技术含量高的新型包装机械，引领包装机械向集成化、高效化、智能化发展。目前，智能包装机械已经渗透服装行业，如日本和美国已经研发了智能包装设备，智能化、无人化包装生产线是行业发展的趋势。

图5-9 自动折衣机
（图片来源：基准工业设计官网）

1. 国外相关案例

①日本某服装品牌与工业机器人创业公司牧今合作，实现智能包装机器人生产线全自动化，牧今的智能机器人采用3D成像镜头对服装产品进行扫描，然后娴熟地将时装成品折叠打包，如图5-10所示。

②美国Foldi mate推出新款自动叠衣机会将洗过的衣服经过高温蒸汽熨烫之后再自动叠好（图5-11），还可以添加香薰或柔顺剂，整个过程只需在触控屏幕上操作完成即可。

图5-10 智能机器人进行服装折叠打包
（图片来源：京报网）

图5-11 洗过的衣服经过高温蒸汽熨烫之后自动叠好
（图片来源：百度快科技）

2. 国内相关案例

深圳市领创自动化技术有限公司是一家专注于服装自动包装设备、整烫设备，集研发、设计、制造为一体的国家高新技术企业。公司于2009年研发生产出全国首台服装自动包装设备，成为国内服装自动包装设备的首创者和领跑者，十年来专注于服装自动折叠包装事业。

通过不断研发和创新，领创已拥有服装自动包装机械类发明专利及实用新型专利等60余项。通过近十年的技术积累及不断的技术革新，领创已率先研发出多款全球首创产品。同时与广大服装知名品牌深入技术交流合作，目前已为大部分服装企业解决个性化包装要求，在全球同行业中的知名度及市场占有率遥遥领先，产品远销东南亚、欧洲、美洲、韩国、日本等30多个地区和国家。

未来，领创将不遗余力把所掌握的自动包装技术以及目前对自动化系统的研究相结合，不断打造服装自动化包装系列的新设备，最终实现无人化，把人从繁重的包装生产线上解放出来，让机器代替手工作业，同时使企业降低成本，提高生产效率，提升企业生产自动化水平。

随着科技的不断进步与发展，未来微电子、工业机器人、图像传感技术和新材料等在包装机械中将会得到越来越多的应用，服装行业的智能包装将会有质的飞跃。通过智能化设备提高生产效率，降低生产成本，服装行业将迈向新的台阶。

三、入库

入库管理是保证质量的开始，这不仅是仓库人员的职责，更需要采购、质检人员和供应商的直接配合。企业入库管理需要注意以下事项：第一，不能接收无订单货物，否则会增加库存。第二，即使是供应商送货上门，也不一定照单全收，首先要由品质检验员把关，确认物料合格，仓库人员才能计数收货。第三，货物码放在规定区域并悬挂标识才算完成入库工作。第四，第三方物流商代理送货，先将货物暂收保存在临时堆放区域，待品质检验员检验合格后再办理入库手续。如果检验不合格，则需要与采购员一起为供应商办理退货手续。第五，入库材料必须做到质量合格、数量准确。

在库存活动中，实时获取服装信息的环节包括仓库成衣的接收、入库、订单拣货、出库以及库存服装产品统计等。当带有RFID标签的服装整箱进入RFID读写器磁场感应区域内，RFID读写器将自动捕获多个标签中的信息，并将其传输到仓储管理系统。之后，系统根据仓位信息安排入库位置，并建立库存记录，计算服装出入库配送距离等。在入库过程中，应用RFID的自动识别系统能够一次读取多个不同RFID标签，确认入库服装的数量、种类等，并可跟踪服装的入库过程，以确保货物被放入准确的货位，同时自动生成库架、库位、地址等信息，WMS系统根据相关信息自动进行货位和货物信息的变更确认。

（一）RFID技术

RFID技术介绍见第四章第一节。

（二）RFID电子标签

RFID电子标签是能够接收数据信号、及时反馈相应信号并具有数据存储功能的载体，主要用于标识物体，具有唯一性，如图5-12所示。RFID电子标签一般采用高性能智能芯片，使用半导体编码器编码，内置 64 位二进制的激光刻录工艺，采用全球唯一编码的硅晶片，具有超强的耐摩擦、抗冲击、防尘、防水、防腐蚀、防静电等性能。根据不同分类标准，在RFID技术发展运用过程中，可以划分为不同的电子标签，如无源、有源/半有源标签；主动式、半主动式、被动式标签；低频、高频、超高频电子标签等。

图5-12　RFID电子标签
（图片来源：中企防伪官网）

（三）RFID读写器

RFID 读写器是 RFID 系统中的基础设备，如图5-13所示。它的工作原理是：RFID电子标签首先要加载初始化数据。在读写器工作范围内，读写器无须接触就可以读取并确认相应电子标签的身份，利用射频耦合把 RFID标签的数据信息读取或写入，将这些"反馈"数据信息远距离地传输到控制器。

（四）RFID应用系统软件

RFID的应用系统软件是连接计算机管理硬件与RFID数据采集系统的软件。它的主要功能是利用 RFID 数据采集系统收集和处理目标数据信息，通过终端计算机与RFID数据采集系统的交互实现数据信息的传输，以便于整

图5-13　RFID读写器
（图片来源：和创立达官网）

个 RFID 应用系统及时准确地进行数据的运算、数据的存储及数据的分析处理。

第三节　智能仓储

智能仓储是物流过程的环节。智能仓储的应用，保证了货物仓库管理各个环节数据输入的速度和准确性，确保企业及时准确地掌握库存的真实数据，合理保持和控制企业库存。利用盘点管理、出库管理及智能仓储管理技术实现对仓储的智能化、可视化及效率化的高效监管，可针对各类服装服饰进行存储、筛选、分拣、配对等工作需求。智能仓储系统是当代仓储技术、通信技术、自动化技术与计算机技术高度集成化的产物。通过科学的编码，还可以方便地对库存货物的批次、保质期等进行管理。采用自动储存模式和自动无人化的分拣系

统，可以使整体布局高效合理，优化最小化库存的同时满足最大的库存周转率。利用系统的库位管理功能，更可以及时掌握所有库存货物当前所在位置，有利于提高仓库管理的工作效率。

一、智能化仓储管理

（一）盘点管理

盘点管理主要是针对服装及物料在库时所进行相关事务处理的功能管理，其主要内容包括：库存数量控制、实时盘点以及相关数据查询。盘点管理的功能主要是完成服装及物料的精确在库管理。

1. 库存数量控制

系统为优化服装仓储管理，对在库的同类服装及物料设置上限值和下限值。当在库信息达到阈值时，系统会自动报警，便于仓储管理人员实时控制实际在库物料与理想控制指标，及时调整生产计划。库存管理内容如图5-14所示。

图5-14　库存管理内容

2. 实时盘点及相关数据查询

盘点管理就是将实际的在库数量与系统数据进行复核，及时查验在库服装及物料的信息是否与实际一致，确保系统信息的时效真实性。根据实际情况，对在库物料进行快速扫描盘点，并将盘点信息反馈管理系统，生成盘点统计信息，以便管理人员对服装仓储进行实时控制并提供相关数据查询。

（二）出库管理

出库管理主要是针对服装及物料出库时所进行相关事务处理的功能管理，其主要内容包括：接收出库通知、审核出库、确认拣货、更新各种在库数据及查询数据。出库时，当装入服装的托盘或叉车经过门禁安装的固定读写器时，服装上的 RFID 标签信息被读取，系统根据该信息与发货单进行核对，并更新服装库存状态。对于畅销服装的补货，RFID 系统自动显示该类产品的库存状态，以及需要补货产品的款型、颜色、尺码等细节，提示补货信息。此外，RFID 系统通过自动统计服装产品的库存状况，得到每类服装（包括款型、颜色、尺码等）在库停留时间，发现哪类服装滞销、过季，从而为管理者提供降价、促销等决策信息，促进产品的销售。

出库流程是衡量一个仓储系统是否高效的重要指标之一，合理的出库流程不仅能够提高工作效率，还能够带动商品流通速度以及公司生产环节。出库数据越大，说明公司产能越大，出库数据和公司产能数据如果不协调的话，会造成公司整体效率的降低。

（三）RFID智能仓储系统

简单、静态的传统仓储管理模式普遍存在物资库存量巨大、物资跟踪困难、资金和物资周转效率较低、人力成本偏高、物流管理的信息和手段落后等缺点，已不能适应新的仓储管理需求。企业应破除传统的仓储管理模式，积极探讨新的信息管理技术，在适应企业原有管理流程的基础上，构建新的仓储管理信息化系统平台，协调各个环节的运作，保证及时准确的进出库作业和实时透明的库存控制作业，合理配置仓库资源、优化仓库布局和提高仓库的作业水平，提高仓储服务质量、节省劳动力和库存空间，降低运营成本，从而增强企业市场竞争力。

1. 技术优势

RFID 技术特点是非接触高速识别，它以无线方式通信，射频标签不用露出电触点也可以被识读到，所以即使粘贴这种射频标签在包装材料内部也可以被识别出，RFID仓储管理系统还可以同时识别多个射频标签及高速运动的射频标签，实现物品流通过程的高效性。其具体优势表现如下。

（1）非接触读写。RFID读写器可不接触电子标签，直接读取信息到数据库内，与通过专门的单证员录入信息相比有非常大的优势，并可以将物流处理状态的各种信息写入标签，为下一阶段工序减少很多信息采集时间。

（2）多标签同时读取。通过RFID读写器可以一次读写多个 RFID 射频标签，并且一次性把数据由读写器传送到计算机网络 RFID数据管理系统，这种数据采集与对物品的验收速度是条形码扫描采集与验收速度的十数倍，更比传统的利用单据录入的数据采集与查看货物名称来验收物品方法快得多。通过 RFID 仓储管理系统的多读性，可实现物品的高效、快速流通。

（3）穿透性好。粘贴在纸张、木材和塑料等非金属或非透明的包装材料内部的RFID标签也能正常地被阅读器识别出来。该技术具有很好的穿透性，这样可以不用从包装材料中拿出物品就可以实现对它的识别，迅速且方便。

（4）标签储存数据容量大。RFID射频标签存放的数据比条形码大得多，条形码技术存放的数据只能表示出物品所属的种类，不能表达出每个种类物品的个体信息，而RFID射频标签存储容量大，可以存放详细描述物品的信息。

（5）适应环境能力强。纸张脏污就可能看不到纸张上写的字，在黑暗环境下条形码扫描器就扫不出条形码的信息，磁卡没有磁性就不能刷卡，而RFID技术却有很强的环境适应能力，RFID 射频标签对水、油和药品等物质有较强的抗污性，对光有很强的免疫力，在脏污的环境下或黑暗的环境中仍然可以非常容易地采集到射频标签内的电子信息。

（6）标签可重复使用。RFID仓储管理系统存储的数据为电子数据，存储数据的载体为电子芯片，此芯片具有反复写入功能，可以重复使用，降低项目一次性投入成本。

（7）标签形状的小型化和多样化。读取 RFID 射频标签不受尺寸大小与形状的限制，不需要为了读取的精确度而配合纸张的固定尺寸和印刷品质，这与条形码技术在物品上的运用需要结合物品形状和大小相比具有较大优势。此外，小型化RFID射频标签可以更加灵活地应用在生产线上，控制产品的生产。

（8）系统与数据安全。RFID仓储管理系统将产品数据从中央计算机中转存到工件上为系统提供安全保障，避免直接从系统中读取数据而大幅地提高 RFID 仓库管理的安全性，并运用加密方法对 RFID 射频标签内的数据进行保护，可以保证数据不被读取。

2．应用案例

深圳市铨顺宏科技有限公司利用 RFID 智能仓储系统运营了服装智慧门店，其中RFID服装智慧门店应用系统的核心，是将单件服装的重要属性信息写入 RFID 电子标签中，并在服装完成生产后，将电子标签与服装进行对应绑定，使服装在整个门店流转的全过程中，应用系统通过 RFID 读写设备对电子标签进行信息获取，达到RFID服装智慧门店应用管理的目的，管理主要为以下三方面的内容。

（1）标签管理。标签是整个 RFID 服装智慧门店应用工作的基础，在前端需要将每一个电子标签进行编码，然后与服装进行绑定，完成电子标签对服装信息的标识。在每件衣服上粘贴、嵌入或者植入 RFID 标签，就可以在装箱时彻底解决衣服无法识别、跟踪等问题，实现精确装箱。

RFID 服装管理应用的标签由 RFID 打印机完成初始化发卡并打印出来，同时也可以在标签上打印条码信息。

（2）RFID 供应链管理。在RFID服装智慧门店应用系统的门店仓库中部署 RFID 小型化读取平台，当服装到达企业后，在不开箱的情况下批量完成货物的入库，并校验入库单以及入库数据，保证物流和数据流的一致。

（3）RFID 服装盘点。通过RFID固定式读写器或专用手持式盘点设备，可以实时对在架商品和门店后台库存商品进行盘点，可按区域、按货位生成报表，根据实际要求生成指定格式数据，通过实时或脱机方式上传到 RFID 服装智慧门店应用的管理系统中。RFID 技术的应用极大提高了盘点速度，让工作人员从烦琐的工作中解放出来，更是提高了RFID服装智慧门店对库存数据精确性的掌握程度。

（四）STM32智能仓储系统

目前，中小型智能仓储系统在市场中存在缺失，且人工管理仓库耗时费力、准确性差、效率低下。一种基于STM32的智能仓储系统可通过手机软件记录货物的位置，使用无线通信模块与STM32单片机通信，实现货物自动存取与自动运输。该智能仓储系统包含两个子系统——存储系统与运输系统，实现记录、清点货物信息，货物出库、入库完全由智能仓储系统完成，全程无须人工参与，是对以往人工管理仓储系统的创新。

选用STM32F103ZET6芯片作为智能仓储系统的控制器，结合WiFi模块，实现其他设备与智能仓储系统的信息交流。通过2.4G模块，实现存储系统与运输系统之间的信息交流，选用步进电动机来带动存取装置水平、竖直移动。存取装置上装有光电传感器来感知存储箱是否在存储仓中，存取装置初始位置底部装有碰撞开关来检测存取装置是否位于初始位置，存储系统的传动装置采用同步带与滑动导轨配合的方式，运输系统的循迹方式选用干簧管检测橡胶磁标的方式。

存储系统的电器结构由无线WiFi模块、单片机、电动机驱动器、步进电动机、红外传感器、碰撞传感器、开关电源组成。选用STM32F103ZET6这款芯片作为仓储系统核心控制器，用来处理外部设备发送的信息，控制步进电机带动存取装置将物品取出或存入，动作结束后，发送信息给运输装置，并发送反馈信息给外部设备。红外传感器主要用来检测存取装置是否将存储箱安全取出，碰撞传感器检测存取装置取完货物后是否返回初始位置。

工作步骤：首先，WiFi模块接收来自外部设备的信号，通过串口将收到的信号发送到控制器，控制器收到信号之后通过控制步进电动机驱动器来控制步进电动机拿取货物，此时红外传感器检测存储箱是否在货仓中安全取出，碰撞传感器检测存取装置将货物取出后是否回到初始位置。一切动作完成后，存储系统通过2.4G模块将当前状态信息发送至运输系统。

步进电动机是将电脉冲信号转变为角位移或线位移的开环控制元步进电机件。非超载的状况下，电动机的转速、停止的位置只取决于脉冲信号的频率和脉冲数，步进驱动器收到一个脉冲信号，步进电动机就转动一个固定的角度。通过控制脉冲个数来控制角位移量，从而达到准确定位。

运输系统电气组件由2.4G模块、STM32单片机、直流电动机、电动机驱动器、干簧管、碰撞传感器组成。2.4G模块接收外部设备信息，并将信息发送到运输系统控制器。控制器分析处理指令，控制运输系统将物品运输到指定位置。干簧管检测地面磁标，以确保运输系统沿正确路线行驶。碰撞传感器检测存取装置是否将存储箱完全传输到运输系统上。2.4G模块收到其他设备数据之后，将数据传输到控制器（MCU）处理数据。与存储系统对接货物，碰撞传感器检测货物是否对接成功。对接结束后，运输系统将货物运输至指定地址，寻址是通过编码器与干簧管配合实现的。编码器设定运输系统行驶的距离，干簧管检测地面磁标控制运输系统的行驶方向。

（五）瑞晟智能立体仓储系统

瑞晟智能总结多年的物流行业经验，开发了具有自主产权的仓储物流管理系统软件与智能设备体系，与企业ERP系统集成，实现仓储区、输送区、生产车间的实时信息传递及自动化运输，满足高效的同时，节省占地面积、降低劳动成本及强度。其智能仓储物流系统、自动立体仓库系统见表5-1。瑞晟智能的布卷面料货柜详细技术及功能介绍见表5-2。

表5-1　智能仓储物流系统、自动立体仓库系统介绍

产品型号	智能仓储物流系统、自动立体仓库系统
技术	整体物流规划技术、自动控制技术、智能仓储管理技术、自动化技术、智能物流调度技术
功能	①实现物流系统的机械化和自动化，节省人力，提高作业效率； ②大幅增加仓库利用率，充分利用仓库面积与空间，减少占地面积，降低土地购置费用； ③货物的破损率显著降低，利于管理，便于控制货位集中，借助计算机能有效地利用仓库储存能力，便于清点盘货，合理减少库存，节约流动资金； ④能适应黑暗、有毒、低温等特殊场合的需要； ⑤高密度存储，仓库利用率高，工作效率高，大幅减少作业等待时间； ⑥定制化开发数字孪生系统，可减少产品的质量问题，降低维护成本，提升效率和生产力； ⑦作业方式灵活，货物的存取方式可先进先出，也可先进后出，安全性好，减少货架碰撞，保证生产安全
使用效果	应用日处理30000件

表5-2　布卷面料货柜介绍

产品型号	布卷面料货柜
技术	整体物流规划技术、自动化技术、智能物流调度技术、AGV小车辅助运输
功能	具有库存管理系统，柜内面料种类、长度实时可见，库存自动盘点，能够实现与企业ERP数据对接
使用效果	应用日处理30000件

（六）杰克WMS系统

杰克WMS系统是服装企业专用仓储数字化管理软件，主要用来提升仓库管控效率、存货周转率和连接自动化设备的能力，具有协同性、全局性以及专业性的特点。该系统实现了仓车管理可视化，使库存信息、入库信息、仓库使用情况以及出库情况一目了然，应用于仓库物料、订单、收货、上架、拣货、发货、装箱、打包等各个场景，可以有效控制并跟踪仓库业务物流全过程，提高库存管理水平和工作效率，降低企业库存和人力成本并助力服装企业提升效率，具体体现在以下四个方面。

①提高仓储管控效率。实现信息化、可视化，实时查询与监控，确保出入库数据清晰，盘点省时且精准。同时降低对员工工作经验的依赖，保证新人上手快，实现多个订单多仓批量拣货，效率高。

②提高仓库周转率。库位管理有序，无呆滞浪费，库位存储清晰，库房储位利用率高。

③实现无纸化，作业更规范。

④连接自动化设备能力强。

杰克WMS系统软件帮助企业从工厂订单、生产、流程管控至产品完成，主动收集和监控制造过程中的生产数据，以web或其他通知方式准确地传送给使用者监督，以确保服装工厂准时交付订单，可应用于工厂订单、排产、物料、工序、生产、质检、设备、仓库等各个场景，帮助服装企业快速提升生产管控效率、质量追溯水平和设备连接的能力。

二、智能仓储技术

（一）数据仓库

数据仓库是指面向主题的、集成的、随时间变化的、稳定的数据集合。数据仓库与传统的数据库不同，其能够服务于高层的决策，数据仓库不仅可以采集、组织、储存大量的信息源的数据，还可以针对这些历史数据进行加工和变化，由此得到的相关信息和数据可以用于决策和分析，使决策者所做出的决策更具有科学合理性。另外，数据仓库还可以按照一定的主题进行数据的组织，并且按照决策和分析的具体需求进行数据信息的处理。数据仓库还是一种包含历史数据和信息的数据库，不仅能够用于检索，还能够对整个组织的运行状态和未来发展趋势进行分析处理。

数据仓库技术可以应用于服装生产领域，基于服装销售系统的运作来记录服装交易的业务数据，以业务数据为基础建立数据仓库，对数据仓库进行分析研究，最终得出能够指导服装企业进行生产销售的服装销售系统。采用数据仓库技术可以帮助服装企业进行生产销售决策，能够提高服装企业利润，减少商品库存，提高企业的资金周转。

（二）智能悬挂存储分拣系统

智能悬挂物流系统是为客户提供挂式储存分拣、运输于一体的大型综合自动化悬挂系统解决方案，解决挂式服装的立体存储、防潮除湿、筛选配对、规则分拣、自动输送、高效出入库等生产任务，有效提高生产效率及降低人力成本，实现仓储系统的单件产品数据化管理流程。该系统实现了最大化的库存周转率，有效保障货品的安全性、减少货品损坏、提高作业效率和准确率，同时采用悬挂的结构模式，有效节省和充分利用占地面积、作业时间、人力和运营成本。具体优势表现如下。

（1）高效利用空间。对作业环境进行完整的规划，结合实际生产流程、物流情况，让空间利用率最高。

（2）用设备节省人力。搭配高效的分拣流程，结合缝制生产线的无缝匹配，运用自动化的入库、理货、存储拣选、出库等技术，对人力进行最大化节省。

（3）信息化数据管理。对各工作站点进行实时跟踪记录，及时提供相关效率统计及分析，实现高效精准的数据化现场管控。

（4）零失误的拣选分类。结合自动计算硬件运行速度及软件的指令，做到精准的作业操控，并搭配高效图像处理系统与仓库控制系统（WCS），实现零失误的拣选分类。

智能悬挂存储分拣系统主要针对团服定制和私人服饰定制，以及存储、筛选、分拣、配对等工作需求。系统采用立体高效能的自动储存模式和自动无人化的分拣系统，整体布局高效合理，可以在最小化库存时，实现最大的库存周转率，可根据客户实际空间及需求定制生产。系统采用单位定位标识存储，有效保障货品的安全性，减少货物损坏、提高作业效率和准确率。

智能悬挂存储分拣系统具有快速分拣、装箱快等优点，针对制服类上下衣匹配快捷，又省人工；针对外贸单，按款式生产再按国家区分，有效解决码多、色多的问题，更快捷分拣，错误率低，节省时间和人力成本。同时系统针对不同功能区域进行合理划分，包括双层悬挂库、分拣区、包装区以及载具存储区等，空间利用率足，避免地面人为干扰，管理不易出错，具有自动晾干功能，可用于临时储存。

（三）智能仓储物流解决技术

智能仓储能为客户提供智能化存储、智能搬运全流程的柔性解决方案。智能仓储系统主要是由立体货架、智能搬运设备（巷道堆垛机、四向穿梭机、料箱机器人、自动导向车等）、出入库输送机系统、PLC、WCS、WMS、RCS以及其他辅助设备组成的智能化系统，为企业提供包括原材料仓库、辅料仓库、裁片超市仓库、线边仓库、成品仓库等各项仓储业务需求方案的设计。智能仓储系统高度模块化，汇聚了拣选系统、搬运系统、分拣系统和存取系统，能够有效提升客户的存储空间利用率，降低储运损耗和人工成本，实现库存物料最经济、合理、有效的存储以及流动。具有的特点表现如下。

（1）定制化方案。专业的售前、规划设计团队，丰富的项目案例，为客户打造合适的解决方案，更加贴近客户的需求。

（2）软件独立开发。自主开发了 WMS、WCS 以及数据采集与监视控制系统（SCADA）等专业软件，具有独立承担系统集成 PLC 的开发以及实施能力。

（3）流程实施一体化。专业的软件、电控实施团队，保障客户的软硬件全流程打通。

（4）产品研发多样。采用AGV以及四向穿梭车，保证产品质量的可控性。

（四）仓储物流机器人

1. 自动导向车

自动导向车（AGV）是一种不需要人工驾驶，由自动导航系统控制的智能化与柔性化相结合的搬运设备，如图5-15所示。该设备的动力来源一般为可以充电的工业蓄电池，AGV属于移动机器人的一个分支，因此通常情况下可以称呼其为移动机器人，可以依据工作环境将其设计为其他形状，如车辆外形等，也可以根据作业需要额外增加一些如机械手臂等作业

图5-15　AGV

结构，从而达到作业要求。自动导引车主要运用在汽车行业、物流行业及制造行业等诸多领域，其中，物流行业AGV的应用已经成为继汽车行业之后的第二大应用领域。

2. 码垛机器人

码垛机器人主要应用于堆垛与包装作业中，由系统自动控制，可以负担频率高、重量大的堆垛作业，其工作效率与精度远高于人力，且紧凑灵活，占用空间及面积相对较少，如图5-16所示。码垛机器人根据原理可分为3种：直角坐标式机器人、关节式机器人及极坐标式机器人。

图5-16 码垛机器人
（图片来源：瑞斯曼机电科技官网）

3. 分拣机器人

分拣机器人主要应用于分拣作业，如图5-17所示。一般的分拣机器人由控制系统、机械手臂、2D相机及检查摄像头等部分组成。通常，工作人员对控制系统预先编程，再使用2D相机实现对物料形状、颜色等特征的分析，计算出手臂合适的夹取姿态，然后手臂将物料分拣到模板对应的凹槽中，完成分拣作业。

服装在缝制完成以后，通过毛梢处理、污渍整理、整烫以及质量检验等工序来确保服装产品已达到质量要求，使服装进一步得到定型和质量的提升，使服装线条流畅、外形丰满、平服合体、不易变形等，有良好的穿着效果。另外，精美优良的包装可以增加服装产品的附加值，提高产品的竞争力，利用智能包装设备和智能的仓储系统，可以节省生产成本，缩短加工时间，提高工作效率。

由此可见，整个服装缝后环节的特点有：完整性、系统性、智能性以及科学性，具体体现在成衣制作完成后，后续须完成一系列质量检验、产品包装等流程，使用智能化设备提升生产效率，降低生产成本，从而使整个缝后环节能够有条不紊地进行。因此，服装的缝后部分是必不可少的一个重要环节。

图5-17　分拣机器人
（图片来源：搜狐新零售）

☞ **复习与作业**

1. 结合以上智能后处理步骤，提出在熨烫过程中手动操作需要注意的事项。

2. 试讨论传统服装产品包装及入库与现代智能化包装及入库的不同之处，分析未来的智能化工厂还会在这方面有哪些改进。

3. 参观一处现代化智能服装工厂，绘制工厂的整体平面布局及加工流程图，并总结其流程特点。

4. 拍摄智能服装工厂设备照片，分析设备类型和摆放位置，分析设备摆放对工厂效率的提升，并提出改进建议，解释理由。

5. 分析智能仓储技术主要流程，思考其他能够提高服装企业利润、减少商品库存的技术。

6. 简述不同熨烫工具的作用，以及熨烫不同面料时分别应该注意什么。

7. 质量检验主要检验哪些方面？在出现质量问题时应怎样解决？

📚 **参考文献**

［1］高盼.Delta 机器人扣眼缝制技术研究［D］.西安：西安工程大学，2019.

［2］张智勇，陈健，万明.服装熨烫工艺研究综述［J］.纺织科技进展，2021（9）：5-9，43.

［3］古婉莹.服装成品检验内容及检验方法［J］.广东蚕业，2020，54（2）：77，79.

［4］WANG Y. L, DENG N, XIN B J. Investigation of 3D surface profile reconstruction technology for automatic evaluation of fabric smoothness appearance［J］. Measurement，2020（166）：108264.

［5］GROSS J H. Direct analysis in real time—a critical review on DART-MS［J］. Analytical and Bioanalytical Chemistry，2014，406（1）：63-80.

［6］TADESSE M G，LOGHIN E C，NIERSTRASZ V，et al. Quality inspection and prediction of the comfort of fabrics finished with functional polymers［J］. Industria Textila，2020，71（4）：340-349.

［7］HU J J，HE Z Y，WENG G R，et al. Detection of chemical fabric defects on the basis of morphological processing［J］. The Journal of the Textile Institute，2016，107（2）：233-241.

第六章　服装智能制造——纺织智联

课题名称：服装智能制造——纺织智联

课题内容：1.智慧物流
　　　　　2.智慧门店

课题时间：4课时

教学目的：了解智慧物流及智慧门店的概念和相应系统，并通过相关案例的学习对缝纫后的这两方面内容有一定的理解；能够应用本章所学知识分析现在的网络智慧型门店的运营情况；掌握相关名词的含义，对智慧门店中的智能设备有清晰认识；了解设备的功能，在门店中起到的作用。

教学要求：1.了解智慧物流及智慧门店概念。
　　　　　2.了解智慧系统的基本内容并理解其运行原理。
　　　　　3.了解案例中各物流企业的成长历程。
　　　　　4.掌握智慧门店功能区的各部分功能。

传统零售依靠线下门店卖货的单一模式早已被摒弃，取而代之的是线上、线下渠道联合的销售模式，这种整合策略有效提升了销售额。在新零售模式的推动下，各大品牌正通过创新的策略，整合线上、线下资源，推出新颖的销售和营销手段，旨在提升顾客体验并增加销售额。新零售是指以用户的体验为核心、以大数据为新动力，具有新的用户、产品和场景关系，其本质是线上、线下销售和物流等模式结合的产物。新零售的应用在服饰门店中变现最为明显，各服装品牌纷纷引入智慧门店，同时与阿里巴巴、腾讯等各大互联网电商平台合作，提升品牌的科技感。无论是服饰、餐饮类店铺还是商场，只要有消费场景的地方都会涉及顾客的互动体验方式，品牌需要转型，必将瞄准新零售，年轻化、科技化也将是品牌升级的必经之路。

服饰零售商正在通过探索智慧门店来实现新零售，不断升级客户体验，降低门店成本。随着人工智能技术的发展，利用智能化设备来升级线下门店的成效渐显，人工智能将在服饰零售行业得到更广泛的应用，构建智能化、数字化的消费场景，通过线上、线下多渠道来助力品牌发展。未来，智能化门店的核心在于创造引人入胜、富有娱乐性的消费体验，只有在这方面做好营销策略和实施措施，才能有效引导智能零售领域的发展。

针对服装零售行业而言，以消费者为中心是永恒的重点。如今，服装零售业从业者已经走出应对数字化挑战的心理困境，转变思维，有效引用数字化工具来更迅速、更准确地洞察消费者需求，并借助这些工具来优化产品设计、生产和销售流程。在数字化工具的加持下，未来服装零售行业将具有更广阔的发展前景。

与消费者的接触渠道和接触点一直是服装零售领域的布局重点和制胜关键。如今，他们则更关注如何将电商、门店、小程序、数字化营销等多种渠道有机融合在一起。探索这一新兴商业领域不仅能培养出新时代的服装零售精英，还将吸引更多有潜力的人才加入新商业模式。

第一节 智慧物流

2009年国务院发布的《物流业调整和振兴计划》中，智慧物流的概念被提出，研究作者和机构多数独立对其进行研究，合作联系较少。研究热点主要集中在物联网、大数据、人工智能等与智慧物流的融合研究。从初期的供应链、物联网等向大数据、融合应用、人才培养等过渡。研究主题主要集中于技术与运用、物流设施建设、力量推动三个层面。研究前沿主要集中于生态圈、"互联网+"等。

2009年，IBM公司提出建立通过感应器、RFID、GPS等设备和系统产生具有实时信息的"智慧供应链"后，"智慧物流"理念孕育而生。智慧物流的运作依托于物联网技术，该技术通过在货物和运输工具上安装传感器，实现对物流过程中每件商品的实时位置和状态的监控。在此基础上，大数据技术发挥其作用，通过分析从物联网设备收集的海量数据，揭示物流模式、预测需求波动，并识别潜在的运营问题。云计算技术则为智慧物流提供了强大的数据存储能力和弹性的计算资源。它使得物流公司能够在云端处理和分析数据，而无须投资昂贵的本地基础设施。此外，云计算的分布式特性还提高了数据处理的效率和可靠性，确保了物流系统的稳定运行。区块链技术在智慧物流中主要负责提高交易的透明度和安全性。通过创建一个不可篡改的分布式账本，区块链记录了货物从源头到目的地的每一步交易和运输信息，这不仅增加了物流流程的可追溯性，还有助于减少欺诈和错误。综合这些技术，智慧物流系统能够全面感知并识别物流作业的状态，对物流过程中的任何变化进行实时跟踪。当系统检测到异常或预测到潜在问题时，智能优化算法能够迅速制定应对策略，自动调整物流计划，以实现更加高效和成本效益的物流服务。

一、智慧物流系统

智慧物流系统是在智能交通系统和相关信息技术的基础上，以电子商务方式运作的现代物流服务体系。它通过智能交通系统和相关信息技术解决物流作业的实时信息采集，并在一个集成的环境下对采集的信息进行分析和处理。通过在各个物流环节中的信息传输，为物流服务提供商和客户提供详尽的信息和咨询服务的系统，主要包含以下几个环节。

（1）建立基础数据库。建立内容全面丰富、科学准确、更新及时且能够实现共享的信息数据库是企业建立信息化建设和智能物流的基础。尤其是数据采集挖掘、商业智能方面，企业要做好准备工作，对数据采集、跟踪分析进行建模，为智能物流的关键应用打好基础。

（2）推进业务流程优化。企业传统物流业务流程信息传递迟缓，运行时间长，部门之间协调性差，组织缺乏柔性。企业需要以科学发展观为指导，坚持从客户的利益和资源的节约保护出发，运用现代信息技术和最新管理理论对原有业务流程进行优化和再造。企业物流业务流程优化和再造包括观念再造、工作流程优化和再造、无边界组织建设、工作流程优化（主要指对客户关系管理、办公自动化和智能监测等业务流程的优化和再造）。

（3）重点创建信息采集跟踪系统。信息采集跟踪系统是智能物流系统的重要组成部分。物流信息采集系统主要由RFID和Savant系统组成。当扫描器读取贴在物品上的电子产品代码（electronic product code，EPC）标签时，所获取的产品信息会被即时传输至Savant系统。这个系统作为企业物流跟踪的核心，确保了物流过程中信息的实时更新和可追溯性，极大地促进了物流操作的数字化，从而实现了无须纸质文件的高效物流管理。

而物流跟踪系统则以Savant系统作为支撑，主要包括对象名解析服务（ONS）和实体标记语言（PML）。跟踪过程包括产品生产物流跟踪、产品存储物流跟踪、产品运输物流跟踪、产品销售物流跟踪，以保证产品流通安全，提高物流效率。当然，创建信息采集跟踪系统，要先做好智能物流管理系统的选型工作，其中信息采集跟踪子系统是重点考察内容。

（4）实现车辆人员智能管理。

①车辆调度。提供送货派车管理、安检记录等功能，对配备车辆实现订单的灵活装载。

②车辆管理。管理员可以新增、修改、删除、查询车辆信息，并且随时掌握每辆车的位置信息，监控车队的行驶轨迹，同时可避免车辆遇劫或丢失，并可设置车辆超速报警以及进出特定区域报警。

③监控司机、外勤人员实时位置信息以及查看历史轨迹。

④划定报警区域，进出相关区域都会有报警信息，并可设置电子签到，最终实现物流全过程可视化管理。

实现车辆人员智能管理，还要配备高峰期车辆分流控制系统，从拥堵源、拥堵路段、拥者路段的速度、分流需求量、错峰时段供给量等，基于不同指标的局限性，建立不规则公路高峰诱导的分流模型，避免车辆的闲置。

企业尤其是物流企业可以通过预订分流、送货分流和返程分流实行三级分流。高峰期，车辆分流功能能够均衡车辆的分布，降低物流对油费、资源、自然的破坏，有效确保客户单位的满意度，对提高效率与降低成本具有重要意义。车辆人员智能管理也是智能物流系统的重要组成模式，在选型采购时要加以甄别，选好选优。

（5）做好智能订单管理。推广智能物流的重点就是要实现智能订单管理，一是让公司呼叫中心员工或系统管理员接到客户发（取）货请求后，录入客户地址和联系方式等客户信息，管理员就可查询、派送该公司的订单；二是通过GPS/GPSone定位某个区域范围内的派送员，将订单任务指派给最合适的派送员，派送员通过手机短信接收任务并执行；三是系统还要能提供条码扫描和上传签名拍照的功能，提高派送效率。

（6）积极推广战略联盟。智能物流建设的成功需要企业尤其是物流企业同科研院校、研究机构、非政府组织、各相关企业、互联网技术公司等通过签订协议而结成资源共享、优势互补、风险共担、要素水平双向或多向流动的战略联盟。战略联盟具有节省成本、积聚资源、降低风险、增强企业竞争力等优势，还可以弥补企业所需资金、技术、人才的不足。

（7）制定危机管理应对机制。智能物流的建设不仅要企业加强常态化管理，更应努力提高危机管理水平。物流企业应利用物联网技术，建立智能监测、风险评估、应急响应和危机决策4个关键系统，这样才能有效应对火灾、洪水、极端天气、地震、泥石流等自然灾害，瘟疫、恐怖袭击等突发事件对智能物流建设的冲击，尽力避免或减少对客户单位、零售终端、消费者和各相关人员的人身和财产造成的伤害和损失，实现物流企业健康有序地发展。

（8）将更多物联网技术集成应用于智能物流。物联网建设是企业未来信息化建设的重要内容，也是智能物流系统形成的重点组成部分。在物流业应用较多的感知手段主要是RFID和GPS技术，今后随着物联网技术不断发展，激光、卫星定位、全球定位、地理信息系统、智能交通、机器对机器（machine to machine，M2M）等多种技术也将更多地集成应用于现代物流领域，用于现代物流作业中的各种感知与操作中，如温度的感知用于冷链物流，侵入系统的感知用于物流安全防盗，视频的感知用于各种控制环节与物流作业引导等。

二、智慧物流应用案例

（一）菜鸟

1. 成立过程

2013年5月，拥有天猫等商流优势资源的阿里巴巴，因不满足于低质的快递环节，联合顺丰、圆通、中通、申通、韵达等快递企业，以及银泰、复星、富春等集团企业，组建了菜鸟网络。目标为通过整合物流公司、商家、消费者以及第三方社会机构的数据，实现物流过程的数字化和可视化，提升物流公司和商家之间的信息对称化程度。与京东采用的重资产模式不同，京东物流通过直接投资于土地购买、仓库建设或租赁以及物流设备的购置来建立和管理自己的仓库设施，菜鸟网络则希望打造一个轻资产模式的共生物流生态。在这种模式下，天猫负责线上平台的运营，而大部分仓库则是通过租赁的方式获得。菜鸟网络与第三方配送服务提供商合作，共同构建了一个高效的物流体系，从而减少了对物理资产的直接投资和控制。

2. 菜鸟开放式协同创新实践

对于旨在成为支持物流活动"公共基础设施"的菜鸟网络来说，商流和技术将是其发展的两大核心驱动力，而智能化发展又将是其持续能力提升与创新变革的核心方向。但想要制胜，绝不可能局限于自身的能力范畴，只有整合资源和信息要素才可能拥有竞争优势。菜鸟的开放式协同创新实践集中在3个方面。

（1）与快递业共享电商红利。物流与电商紧密相连，彼此促进发展。在整个物流领域中，电商物流因其独特性，扮演着至关重要的角色。目前，电商物流有两大模式：快递直发与仓配一体。前者运距长，规模效应明显，无须提前备货，成本可控，但时效性一般；后者运距短，须提前在大仓备货，时效体验好，但成本高，品类和渠道受限。

（2）用科技为物流行业赋能。菜鸟将自身定位为一家专注于为物流公司赋能的科技公司。与其他物流公司不同的是，菜鸟的员工有2/3是技术人员，技术团队总人数超过千人，并先后成立了多个技术中心和物流实验室，招揽了一批来自全球知名院校、科研单位的高精专技术人才，全力进行物联网（internet of things，IoT）、人工智能、边缘计算等前沿技术的研发。

（3）实现线上线下智能化协同。成立之初，菜鸟明确了其建设"枢纽+网络+通道"物流骨干网的目标，期望通过物理设施建设以及智能技术赋能，汇集阿里自身、消费者、商家、物流公司以及其他社会机构相关数据，最终构筑由菜鸟骨干网+中国邮政和7家上市快递公司+N家物流生态企业组成的"1+8+N"行业生态格局。这已成为菜鸟能够清晰表述和有效转移、并融入其基因里的结构资本。

3. 菜鸟开放式协同创新瓶颈

菜鸟通过将对劳动力深度依赖的仓储、配送等环节交给传统物流行业合作伙伴，只掌控核心的订单、数据、用户与技术标准的开放式创新尝试，是智力资本开放式创新成功的优秀范本。然而，菜鸟的发展瓶颈开始陆续显现，主要表现在3个方面。

因合作的第三方快递公司的服务标准存在差异,消费者端物流配送体验差。菜鸟的核心优势在于其能够在整个物流行业中进行高效的资源整合、流程优化和效率提升。然而,为了将其服务愿景具体化并提供给消费者,菜鸟需要依赖第三方配送和快递企业来执行"最后一公里"的配送服务。尽管这种合作模式有助于菜鸟降低成本并快速扩展服务网络,但这也意味着菜鸟必须协调不同服务提供商的多样化标准,以确保消费者能够获得一致的高质量物流体验。

因社会网络组织松散,实际把控力有限。菜鸟的目标是整合现有物流公司的力量,建设头部物流大数据管理平台。但作为平台,菜鸟很大程度上受制于生态圈建设的完善程度和生态黏性。菜鸟与大量中小快递公司深度绑定,实现了对社会化资源的整合。然而,这种合作模式下的网络组织结构比较松散,关系并不十分牢固,这可能导致菜鸟难以长期有效地控制这些中小快递公司。随着社交电商和下沉市场的兴起,一些传统物流企业或许会尝试另辟蹊径,挑战菜鸟的地位。菜鸟与中小快递公司的合作模式主要表现在菜鸟为这些公司提供技术支持、物流规划和订单分配等方面的服务,同时中小快递公司作为菜鸟的运力资源之一,为其提供配送服务。这种合作模式在一定程度上加强了菜鸟的市场覆盖能力和配送效率,但也存在着对于这些中小快递公司能否长期为菜鸟服务以及与菜鸟的合作关系稳定性的隐患。这种合作模式对菜鸟的发展产生了影响,一方面加速了菜鸟的业务扩张和市场份额提升,另一方面也带来了一定的风险挑战。菜鸟需要加强与中小快递公司的合作关系,提高合作的稳定性和持续性,同时也需要持续创新和提升自身的核心竞争力,以在激烈的市场竞争中立于不败之地。

因为拥有了掌控C端资源即直接面向消费者的资源和数据的优势,菜鸟向外输出服务变现以实现盈利是其独特的优势。不过,菜鸟只善于提供标准化的物流产品与服务,在客制化能力与行业经验方面还存在着明显的缺口,开拓大型B端客户较为艰难。而且,因其局限于分销链端,短期内还不可能渗透到流程复杂、专业要求较高的工业链端,贯穿全链条难度颇高。

综上所述,通过对菜鸟网络开放式创新成功实践和所遇瓶颈的分析可以看出,互联网时代下的平台商业思维,催生了物流行业内的各种开放式创新尝试,即头部企业通过搭建平台,直接而广泛地连接市场参与主体,构建业务联盟,形成新型的"既竞争又合作"的生态。然而,基于关系资本的开放式创新,其成功与否从某种程度上来说要取决于自身人力资本和结构资本是否调节到最佳程度。因此,菜鸟要实现未来5年的目标,即取得更为长期的内需、全球化、大数据与云计算3大战略的成功,还需使其智力资本,即关系、人力和结构3种核心要素之间达成动态协同,此过程必将挑战重重。

(二)京东物流

京东物流在物流数字化和自动化方面一直引领全国物流行业的发展,率先建立了中国首个5G(5th generation mobile communication technology)智能物流示范园区。该园区依托5G网络通信技术,应用AI、IOT、自动驾驶等多项智能物流技术和产品,搭建5G技术在智慧物流方面的典型应用场景,将5G网络覆盖物流运输、仓储、运输、配送等各个环节,做到实时监控和流程优化，实现智能决策一体化。2019年5月，京东物流在厦门进行了全国首例城市级智能物流场景应用的测试，场景测试由5G网络全面覆盖，实现了系统管理平台的车路协同。同年11月，在全球智能物流峰会上，京东物流首次发布了5G智能开放平台——络谜（LoMir，5G logistics mirror platform）。该平台形成了以5G+物联网+人工智能为底层核心的5G智能物流应用开放体系。2020年，京东物流进行5G与AI、智能机器人和5G技术+V2X（vehicle to X）的智能交通融合，使京东物流在5G智能物流建设方面进入一个新的阶段。2021年，京东物流在长沙和北京智慧物流园进行了5G应用试点，包括5G AGV的大量应用。

京东物流致力于科技创新和自主研发，特别是在5G技术和绿色物流方面的应用。随着5G商用的推广，京东物流利用5G推动物流体系智能化，满足日益增长的绿色快递需求。通过5G技术，京东物流实现了物流流程的可视化节约、智能包装循环和自动化废物处理，有效解决了需求挖掘、方案集成和成本核算等关键问题。这些创新不仅提高了服务效率，也为物流行业的绿色发展提供了新方案。京东物流于2021年正式在香港证券交易所上市，其公布的2021年年度业绩报告数据显示，2021年研发开支28亿元，占总收入的2.7%，同比增加36.9%，。京东物流在仓储环节持续提升自动化水平，在运输和配送环节依托5G通信技术、物联网、大数据等智慧物流技术实现资源高效匹配和精细化运营，显著降低了京东物流的综合运输成本。

第二节　智慧门店

智慧门店是目前移动互联网最新的O2O创新模式，通过融合人工智能、物联网、大数据、5G等先进技术，旨在重新构建门店中的顾客体验、商品管理和销售环境，助力品牌和门店建立起和用户的深度链接的软硬件一体化解决方案，帮助零售商门店数字化、智能化转型。

智慧门店希望解决消费者在店时的用户体验和离店后的连接和服务，整个智慧门店重新解构和定义了门店的4个元素：会员管理、顾客体验、智能化商品推荐以及运营效率。

服装实体消费对于消费者来说的最大益处，是能对产品本身质量以及合体度有更好的把控，使最终的消费行为能最大程度符合预期。同时在服装商品的展示与陈列方面，实体门店是品牌时尚与文化强有力的表现渠道。

为紧跟数字化变革步伐，智能转型成为实体商业探索经济增长新拐点的主要举措。互联网、人工智能、增强现实/虚拟现实等尖端技术，正在被积极地应用于实体零售店铺的日常运营中。例如，通过互联网技术，零售商能够实现线上商城与线下实体店的无缝整合，提供一站式的购物体验，以帮助提高整体服务水平、满足顾客的高体验消费，形成智慧门店。但是利用互联网等技术对实体店铺进行的升级，并不适合所有产品的销售。因为在线下服装选购时会涉及视、听、触、嗅等多个感官层面，所以服装被认为是能通过搭建智慧门店来升级消费品质的最合适对象之一。

服装对个人的高适配度是驱使消费者完成购买的关键性要素，相比于电商而言，服装线下门店在这方面能提供更完善与更真实的商品匹配机制。

一、智慧门店管理系统

智慧门店管理系统可供各类拥有线下门店的实体企业使用，不同业务类型的企业可从此系统中选择不同的模块来实现企业的需求。以涵盖功能较广的销售型的企业为例，将线上商城与线下实体店相结合，搭建专属于企业的门店管理系统、会员管理系统、进销存管理系统、收银系统一体化等功能。门店管理系统可用于帮助企业系统化进行门店加盟管理，包括但不限于以下几个关键环节：招募与甄选加盟商、合同签订与管理、培训与支持、信息共享与沟通等。此外，门店管理系统还负责日常运营和销售管理，确保门店运营的高效和顺畅。

（一）开发智慧门店系统的优势

整合线上、线下渠道的会员信息，通过线上、线下一体化，让会员在使用过程中更有品牌归属感，赚取品牌的私域流量；传统门店一般配备收银系统，但收银系统往往缺乏完整的会员体系，即能够追踪会员信息、购买历史、偏好设置以及提供个性化服务和营销活动的能力。

在目前互联网化的经营模式下，会员体系线上、线下打通尤为重要；收集用户的购买习惯，可通过线上渠道进行优惠券等营销行为，同时反向促进用户的线下消费；通过线上商城的结合，使用户能享受更加方便快捷的一站式购物，提高客户的消费体验；门店线上化，多空间、多场景、多地域为客户提供多样化服务，线上、线下差异化营销，开拓新的客户渠道；通过统一的门店管理系统，可将各门店的进销存体系规范化管理，提升门店的经营效率；根据企业经营趋势，可分为单店、连锁店、加盟店等各类经营模式。其中，"单店版"系统为单个门店提供了一套完整的管理工具，包括库存控制、销售分析、顾客关系管理以及财务管理等，旨在优化单一门店的运营效率和顾客服务体验。

对于有加盟需求的企业，可通过互联网实现全国各地不受地域时间限制的加盟，通过系统线上加盟，发挥渠道聚合效力；将门店信息、会员信息、营销数据等生成可视化报表，更便于企业对门店情况进行整体分析，为企业经营决策提供数据依据。

（二）零售目前的痛点问题

1. 竞争加剧导致毛利率下滑

在数字化时代，电子商务的崛起使消费者可以轻松在线购物，并能够比较价格和产品特性。这使得传统零售业面临着极大的竞争压力，导致其盈利能力减弱。为了应对这一痛点，传统零售企业需要采取措施减少成本开支并提升运营效率。例如，通过优化供应链管理，寻找高效、节约能源的方案以及改善库存管理等方式来实现成本优势。

2. 线上线下渠道整合不到位

随着电子商务的快速发展，零售企业需要将线上、线下渠道紧密结合起来，以提供一致的购物体验。然而，许多传统零售商在数字化转型过程中未能充分整合线上和线下渠道，导致消费者无法无缝切换购物方式。为了应对这一痛点，零售企业需要建立起强大的电子商务平台，并与实体店铺相互补充，通过跨渠道整合提供更便捷的购物体验。

3. 数据分析与客户洞察不足

在数字化时代，数据是宝贵的资源。然而，许多传统零售商尚未充分利用数据分析技术来了解消费者需求和行为模式。他们缺乏对客户的深入了解，无法精准地制定营销策略和优化产品选择。因此，建议零售企业应积极采集、整理和分析消费者数据，并借助人工智能等技术手段进行客户洞察。这样可以更好地满足消费者的需求并提升市场竞争力。

4. 实现个性化营销的难题

个性化营销已成为吸引和保持客户的重要手段，然而在数字化时代，传统零售企业面临着实现个性化营销的难题。与互联网公司相比，传统零售商往往缺乏大数据和技术支持。为了克服这一痛点，建议零售企业应注重构建自己的客户数据库，并利用先进的技术工具来分析消费者偏好以提供个性化服务。

5. 物流与仓储效率有待提升

在数字化时代，物流速度成为消费者选择产品的关键因素之一。然而，许多传统零售商在物流和仓储方面存在效率不高的问题。为了解决这一痛点，零售企业应加强与物流合作伙伴之间的合作，并采用先进的物流管理系统。此外，优化仓储布局、改善库存管理并提供灵活的配送服务也是提升物流效率的关键。

6. 安全与隐私问题成为顾虑

随着消费者在线购物行为增加，安全和隐私问题逐渐成为他们关注的焦点。由于网络黑客和数据泄露事件频发，消费者对于个人信息的保护越来越重视。为了解决这一痛点，零售企业应加强网络安全措施，保障消费者个人信息的安全，并且清晰明示数据收集和使用政策以增加消费者的信任。

二、智慧门店功能区

1. 互动引流

Siregar和Kent曾对比研究顾客在时装店的行动偏向，发现相比于处在单一性物理空间，顾客更倾向于接受空间中存在电子互动介质。店内的数字互动元素使顾客能够在虚拟和现实世界的承接转换中获取服装信息，期间不断产生的惊喜元素能调动顾客消费积极性，大幅度增加了顾客的驻足时间与消费兴趣。在人机交互的整个过程中，消费者的点击频率和浏览信息会被计算终端记录并处理，得到的潜在消费偏好数据将利于细化入店消费者画像，可采取的应用形式有智能导购屏、互动数字标牌、数字化展示墙等。

2. 智能导购

智能导购系统是指基于WEB（world wide web）平台的个性化导购系统，以客户的需求为基础，使系统以能够模拟和识别用户的情绪和感觉为目标进行人机情感交互实践，系统通过特定的后台智能算法抓住顾客个性化的思维方式、喜好特点和生理特征，并以此为依据模拟顾客身份进行商品的自动选购，推荐到前台，从而实现个性化的导购服务。

3. 智能收银

智慧收银台是华阳信通为传统零售企业提供的收银台移动互联网化服务方案。基于顾客消费行为数据的应用，智慧收银台可通过微信公众平台实现商家与顾客线下和线上的互动及流量转化。智慧收银台借助连接在终端上的数据盒子，为小票加印二维码，通过微信扫一扫推送电子账单及相关服务信息，将实体店的线下流量转化为线上流量，实现线下、线上的互动消费体验。

（1）移动支付。在顾客购物结账时，使用微信或支付宝完成付款。免去刷卡、找零等收银流程，缩短顾客排队等候时间。

（2）智慧收银台实时报表。商家可在手机端实时查询店铺营业报表，如分店经营状况、客流分析、热销商品、商品销售量、趋势分析等信息，制定有效可行的销售策略。

（3）智慧收银台流量转化。对接微信公众平台，通过商品广告、促销活动、优惠卡券及电子账单服务信息的推送，与顾客进行互动沟通，引导顾客在线消费，实现线下引流，线上转化。

（4）智慧收银台O2O大数据。识别顾客ID（identity document），建立顾客—商品的消费关联数据基础，精准掌握顾客消费数据，如购物习惯、偏好、规律，并实现线上、线下数据的互联互通。

4. 射频识别

射频识别技术是基于无线射频信号的非接触式自动识别技术，主要用于对目标对象的信息追踪和传递。在产销一体型服装智慧门店建设中，精密且高效的RFID技术将起到重要作用，例如为待售服装绑定RFID电子标签，不仅让顾客能够轻松扫描并即时获取商品信息，而且也极大地提升了门店的商品数据读取和库存管理效率。在服装展架上部署RFID接收装置，能够记录目标样衣被取出的频率，从而搜集得到顾客的消费喜好。

5. 三维虚拟试衣

虚拟试衣技术主要用于模拟服装产品的试穿效果，能够简化烦琐的穿脱试衣环节，在创新线下购物体验、满足消费者消费需求以及提升消费体验等方面拥有着巨大潜力。该技术在向消费者以三维全景方式反馈其虚拟穿着形象后，还允许消费者贴合自身特点与需求，自定义服装款式和色彩。这些特征偏好将会被数字量化、采集与比对，有助于品牌在服装个性化定制方向的发展。服装智慧产销门店经营中所必需的服装个性化定制服务必然与三维虚拟试衣相互捆绑，同时可借助数字活力的注入更好促进价值共创的达成。

6. 室内定位

在普通的服装门店管理中，商家通常依据顾客的静态消费数据来制订相应的营销计划，对于顾客在购物过程中的行为动态没有具体的洞悉和记录形式。面向智慧型服装实体经营，门店管理除加强关注顾客的消费体验感知之外，还需要获取顾客的店内运动轨迹和消费状态来辅助加强门店销售管理策略的科学性。利用室内定位技术能够实时获取顾客的位置信息和客流分布，并通过无线电波信号收集到顾客在人机交互、商品导览、虚拟试衣等多个场景的停留时间和重游率。对这些动态数据的读取和剖析能帮助商家清楚知晓顾客的兴趣，合理规划服装的陈列设计和场景服务布局。

复习与作业

1. 根据智慧物流的相关内容，简述其发展过程。

2. 根据智慧门店的相关内容，简述智慧门店功能区中各部分如何协调配合。

3. 根据智慧门店的相关内容，谈谈未来门店及物流的存在形式。

4. 根据智慧物流的相关内容，画一幅产品从出厂到客户手中的路径图。

5. 根据智慧门店的相关内容，结合自己的理解画一幅智慧门店简图，配以相应文字介绍。

6. 利用课余时间查找 3 个目前较完备的智慧门店，总结它们的相同点，分析不同点，并给出利弊分析。

参考文献

［1］汪传雷，杨东祥，张春梦，等. 高质量发展背景下智慧物流研究可视化分析［J］. 重庆工商大学学报（社会科学版），2023，40（1）：71-87.

［2］况漠，况达. 中国智慧物流产业发展创新路径分析［J］. 甘肃社会科学，2019（6）：151-158.

［3］国家市场监督管理总局. 国家标准化管理委员会. 物流术语：GB/T 18354—2021［S］. 北京：中国标准出版社，2021.

［4］王帅，林坦. 智慧物流发展的动因、架构和建议［J］. 中国流通经济，2019，33（1）：35-42.

［5］葛虎，郑琰. 5G 网络在物流行业中的应用研究［J］. 物流工程与管理，2020，42（1）：73-74，91.

［6］姚善文. 快递业 ESG 信息披露质量评价——以京东物流为例［J］. 中国储运，2024（4）：139-140.

［7］陈宇欣. 5G 助力智能物流发展现状及未来探索［J］. 中国市场，2021（8）：149-150，188.

［8］任芳. 5G 全方位推动物流业智慧化发展［J］. 物流技术与应用，2019，24（7）：66-69.

［9］徐井龙，陈瑶，胡守忠. 全渠道服装实体店功能对购买决策的影响［J］. 北京服装学院学报（自然科学版），2019，39（2）：74-82.

［10］HWANGBO H，KIM Y S，CHA K. Use of the smart store for persuasive marketing and immersive customer experiences：A case study of korean apparel enterprise［J］. Mobile information systems，2017，2017（1）：1-17.

［11］张技术，徐亚萍，孙玉钗. 基于 RFID 技术的服装生产信息智能采集与实践［J］. 针织工业，2020（8）：63-66.

第七章　三衣两裤

课题名称：三衣两裤

课题内容：1. 西服
2. 衬衫
3. T恤
4. 牛仔裤
5. 西裤

课题时间：12课时

教学目的：了解三衣两裤的概念，并能从中感知未来智能化生产的趋势；掌握生产中各步骤的智能化解决办法；了解当前市场使用的机器设备。

教学要求：1. 了解三衣两裤的基本概念。
2. 掌握三衣两裤传统与智能化两种生产模式的核心区别。
3. 熟悉智能化生产中的相关设备。

　　三衣两裤主要是对西服、衬衫、T恤、牛仔裤、西裤这5类常见服装的统称，是一个新的名词概念。本章以三衣两裤为中心，将传统的生产以智能化模式进行改造，对效率、经济性提出了新的要求。其中上衣方面以西服为例进行详细描述，对衬衫和T恤进行辅助略写；裤装方面对牛仔裤进行详尽阐述，对西裤进行简要介绍。

第一节　西服

　　进入21世纪之后，随着改革开放和经济的发展，一批从业者开始了对西服生产行业的探索，西服逐渐进入大众的视野。随着科学技术的不断进步，纺织器械也在不断更新换代，中国西服生产水平逐渐达到世界领先，西服生产质量得到进一步的保障。我国质量技术监督部门对于西服制造行业的监督管理力度加强，使得国内西服生产质量并不亚于国外西服生产质量甚至优于国外。

　　我国西服制造行业正处于技术转型升级的关键时期，企业正面临着劳动力价格上涨、服装成本上升等困难。对于企业来说，这既是挑战又是机遇，如何利用先进的设备技术和生产管理模式提高服装企业的市场竞争力成为企业成功转型的关键。

一、传统西服制造流程

（一）西服生产制造流程

1. 生产准备

　　西服在生产制造的过程中需要做好相关的生产准备工作。首先，设计师需要根据生产需求将西服款式进行设计，在制造之前确认具体的西服板型、面料、里料、辅料，常用的西服面料有棉、羊毛、蚕丝等，通常根据季节和设计师的设计风格来决定。在西服设计完成后，将设计图发给客户进行确认，根据客户需求进行修改，在协商完成后，西服制造企业根据生产需要进行打板试样。根据设计图以及尺寸表，打板师做出西服的制板，制定出工艺文件，之后进行裁剪，缝制成样衣。最后对样衣进行成衣检测，检验合格后就可以开始准备大规模生产制造。

2. 西服缝制

　　西服制作工艺复杂，不同人群、不同场合穿着西服的工艺款式也大不相同。以单排扣男西服为例，可将西服分为前片、后片、领子、袖子4个主要部分进行缝制。西服款式图及缝制工序如图7-1、图7-2所示。

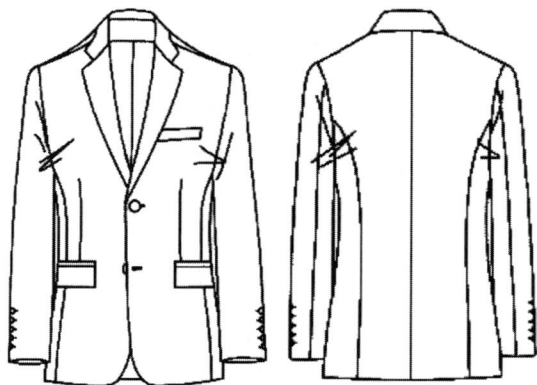

图7-1　单排扣男西服款式图

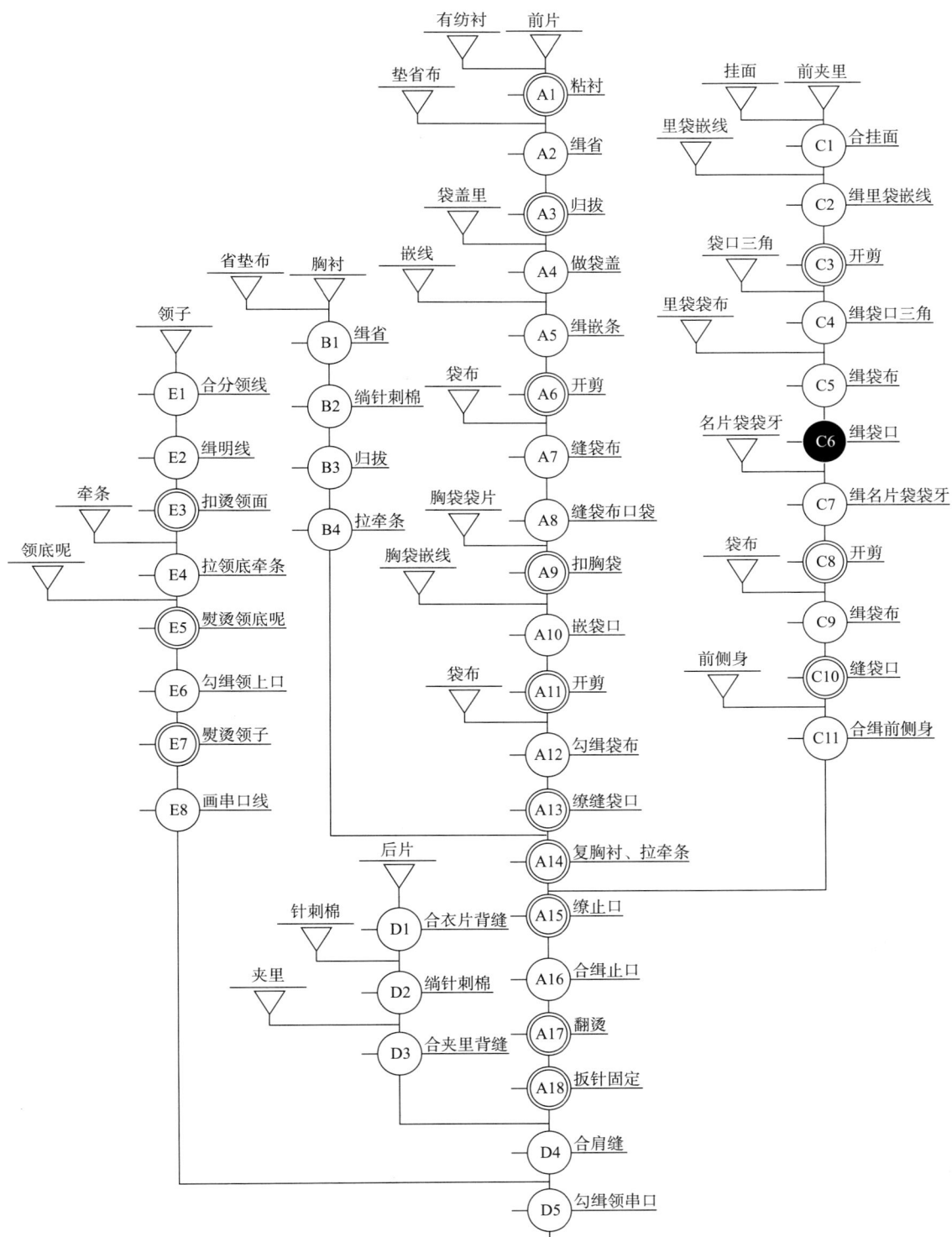

图7-2

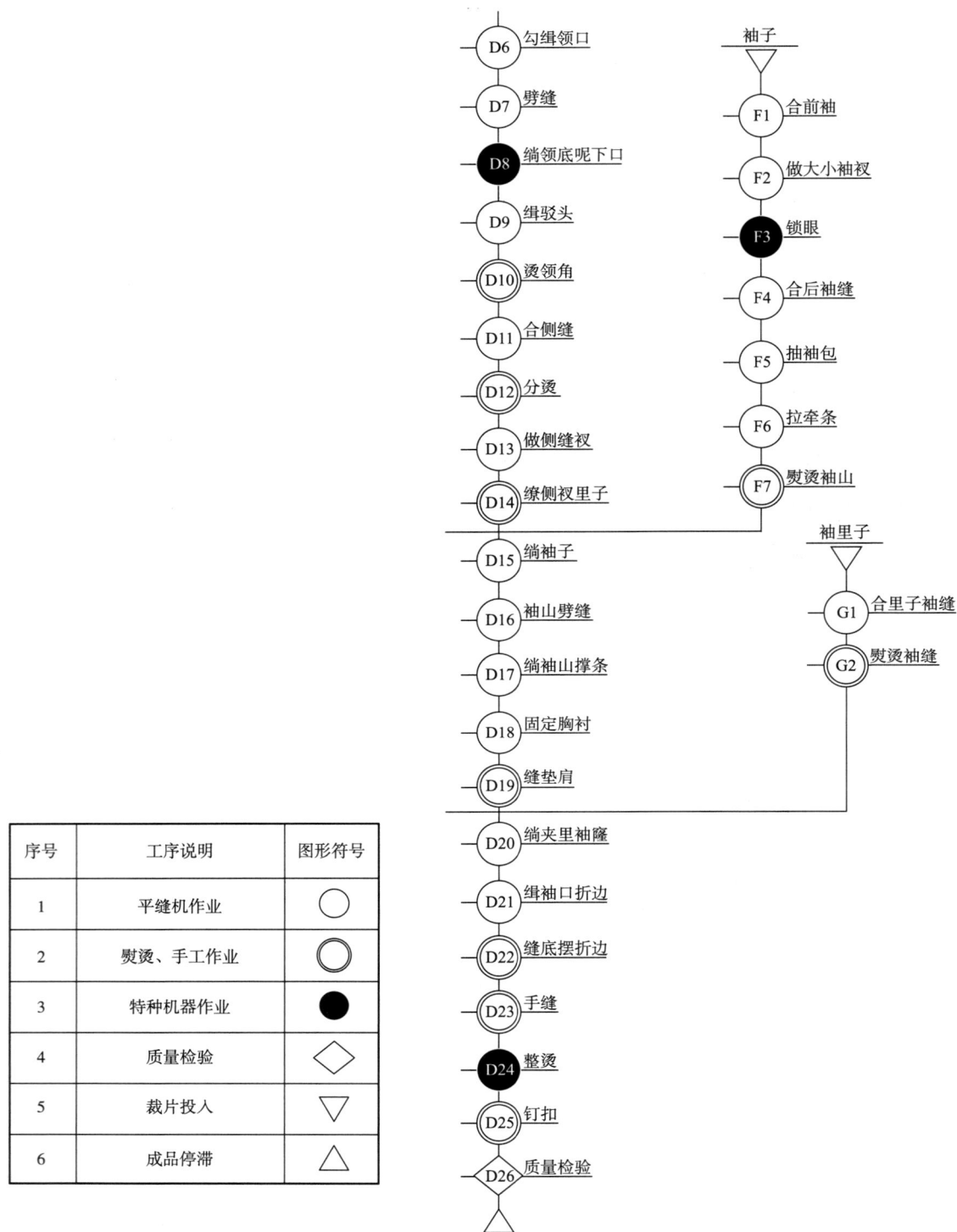

图7-2　单排扣男西服缝制工序流程图

3. 西服的后整理

对制作完成的西服进行热定型处理，通过熨斗将西服衣领、袖口等折缝处进行熨烫。热定型处理可以使西服保持自然的折缝状态，以达到美观大方的效果。它还可以缩短缝纫衣服的时间，并且可以提高衣服的穿着舒适性和耐穿性，防止衣服变形，使西服保持原有的款式，延长衣服的使用寿命，使西服更加平整，更具光泽。之后将西服进行贴标处理，将客户要求的品牌标志以及生产成分、产地等信息贴在西服上。

西服缝纫及熨烫工艺结束后，为保证西服的形态稳定性和美观性还需要对西服进行水洗，主要有洗涤工序、漂洗工序和挂晾工序。

4. 成品检测

在清洗整烫工作完成后对西服的品质进行检测，检查西服是否存在污渍、破损等异常情况，确保西服的完整性。之后对西服面料进行检查，检查面料是否有良好的弹性和光泽，是否存在明显的毛球、折痕等，并且要确保缝纫线线头不黏滞、缝线无断裂和漏针、缝纫线条整齐，无明显的拉线、缺口等情况。西服的色彩鲜艳度是否满足需求也是一个很重要的质量标准，检查色彩的鲜艳度，确保色彩均匀性和准确性，要求面料颜色无明显的色差。此外，西服整体尺寸是否符合标准也是检测的关键之一，确保服装的尺寸与客户需求一致，要求西服无明显尺寸偏差。在一系列指标都达成的情况下，质检工作才算彻底完成。

5. 生产出库

生产出来的西服在质检通过之后，需进行整理、装箱，并用特殊的材料进行包装，根据客户需求装箱发货，按照订单要求分配到不同的地区和企业进行售卖。

（二）传统西服生产弊端

西服作为一种传统的正装，在生产中存在许多的问题：工时定额不准确、员工专业性不足、生产计划缺乏科学性、工序烦琐、生产成本高等。

1. 工时定额不准确

许多西服制造企业在生产管理中都存在着定额不准确的问题，即企业无法准确合理安排生产计划。在生产管理过程中，西服生产企业都会根据需求计划工时，但往往计划工时会与实际工时大相径庭。工时定额的不准确，会直接导致生产过程中出现大量的半成品或者过量生产，无法达到均衡的西服生产。

2. 员工专业性不足

在技术部门中，由于员工工作效率差，没有良好的工作态度，未能履行自己的职责，进而导致在指导技术过程中出现工作失误，会影响到产品生产质量和交货工期；在业务部门中，业务员的执行力不够，无法准确地完成制板打样到成衣生产的流程控制，如果业务员无法把内部生产优势和准确信息传达给外部客户，将会影响公司信誉，甚至影响公司经济效益。

3. 生产计划不合理

在制订生产计划的过程中，相关部门只是将简单的车间设备运行数据进行统计，就进行服装生产分配，缺乏科学性，这样不仅会延误生产任务，还无法保证生产质量和效率。

4. 生产成本较高

目前，西服的制造仍需要一系列手工操作，这些工艺操作是高度劳动密集型的。事实上，缝纫和组装阶段占该行业所有劳动力成本的4/5。因此，劳动力成本变化是全球服装生产结构变化的最重要因素之一。例如西服的传统工艺技术如裁剪、缝纫、烫衬、手工细节等处理都要求有极高的精度才能保证生产质量，并且在保证质量的基础上还需要耗费大量的时间和精力。传统西服生产速度慢，生产周期长，不能满足市场瞬息万变的需求。传统西服在款式板型的设计上比较单一固定，没有太多的变化空间，缺乏新意，难以满足消费者对于时尚和个性的追求。

二、西服智能化缝制单元发展现状

（一）西服智能化缝制单元生产特点

西服智能化缝制单元产品多样，可用于西服的个性化定制加工，是缝纫设备技术的有机集成。自动流水线以一台或几台缝制单机为母体，运用IT技术、智能控制、CAD等技术，融合喂料、输送、裁剪、熨烫等辅助功能装置，通过计算机互联网控制，形成自动化程度高、生产周期短的西服智能加工。

1. 产品多样化

新型、高效率、智能化的西服缝制设备层出不穷，如自动门襟锁眼缝纫机、袖口暗缝自动缝纫机、双头包缝工作站、口袋缝制单元、全自动模板机等自动化缝制单元，体现了西服缝纫自动化的发展方向。由于新产品理念的提出和新技术的促进，缝制单元设计在产品结构、造型及功能等方面日益创新。随着自动化和智能化控制技术的发展，依据西服制作工序，编排和使用西服自动化缝制单元、自动模板缝纫机可充分发挥自动化设备优势，按照设定的轨迹快速准确地完成西服缝制工作。

2. 个性化定制加工

不同层次和区域的消费群体对应不同品位、质量要求的西服。西服产业以定制为主，批量加工企业也占有一定比重。随着西服市场消费群体的不断扩大与西服产品的大众化，突破批量大货的生产瓶颈，降低技术实现难度，智能化、自动化单裁定制缝制是西服产品加工的必然趋势。在追求个性化需求的西服产品理念中，自动化缝制单元与IT技术的结合能有效简化生产制作流程，将若干个独立的工序高效集成，缩短西服加工周期、降低劳动强度，并开创单裁定制的智能化一站式加工模式，实现西服产品的智能排产与快速换款。

3. 智能技术运用

通过CAD智能系统进行西服样板的制作，实现西服制板的立体化、可视化。在使用过程中，操作员通过输入腰围、胸围、衣长、肩宽、袖长、领围等数据，选择消费者所需要的西服款式，即可自动生产所需要的西服板型，并且可以根据需求和个性设计对样板进行修改。相对于传统制板，CAD智能制板只需要在基础款式的基础上对细节进行调整，而不需要重新人工制板，为西服制板带来更多的便捷。在制板过程完成后，可以运用CAM系统对西服进行智能裁剪，这种智能化技术可以自动进行铺料和裁剪工作，按照缝制的数据将西服挂到不同的吊挂上，自动运送到相应的缝制单元。在西服裁剪缝制的过程中，拾取布料、铺料以及裁剪、吊挂几乎占据总生产加工时间的70%。以智能化缝制和裁剪设备代替传统生产作业，大大缩短了生产时间。

4. 高效率生产

西服智能化生产通过计算机设定程序，代替传统的人工生产制造，使西服生产过程中的重复性劳动成本大大减少。部分企业在西服生产中运用计算机构建了一种反向传播神经网络，可将面料瑕疵识别准确率提升至98%，较人工检验效率提高40%，通过搜集和对比各项数据，能够提前预判制造中所使用的材料是否符合服装生产标准，避免了资金的浪费，实现了原材料的科学化配比并提升了原材料质量。企业也可采用模拟仿真技术，消费者可以在电子屏幕上根据需求进行西服的款式选择，并且可以提出个性化的意见。计算机可以通过模拟计算为消费者提供西服穿着效果，提升消费者的购物体验与便利性。企业可以通过大数据采集不同时间、不同应用场合、不同消费习惯的人群数据并进行数据深度分析，预测消费者对于西服的需求，以及消费者能够承受的消费价格区间等，为西服款式造型、面料选择、工艺流程提供了设计思路和参考，缩短计划周期，保证生产质量，提高生产效率。

（二）西服自动缝制设备的应用

传统的西服缝制单元需要大量人工进行操作，而智能化缝制单元可以通过智能化设备缝制来提高生产效率、减少人工需求，并且西服智能化缝制单元可以根据缝制需求调整裁剪尺寸并进行缝制工作，高速、高效、高品质完成裁剪和缝制作业，减少生产时间和周期，以德国士多宝为例，以下为德国士多宝智能化设备的性能特点。

德国士多宝218D-TP双线—底领—暗缝机（图7-3）是一种先进的设备，具有双线—底领—暗缝技术，可以满足多种需求；采用高精度的计算机控制技术，可以确保缝制质量的一致性和精确性；还具有自动调整缝纫参数（如针距、线迹密度），以及自动检测缝纫质量，以防止缝纫缺陷。该机器还具有可靠的安全保护功能，可以保护操作者不受意外伤害。

图7-3　德国士多宝218D-TP双线—底领—暗缝机
（图片来源：东莞市红河石贸易有限公司官网）

德国士多宝VEB100-6单线牵条暗缝机（图7-4）以同步缝纫方式高速缝纫各种厚度的布料。它采用了一台电动变压器，可以调节电动缝纫机的转速，满足不同厚度布料的缝纫，可以轻松完成机织物的暗缝缝纫，缝纫效果细腻，性能稳定，满足客户对不同面料缝制的需求。

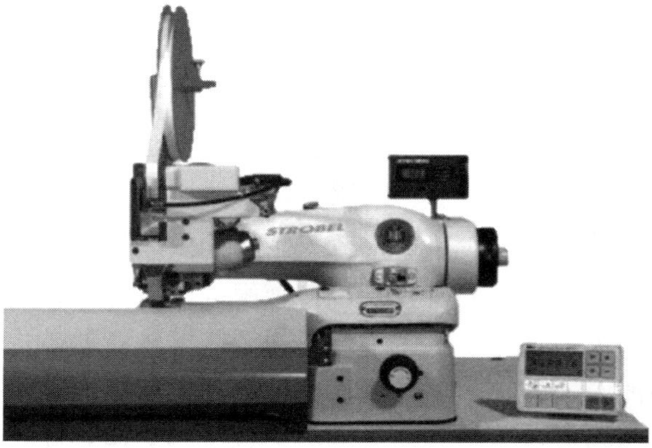

图7-4　德国士多宝VEB100-6单线牵条暗缝机
（图片来源：东莞市红河石贸易有限公司官网）

德国士多宝235-40D-TP双线袖里暗缝机（图7-5）是一款用于袖里暗缝的机器，主要用于整幅面料、牛仔面料、薄棉布等轻薄面料的袖里暗缝，双针头可实现无缝暗缝，可调式摆梭机构可适应不同厚度及材质的面料，自调式摆滑机构可实现不同袖里类型的暗缝，宽针架可识别缝纫材质，设备可设置多种参数，使暗缝更省时、更精细。

图7-5　德国士多宝235-40D-TP双线袖里暗缝机
（图片来源：东莞市红河石贸易有限公司官网）

（三）辅助程控驱动器与西服生产

辅助程控驱动器是一种特殊的控制程序，可以精细管理各种外围设备，如打印机、外围存储器、音频设备和视频设备等；可以实现控制系统与缝制设备的交互，确保设备的正常工作。因此，在西服制造中应用辅助程控驱动器，可将缝纫设备与自动控制系统结合，实现西服的智能化生产。

1. MES系统与智能化缝制设备的结合

MES系统通过对企业的生产管理进行数据化和规范化管理，从而提高企业的生产效率和经营管理水平。在西服制造业中，可以通过MES系统帮助企业实现西服流水线式智能化生产，根据西服生产需要，对生产线进行自动编排和组织，调整不同的生产线以及对应的智能化缝制设备，实现高效、智能化的运输。根据需求，MES系统控制服装吊挂架，将各种自动缝制设备连接起来，根据西服不同的面料、色彩、工艺，设置不同的服装吊挂生产线，系统自动准确地将各种西服面料裁片配送到相应的智能化缝制设备处进行作业，实现西服的柔性生产制造。通过物料的自动分配、缝纫设备的自动化生产，可以达到小批量以及满足消费者个性需求的柔性生产。

MES控制系统还可以控制西服的进货、裁剪、生产制造、质量检测、包装出库等生产流水线一体化实施，保障了生产流水线的高质量运转，减少劳动力成本，这种动态化、模块化的生产模式为西服的智能化生产提供了良好的参考价值。

如图7-6所示，在西服生产制造过程中，MES系统可以帮助企业实现以下功能。

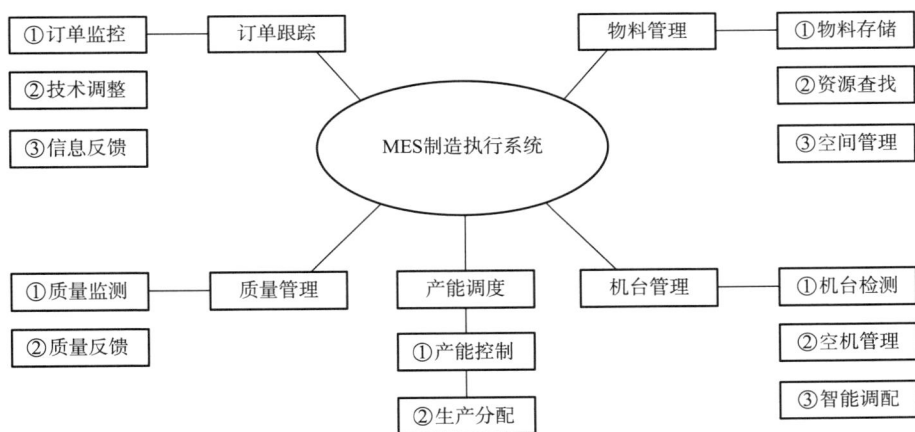

图7-6　MES系统与智能化缝制设备的结合

（1）实现订单跟踪。MES系统可以实现对订单的实时跟踪，及时发现订单的问题，将订单情况及时与技术人员反映并进行调整，进而减少订单的投诉率，让客户更加满意。

（2）实现物料管理。MES系统可以实现对物料的实时监控，更好地控制物料的使用，减少物料的浪费，提高企业的利润率。

（3）实现机台管理。MES系统可以实时监控机台的状态，更好地管理机台，实现机台的有效利用，减少机台的闲置时间，提高企业整体的生产效率。

（4）实现产能调度。MES系统可以实时监控产能，合理分配生产资料，提高企业的生产效率。

（5）实现质量管理。MES系统可以实现对产品质量的实时监控，保障产品的质量，对每一批生产的西服进行及时的质量反馈。

2. CAM智能裁剪系统与CAD打板系统的应用

CAM是一种计算机辅助的自动化制造系统，利用计算机对服装生产的加工工艺进行模拟和控制实现自动化加工，能够自动控制时间、成本和质量，极大地提高了生产效率。这种技术应用在西服的生产中，可以做到自动将面料拾起，并按照设定好的程序将面料放置于不同的智能化缝制设备中，进行相应的裁剪和缝制。不仅如此，CAM系统还可以与其他系统结合，进行数据之间的传输和分析。传统的西服生产裁剪过程需要人工将所需服装纸样绘制出来，而这一过程会消耗很多的时间，并且纸样的质量也会由于样板师的制板水平而上下波动。与传统的西服人工制板不同，采用CAD系统，即计算机制图对服装设计进行辅助设计，设计师可以根据需要精确、高效地完成制板过程，这不仅提高了设计效率，还改变了设计师的工作方式，从而使服装设计更具创意。该系统可以帮助设计师快速制图，计算出服装的尺寸、规格、形状等，而在色彩设计方面，该系统可以快速绘制出服装所需要的色彩组合，使服装更加精致美观。

因此，CAD技术与CAM系统的结合应用，可以大大提高西服设计的效率和质量，此外，制作完成的纸样数据可以通过计算机系统与CAM系统共享，而CAM系统则可以迅速地将数据进行处理、分工，按照生产需求快速对面料进行切割、缝制和裁剪，精确控制每个加工过程，以实现高精度加工，并且该系统具备在加工前检测潜在错误的能力，从而显著降低了加工过程中的空转时间。在西服生产的过程中，纸样设计和打板、选择布料、铺设布料、裁剪布料以及缝制等环节步骤烦琐且耗时长，而通过CAD技术与CAM系统的协同作业，在极大程度上压缩了西服的生产成本。

（四）智能化缝制在西服企业中的实际应用

目前，我国服装生产行业正处于转型的关键阶段，部分服装龙头企业已经开始了智能化缝制技术的应用。该技术的引进帮助企业提升了服装生产的效率，为企业提升经济效益，满足了消费者需求，快速适应市场环境变化，为我国西服企业转型提供了新途径。

1. 九牧王

九牧王股份有限公司位于福建省泉州市九牧王工业园区，是以男裤为主导的多方向发展的服装企业，主要经营的方向为高档西服、男裤、休闲夹克、衬衫T恤、高档商务休闲男装等。随着信息技术和经济水平的迅速发展，人们对于个性化西服的需求越来越强烈，多品种、小批量生产成为如今服装市场的新趋势。服装设计周期是衡量服装竞争力的重要依据之一。作为国内服装生产企业的龙头之一，九牧王目前新款式的研发速度已经由以前的4个月左右缩短至4~6周，充分满足了消费者对于服装多样化、个性化的需求。作为大型的服装企业，九牧王拥有各种制衣设备1600余台，员工2000多名，如何充分利用这些设备和人员，灵活编排生产任务成为促进公司发展的重要因素，图7-7为九牧王车间场景。

图7-7　九牧王员工在车间工作

目前，九牧王在自动化、信息化、智能化的制造中实现自动缝制单元与西裤传统工艺的结合，引进自动上拉链、自动贴袋、自动开袋、压门襟、自动贴品质标志等自动缝制单元设备，形成模块化+智能化的全自动吊挂组装作业模式，改变了传统的西裤生产方式，创新研发了西裤自动化模块生产新工艺。

2．雅戈尔

雅戈尔公司在智能制造的转型过程中采取了一系列措施，将大量的资金投入研发创新上，如工业4.0、物联网、智能家居、大数据分析等领域，增强了其产线的智能化水平，提高了制造效率和质量。

自2017年起，雅戈尔斥资数亿元精心打造智能西服制造车间，推动智能工厂的开发与建设，促进企业生产转型以应对多样化的市场。从2017年至今，雅戈尔智能西服制造工厂已经完成了初步改造升级，建成全世界第一条西服全吊挂流水线，是全国首家推出套装智能化生产的品牌。该工厂引进MES制造执行系统、智能裁剪系统、单工位智能模块等一系列的智能化机器和一体化设备，使生产效率提升20%~30%，大大缩减了定制周期，单件定制时间缩短至两天。

雅戈尔公司在多年的生产经营中总结出了服装生产中的各种难题，服装作为劳动密集型行业，生产成本高，生产流水线工序复杂、流程众多，传统的生产管理方法效率低，也很难保证准确性。基于以上问题，雅戈尔公司与网络公司合作，建立5G人工智能服装生产制造平台，该平台将裁床、缝纫、吊挂设备数据录入MES系统，并将数据联网实时上传至云网络，保障了生产数据的实时更新交换，实现了全生产过程的数据化、透明化。生产数据在终端处理后，可在手机、计算机等平台实现交互式操作，利于管理人员操控。平台利用5G终端将各种缝制设备和水电机械设备数据进行快速传递，这种"5G+云联网"的应用，大大缩短了车间的生产周期，普通的大货生产周期从原来的45天缩短至现在的32天，量体定制周期也从15天缩短至5天，在特殊情况下甚至能缩短至3天。

在生产设备方面，为突出绿色生产的理念，雅戈尔利用光伏发电技术，实现了自动化仓储、输送、分拣，居于全球领先地位。该工厂配有先进的多层穿梭车系统，其中包括5.5万个货位以及各种穿梭车、运输车，空间利用率可以达到普通横梁式货架的两倍。在生产管理方面，雅戈尔公司建立了一个智能制造平台，该平台支持智能设备的连接、管理、控制以及智能设备的自动化管理。通过5G云网络与智能化生产的结合，雅戈尔实现了工厂生产、储存、运输、销售全流程的可视化。

目前，雅戈尔智能工厂已经实现了缝制车间的全自动化，并使用自动西裤缝纫机器，提高了生产效率，减少对劳动力的依赖。智能化工厂的投产也意味着雅戈尔将标准化、数字化、自动化、信息化、智能化即"五化合一"的建设理念融入主业，开启了服装智能制造模式，向世界一流智能服装生产企业迈进。

三、西服工厂智能化生产线构建

服装生产存在着工时定额不确定、员工专业性不足、生产计划不合理以及生产成本较高等问题。面对瞬息万变的市场和更加个性化的客户需求，传统的服装生产很难满足消费者对于新时尚的追求，因此，新技术的出现——智能化缝制单元的应用成为服装企业突破困境的关键所在。

为实现西服全流程智能一体化生产，生产过程被细分为6个关键步骤，分别为智能设计、打板、裁剪、缝制、整烫以及质检（图7-8）。为实现这6个步骤自动化、数字化、信息化的连接，进而使整个西服生产过程达到一体化和智能化水平，关键在于智能化设备和系统的应用。

（一）工厂智能化生产线环节设计

1. 设计

西服款式的设计直接决定着企业的经济效益，常受到企业的高度重视。在西服设计过程中，设计师需要考虑穿着环境、面料和色彩搭配等多方面因素。为此，建立服装智能化设计系统，利用互联网建立丰富的服装设计款式资料库，通过硬件设备和绘图软件的结合，为设计师提供丰富的服装款式借鉴，从而缩短了设计周期。

2. 打板

与人工制板相比，智能打板系统，极大缩短了制板时间，降低了布料损耗。计算机操控下的智能打板技术，能够实现对纸样的尺寸和排列方式的精确调控，能迅速识别漏板、错板等问题并进行修正。

3. 裁剪

利用智能打板系统生成的西服纸样可以直接传输给智能化裁剪设备。该设备会对接收到的数据进行计算分析，确定最优裁剪方案，并据此精确裁剪出所需裁片。

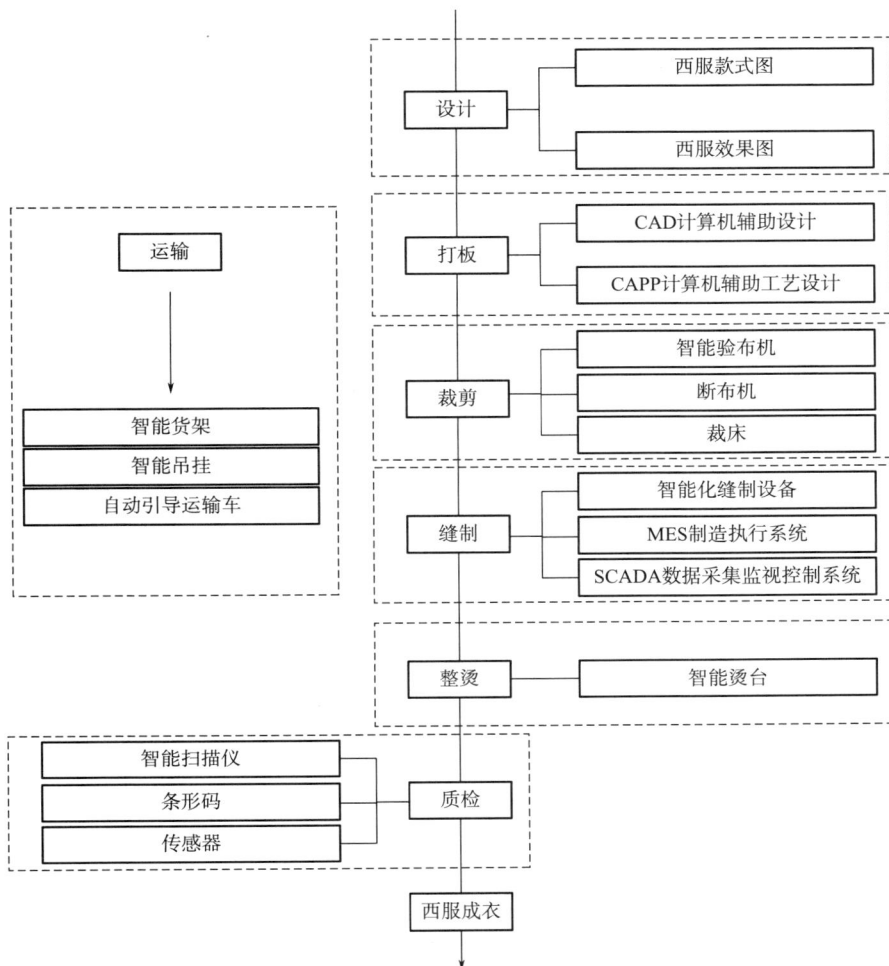

图7-8　西服智能一体化生产流程

4. 缝制

借助现代计算机技术和生产操作系统，企业可以根据生产需求，实现西服生产的智能化，完成西服定型、收口、缝合、开袋、绱袖等一系列制作工艺，实现快速、精准的西服制作生产。

5. 整烫

在西服制作过程中，为提高服装保型性，还需对服装进行熨烫。智能整烫系统，可以根据制作工序的需要和面料的种类，自动调整熨烫的方式以及熨烫的温度，并通过归拔等工艺完成对服装的定型。

6. 运输

智能运输车根据系统设定路线，能够自动完成运输和移动任务，高效传输西服的生产资料、物料和成品，为工厂提供自动化服务，不仅解放了人力，还显著降低了运输成本，提高了整体工作效率。

（二）西服智能化生产工厂架构

在经济新常态背景下，我国经济面临生产成本不断上升、社会投资收益率不断下降等问题，科技进步逐渐成为推动经济发展的关键动力。为推动工厂向智能化、自动化转型，达到高效、灵活、环保且高质量完成服装生产的目标，实现数字化工厂建设，本节汇总了生产制造、系统执行、统筹管理3个方面的指标，介绍了影响服装生产的主要因素，覆盖了西服工厂的业务、设备、系统管理、人员调动等多个维度。

将智能化生产的指标应用在西服生产过程中，其中的每个指标分别对应工厂生产过程中的每一个环节，以实现不同生产条件下的统一化标准。

1. 生产制造

西服的智能化生产设备包括裁剪设备、缝制设备、运输设备、熨烫设备和质检设备。此外，西服的智能化生产可通过大数据技术构建数字化管理体系，使各设备之间实现数据的相互传输。通过运用精准的数据算法和程序，对生产数据进行统计和分析，帮助服装企业的管理人员做出决策，部分智能化设备见表7-1。

表7-1 部分西服智能化生产设备

设备种类	设备名称	功能要求
裁剪设备	智能验布机	采用功能模块（function module），可应用于大规模的西服生产制造；利用智能检测技术对西服面料进行强度、弹性等指标测试，完成自动贴标、下料收卷，智能识别西服面料疵点并进行标记
	数控断布机	通过断布机将布料裁切成所需的尺寸大小、层数，调整送布的速度、断布的频率和刀片的宽度
	裁床	一般由控制面板、剪刀、床轨、吊杆和脚踏板组成，能够快速精确地裁剪布料，提高衣服制作的效率，节省制作成本和时间
缝制设备	智能缝纫设备	利用智能化缝制单元完成西服开袋、开省、包边、缝袖等自动缝制工艺，高效流水线式生产
熨烫设备	烫台	西服的生产工艺复杂，利用烫台及时对西服褶皱和瑕疵进行熨烫，可保持西服平整，提高服装保型性
运输设备	智能货架	智能货架是一种通过智能系统来监控和管理物品信息的贮存方式。它能够根据库存状况自动补货，确保库存永远保持在预设的水平，从而提高货品的可用性和准确性，并减少了人工存取操作的需求
	智能吊挂架	在生产过程中，西服生产工序可分为衣身、领子、衣身里布和袖子等主要部分的制作，根据工序要求灵活调整工位，对裁片进行处理、编号并置于吊挂架上，根据西服部件组合方式，选择适宜的吊挂架传送顺序
	自动导引运输车	自动导引运输车根据预先设定的路径，自动将裁片、面料、工具运送到设施内的各个点，并且能够在狭窄的空间中导航，绕过障碍物，持续作业
质检设备	扫描仪、传感器、条形码	对西服进行标号，利用传感器或扫描仪对服装面料进行检测，对生产流程进行实时监控

2. 系统执行

智能设备的应用离不开有效的系统支撑，在服装的制板、生产、运输过程中，利用不同的系统对所须设备进行调配，并对人、物料、设备的状态进行实时追踪与更新，实现服装从入库开始到生产结束的全过程自动化、智能化管理。服装智能化系统见表7-2。

表7-2　服装智能化系统

系统类型	系统名称	系统应用
服装设计打板系统	CAD、CAPP	该系统利用CAD、CAPP等技术制作服装的纸样、款式图、效果图，并对西服生产进行排料（前片、侧片、挂面、前里、后里、领等），按照工艺需求、款式、客户需求进行实时修改，建立灵活高效的大数据库，可根据需求在库存中迅速检索，找到所需款式，满足西服生产的及时性
生产信息化管理系统	MES、SCADA	MES可以对西服的设计、生产制造、物料运输等环节中的信息进行集成化、系统化管理，对生产流程进行全程监控，保证生产线各部分物料的紧密连接和高效协同。SCADA系统以计算机为基础通过互联网实现对数据的采集和监视，能够对西服缝纫设备进行监控，具备查找设备历史运行和使用记录，进行人机交互等功能
自动运输系统	自动分拣系统（digital picking system，DPS）	DPS利用机器人手臂和视觉系统识别技术，能够精确识别包裹的尺寸、质量和种类，并自动拾取包裹，放置在传送带上

3. 统筹管理

根据客户需求，西服智能生产管理需要对面料的材质、种类、颜色等自动识别，根据工艺的难易程度对工人、设备进行分配，合理安排生产内容，执行生产准备、制造、检测、数据录入等一系列管理决策，利用智能设备将生产过程进行实时监控，帮助服装工作者实现对生产量、生产能力、生产位置以及生产状况的监测，见表7-3。

表7-3　西服智能生产管理

管理类型	管理要求
资源管理	西服智能生产过程需要对物料（里料、面料、辅料）、人员、财务等进行管理，并根据资源的使用周期安排工人进行相关维护
决策管理	决策管理对西服款式、面料、价格等要素做出关键性决策，引领工厂生产方向，根据市场需求调整生产方案，规划未来发展方向
可视化管理	可视化管理利用图表、报告和可视化工具来提供准确、易于理解的信息，从而改善管理者的决策能力。可视化管理可以用来深入分析数据、实时跟踪工厂现状、规划未来发展方向、识别和把握市场及内部运营中的机遇，以及优化内部流程和提升绩效表现

四、对西服智能化应用的综合评价

（一）西服智能化生产新路径浅析

工业智能化已成为服装生产中最具挑战性的领域之一，在此背景下，服装生产的智能化转型呈现出不可逆转的发展态势，标志着组织管理和产品生命周期中整个价值流进入新阶段。通过智能化技术，将人、设备和系统连接起来，创建动态、自组织、跨组织、实时优化的价值网络，实现服装智能化生产。为此，本书根据西服智能化生产架构指标（生产制造、系统执行、统筹管理）和智能化生产流水线的设计，为工厂的智能化道路提供了参考方向。

1. 引入智能化缝制设备

在西服生产过程中，智能化缝制设备的应用将服装生产工艺的每个步骤流程化，实现了设备与设备的信息交互和协同作业，提高了西服生产流程的规范性和持续性。智能化缝制设备具有高精度和可调节的优势，减少了缝制过程中的质量问题，使西服更具美观性和标准性。不同于人工缝制，智能化缝制可以实现设备的一台多用，满足生产需求的多样化，只需根据订单需求对智能化缝制设备进行参数（线迹长度、宽度、张力、数量，工时、效率等）调节，即可实现西服生产线和生产工序的智能化转变。

2. 利用生产控制系统

通过CAD和CAPP技术，企业可完成西服的纸样设计和排料。同时，借助互联网技术和大数据实现系统之间的交互配合，利用SCM、MES等智能管理系统，实现西服生产的全流程自动化，提高生产效率。智能化生产系统通过对生产参数的精准控制，确保了生产质量，并优化了生产流程。此外，该系统能够根据生产需求实现产品生产线的快速更新，灵活应对多变的市场需求。以上措施可实现服装生产的紧密串联，完成设计、打板、裁剪、缝制、整烫、运输的一体化生产流程。

3. 实现生产统筹管理

管理者依托生产数据对物料、人员、设备等资源进行高效配置与管理，确保生产任务按照既定要求顺利完成。通过智能化系统提供的可视化数据（图表、报告等），管理者能够完成生产现状分析和未来发展趋势判断，简化原本复杂的生产流程，精准把握生产中的关键问题，做出正确的决策和指导方案。

（二）智能化技术应用的意义

为促进服装生产的智能化，加快推进服装企业的智能化转型，以西服为例，本节对西服的生产工艺流程进行深入分析，指出西服生产具有工艺复杂且劳动密集的特点。为降低人力成本，优化产品质量，本节提出通过应用智能化设备来实现西服生产，完成西服传统生产的智能化转型，推动工厂生产链的更新升级，提高工厂在国内外服装生产行业中的竞争力。

本书以《服装数字化工厂技术要求与评价通则》为参考，提出构建西服生产智能化工厂，以生产制造、系统执行、统筹管理3个方向为依据，对服装工程构架、智能化设备、生产管理、可视化管理、生产系统等多项指标提出了具体功能要求。参照评级标准，工厂可以明确自己在行业中的竞争力和所处位置。统一化的智能化工厂评判标准，降低了评价流程的重复环节，规范了评价标准，具有权威性，加快了服装工厂与相关企业的对接速度。

智能化、信息化技术的腾飞，给传统的西服生产带来了巨大的冲击和影响。智能化技术的应用将设计数字化、生产智能化、管理信息化、销售网络化整合为一体，带来了一种全新的西服制造模式。而在标准化的认证规范下，企业的智能化方向也将更加明确和规范。作为未来服装生产发展的新方向，智能化技术存在着巨大的发展空间，并具有极高的研究价值。

第二节　衬衫

随着智能化技术的蓬勃发展以及生产技术的持续进步，我国服装行业正迎来数字化、智能化转型的浪潮。在探索这一面向未来的领域时，如何通过改进企业生产设备技术、优化生产流程、构建大数据交互平台以及引入人工智能等前沿技术，实现全新的生产经营方式，成为服装定制产业进行数字化升级的重点问题。因此，本节以服装中的基础单品——衬衫作为研究对象，对服装生产流水线的升级迭代进行探究。

一、传统衬衫制造流程

衬衫的历史悠久且款式多样。从最初的束腰衣到如今的多样化款式，衬衫的生产方式见证了人类文明的发展和进步。衬衫的生产模式多种多样，这些模式需要依据服装工厂的规模、设备状况、生产水平、人员技能、产品类型等因素综合确定。衬衫的生产模式包括分流作业、单件流动生产、单点投入式生产、多点投入式生产、定时流式生产、节拍流式生产、物流车配送、流水线传输等多种模式。

（一）衬衫生产工艺与流程

衬衫的生产流程按照生产先后顺序可分为生产前序流程、生产中流程和生产后序流程3大部分。生产前序流程是原料检验的流程，包括面料初检、色差与色牢度测试、物理性能测试、原料数量与规格核对，以及配件质量的全面检验。生产中流程分为裁剪流程、缝制流程和整烫流程。裁剪流程主要是根据设计图纸和尺码表的要求，精确地将布料裁剪成各个部件，如前身片、后背片、领口、袖子等，确保各部件的尺寸准确、形状规范。随后，缝制流程将这些部件按照工艺要求，通过精细的缝制工艺连接在一起，形成衬衫的整体结构，同时该流程注重细节处理，如领口、袖口、下摆等部位的精细缝制，以确保衬衫的舒适度和美观度。整烫流程是确保衬衫外观平整、线条流畅的关键环节，使用蒸汽熨斗或其他整烫设备，对衬衫的各个部位进行精心熨烫处理，以去除褶皱并塑造衬衫的立体轮廓。生产后序流程包括质量检验流程和包装流程。质量检验流程是对成品进行全面的质量检验，包括尺寸、外观、缝制等各方面的检查，以确保出厂的衬衫质量符合生产标准和客户要求。包装流程是确保产品安全、整洁地送达消费者手中的重要环节，旨在确保衬衫在运输和储存过程中不受损害，并以最佳状态呈现给消费者。

工序单元的划分是依据企业现有的管理水平、生产产品的种类而动态调整的。所有款式的衬衫（图7-9）缝制工序基本相同，因此，以X型衬衫作为案例来设计优化。X型衬衫的款式图和缝制工序流程图如图7-10所示。

图7-9　衬衫款式图

（二）传统衬衫生产存在的问题

1. 生产线不均衡

部分公司在以传统模式生产衬衫时，生产周期过长，无法满足订单计划的需求。由于工序流程中存在不合理之处，造成流程冗余和资源浪费，使得工厂的生产能力与订单量的快速增长不匹配。这种不均衡的生产负荷导致工位间出现忙闲不均的现象，特别是缝制组的作业时间远超其他小组。

2. 工序编排缺乏数据化指导

目前，多数公司的生产车间仍沿用传统的粗放式管理模式，生产线编排主要依赖于生产管理人员的个人经验，而非科学的数据分析。由于没有制定明确的衬衫工序流程标准工时，每个工位上的缝纫工数量只能凭管理人员的经验粗略分配，这使生产线平衡成为亟待解决的难题。此外，生产数据的不精确性也导致了一系列问题，如裁片和线料的发放不准确等，不仅增加了原料、辅料库盘点时的错误率，还频繁导致裁片分发不及时，最终影响生产进度，造成不必要的延误。

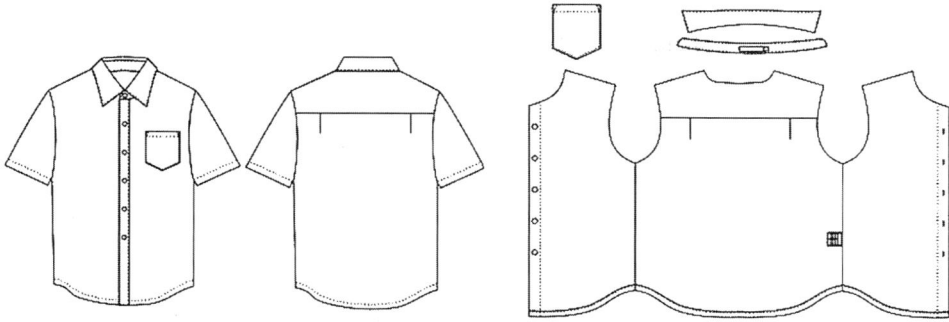

(a) 款式图

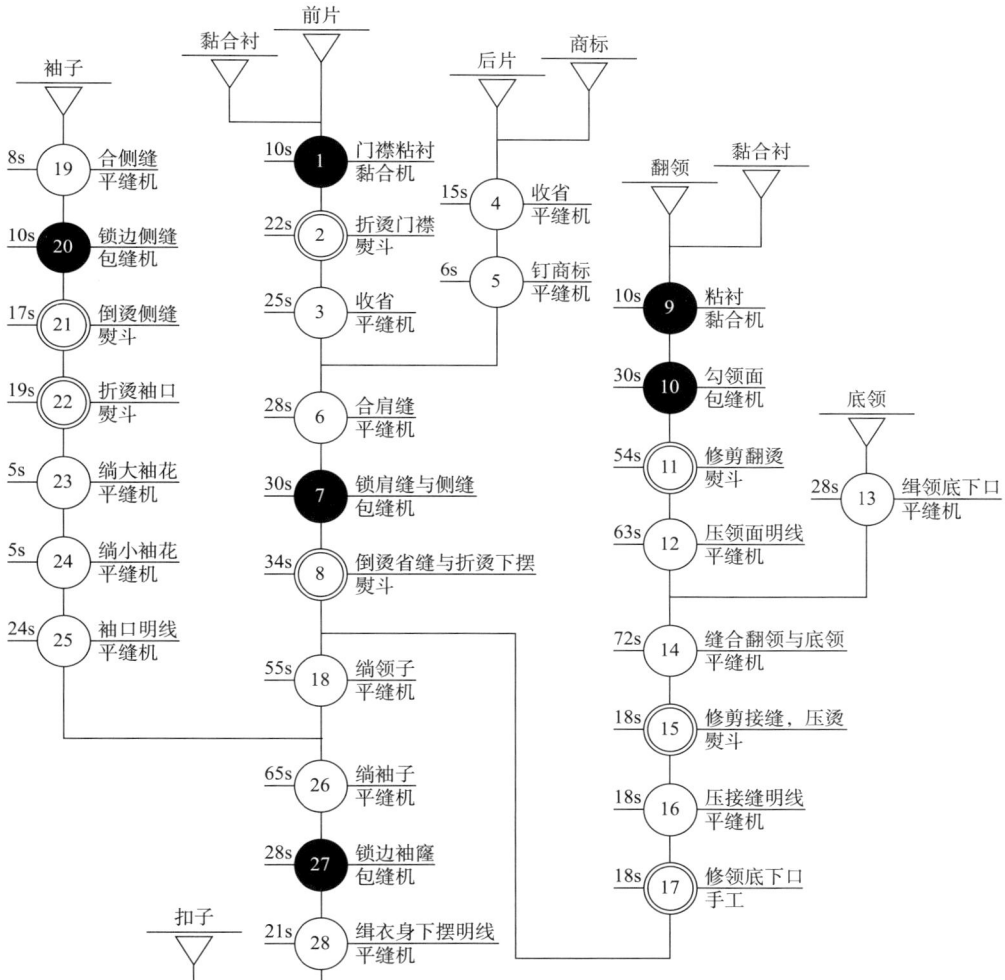

图7-10

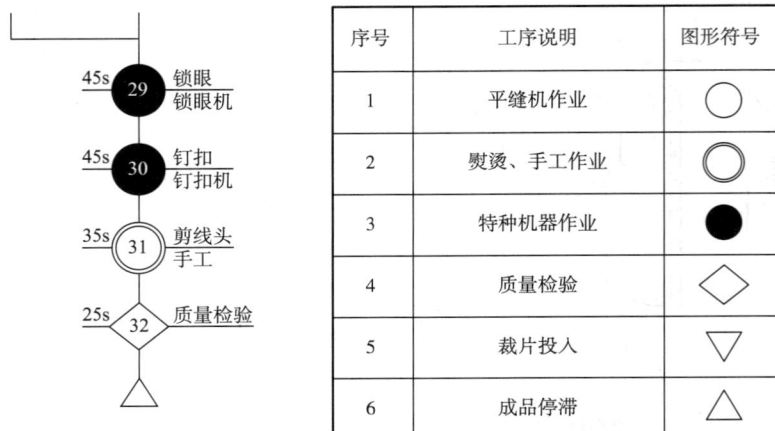

序号	工序说明	图形符号
1	平缝机作业	○
2	熨烫、手工作业	◎
3	特种机器作业	●
4	质量检验	◇
5	裁片投入	▽
6	成品停滞	△

(b) 缝制工序流程

图7-10　X型衬衫的款式图及缝制工序流程图

3. 生产信息化程度不足

在生产过程中，数据采集和处理主要依赖人工完成，这不仅影响了信息的精确度和实时性，还无法全面反映真实的生产状况，同时也增加了工作人员的负担，容易导致因工作人员疲劳而产生的数据统计误差。这种低效的数据处理方式不仅限制了工序编排的合理性，也影响了整个生产流程的优化和效率提升。

4. 生产设备维护水平不足

衬衫的生产过程涉及多种机器设备，且这些设备的性能和用法各有差异。由于缝纫操作工无法全面掌握所有设备的操作方法，这导致他们对设备故障的处理能力有限，通常只能处理一些简单的设备问题。然而，生产过程中常有设备出现问题，而等待专业维修人员现场维修又需要消耗大量时间，这将导致生产中断现象频发，严重影响生产效率和生产线的稳定性。

二、衬衫智能制造技术发展现状

智能制造技术的应用是利用先进的数字技术、自动化设备和人工智能等手段，来实现生产过程的自动化、智能化和高效化。其根本目的在于提高生产效率、降低生产成本、提高产品质量和灵活性，以应对市场需求的变化，为企业创造更大的经济效益和社会效益。

（一）智能吊挂生产管理系统

智能服装吊挂生产管理系统改变了服装行业传统的捆扎式生产方式，有效解决了制作过程中辅助作业时间占比大、生产周期长、成衣产量和质量难以有序控制等问题。它的运作方式是将整件衣服的裁片挂在衣架上，根据事先设定好的工序工段，自动送到下一道工序的工人手里，从而大幅度减少搬运、绑扎、折叠等非生产时间。

智能吊挂生产管理系统由主轨道、接收轨道、回收轨道等部分组成，主轨道负责将夹持裁片或半成品的吊架循环传送至各个工作站，计算机控制整个吊挂系统的生产、管理，管理人员可以通过计算机上参数的设定，实现衣片按工位传送并可以在各工位间进行实时的调节与控制，吊挂系统工作程序为：发料台→配料→上挂架→编码→主传动系统→进料系统检码→工位进料→进料系统出码→工位出料→主传动系统，此工作程序依次循环往复，对于多品种加工的情况，工作程序保持不变，该系统的本质是一套吊挂的物件传输系统。

智能吊挂生产管理系统有诸多优点，比如它具有自由伸缩和组合的能力，可以实现加工工件的灵活传输，节省了大量的人力。此外，它还能实现数据的无缝对接及共享，为生产效率提升奠定了基础。吊挂线可以带着裁片及半成品在员工头顶上方运行，有效利用了车间的上部空间，节约了占地面积。综上所述，智能吊挂生产管理系统是一种高效、灵活的服装生产方式，适用于现代化、自动化的衬衫生产线。

（二）人工智能识别技术

柔性生产流水线需要具备能够快速响应内外环境变化的灵活性和适应性，为此就需要实施生产流程的跟踪与动态化管控，并对实时数据进行及时反馈，这就需要运用人工智能识别技术来对数据进行收集与识别。

人工智能识别技术是一种通过计算机、照相机、扫描仪等设备，自动获取并识别目标指令、数据等信息的技术手段。通过深度学习技术模拟人脑神经网络的运行方式，计算机得以自动学习和识别复杂模式。在语音识别、图像识别等领域，深度学习技术的应用显著提高了识别精度。根据识别对象是否具有生命特征，人工智能识别技术可分为生物特征识别和非生物识别两大类。

目前，人工智能识别技术已发展出人脸识别、目标跟踪、图像检索、图像检测等多种识别方式。其中，图像识别在工业生产中应用最广，可以用于物流仓储监控、机器设备监控以及环境检测等方面。RFID是人工智能识别技术中常用的一种。

RFID技术在工业系统和服务领域中被广泛用于产品或人的识别和可追溯性。与传统的条形码不同，RFID识别技术通过无线电波来读取附着在产品上的电子标签编码的数据。

RFID的设备构成与工作原理详见第四章第一节。

RFID识别技术具有非接触操作、快速响应、高度准确、可靠等优点，因此在众多领域得到了广泛应用。在服装生产中，通过在裁片上粘贴包含裁片的部件名称、号型规格、面料类型等裁剪信息的RFID标签，企业可以实时监控和追踪生产过程，准确地获取生产进度、物料的加工流向和品质状况等信息，这有助于及时发现和解决生产中的问题，从而提高生产效率和产品质量，并提高衬衫生产企业的管理水平。

（三）智能裁剪缝制技术

服装制造业是一个劳动密集型行业，裁剪和缝纫是服装生产环节中的重要组成部分，这两个环节的效率直接影响整个工厂的生产力水平和成本控制。缝纫机的工作效率高度依赖于操作者的技术水平，从而可能导致生产过程的延误。因此，平衡员工的工作量对于实现效率最大化和降低劳动力成本至关重要。同时，如拾取布料、铺设布料、层叠布料、吊架布料等环节也需要极大的时间成本，大约占据了总生产加工时间的70%。随着智能技术的加入，智能裁剪缝制技术应运而生。

智能裁剪缝制技术是一种将现代科技与传统服装制造业相结合的先进技术，它主要依赖计算机视觉、人工智能和机器人技术，来实现服装裁剪和缝制过程的自动化和智能化。该技术利用计算机视觉，以机器观测取代人眼检测，与人眼相比，机器视觉具备精准度高、速度快、延展性强等显著的优势，这是因为机器人的眼睛能够进行精准的测量并且具有判断能力。由于其检测精度高和可扩展检测速度快，该技术被广泛应用于质量控制、成品检验和生产过程领域。因此在当前的自动化生产过程中，机器视觉被大量普及和使用，有效地推动了行业发展，减少了劳动力需求，降低了生产成本，促进了生产质量和生产效率的有效提升。

在智能裁剪系统中，智能裁剪缝制技术可以完成自动拾取面料，并完成不同点位的铺料操作。在裁剪环节，系统通过高精度扫描仪或相机获取服装面料的图像信息，利用计算机视觉算法进行图像识别和处理，自动确定裁剪路径和尺寸。随后，智能裁剪设备根据预设的程序进行精准裁剪，显著提高了裁剪的精度和效率。之后，系统利用数控裁刀对布料进行裁剪，并按照预设流程将裁片挂到不同点位的吊架上面，运送到对应工位进行缝制操作。

在缝制环节，智能化缝制单元发挥了重要作用。智能化缝制单元是集机械、电子、传感器和物联网等技术于一体的智能化、集成化产品，它由各种智能型的缝制设备组合而成，如自动开袋机、自动绱袖机、自动模板缝纫机、自动裤片包缝缝制单元等。智能化缝制单元是实现服装模块化、集成化、标准化制造的关键环节。以衬衫产品为例，其模块化生产包括前后身模块、领子模块、袖子模块、组装模块以及整烫包装模块等。这些模块均可由相应的智能化缝制单元完成缝制。智能化缝制单元通过减少服装工序或合并相同工序，有效缩短了服装生产线，并且能实现生产线顺畅快速换款。

三、企业智能生产线模拟构建

（一）衬衫智能化柔性生产系统的设计

1. 设计方案的优化目标

（1）均衡规划生产工序编排。取消不合理的工序，合并相似或重复的工序，以减少生产过程中的冗余步骤，避免时间成本的浪费。同时，对部分工序进行合理重组，并简化一些复杂的工序，确保生产流程更加合理、高效。通过对不科学工序进行优化处理，最终达到缩减生产制作周期，实现生产效率显著提升的目的。

（2）合理规划现场空间和物流路线。对车间布局进行合理规划，确保各类生产区域的分布更加有序合理，从而减少运输距离，提高物流效率。同时，优化物料运输路径，避免物料不必要的移动，以消除不必要的运力浪费，节省时间成本和人力资源，实现物流流程的高效流畅。

（3）提升车间信息化管理水平。当前，车间仍依赖人工收集生产数据，这种方式不仅工作量大、易出错，还存在时间上的延误，严重制约了生产管理的效率提升。因此，企业可采用RFID技术来开发一套全新的生产信息化管理方案。该方案通过部署RFID终端设备，实时准确地采集衬衫生产过程中的关键数据，并对其进行深入的分析处理，从而实现对生产过程的全面监控和优化。此举将显著提高生产信息的准确性和时效性，为生产决策提供有力支持。

（4）建立"6S"现场管理制度。6S是指整理（seiri）、整顿（seiton）、清扫（seiso）、清洁（seiketsu）、素养（shitsuke）、安全（security）6个项目。良好的生产环境和健全的现场管理制度是实施衬衫生产流程优化必不可少的保障。

（5）维持现场环境的整洁有序。整洁的工作环境能够提升员工的满意度，激发他们的工作热情和积极性，使他们对自己的工作更加投入。确保生产工具摆放有序，消除潜在的安全隐患，为员工营造一个既安全又高效的工作环境。这样的环境能够提高员工的工作效率，并进一步增强他们的归属感和团队凝聚力。

2. 生产工序流程的优化

员工缺乏对工序作业的系统归纳和总结的意识，致使在实际操作时不能充分按照工艺标准执行，缺乏标准化的指导，导致部分工序存在不合理的现象。以下对这些工序逐条进行分析和优化。

（1）压领面明线。由于车间布局不合理，负责压领面明线工序的缝制三组与原辅料区有极远的距离，缝制人员在进行作业时需要亲自前往原辅料区取用涤纶缝纫线，这一往返过程导致大量时间的浪费。为了改善这一状况，在优化车间布局的过程中，将负责压领面明线的区域安排在原辅料区附近，并确保及时将缝制所需的涤纶缝纫线分发至作业人员手中，从而有效减少了缝制人员的取料时间，使他们能够更专注于缝制作业本身。优化后，工序耗时从原先的约63s缩短至约38s，整体缩短了约25s。

（2）缝合翻领与底领。缝合翻领与底领这一工序的缝制时长高达72s，构成了整个生产流程中的效率瓶颈。在完成缝合后，作业人员需要对领片进行修剪，然而由于现场管理缺陷，并非所有缝纫台都配备了剪刀，导致作业人员常需要花费时间去寻找剪刀，这无疑增加了大量不必要的非作业时间，从而使这一工序耗时长。为此要优化现场管理，为负责这一工序的每个作业人员配备一个专用的储物盒，用于存放他们日常使用的剪刀。如此一来，作业人员在需要修剪领片时，就能立即从储物盒中取出剪刀，从而避免了因寻找剪刀而造成的时间浪费。经过优化，该工序耗时得到了显著的缩减，从原来的约72s缩短至约47s，缩短了约25s。

（3）修剪翻烫。修剪翻烫工序需要工作人员双手操作与使用熨斗，主要包含修整、机器熨烫和人工检查3个阶段。在机器熨烫阶段，由于设备的自动化特性，员工无须进行手动操作，这一阶段的用时约为26s，员工在此期间处于空闲状态。此外，修整和人工检查这两个阶段需要员工双手操作，合计耗时约28s，在这段时间内熨斗设备处于闲置状态。基于上述观察，提出优化措施：安排一名员工同时操作两台熨斗，通过这种方式，可以充分利用设备和员工的空闲时间，从而提高整体生产效率。优化后，工序耗时从原来的约54s缩短至约44s，缩短了约10s。

（4）缭大袖花和缭小袖花。这两个工序各自耗时均为5s，属于工时较短的独立作业，且各由一位员工负责。这两个工序不仅工艺类型相同，而且都在相邻的工作区域内使用相同的平缝机进行操作。鉴于这些共同点，为了提高生产效率并优化资源配置，本节提出将缭大袖花和绱小袖花两个工序合并为一个新工序——绱袖花工序。合并后的新工序将遵循工艺顺序，先完成绱大袖花，接着再绱小袖花，以确保满足工艺要求。合并后，仅需要一名工人即可完成整个绱袖花工序，这一优化措施提高了生产效率，降低了人力资源成本，有助于提升整体生产效益。

（5）钉商标。钉商标工序的工时仅为4s，相对较短，且为独立作业。考虑到它与前道工序使用的加工设备相同，且合并后不会对整体工序流程产生影响，本节提出了一个优化方案：将钉商标工序与前道工序进行合并。这一举措使得原本需要两名工人的作业，现在仅需一名工人即可完成，提高了生产效率并优化了人力资源配置。

优化后的缝制工序流程图如图7-11所示。

此外，还要采用模块为单元，对流水线各部位的工序进一步优化重组。在相同模块中，若存在需要拆分或兼顾组合的工序，且工序之间为并列性质时，相关工序之间可忽略序号顺序，根据实际生产需求进行工序拆分或组合。在此基础上，当相同模块中的工位和工序经过重新编排组合后，如出现标准生产时间少于流水线节拍的现象，可将该工位和工序的多余时间调配到存在瓶颈节拍的工位和工序中，从而减少或降低流水线的瓶颈节拍数量与时间，避免产品积压。

同时，服装模块化生产具有较高的灵活性和可变性，能够迅速响应不同款式服装的生产需求，便捷地调整模块结构及模块的机台组合，有利于产品品种和批量的转换。将款式类型相近的服装整合于同一流水线上进行生产，从而满足市场对于换款快、生产高效的需求。

根据衬衫的款式特征，可将其产品部件划分为衣身、领子、袖子及扣子4个模块。为达到设计柔性生产流水线的目的，将衣身设为主生产流水线，同时划分领子、袖子和扣子3个自动化模块，这些模块通过接口与主生产线实现对接。当要缝制不同类型的领子、袖子时，在原生产工序的基础上进行改动即可。每个自动化模块设置了多个缝制单元，可保证不同类型的领子和袖子的生产加工在同一时间进行。

优化后，主生产线、袖子自动化模块和领子自动化模块同时开始运作，袖子自动化模块和领子自动化模块在完成生产任务后与主生产线对接，通过接口将产出的部件传送至主生产线，并分别与衣身结合。由于袖子自动化模块总工时只需88s，而领子自动化模块总工时长达251s，如果按照原生产工序，即先绱领子再绱袖子势必会使主生产线耽搁大量时间，造成生产效率的降低，因此提出调整绱领子和绱袖子的顺序，即先绱袖子再绱领子。

优化后的缝制工序流程图如图7-12所示。

3. 车间布局和物流的优化

对生产车间平面布局及物流路径规划进行优化调整，确定各个作业区间的物流关系（图7-13、图7-14）。同时，在规划过程中，也充分考虑了非物流因素对车间布置的影响。在对衬衫进行生产的过程中，除了考虑包含上述的物流关系外，还需考虑各个工序间相互之间的非物流关系。通过对流水线各工序进行重新编排并分配至工位，实现流水线平衡，以达到工位空闲时间最小的目的。这就要求在设计流水线时，应确保3个目标得到兼顾。

在生产过程中，首先从材料区运送原辅料至缝制区，将对应的原辅料分别分发给衣身1

袖子

8s 18 合侧缝
平缝机

10s 19 锁边侧缝
包缝机

17s 20 倒烫侧缝
熨斗

19s 21 折烫袖口
熨斗

10s 22 缩袖花
平缝机

24s 23 袖口明线
平缝机

黏合衬　　前片

10s 1 门襟粘衬
黏合机

22s 2 折烫门襟
熨斗

25s 3 收省
平缝机

后片　　商标

21s 4 收省、订商标
平缝机

28s 5 合肩缝
平缝机

30s 6 锁肩缝与侧缝
包缝机

34s 7 倒烫省缝与折烫下摆
熨斗

55s 17 绱领子
平缝机

65s 24 绱袖子
平缝机

28s 25 锁边袖窿
包缝机

21s 26 缉衣身下摆明线
平缝机

扣子

45s 27 锁眼
锁眼机

45s 28 钉扣
钉扣机

35s 29 剪线头
手工

25s 30 质量检验

翻领　　黏合衬

10s 8 粘衬
黏合机

30s 9 勾领面
包缝机

底领

44s 10 修剪翻烫
熨斗

28s 12 缉领底下口
平缝机

38s 11 压领面明线
平缝机

47s 13 缝合翻领与底领
平缝机

18s 14 修剪接缝，压烫
熨斗

18s 15 压接缝明线
平缝机

18s 16 修领底下口
手工

序号	工序说明	图形符号
1	平缝机作业	○
2	熨烫、手工作业	◎
3	特种机器作业	●
4	质量检验	◇
5	裁片投入	▽
6	成品停滞	△

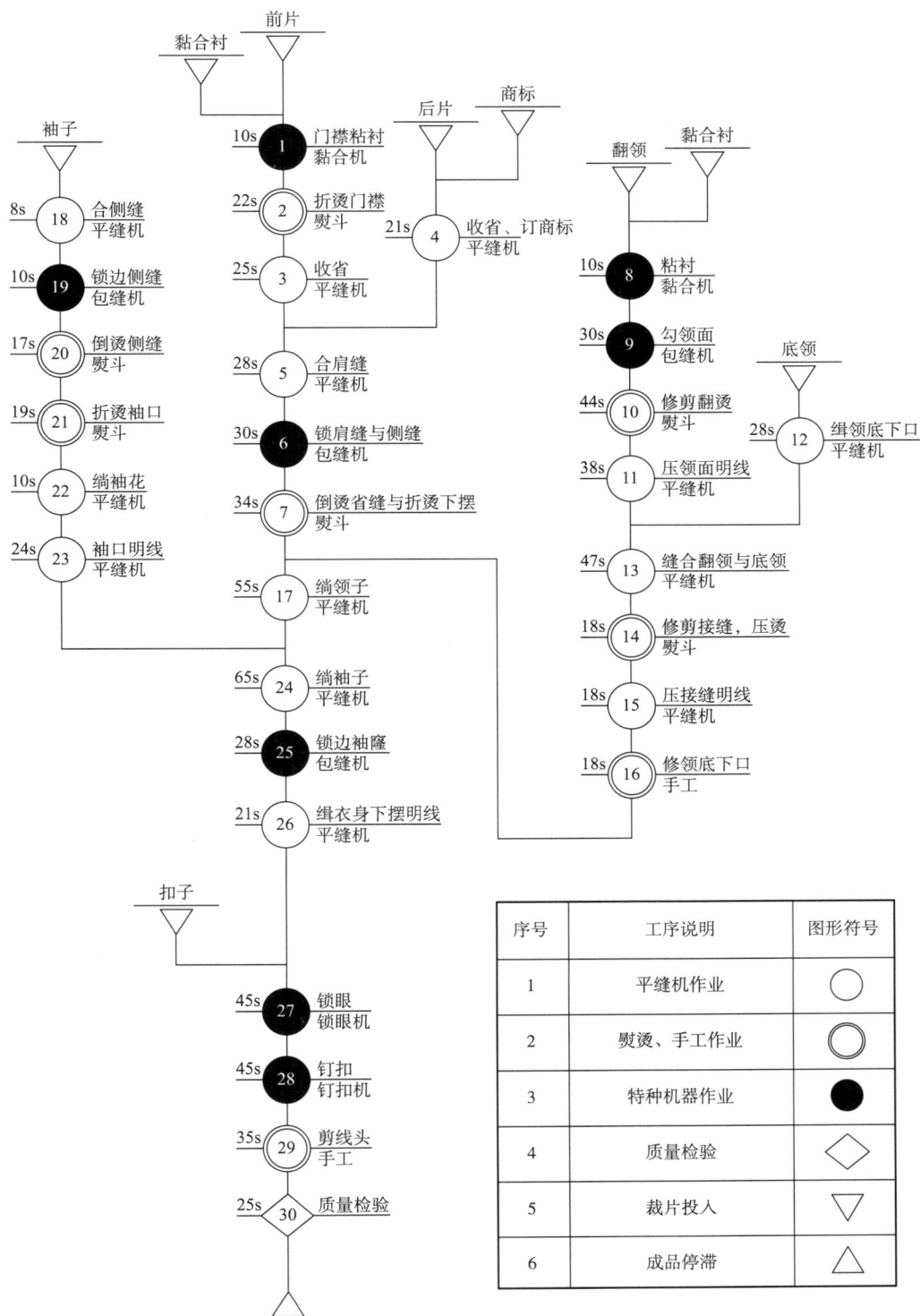

图7-11　衬衫缝制工序流程图（第一次优化）

袖子自动化模块

袖子

8s	8	合侧缝平缝机
10s	9	锁边侧缝包缝机
17s	10	倒烫侧缝熨斗
19s	11	折烫袖口熨斗
10s	12	缉袖花平缝机
24s	13	袖口明线平缝机

黏合衬　前片

10s	1	门襟粘衬黏合机
22s	2	折烫门襟熨斗
25s	3	收省平缝机

后片　商标

| 21s | 4 | 收省、钉商标平缝机 |

28s	5	合肩缝平缝机
30s	6	锁肩缝与侧缝包缝机
34s	7	倒烫省缝与折烫下摆熨斗

| 65s | 14 | 缉袖子平缝机 |
| 28s | 15 | 锁边袖窿包缝机 |

| 55s | 25 | 缉领子平缝机 |
| 21s | 26 | 缉衣身下摆明线平缝机 |

领子自动化模块

翻领　黏合衬

10s	16	粘衬黏合机
30s	17	勾领面包缝机
44s	18	修剪翻烫熨斗
38s	19	压领面明线平缝机

底领

| 28s | 20 | 缉领底下口平缝机 |

47s	21	缝合翻领与底领平缝机
18s	22	修剪接缝、压烫熨斗
18s	23	压接缝明线平缝机
18s	24	修领底下口手工

扣子

45s	27	锁眼锁眼机
45s	28	钉扣钉扣机
35s	29	剪线头手工

扣子自动化模块

| 25s | 30 | 质量检验 |

序号	工序说明	图形符号
1	平缝机作业	○
2	熨烫、手工作业	◎
3	特种机器作业	●
4	质量检验	◇
5	裁片投入	▽
6	成品停滞	△

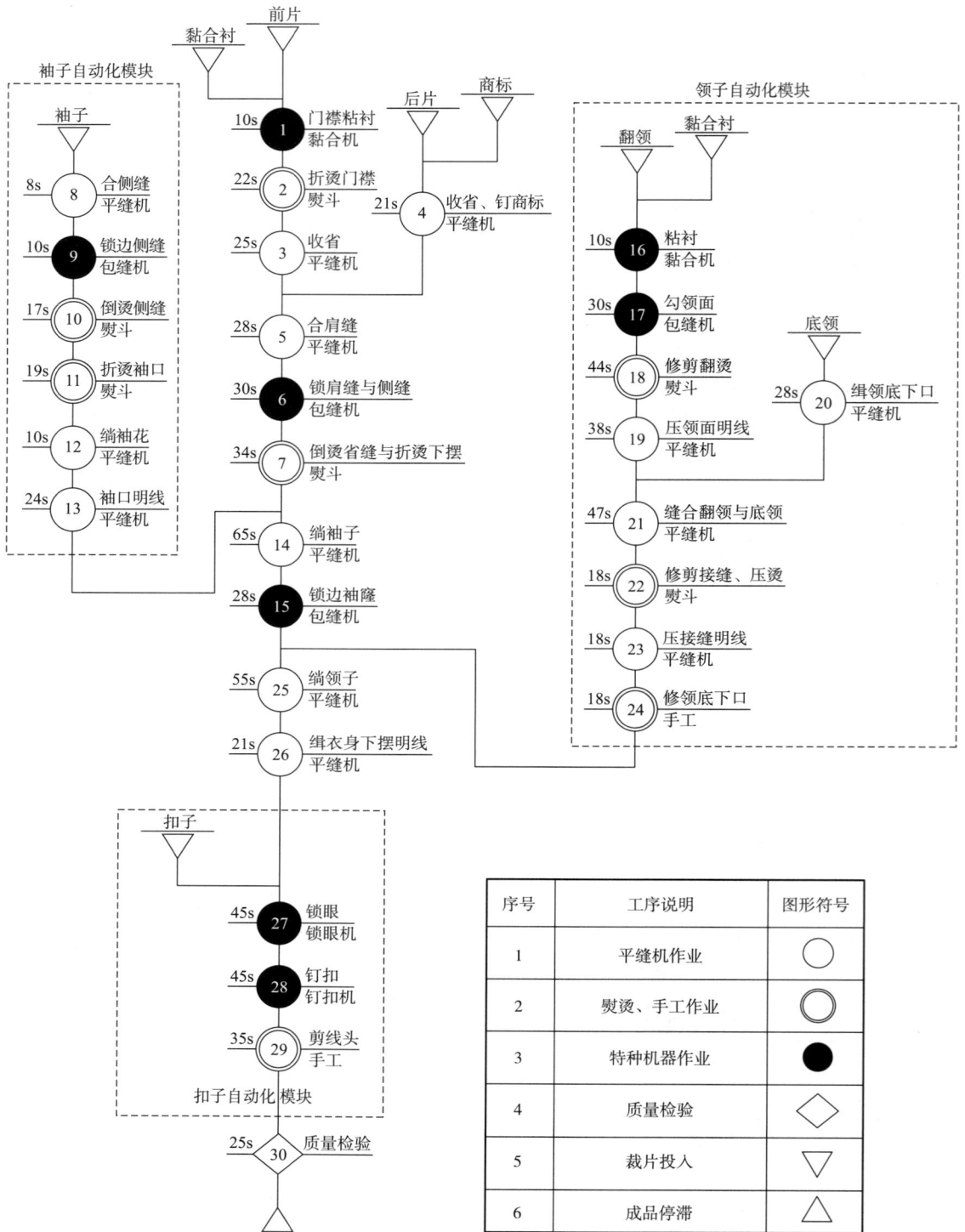

图7-12　衬衫缝制工序流程图（第二次优化）

组、领子1组和袖子1组，这3组同时开始缝制作业。考虑到袖子1组工时较短，富裕的时间较多，可以为材料的运输分配更多时间，因此该组安排在远离材料区的一侧。

袖子1组完成88s工作后先一步将袖子部件送至衣身3组，然后等待同时开始工作的主生产线完成工作任务。主生产线的衣身1组和衣身2组经过共170s的工作后将衣身半成品送至衣身3组，之后衣身3组开始进行袖子和衣身的拼接工作。经过93s工作后，衣身3组将衣身半成品送至衣身4组，此时共经过263s的时间。同时，在最初开始工作的领子1组和领子2组经过了251s的工作时间，已先一步将领子送至衣身4组。随后，衣身4组开始进行领子和衣身的拼接工作，经过76s完成工作后，将衣身送至扣子1组。最后扣子1组经过125s的工作后将成品送至整烫区进行整理和熨烫。全缝制流程（不计算运输时间）共454s，相较于原工序的577s节省了约123s的时间。为进一步优化生产，可以使用物流机器人来运送物料和衣片，根据数据中心的生产订单计划及方案，自动导航至原料或衣片定置定位区，自动夹取并按照坐标放置于相应的作业单位，打通纺织全流程物流衔接断点，实现全流程的无人化全自动桥接。

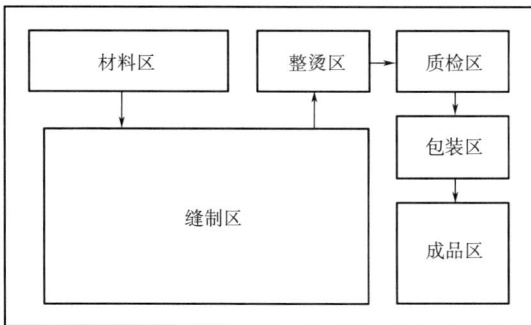

图7-13　车间平面图优化版

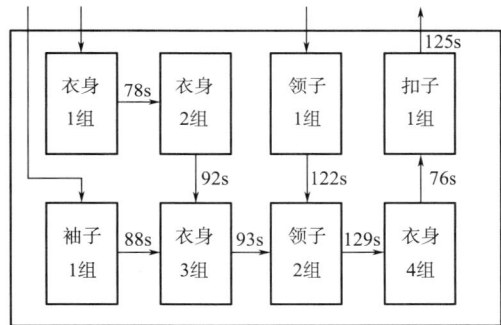

图7-14　车间物流运输路线图优化版

（二）智能生产技术在衬衫生产中的应用

1. 应用智能吊挂生产管理系统

衬衫生产工序流程经过优化后，生产效率得到了提升。而物料运输方面仍存在一定优化空间，可以为生产效率带来进一步提升。目前，加工厂采用的是较为传统的捆扎式物料运输法，这种运输方法需要人工搬运，不仅浪费了人力资源，还会损耗时间成本。现提出采用智能吊挂生产管理系统，通过智能化的悬挂式单元传输方式，将整件衣服的裁片自动送到下一道工序操作员手里，从而大幅度减少搬运、绑扎、折叠等非生产时间，达到提高生产效率的目的，同时也能节约大量人力资源，节省占地面积。

此外，智能吊挂生产管理系统在生产过程中，有效降低了浮余率，提高了有效作业时间；减少了污渍和疵点，降低了产品的返修率；生产状况即时显示，方便管理者控制生产平衡；生产变换灵活，缩短了生产周期；优化了作业环境，减轻了工人的身心疲惫。该系统可使生产过程得到全面优化，提高企业的综合生产能力和效益。

2. 利用RFID系统和MES系统对生产数据管控

若想将智能制造应用到实际的生产过程，对缝制流程的数字化管理是至关重要的。随着服装生产日益向多品种、小批量、快交货的方向发展，服装企业的生产管理面临严峻挑战。原有生产模式已无法满足企业生产过程中对信息获取效率以及对数据获取实时性的需要，因此服装企业迫切需要进行智能化升级改造，这对自动化控制系统提出了新的需求。利用RFID系统和MES系统实现对生产数据的实时管控，同时通过MES系统将数据分析和信息监控远程化、直接化，为企业提供了更加简洁高效的管理途径，从而进一步提高了生产效率。实现管理数字化，利用数字化技术分析数据，摒弃固有经验论，依据数据制定管理决策，这样才能确保管理的科学性与有效性。

3. 应用智能缝纫技术

在衬衫缝制过程中引入智能缝纫技术，如智能缝纫机和智能缝纫机器人，将会显著提高生产效率。这些设备能够在短时间内完成大量相同或相似的缝纫任务，减少了人工操作的时间和人力投入。同时，这些智能设备还可以自动调节缝纫速度和线迹张力，进一步提高了生产效率。将衬衫生产过程模块化，再结合智能缝纫技术和相关设备，即可构建智能化缝制单元，缩短服装生产线长度，实现生产线顺畅快速换款。

传统的缝纫工作高度依赖大量具备专业的缝纫技能和经验的工人。而智能设备的引入，降低了对熟练工人的需求，从而降低了劳动力成本。同时，智能缝纫技术可以保证产品质量的稳定性，因为相较于人工作业，智能缝纫机或智能缝纫机器人具有更高的稳定性和精度，能够准确地完成精细的缝纫任务。

此外，智能缝纫机和智能缝纫机器人的应用能够在一定程度上改善工作环境，保护工人健康。因为传统的缝纫工作往往伴随着嘈杂的工作环境和粉尘问题，这对工人的身体健康构成了潜在威胁，而智能设备噪声低、粉尘少，为工人创造了更为舒适和健康的工作环境。

第三节　T恤

在国际贸易生产环境持续变化的形势下，国内服装生产行业正加速向智能制造工厂转型，促使企业对工业互联网、人工智能技术、工业机器人、大数据等智能制造领域的共性关键技术在产品生产研发中的积极引入，旨在将缝制生产的柔性化管理融入生产计划中去。鉴于服装市场需求日益多样化，T恤作为人们所需基础服装品类，存在持续生产的意义。对此，本节以T恤这一服装品类进行产品生产流程剖析，并分析自动化缝制设备的发展现状并提出可行的智能化柔性生产线的规划。

一、传统T恤缝制工艺制造流程

T恤的发展与生产对社会产生了深远的影响，其代表的文化通过图案印染技术承载并传达了社会发展的理念。在加工过程中，T恤加工工序可分解为袖子、领子、衣身、下摆的处理。在平缝机、绷缝机、包缝机、锁眼机和钉扣机等国产服装加工机械的发展下，T恤的缝制工艺也得到进一步的发展。

（一）T恤生产制造流程

服装缝制与服装其他生产环节相比要更为复杂，在服装缝制之前需要对生产对象进行细致的编排与全面的生产信息整理。经过缝制工艺的T恤款式图以及生产流水线的流程图，如图7-15和图7-16所示。

图7-15 T恤款式图

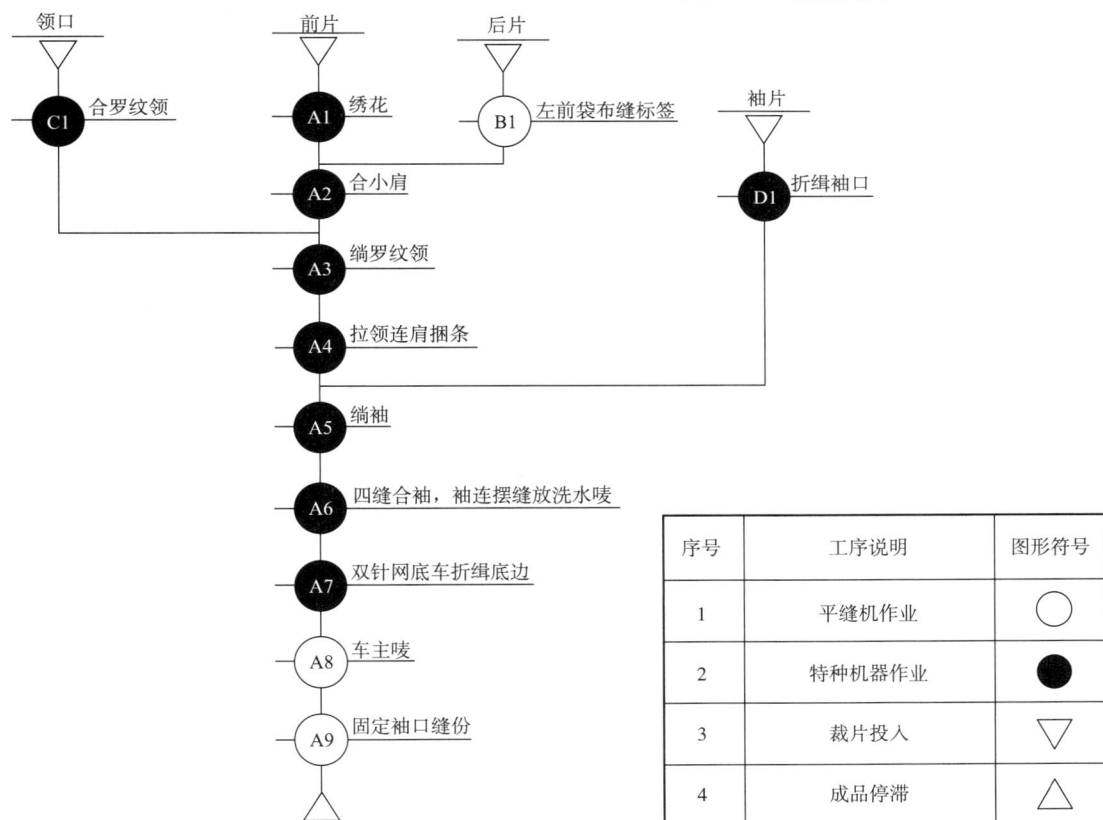

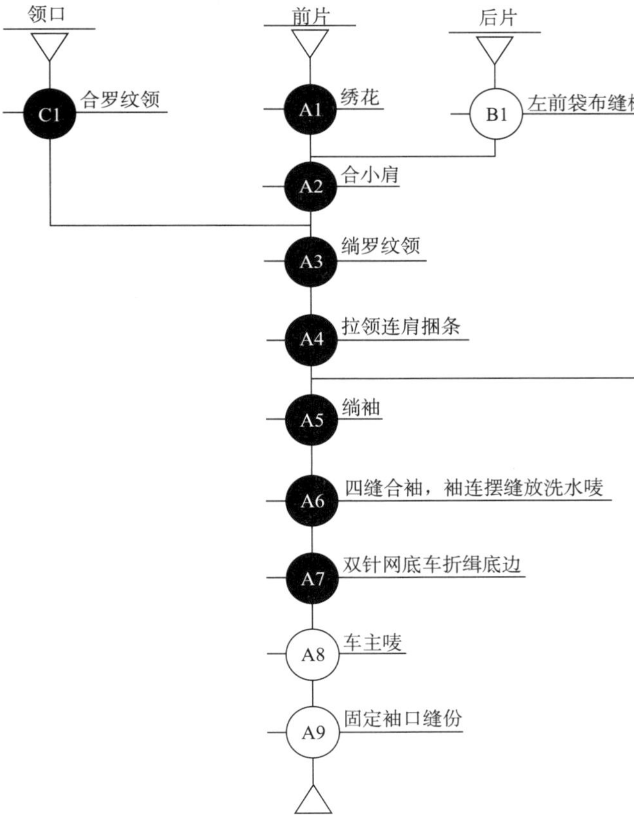
领口
前片
后片
C1 合罗纹领
A1 绣花
B1 左前袋布缝标签
A2 合小肩
袖片
D1 折缉袖口
A3 绱罗纹领
A4 拉领连肩捆条
A5 绱袖
A6 四缝合袖，袖连摆缝放洗水唛
A7 双针网底车折缉底边
A8 车主唛
A9 固定袖口缝份

序号	工序说明	图形符号
1	平缝机作业	○
2	特种机器作业	●
3	裁片投入	▽
4	成品停滞	△

图7-16 T恤衫生产流水线流程图

在正式进行缝纫操作之前，应确保已对目标生产对象进行布料裁剪与布片的归类。服装传统缝制工艺中，工人会在缝制操作时将待缝制面料拿起、整理、折叠，并将其推送到缝纫机的压脚下，完成缝制面料的装载。接着，工人操作并移动缝纫针，引导缝纫机完成缝纫过程，同时须将半加工成品对齐、测量和固定。最后，对已缝纫面料进行拆卸处理，包括剪断缝纫线、翻转和折叠。

前片的缝制工序根据领型的变化而有所不同。对于Polo领衫，通常要在常规工序的基础上增加门襟的缝制工序，在后整理或印花阶段前加入锁眼、钉扣等工序。而后片的工序是较为固定并且是相对简单的，如服装有特殊设计或添加育克等部件，其工序数量会相应增加，特别是一些具有特殊设计的服装产品会加大后片缝制工序的复杂程度。

（二）缝制生产线的编排

生产布局图是用来规划生产设备、生产系统的二维原理图。设计这种布局图需要投入大量的精力并进行持续的调整与优化。由于生产计划和生产设备的设计紧密集成，所以管理人员能高效地管理整个生产过程。通过合理计算规定每个生产工序步骤，企业能够实现对生产资源的直接管理（如机械手、夹具等），直接而有效地优化生产过程。

1. 缝制生产线的装配

装配是将构成产品的各个零部件组装成产品的过程。装配规划是针对产品装配过程所制定的指令安排。装配指令包括零部件的装配方案、装配顺序、装配路径、所使用的工具与辅具、作业的优化编成、装配工艺参数等。装配规划对制造系统的设计、制造过程的调度、制造设备的选择等制造细节均有重要影响。装配线布局规划则是指在产品装配工艺确定的前提下，对装配线的各种生产资源进行布置与规划，这包括装配设备、物料供应系统、人员等，以实现装配线的集约化运行。传统的各种装配线布局规划大多是基于单品种大批量的生产方式，生产系统变化很小，已不能适应多品种小批量的生产方式。

（1）传统装配线布局规划的方式。一是逻辑规划，即通过一定的规划方法，实现装配线的各种配置指标，如人员定额计划、物流配送方案等；二是物理规划，即在第一种方式的基础上，实现装配线的空间布局。

（2）流水线装配的特点。

①作业分配量按工位同期化。

②产品按一定的速度移动，在移动中装配。

③线上全体员工同时作业。

④产品按合理化的直线路径向完成方向移动。

（3）装配线成立的基本条件。

①按照产品移动路径，进行装配任务分割（分开）作业。

②经济条件：生产量效益应覆盖装配线编成费用。

③充分条件：资材供给及时，作业者组成便利，设备的合理配置，要求3M协作顺畅（man、machine、material）。

（4）流水线的操作作业类型。流水线的操作作业类型分为手工作业、平缝作业、特种作业和熨烫作业。手工作业包括裁剪、点位、剪线头、检验等操作；平缝作业指所有使用平缝机完成缝制操作的作业；特种作业指除平缝作业外的所有缝纫作业，如使用绱袖机绱袖等；熨烫作业则是使用熨烫设备的工序作业。手工作业主要依赖缝制工具，平缝作业对应平缝机，特种作业需要使用特种缝纫机或者特种机械，熨烫作业则对应熨烫设备，包括烫台和烫机等。设备主要指各种缝纫设备和熨烫设备，缝制工具包括剪刀、划粉、荧光笔、软尺等。

2. T恤缝制工序相关仪器及设备

缝制过程中，缝制设备与仪器的性能对缝制加工生产流水线的效率有较大的影响。通常缝制生产设备有家用生产、工业用生产和服务行业用缝纫机3类。在工业生产中，家用生产设备因转速较慢、需大量人工操作，会延长缝纫步骤的时间，从而降低生产效率，增加企业成本。因此，企业对缝制仪器与设备的选择显得至关重要。

工业缝纫设备又可分为通用、专用、装饰用及特种缝纫设备。通用设备通常是生产过程中使用频率高、适用范围广的缝纫机械，如平缝机、包缝机等。专用缝纫设备是用于完成特定的缝制工艺时所使用的缝制机械，如钉扣机、锁眼机等。装饰用设备则用于完成各类视觉装饰线及缝口的缝纫机械，如绣花机、曲折缝机、月牙机等。而特种缝纫设备可在设定好的工艺程序内，自动完成某个作业循环的缝纫机械，如自动开袋机、自动缝小片机等。

（三）发展前景

随着科学技术的进步以及社会审美水平的提升，消费者对于T恤的要求和标准也在逐步提高。这在一定程度上，对生产线的合理规划与数据化、标准化生产提供了系统支撑。缝制过程中，合理采纳线性流水线的技术进行搭建与规划，将有利于建设新时代智能化缝制工厂。

二、T恤智能制造发展现状

目前，T恤市场竞争日益激烈，企业需要快速对客户需求进行反应，以灵活多变的生产方式提高生产效率，缩短生产周期。因此，多品种混合生产式的智能化生产流水线的提出与设计就显得尤为重要。

（一）T恤智能生产流程

随着信息技术的发展不断丰富与完善，工厂对各种信息的管理也逐渐增强。对于产能生产的需求，工厂往往需要在某些情况下进行远程决策。而相关远程信息的获取因信息量过大，传统传输方式已经不能满足所有数据实时性和安全性的需要，这就给自动化控制系统提出了新的需求，同时为数字孪生与元宇宙技术融入自动化生产提供了发展的空间。

针对现有智能化生产企业的生产组织，在缝制规划编排过程中，企业采用裁片编号的形式，利用RFID技术的端口将生产信息输入MES系统。MES系统是面向车间现场生产制造过程的数字化管理工具，提供从接受生产计划到制成最终产品全过程的生产活动实现优化的信息，重点减少无附加值的活动，从而推动工厂高效运行，有效提升现场作业效率，减少在制品数量，降低制造成本。ERP系统更侧重于财务信息的管理，而MES系统更侧重于生产过程的管控。总而言之，ERP系统主要提供客户的需求，而MES系统主要负责监控和管理生产这些产品的每一个步骤和工序，以实现生产数据的管控。在定制—缝制流水线的构建中，对生产车间的系统布局也需进行规划拓展。在构建缝制车间系统与车间缝制工位安排时，企业基于智能识别技术进行信息采集，并依据自动化缝制设备或自动化缝制机器人技术研发的自动化缝制单元进行缝制操作，最终再通过管理系统实现终端控制。

为打通物联网数据共享和实现智能数据的规范化管理，需要企业与行业各界通过共同认知建立既定或新设的数据化平台，确保其他物料与缝制过程中的资源共享。将利用自动化缝制机器人和全自动化电脑操控的数据输入实时监控系统，利用ERP与EMS系统的配合，同时发展数字孪生与元宇宙技术，实现数据分析信息监控远程化、直接化，保证在特殊情况下的远程办公。

此外，将数字印花技术与个性化定制技术结合形成的定制系统，组织穿插在前片或后片处理前，生产流水线以领类加工、袖子加工各部分作为流水线进行起点。将虚拟定制平台数据传递至印染数据管控台安排生产，并对一体式印染技术进行监控，可大幅减少人力成本。

另外，将数字孪生技术应用于生产监控与招商过程中，可显著提高企业生产效率，带来可观的生产资金回报。在销售平台建设中，利用数字孪生建立大数据支撑的同像虚拟工厂，将工业生产环节利用虚拟投影技术或VR虚拟穿戴技术将销售人员带入虚拟世界，直观感受工厂生产与加工工艺，从而更准确地理解并推广产品。元宇宙还可联同社交媒体打造定制输入平台，与生产数据管理人员互连，由数据安排定制生产。企业还可依托已采用的或重新设计建设的数字化定制平台，将定制技术与数字印花技术结合，可尝试与NFT等数字化文化网站合作，结合数字商业的运营模式，打造商用插画性质的数字印花服装产品。

（二）T恤生产中可运用的智能制造新技术

自动吊挂系统在生产流程的物料运输中起着至关重要的作用。在自动化缝制技术与大数据技术支撑下，利用RFID技术等其他数字识别技术对物料的输入进行精确统计。现有研究将AGV，即自动导引运输车作为运输待加工衣片与其他物料的工具，可减少部分加工工序在完整生产流水线上的单元生产末端与其他生产流水线之间的物料传递流程。

数字孪生技术与元宇宙技术是未来虚拟技术的发展趋势。数字孪生模型是以数字化方式在虚拟空间呈现物理对象，即以数字化方式为物理对象创建虚拟模型，模拟其在现实环境中的行为特征，是一个应用于整个产品生命周期的数据、模型及分析工具的集成系统。针对制造企业而言，数字孪生模型能够整合生产中的制造流程，实现从基础材料、产品设计、工艺规划、生产计划、制造执行到使用维护的全过程数字化。通过集成设计和生产，数字孪生模型可帮助企业实现全流程可视化、规划细节、规避问题、闭合环路，优化整个生产系统。此技术实现了现实世界的物理系统与虚拟空间数字化系统之间的交互与反馈，从而达到在产品的全生命周期内物理世界和虚拟世界之间的协调统一。通过基于数字孪生模型而进行的仿真、分析、决策、数据收集、存储、挖掘以及人工智能的应用，确保了数字孪生模型物理系统的适用性。一定程度上，它可取代MES与ERP的前端监控系统，能更加真实且完整地实现高性能、高实况的监控，从而帮助企业合理调配生产。

元宇宙（Metaverse）的诞生与商业化应用，标志着其从单一的游戏行业扩展到为工业、医疗等多领域提供基础技术支撑的新发展趋势。远程办公的交互性以及人与人之间的互动性越来越重要，相较于面对冰冷的数据，元宇宙从身份、信用、体感3个方面让网络更加丰富化、具象化、立体化、人情化。

虚拟技术与社交平台的融合将更加快捷地将小批量定制订单数据传输至加工区域链。在T恤缝制过程中，将全自动化缝制技术安排在易出现人工操作失误的环节，如缝合前后衣片侧缝、T恤下摆等。使用交互设计将数字化信息视觉化，让生产企业的企业管理体验更具现实感。此外，将"元宇宙"概念投入智能工厂中，运用新一代互联网技术。在"互联网+"等数字化网络的基础上，企业可以利用虚拟技术管控智能化工厂，实现个性化定制与实时管理同时进行生产的调理管控方式。外接数字化零售系统能够直接转化用户需求，通过"元宇宙"平台实现工厂小批量定制。同时，生产企业能够对柔性生产流水线进行数字化、实时化管控，也允许客户对生产流程进行监控和预测。在满足企业生产管理的同时，减少了对接客户关于交货期限与生产延期的担忧，合理减少企业订单的损失，实现多终端监控生产。

（三）实现智能化的意义

定制市场的需求为柔性流水线的整合与升级提供了可行性支撑。作为市场发展的先决条件，未来会随着社交媒体用户对虚拟文化接受率的提升，定制需求也会有所增长。同时，根据国家对文化发展的持续重视，人们对表达自我文化认知的需求也会逐年增强，这与T恤定制的市场理论相符。

从长远角度来看，自动化设备能减少因人力成本与人工损耗带来的物料损耗，解放劳动力，并推动市场虚拟定制消费文化的普及，还可以促进市场与工厂间的数据交流，调控企业生产供应链间的损耗成本。定制—生产流水线的打通形成了供需互促的发展模式，减少了市场与产品生产链之间的成本经费流失，集中了生产资金，促进生产与市场之间的高度融合，推动国内大市场的构建。同时，实施标准化生产的实际落地规划，则可以提高智能制造供应链生产间的数据沟通效率，保证物料运输及信息传输的精准性。

实现多品种柔性流水线装配自动化、智能化生产与规划的意义表现在其实现了产品设计和装配规划的集成。借助于自动化缝制机器人及电脑缝纫机，在大数据技术作为工具的情况下，设计师能快速地评价所设计产品的装配性能，并及时根据评价结果进行产品再设计，缩短了产品开发周期。

工厂自动化操作辅助管理系统能合理有效地缩短装配规划时间。传统的装配工艺规划中，工艺人员需要完成数据统计、查阅手册资料、编写工艺文件、编制工序图等工作。这些工作既费时又容易出错，且设计效率低，需要进行多次试装才能规划出一个可行的装配工艺方案。设计人员在装配规划上投入的时间极大延长了产品的开发周期。而通过自动化仪器或生产操作台的输出输入端口，生产信息能被高效数据化处理，极大缩短了企业管理专业人员对装配工艺进行规划的计算与调查的时间，并很大程度上提高了装配工艺的质量。

柔性生产流水线的集成规划旨在满足市场对产品快速生产的需要，是实现企业商业成功的关键所在。针对小批量的产品，手工装配规划所消耗的制造成本占据了产品总成本的很大分额。虽然经验丰富的工艺师能保证一定程度上的工艺完成度，但对于机械化产品生产会产生劳累，导致工艺人员难以持续、高效地保持各种工艺加工数据的准确性，从而会给后续规划带来困扰，无法得出最优或较优的装配工艺过程。而全自动数据化生产能够在很大程度上减少人工操作在生产平衡方面带来的上述问题。

手工编制的工艺通常是固定的工艺规程，难以根据实际生产情况的突变而灵活调整。而自动规划系统可以根据装配车间的实际情况，随时重新规划。智能化工厂的建立有利于企业装配工艺的规范化、标准化。手工编制装配工艺由于工艺人员的知识面、经验存在差异，同一产品的装配工艺由不同工艺人员规划也可能得出不同的结果，在一定程度上影响了企业工艺文件的规范化、标准化。而标准化生产能促进企业与行业间的物料与商品交易流程的数据互通，有助于安排紧凑高效的物料交易流程网络，进而迅速响应小批量、多品种的市场需求。

由于全自动化缝制车间的规划与落地需要引入大量的数字化技术与自动化设备，这会导致企业生产过程中的用电成本与仪器设备规划成本急剧上升。对于规模较小的企业来说，可能会因为成本高昂而放弃对全自动化生产的编排。然而随着未来虚拟技术的发展与人们日益倾向网络购物即需求数字化的发展，同时在国家推动统一大市场的政策落地背景下，对生产企业集群的安排与规划会缩短物联网的运输成本。届时，对产品需求订单数字化的必要性将超过现阶段的资金投入成本。

（四）智能制造企业实例

苏州天源服装有限公司的前身是苏州服装一厂，成立于1958年，是一家专注从事服装制造和加工的民营股份制企业。经过50多年的探索和实践，公司已经奠定集培训、开发、制造一体的综合企业群，拥有7家全资子公司、控股或参股子公司以及3个专业培训学校和4家产品关联企业。2017年，该公司联手美国自动化缝纫技术公司Softwear Automation（简称Softwear）为德国运动品牌开发了全自动化T恤生产线。此次合作将让天源通过 Softwear 的全自动缝纫生产线技术，满足客户的即时订单需求。

Softwear所研发的Sewbots是一项配有传感器和摄像头的缝纫机器人技术。通过公司专利的计算机视觉系统，该机器人可以精准地捕捉到纺织品的形变并实时进行材料位置的调整。Sewbots如同自主工作的裁缝工人，不仅具备高精度的自动缝制技术，还能够辨别织物状态以调整最佳的缝纫速度。Sewbots集成了自动化缝纫与最先进的视觉技术，可以独立完成各种类型的拼接、切割、缝合和贴标等工作。

　　凭借这项全面的自动化技术，每件T恤的生产成本降低至0.33美元。从面料的裁剪到成品制造，缝纫机器人需约4min即可完成。工厂安装了21条生产线，当全面运作时，每22s就能生产一件T恤，每天将生产80万件T恤。

三、企业智能制造生产线构建设计

　　面临市场需求呈现"小批量、多品种、短周期"的特点，本节以上海富山精密机械科技有限公司作为案例，为其定制了一套贯穿生产流水线的系统。该系统以传统翻领短袖针织衫流水线为基础，建立了具有数字印花智能缝制单元工艺流水线、长袖和短袖智能缝制单元工艺流水线、前片和后片智能缝制单元工艺流水线、锁边缝制工艺缝制单元等多条柔性流水线分支。

（一）案例企业简介

　　案例公司为上海富山精密机械科技有限公司，其主要经营业务为精密机械领域内的技术开发、工业缝纫机及其铸件、零配件等开发与零售。自2001年起，富山企业持续自主研发自动化仪器，成功为国内外各类服装加工企业提供所需的缝纫设备，营销范围推广至全球。企业针对工业4.0智能化工厂研究推出了基于机器人云技术的自动化设备，如机器人自动分层抓取技术、自动移送技术、精准缝料与自动收料技术等。同时，公司运用名为"富山云"的物联网技术，收集客户反馈数据，尝试将MES、APS、ERP等系统与用户数据进行对接，通过大数据进行后台数据库分析，打造数字化远程监控，图7-17为智能车间。

图7-17　智能车间

（二）企业流水线编排调研与分析

　　根据富山企业提供的信息，传统生产流水线关于人员安排与产品生产过程的规划情况，如图7-18所示。尽管富山企业对相关自动化缝制机械进行了研究，但国内大部分生产加工工厂依旧使用半自动化缝制设备。大部分服装制衣加工企业的代加工物料之间的运转方式依旧使用人工推车搬运，仅有少部分企业将吊挂系统融入制衣加工中。案例企业的缝制车间编排布局细节如图7-19所示。

图7-18　员工操作图

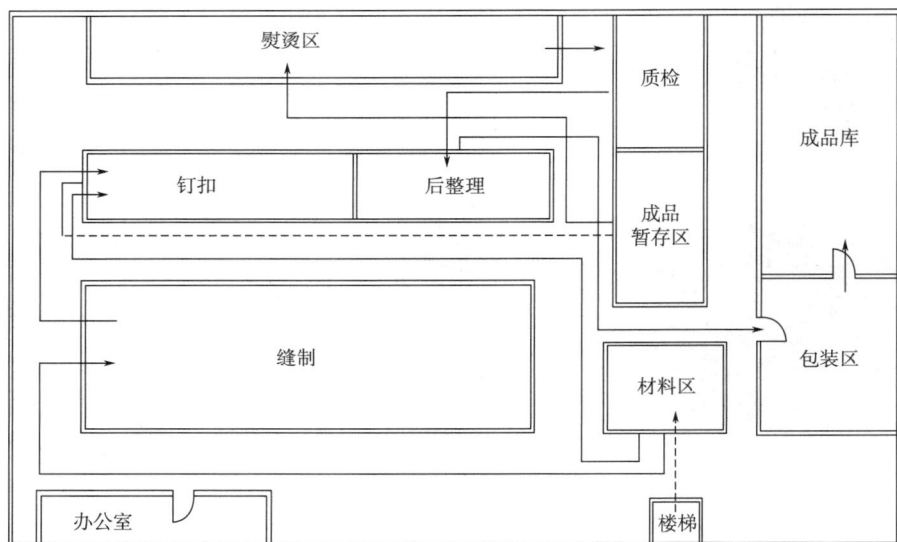

图7-19　缝制车间编排布局图

对于流水线人员的编排方面，缝纫工人一般被安排在对坐或同向的工作台上进行操作。若加工厂采用捆扎式物料运输方式，企业会安排大部分工人相对而坐，从而提高车间空间利用率。但由于企业没有采用全自动吊挂系统，因此需要有专门的人员对半加工或已加工完成的成品进行人工搬运，或需要工人定时离开工作岗位进行物料搬运，增加了缝制生产操作中的无效损耗。

针对生产企业流水线规划与生产现状的不合理、不符合人体工学的缝制操作的现状，企业在规划生产流水线时应予以摒弃。因此，引入服装吊挂系统一定程度上能对生产线的合理规划与数据化、标准化生产提供系统支撑。

（三）企业智能制造生产线的设计模拟

案例采用集中区域化的缝制操作方式，缝制区域内采用吊挂系统进行生产各道工序间待加工衣片的搬运。生产线采用各类工序同步式生产，保证T恤各类领型生产线独立运作的同时，又可满足生产企业整体调整生产加工内容的需求，厂房的改造示意图如图7-20所示。

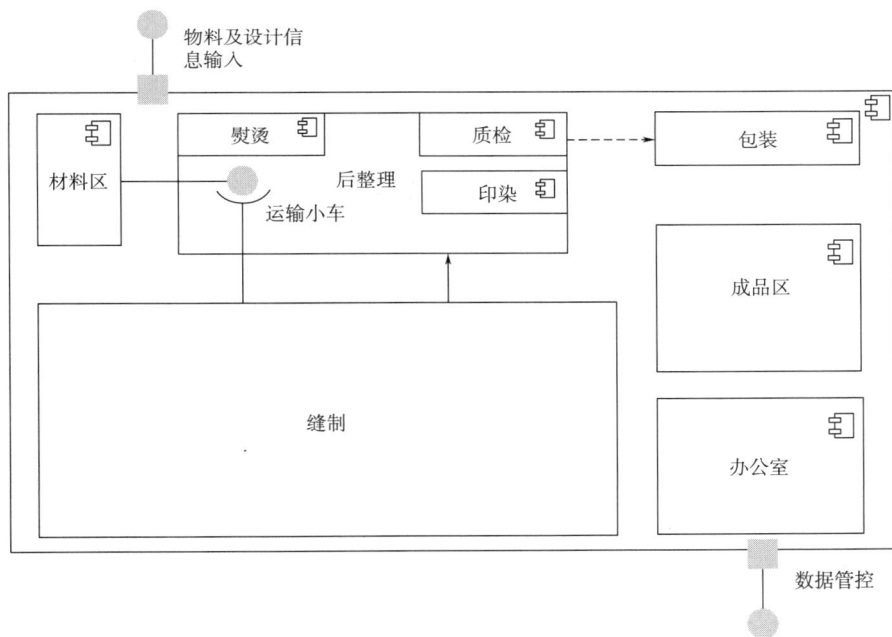

图7-20 厂房的改造示意图

在当前自动化工厂的现行状况下，案例将舍弃大量使用人工搬运与不符合人体工作工程学的操作作业方式，采用物料吊挂系统，并融合RFID技术等智能识别技术，将其集成到全自动缝制机械的编排与操作中。

针对柔性生产流水线设计，根据T恤的款式特征，可将其产品部件划分为衣身、袖子及领子3个一级模块。其中衣身模块可以细分为前衣身、后衣身、里襟衬、门襟衬4个二级模块；袖子模块可细分为袖片、袖头2个二级模块；领子模块可细分为帽领、翻领、翻领衬、领座与领座衬5个二级模块。针对模块进行流水线的分割与综合，使其满足标准化、模块化生产。

根据整个生产线要求设备所需满足的各项功能，柔性定制T恤自动生产装备被分为相互独立并易组装、相互独立且不易组装、不易组装且共用设备等部分。接着，对依照T恤分类所划分的生产工序进行分解，主生产流水线分为粘衬工位、卷边（底摆、袖口）包缝机缝纫工位、上料（合肩缝、合侧缝、合袖缝）平缝机缝纫工位、打眼钉扣工位和熨烫工位。为保证整个自动化生产的完整性，对独立生产工位进行命名与细分。

在缝制过程中，为保证不同领型的T恤生产加工在同一时间进行，将Polo领、圆领、连帽领各缝制单元并列排布。而由于Polo领T恤的特殊性，继而考虑将门襟自动化缝制设备规划安排在AGV运输轨道途经Polo领缝制单元的相邻一侧，保证加工物料的高效运输。

为打造数字化工厂，案例考虑将全自动设备纳入定制—缝制流水线的规划中。在圆领T恤流水线分支上，包缝工艺操作工位将部署自动缝圆领机，利用稳固的领条技术保证圆领T恤成品质量的完成度，同时在操作过程中，仪器还会自动抬压脚、剪线吸尘，从而减少了人工操作，保持生产环境的整洁度，避免因额外的清洁工作提高企业的生产成本。仪器的数字化计件功能也能为后续的数字化、智能化管理与虚拟孪生技术的应用提供服务。在T恤衣片下摆缝制工位处，案例安排了自动环形下摆机。该设备能自动定位T恤侧缝导向，依据定制移动端大数据实现止口宽度的快速转换。配合T恤下摆开口缝制自动工作站，能实现下摆的精准定位与自动裁剪，实现下摆缝制高度自动化。工作站配备的数字屏也由云端数据系统对生产数据进行调控，保证生产的精准化实施。在T恤衣片门襟缝制操作安排时，案例规划使用自动门襟锁眼机与自动门襟钉扣机完成门襟缝制与后续锁眼钉扣操作。

为实现把数字孪生与元宇宙技术融入定制—缝制流水线的规划中，工厂在缝制流水线吊挂系统上安装了智能识别摄像。同时，工厂利用机械臂协调缝制操作，通过RFID等识别技术将衣片信息传输至管理系统，实现生产信息数字化。

在采用吊挂系统后，对于操作台的规划与安排也进行了调整，将部分操作台面改为辅助台，并与缝纫机安排在同一水平线上，操作者面向缝纫机正坐，将储物箱直接安排在操作者左侧，缩短操作者因站立或弯腰取物造成的时间消耗，提高了缝制效率。此工作台安排方式适用于单一裁片或半成品的缝制操作，在多裁片缝制时，裁片堆砌于辅助台上则会造成缝制流程的进一步延长。

完成基本缝制操作后，产品进入后整理区域，根据市场需求传递到定制系统而提供的生产数据，进行定制图片的个性化定制生产。待完成数字印花等操作后，产品进行包装最后陈列或进行物流配送至客户处。

第四节　牛仔裤

牛仔裤的历史可以追溯到18世纪末，现如今依然是很多人的服装首选，其地位只有西服能与其相提并论。历经一百多年的演变，它跨越了阶层、贫富、年龄、种族的界限，创造了"百年时尚"的奇迹。然而，随着社会的进步发展，牛仔裤产业也面临诸多挑战。作为服装产业的一部分，牛仔裤产业面临着劳动力成本不断上涨、低成本优势消失、产品个性化不足、生产周期长、资源利用率低以及污染严重等挑战。在此背景下，我国服装产业亟须转型升级，牛仔裤产业作为服装产业中重要的组成部分，也应抓住时代发展的机遇，积极应用智能制造技术来提升自身自动化、信息化和智能化的水平。

智能制造技术的引入使服装制造过程得到了升级，自动缝制技术和数字化全自动模板缝纫机的发明和发展，使得服装生产摆脱了对熟练技工的依赖，使曾经只能靠手工制作的复杂服装的标准化、大批量生产变成了现实。数字化技术的广泛应用，促使服装制造业从传统生产型模式向知识型模式转型，这是服装制造业信息化的基础，也是实现数字化制造的重要途径。数字化技术与激光技术结合形成的激光洗水技术，颠覆了传统上大量依赖化学原料和水的洗水工艺，引领了洗水行业向高效环保的方向转型发展。服装智能制造技术的应用直接关系到纺织服装领域未来的发展，因此我国正在加大对服装领域进行智能制造应用水平的研究力度，这对整个纺织服装行业的发展意义重大，会带来可观的经济利益，增加从业者的收入，提高消费者的消费体验，是服装行业升级转型的重要途径。因此本节从牛仔裤制造流程切入，介绍了一般牛仔裤的工艺流程，并分析了牛仔裤传统缝制设备和洗水工艺的现状和不足，提出了创新方向。本节还介绍了应用的2项智能制造技术——自动缝制技术和激光洗水技术的基本情况及其在牛仔裤生产中的应用优势。

一、传统牛仔裤制造流程

牛仔裤工艺复杂独特，且需要洗水。通常，牛仔裤使用蓝色的牛仔布并且用橘黄色的棉线缝制，缝口明线装饰较多。在制作时，牛仔裤的生产需要使用多种特殊的专用设备。牛仔裤制作过程可以大致分为产前、缝制、后整理、包装4个阶段。

（一）产前阶段

为了保证服装质量的稳定性，牛仔裤制作过程需要制定一系列工序，并加以控制。产前阶段首先要根据客户提供的生产订货单制定牛仔裤的生产流程图。生产订货单记录了牛仔裤的样品要求、样板设计、修正事项、水洗处理色标、注意事项等信息。然后生产部门要与客户共同确认并修正样板和样衣，继而展开后续工作。将样板和样衣提供给裁剪部门后，裁剪部门会先计算用料率，然后进行排料、提料、铺料等工作。最后，裁剪车间按照流程进行裁剪，裁剪完成后将裁片分包送到缝制车间，工艺师会根据生产流程图指示将裁片发送到缝制流水线的指定工位上开始缝制工序。

（二）缝制阶段

牛仔裤的款式图及缝制工序如图7-21所示，这是牛仔裤制作最重要的工序，一般细分为5组工序：前片、后片、前门襟和拉链、组装缝合、套结及钉扣锁眼。一般来说，前后片的缝制工序一般同时进行，一些辅助工序（剪线头、钉纽扣等）灵活穿插在制作过程中。

1. 前片

做前片过程中，需要的裁片有左右袋布、小侧片、前裤片和标签等。这些裁片会被分配给机工，机工首先在左前袋布上车缝标签，该标签一般包含洗水说明与厂标。然后机工车缝表袋与袋口，待袋布做好后将其放在前片相应位置后固定，然后把前片转移到下一组工序。

2. 前门襟和拉链

在绱拉链前，需要准备门襟裁片和前片半成品。其首要步骤是缝合底襟，完成后将其正面传递到下一步工序。然后，将门襟和前片的裆部包缝，把左半边拉链布绲在门襟贴边上，与前片紧密缝合，在左裤片上车缝门襟造型线，后将右半边拉链与底襟缝合，并与右裤片缝合，最后确保前裆缝包含在内即可。

3. 后片

后片的制作需要准备左右后袋、后育克、后裤片和袋上附带的标签。首先要用特定的模板确定后袋造型线并调整尺寸，以便在后袋上准确印制纹样，后根据纹样进行车缝明线、用熨斗和口袋扣烫模具扣塑造后袋立体造型，同时缝合后育克与后片，待缝合完毕后在后片定位并车缝标签。

4. 组装缝合

此阶段，机工进行缝合前后片工作。为加固前后片，需要沿牛仔裤的侧缝车缝明线，然后进行绱腰操作并缝合下裆。接着进入下道工序，制作5个腰带襻，其中1个在后中缝，前片左右袋口各1个，另两个在前袋至后中缝之间的位置。

5. 套结及钉扣锁眼

机工在牛仔裤的腰头上锁圆头扣眼，并在尾部进行套结加固处理。另外，腰带襻、门襟、后袋、裆等重要部位也要套结加固。最后，将皮标牌缝在腰头上，待质量检测后进入后整理工序。

（三）后整理阶段

牛仔裤后整理的核心是洗水整理，它直接与牛仔裤的外观、质量、价格相关。洗水是牛仔裤风格形成的重要步骤，是一种时尚艺术。牛仔裤的立体风格和"穿旧感"都通过此工序实现，同样的牛仔裤会因为洗水的化学药品、洗水条件和洗水设备的不同而有所差异。此外，洗水整理还有调整手感、改善颜色和外观、防皱、防污等功能并能补救一些质量问题。

牛仔裤的洗水整理是一个复杂的过程，其中包含着机械处理与化学处理，一些步骤还可以进行调整和组合，但其操作大体相同。传统的牛仔裤洗水整理的工艺流程如图7-22所示。

前片
- A1 左前袋布缝标签
- A2 车缝表袋与袋口
- A3 车缝表袋
- A4 缉袋布
- A5 折袋布，车缝底袋
- A6 固定袋布与前片
- A7 翻折，车缝侧袋明线
- A8 按标记固定侧袋
- A9 车缝门襟明线
- A10 车缝底襟与右前片
- A11 缝合拉链与右门襟(含前裆缝)
- A12 固定前后片
- A13 包缝侧缝
- A14 缉腰头
- A15 封腰头两端
- A16 缝合下裆缝
- A17 车缝裤口
- A18 缝制带襻
- A19 锁圆头扣眼
- A20 套结
- A21 车缝皮标牌
- A22 质量检验

后片
- C1 在后袋印出纹样
- C2 按纹样车缝明线
- C3 装袋
- C4 车缝袋口明线
- C5 扣烫布袋
- C6 将后育克与后片缝合
- C7 缝合两后片
- C8 在后片定位并车缝标签

前门襟
- B1 勾底襟
- B2 包缝底襟
- B3 包缝前裆缝
- B4 门襟贴边
- B5 勾左门襟，车缝边明线

腰带

序号	工序说明	图形符号
1	平缝机作业	○
2	熨烫、手工作业	◎
3	特种机器作业	●
4	质量检验	◇
5	裁片投入	▽
6	成品停滞	△

(a) 款式图　(b) 缝制工序

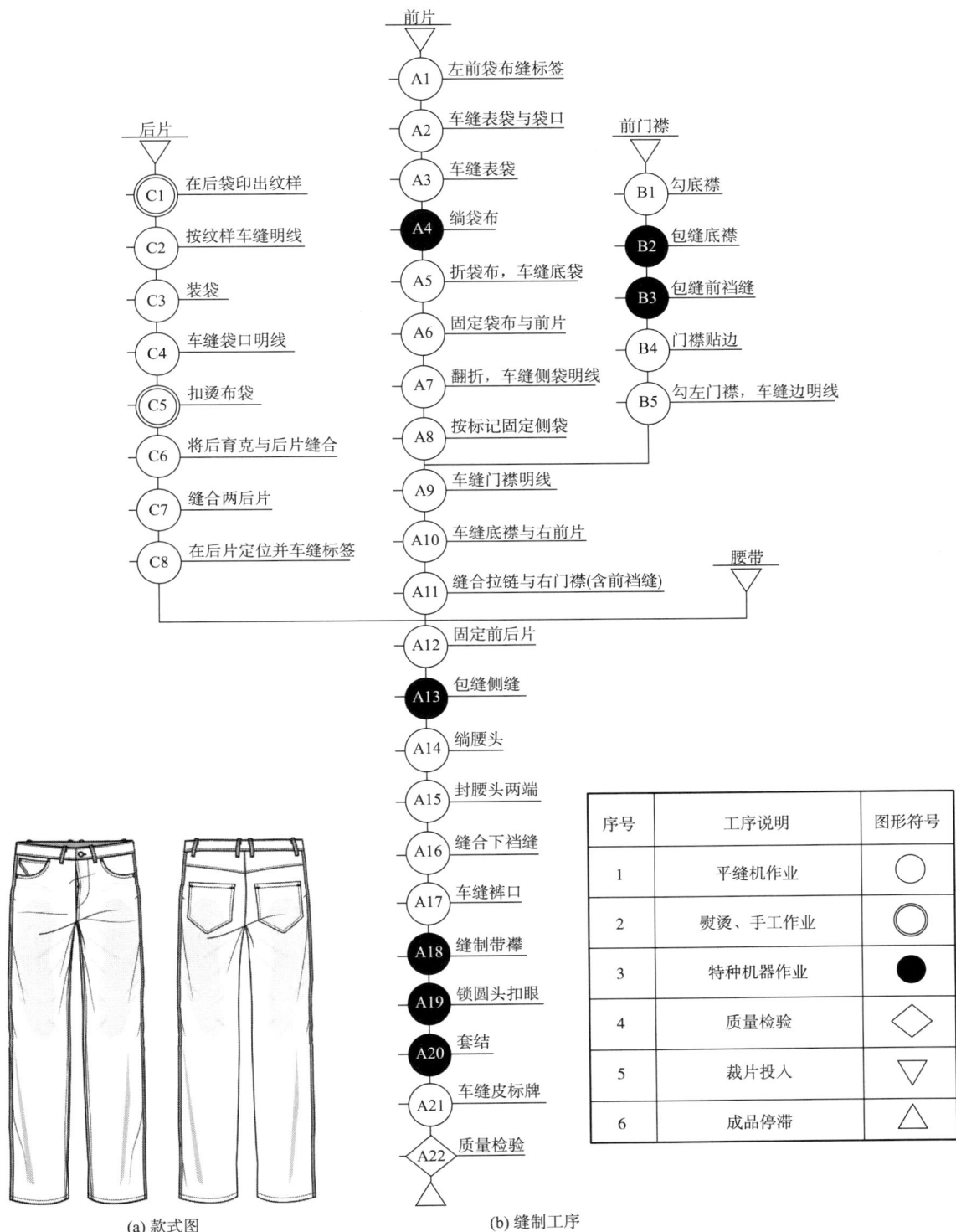

图7-21　牛仔裤款式图及缝制工序流程图

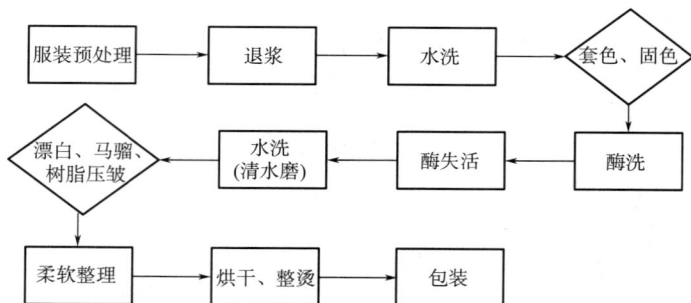

图7-22　牛仔裤洗水整理工艺流程

（四）包装阶段

经过洗水处理后，牛仔裤被送到包装车间。工人们进行一些如剪线头、安按扣等检验工序，再装上吊牌、腰牌和后袋吊牌，随后包装牛仔裤，等待最终验货。

二、智能制造技术

（一）自动缝制技术

1. 定义

服装全自动缝制技术是先进的缝制工艺技术。目前，市面上现有的全自动缝制系统包括3个部分：一是服装模板、缝制CAD软件，二是模板切割机（模板专用激光切割机或者模板铣机），三是全自动模板缝纫机。

2. 原理

自动缝制技术的工作原理是将服装CAD设计出来的裁片，根据需要自动生产模板切割数据和缝制线迹数据。将模板切割数据输入到模板切割设备中，按照要求生产模板，再经过模板组装人员将模板组装并粘贴好待用。得出的缝制线迹数据导入自动模板缝纫机。操作时，将面料放于模板上，再将模板固定在自动缝纫机的框架内。启动全自动模板缝纫机后，全自动模板缝纫机按照缝纫线迹数据自动完成缝制。在整个过程中，模板CAD扮演着重要角色，可以说，离开CAD，自动缝纫机就无法有效工作。

3. 意义

缝制工序对劳动力的高度依赖一直是服装制造发展的瓶颈，在缝制工序中引入自动化技术，可以通过最大程度地减少人工干预来防止制造错误，提高产品质量和生产率。

（1）待缝制面料的装载。服装缝制的多数环节都可以实现自动化，其中待缝制面料的装载包括拾取、整理、折叠直至推送到缝纫机的压脚下的全过程。在这一过程中，首先需要识别面料，这依赖于视觉图像处理技术。该技术使用视觉或触摸传感器与形状识别算法来识别面料，生成图像后与预先准备的图像进行匹配完成识别。然后经过识别处理的数据被传输到计算机端，并控制抓取面料的机械臂，使其移动到抓取的最佳位置。在面料的抓取过程中，需要采用特殊的抓取技术将面料从布料堆中拾取。由于面料的柔韧性和透气性，处理服装部件的夹持器应区别于一般的机器人夹持器，如新型的静电夹持器。此外在服装自动化生产中，面料夹持与后续的裁剪或缝制工序相结合时，确保紧握的面料不松弛、不起皱非常重要，为此夹持器必须根据目标面料的形状选择合适的夹持点。因此，需要使用配备自适应抓取系统的机械臂来适应不同形状的面料。

（2）待缝制面料的缝制与已缝制面料的拆卸。待缝制面料的缝制包括移动缝纫针，引导其完成缝制过程，包括对齐、测量和固定工作。当裁剪好的面料被传送至全自动缝制系统的硬件上时，全自动缝制系统利用数字化设备在模具材料上开槽，并在模板缝纫机上安装压轮及对应的针板。随后，电控系统根据缝制指令数据，使针头按照设定的工艺要求进行缝制。全自动缝制系统由软件和硬件两部分组成，软件部分负责设计用于固定衣片的模板、设计缝制工艺并输出缝制所需的设备参数；硬件部分是根据软件输出的缝制文件指令，按照预先设计的缝纫线进行缝制。当同一块面料上需要有多种不同的线迹时，这就需要通过不同的缝制指令来完成。缝制过程结束后，机械臂将已缝制面料进行拆卸，包括剪断缝纫线、翻转和折叠等过程。近年来，模板化缝制技术作为一项创新技术正逐渐在国内普及发展。该技术使用硬质材料（如PVC）制作模板，在模板上按照缝纫文件的轨迹要求切割出缝纫轨迹槽，移动平台使缝纫机机针能够沿着缝纫槽实现对布料的缝纫工作，解决了因布料的柔软引起的无法实现自动送料的问题。在服装缝纫中同时使用自动裁剪技术、自动制板技术、自动缝制技术，可真正实现服装行业"三化一体"（即自动化、智能化、集成化）的现代化生产方式。自动缝制技术的不断改进与革新将逐步改变该行业生产方式，有助于国内服装产业技术的全面提升。

4. 优点

自动缝制技术与设备的应用可以克服工序对于操作工人手工操作的依赖，提高生产效率和自动化程度，并满足大批量生产牛仔裤的需求，为牛仔裤生产企业降低制造成本、优化管理、转型升级提供支持。

5. 缺点

自动化机器在沿着目标面料的边缘精确地设置缝纫线及处理缝纫件方面面临挑战。缝制时对面料的损伤也是服装生产中的一个问题，它会导致待缝制面料的破损，从而降低最终产品的质量。实现服装制造业的自动化，必须解决上述质量问题，以确保通过自动化流程制作的服装达到与手工制作的服装相同的质量。但目前机器人缝制质量较低，其商业化应用受到限制。同时，自动缝制过程中也会存在跳针、线迹交错、线迹密度不一致、缝线起皱或线圈断线等问题。因此，必须根据面料的性能来设定最佳的缝制条件。

（二）激光洗水技术

1. 定义

激光洗水技术采用激光光束照射织物表面进行刻蚀，使织物表层吸收激光能量并迅速转变为热能，在短时间内气化并形成预设的花纹图案，如猫须、马骝等，当激光光束能量高时还可以做出镂空等效果。

2．原理

激光洗水技术利用了激光光束的照射加工原理，通过电脑控制的激光束照射到染色面料表面，一部分光会被反射，而大部分激光能量被吸收快速转化为热能，导致面料表面温度在短时间内急剧上升，面料上的染料瞬间汽化并褪色，从而形成深浅不一的花纹。若是激光能量足够高，还可以刻蚀面料纤维，实现切割、镂空等效果。在激光洗水的操作中，先用设计软件预先绘制好图案，经过优化编辑之后生成文件并导入到设备软件系统中，设置好激光的参数后运行。激光作用于牛仔裤时，激光的能量强度由数字图案的灰度值决定。虽然实际的效果会因为牛仔裤的面料和染料的不同而存在差异，但经过优化之后，被刻蚀的面料能呈现过渡自然、纹理细腻、古朴内敛的拔色印花效果，同时也能实现牛仔成衣加工中猫须、马骝、破洞、磨烂、擦白等常规洗水效果，以及一些线条精细、复杂多变的个性化拔色印花效果。

3．流程

为了实现激光洗水加工，在计算机控制系统中，将图像图形加工数据转化为数控加工NC代码，并把控制信号传送至洗水烧花机运动控制器中，进一步转化成能够驱动步进电机的脉冲信号，通过机械传动机构控制加工轨迹，完成激光洗水自动化加工全过程。

4．优点

牛仔裤激光洗水是智能化的工艺，其批量化生产大幅简化了生产过程，采用信息化的生产管控方式，操作人员只需要根据板型图案调整相应参数即可实现连续化生产。这一操作简单易行、对人工依赖程度低、产品稳定性高，而且激光洗水技术通过对纺织品表面进行高温刻蚀使染料挥发，不需要化学药剂，并且不会对人体和环境造成危害，同时也能缩短传统的洗水工序，符合当今环保经济的发展趋势，是一种值得大力推广的服装加工方式。

5．缺点

在激光处理过程中，面料的表层会因为蒸发作用遭到破坏，这会导致织物颜色的变化，也会对面料造成损伤，面料的强力和克重会降低，因此需要降低加工能级，进行区域洗水。此外，目前牛仔裤产业的工作人员文化水平普遍较低，生产条件也比较简陋，技术设备还处于起步阶段，同时培训人员的成本较高，因此在牛仔裤的生产中，激光洗水技术还未能完全替代传统洗水技术。

三、牛仔裤智能生产线构建

（一）牛仔裤生产线需改进的问题

首先，牛仔裤生产作为典型的劳动密集型行业，依赖大量的劳动力，对劳动力成本的变动极其敏感。尽管很多牛仔裤企业已开始进行转型升级，旨在提高生产效率，但目前发展很不成熟，水平较低，缺乏合适的自动化升级引导。

其次，牛仔裤产业污染问题比一般的服装产业更严重，由于牛仔裤的洗水环节作为牛仔裤制作的核心步骤需要消耗大量水资源，因此牛仔裤产业的水资源浪费问题不容忽视。目前的主流洗水流程和设备存在过于传统、自动化程度低、效率低、污染严重等问题。

最后，大规模工业化的牛仔裤生产已难以满足现代市场多元化的需求，消费者不再满足于大规模生产的牛仔裤，而对个性化和小众化产品有更多的需求。牛仔裤从设计到销售的周期越来越短，一旦产品落后于市场，企业将面临亏损风险，这会给牛仔裤生产商及供应链带来巨大挑战。

因此，为了适应快速变化的消费市场，牛仔裤行业纷纷寻求智能化转型。智能化技术能够将生产信息和市场情况及时反馈到企业，让管理者根据市场情况做出相应的调整，从而形成一条具有较高市场灵敏度的生产线。尽管国内的牛仔裤服装企业较少使用全流程的智能化操作，但将智能制造技术应用到牛仔裤生产线中对解决上述问题具有显著的效果。消费者和牛仔裤企业对牛仔裤智能生产线都有所需求，因此构建自动化、智能化、个性化的牛仔裤智能生产线迫在眉睫，上述弊端、解决途径与实现效果如图7-23所示。

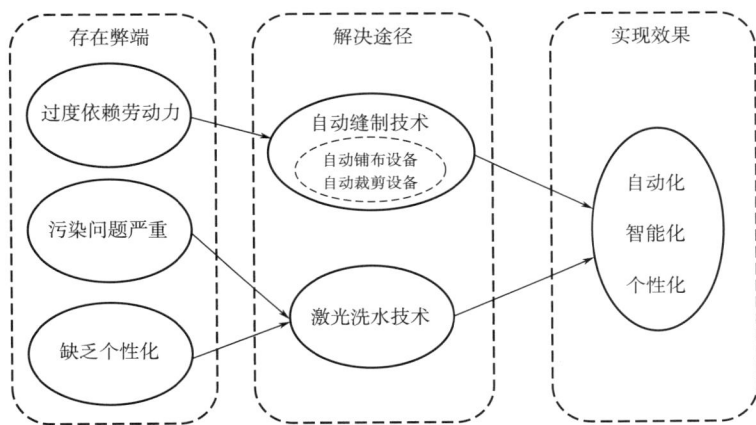

图7-23　牛仔裤智能生产线需求分析

（二）牛仔裤智能生产线设计

牛仔裤生产过程因各步骤的侧重点、预计效果和目的不同，可以划分为3个阶段：产前、产中和产后，且这3个阶段都应向智能化发展。产前阶段主要侧重于产品的设计和开发，应与消费者进行实时交互，实现牛仔裤的个性化设计，这样可以缩短开发时间、降低成本的同时满足消费者对个性化和小众化产品的需求；产中阶段应利用自动化、智能化设备和技术来进行裁剪、缝制等工序，以缩短制作时间、提高成品稳定性与质量，同时摆脱对劳动力的过度依赖；产后阶段的重点是后整理，后整理的核心是洗水环节，洗水过程需要应用智能洗水技术来减少污染、提高效率，打破牛仔裤"由水制成"的传统观念，提升企业的社会形象与影响力，适应可持续发展战略。

1. 牛仔裤智能生产线产前设计

产前阶段主要侧重产品的设计和开发，此过程从市场调研开始，在市场调研中，设计师需要亲自与消费者接触交流，了解消费者的需求和心理预期，设计师、买手、跟单员紧密配合，通过最新的流行趋势和以往的销售情况的分析，总结设计的季节流行色、主题、流行面料及后整理方式。设计开发的下一个阶段包括两个过程：草图设计和样板开发。首先，设计师根据数量绘制设计草图，然后基于这些粗略的草图，制出精确的技术图纸。打板师根据精准图纸制作出纸样，再根据纸样进行裁剪、缝纫、后整理、试穿样衣来评估纸样设计的准确性。纸样开发、样衣制作、洗水及试穿过程是反复实验的过程，旨在确保最终的服装合体并能够准确地表达设计理念。

在此过程中，一系列智能技术可以被运用，如用于管理整个企业工作流程的ERP系统和用于管理详细产品数据和信息的PLM系统。在众多技术手段中，CAD、CAM是核心技术，服装CAD系统集款式设计、结构样板设计、图案配色设计、放码、排料以及工艺单设计等功能于一体，极大地提高了系统制板的人性化和智能化，这些技术最终可以提高企业产品开发效率和准确性，简化开发流程。

牛仔裤相较于其他类型的服装有独特的艺术效果，这些效果需要通过特殊的洗水工艺来实现。但目前，大多数企业的洗水工艺只能实现一些传统的洗水效果，无法根据消费者的需求实现更精细、更复杂的个性化效果。而激光洗水技术能把不同的设计要素整合在激光雕花板型图案之中，这是一种洗水效果的数字化表达。

在市场调研的基础上，进行激光雕花板型开发。需要使用通用设计软件绘制组合雕花板型图案，再根据具体尺码优化和编辑板型图案，之后将板型图案直接导入激光雕花设备的控制系统，然后要根据预期设计理念经过多次调试设置好激光运行参数，达到满意效果就可进行生产。由于激光的高度可控性，仅须一次激光洗水加工就可以实现融合了各种设计元素的板型图案的效果。应用该技术的牛仔裤进行批量化生产可以极大地简化工艺流程，操作人员只需根据板型图案调整相应的激光加工参数即可实现连续化生产，大幅降低对人力的依赖程度，确保产品的高稳定性，也有助于实现产品的差异化和市场竞争力提升。

2. 牛仔裤智能生产线产中设计

产前阶段结束后进入生产阶段。牛仔裤智能生产线在生产阶段需要依赖各种自动化设备构成的自动化流水线。而服装CAM系统可以调控这些自动化设备，利用计算机分级结构总体管理控制生产制造过程中的各项作业。其主要功能是将服装CAD系统的款式设计、工艺设计、智能排料与生产制造系统联机作业，生成数字化加工指令。在此过程中，牛仔裤生产过程的铺布、裁剪和缝制都可使用自动化设备实现智能化升级。

布料首先经过富怡自动对边多功能验布机RP-2100C-JS-ED（图7-24）的检验，随后进行铺布工序。铺布工序就是按照排料图所确定的长度以及裁剪方案所确定裁剪床数和铺布层数，将布料逐层平铺以备裁剪。铺布工作是裁剪工作的基础，其质量的好坏直接影响裁片的合格率，而铺层效率决定着企业的生产效率，因此铺布作业是牛仔裤生产中的关键环节。相比目前大部分企业采用的人工铺布，数字化铺布技术使用全自动铺布机只需要一个人控制，可以极大缩短作业时间和降低生产成本。牛仔裤生产可以使用富怡全自动大料斗铺布机RPSM-NM-1-1000X1800-C-N300-NA-1P220（图7-25）。

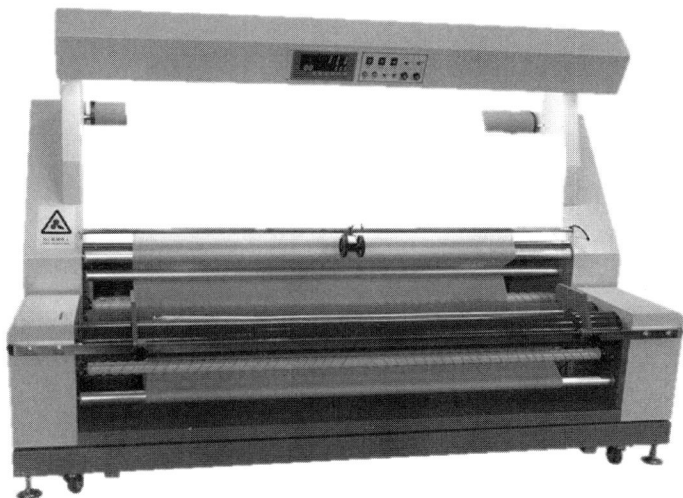

图7-24　富怡自动对边多功能验布机RP-2100C-JS-ED
（图片来源：上工富怡智能制造有限公司官网）

图7-25　富怡全自动大料斗铺布机RPSM-NM-1-1000X1800-C-N300-NA-1P220
（图片来源：上工富怡智能制造有限公司官网）

完成裁床铺布和排料后，布料被AGV自动驾驶小车（图7-26）运送到裁剪车间，开始裁剪作业。裁剪是服装制作中的关键环节，裁片质量直接影响到服装品质的优劣。在牛仔裤的生产中，裁剪工序也需要智能化技术的加持。数字化裁剪机裁剪精度高、无须二次修剪，可以有效提高生产效率、降低人工成本，非常适用于牛仔裤裁片的裁剪。以富怡全自动9cm计算机裁床为例，该设备通过智能裁刀智能调速和自动补偿侧应力，保证了裁片的品质，同时自动过窗功能能够实现连续裁切任意长度的裁片。富怡全自动9cm计算机裁床如图7-27所示，传送带自动卸料系统将裁切完毕的辅料片送至裁床收料台。

图7-26　AGV自动驾驶小车
（图片来源：ZCOOL官网）

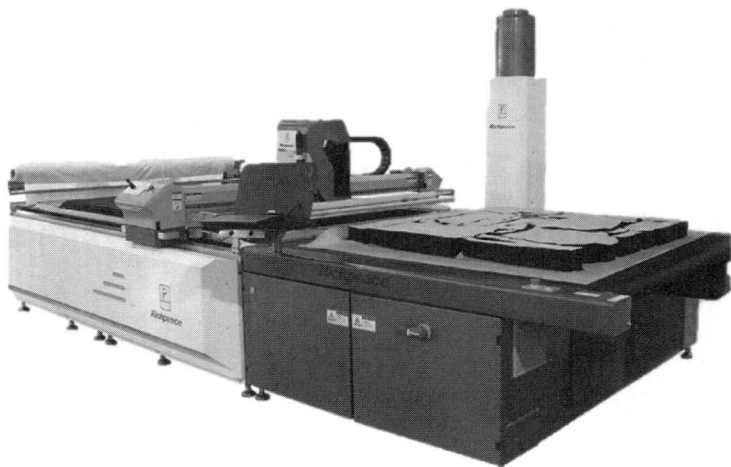

图7-27　富怡全自动9cm计算机裁床
（图片来源：上工富怡智能制造有限公司官网）

　　裁剪出裁片后，裁片经由自动驾驶小车运送到缝制车间开始缝制作业，而自动缝制技术几乎可以完成整个牛仔裤缝制工序。富怡公司于2013年成功研制出全自动模板式缝纫机，经过多年的改良，目前该设备已能适应牛仔裤的各种缝制工艺。全自动缝制系统由软件与硬件组成，软件以CAD软件为核心，通过先进的计算机控制系统，可以实现从模板工艺设计到CAD输出、切割、自动化缝制一体化流程。服装模板 CAD 软件能够生成自动缝纫文件，通过激光模板直接导出到模板切割机,在PVC、PC、亚克力等板材上切割,组合粘接成服装缝制模板。这种工艺支持多头同步按照模具开槽轨迹进行自动缝制,改变了一人一机的生产方式,减少了对技术缝纫工的依赖,解决了行业用工短缺的难题,使缝制生产效率显著提高。硬件部分可应用自动缝制设备,如牛仔裤各裁片的缝合可用优乐马克生产的EM 4021自动牛仔合缝单元(图7-28)。缝制过程结束后,牛仔裤经过自动烫裤机的熨烫进入产后阶段。牛仔裤智能生产车间布局图如图7-29所示。

牛仔裤智能生产车间的优势如下。

①牛仔裤智能生产车间可以实现"无人化"作业,生产车间的运输、验布、排料、裁剪、缝制等各个环节均使用自动化设备。验布机、上下布装置、铺布机、打标机、裁床、自动化缝纫机、AGV等成套

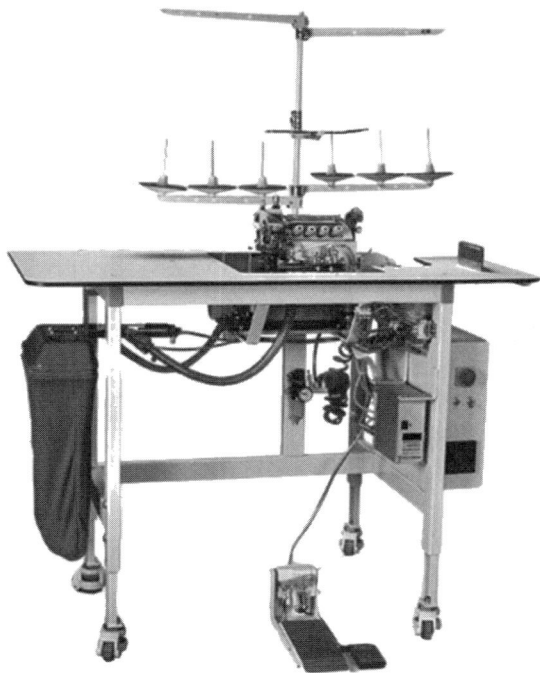

图7-28 优乐马克EM 4021自动牛仔合缝单元
(图片来源:浙江优乐马克精密器械科技有限公司官网)

的自动化设备的使用,大幅度减少了人工的投入。AGV小车会按照预先设定的时间和轨道运行,确保不会出现纰漏;排料设备可以优化排料、减少面料浪费,降低生产成本,通过集成CAD排料软件,实现排料最优化,最大程度减少了裁片间隙,充分利用面料,减少面料的浪费,实现了成本控制的最大化;裁床裁剪出的裁片精度远远高于人工操作,其裁片的品质得到大幅提高;缝制设备缝制出的牛仔裤整体质量更好,避免了人工操作中可能出现的错误、浪费问题。这些自动化设备均按照服装CAM系统设定的指令运行,不仅提高精度品质,还降低运营成本。而且,这些物联网设备全程联网,通过数据支持和智能分析,可以进行预见性维护,进一步降低运营成本。

②随着消费需求和消费场景的改变,服装企业传统的大批量生产模式受订单量不足的影响,面临着严峻挑战。因此,推动数字技术与实体经济深度融合,加速传统产业转型升级显得尤为迫切,只有通过智能化转型,服装企业才能灵活地适应目前小单快返和批量生产并存的市场现状。服装企业要想在市场上保持竞争力,裁剪智能化、数字化是必然的发展方向。牛仔裤智能生产车间既能实现大规模生产也能实现小批量定制,还可以在运营成本和生产利润之间取得更大的盈余空间。

③牛仔裤智能生产车间实现了数字化信息互通,可以通过协同工作发挥出"1+1>2"的效果。生产车间的数据互联,不仅打通了牛仔裤制造的每一个环节,将独立的工作模块联系

起来，提升协同工作效率，管理人员还可以通过数据监测及时地调整生产决策，提高生产车间的生产效率。

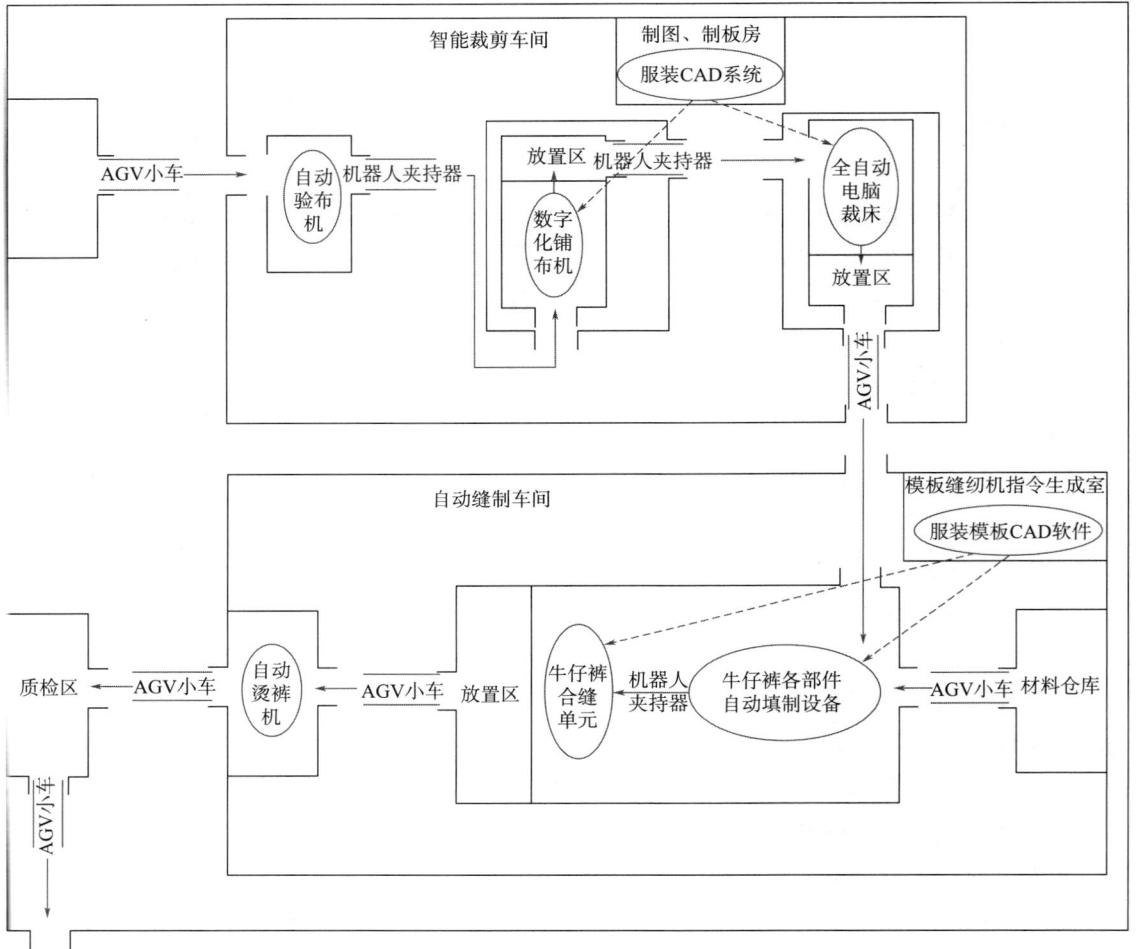

图7-29　牛仔裤智能生产车间布局图

3. 牛仔裤智能生产线产后设计

产后阶段的重点是后整理，后整理的核心是洗水工艺，洗水赋予了牛仔裤灵魂。但这也是牛仔裤生产中最需要进行智能化转型的工序，因为该环节除了效率低，还涉及环境问题，与国家可持续发展战略不符，如果不能有效解决污染问题，牛仔裤行业就无法得到可持续发展。新型的洗水技术由此应运而生，如臭氧洗水技术、激光洗水技术和纳米气泡洗水技术。但综合技术难度、生产效率、实用性等因素，激光洗水技术是当前的最优选择。

在牛仔裤生产线产前阶段，已经选定好了激光雕花图案并进行了相应的加工参数实验，因此在洗水车间可以直接进行批量化生产。当牛仔裤被运送到指定区域时，操作人员仅需要将牛仔裤穿在仿真人体模型上，然后启动计算机控制的激光加工设备即可。激光加工设备可用东莞市光博士激光有限公司生产的绿先锋3D，如图7-30所示。该激光牛仔洗水设备搭载了一台600W的德国进口CO_2激光器，并配置了2D洗水平台。当牛仔裤布料平摊在平台上后，便可开始雕刻图案。该激光设备创造性地应用了仿真人体模型。牛仔裤穿在仿真人体模型后，设备通气使牛仔裤膨胀，裤子如同穿在真人身上，激光雕刻在裤子立体表面上的图案会呈现出逼真的3D效果。通过单个人体模型的自转和两个人体模型的互转，实现牛仔裤前后双面洗水作业并同时完成雕刻与装卸工作，极大提高了生产效率。

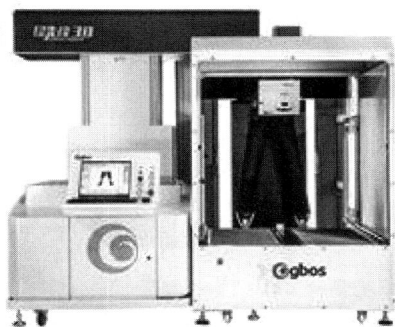

图7-30　绿先锋3D
（图片来源：光博士官网）

激光加工完成后，需进行普洗后整理工序，除去被激光汽化或刻蚀的染料和纤维粉尘，然后经过富怡自动烫裤机RP-TKJ-128B的整烫和富怡自动折叠包装机RP-4350B的包装即可完成牛仔裤生产。富怡自动烫裤机RP-TKJ-128B如图7-31所示，富怡自动折叠包装机RP-4350B如图7-32所示。至此，牛仔裤智能生产线构建完毕，整个智能工厂的概念图如图7-33所示。在整个过程中，使用MES系统收集生产数据，传送至ERP系统进行信息的存储和使用，生产管理者利用精确、全面的信息来改进和提升生产的质量和效率，使生产线实现自动化、智能化、个性化，彻底颠覆了传统的牛仔裤生产线，实现了牛仔裤行业高效环保的工艺升级换代。

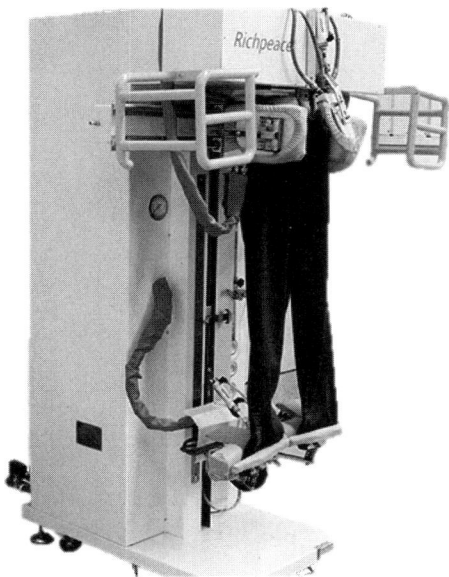

图7-31　富怡自动烫裤机RP-TKJ-128B
（图片来源：上工富怡智能制造有限公司官网）

图7-32　富怡自动折叠包装机RP-4350B
（图片来源：上工富怡智能制造有限公司官网）

图7-33　牛仔裤智能工厂概念图

第五节　西裤

　　本节将详细阐述智能制造在西裤生产中的应用，运用案例研究法，结合搜集的文献、企业数据，对企业的智能化生产线布局、生产流程优化、机器设备配置等进行综合分析与探讨。

　　西裤通常采用直筒或修身剪裁，腰部设计有腰带和钩子，配备前口袋和后口袋，选用如羊毛、丝绸、亚麻和棉等优质面料制成，价格较高。其长度一般刚好覆盖鞋子的鞋跟，以便保持整洁的外观。西裤的裤脚通常需要熨烫成笔直的线条，以便更好地与鞋子搭配。西裤的颜色通常是黑色、灰色、深蓝色或棕色，一般与西装外套配套穿着，也可以与衬衫和领带等搭配，主要适用于正式场合或商务场合穿着。

一、传统西裤制造流程

（一）西裤成衣标准

在裤子的缝制工艺中，西裤是缝制工艺最复杂的品种，需要进行烦琐的缝制工序，通常被用于制作高档服饰产品，因此对工艺的要求非常严格。一般而言，西裤应选用具有良好悬垂性、抗起皱性强、触感柔软、色调淡雅、轻盈飘逸的面料。由于西裤的尺寸规格不同，所以要根据其形状和特点进行设计。在工业生产过程中，需要运用多种专用设备，以确保生产效率和产品质量。

男西裤的质量要求如下。

①符合成品规格。

②外形美观，内外无线头。

③门、里襟的缉线顺直，长短一致，封口处无起吊。

④腰头的制作与安装顺直，带襻整齐、无歪斜，保持左右对称。

⑤侧袋和后袋袋口平服，后袋四角方正，袋角无裥、无毛边。

⑥整烫符合人体要求，避免产生极光现象。

（二）西裤制作过程

西裤制作过程大致分为产前、缝制、后整理、包装4个阶段。

以直筒西裤为例，如图7-34所示，该款西裤具有2个前斜插袋、2个后双嵌线开袋、2条直裤腰、6只裤带襻。前裤片设计为双向外的褶裥样式，后裤片则呈现左右各有两个腰省、平裤脚的形态。

1. 产前阶段

为了确保西裤高质量的同时，企业能够以高效率、低成本进行产出，西裤生产的整个过程都需要制订相应的计划。

面料和辅料在进厂后不能直接投入使用，企业需要保证面辅料能够满足生产需求，避免造成难以挽回的损失。面辅料在进厂后首先需要进行检验，对面料的数量进行核对并对面料的外观和质量进行检测，只有检验符合生产要求的面辅料才能够投入生产。同时，为保证整个生产工序顺利进行，企业在批量生产前必须进行充分的技术准备，其中包括服装工艺单、样板的制定和样衣的制作。企业制作出的样衣需要获得客户的认可，满足客户的需求。如果客户不满意，企业需要再次与客户进行沟通协商，获得认可后才能够进行下一步的工作。

在进行裁剪之前，必须先根据样板绘制出排料图，以确保排料的完整性、合理性和节约性，这是排料工作的基本原则。对于一些较宽而复杂的服装，可将其分为若干块单独裁剪，然后用缝纫机进行缝制。在进行裁剪时，务必确保剪刀刀口锋利且干净，以避免产生衣片边缘毛边或上下衣片错位的情况。裁剪完后必须进行熨烫，使服装达到美观效果。在进行锥孔

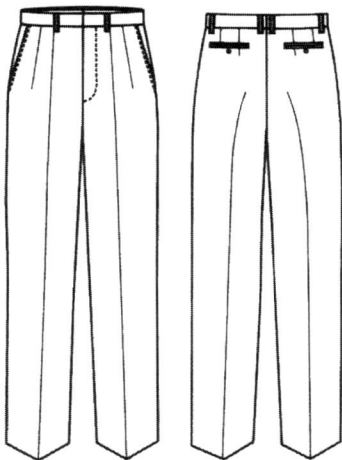

图7-34 直筒西裤款式图

标记时，应注意不能对成衣的外观造成任何不良影响。

2. **缝制阶段**

在服装加工过程中，缝制是一项至关重要的工序，根据服装款式和工艺风格的不同，可以将服装的缝制技术分为机器缝制和手工缝制两种。机器缝制是通过缝纫机完成的一种缝纫方法。缝制和加工的过程通常采用流水作业的方式进行。缝纫设备一般采用自动或半自动方式进行生产。在服装加工中，黏合衬得到了广泛应用，其主要作用在于简化缝制工序，实现服装品质的均一性，防止变形和皱褶的产生，并对服装的造型产生积极的影响。

西裤按部件划分，主要包括裤身左右前片、后片、门襟、里襟、腰头、裤襻等。每个部件又包含了各种制作工序，并配备相应的硬件设施，各工序制作流程图如图7-35所示。

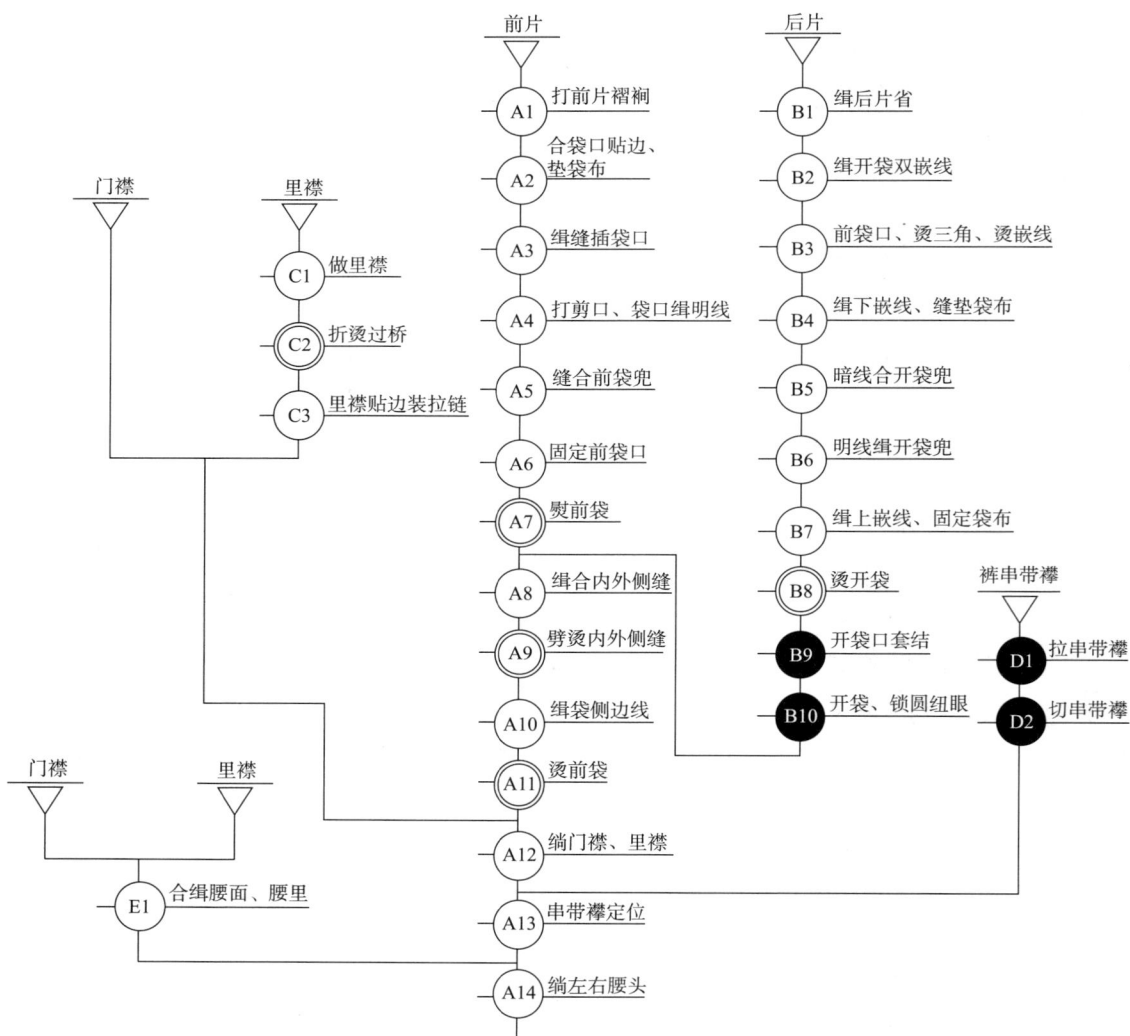

序号	工序说明	图形符号
1	平缝机作业	○
2	熨烫、手工作业	◎
3	特种机器作业	●
4	质量检验	◇
5	裁片投入	▽
6	成品停滞	△

A15　钉串带襻
A16　缉腰头嘴（过腰）、钉钩扣
A17　烫后腰头缝
A18　合后裆缝
A19　前袋和裆底打套结
A20　缉里襻边线、门襟造型线及固定过桥
A21　钉腰里线
A22　修线
A23　吸线
A24　烫裤缝
A25　夹机烫、划纽扣位
A26　钉纽扣
A27　确定长度、缲裤口
A28　整烫
A29　折叠
A30　包装
A31　质量检验

图7-35　西裤工序制作流程图

（1）做前片。首先，进行前片褶裥的制作，将前片的褶裥按照记号对折，沿着记号缉缝，其中靠近裆弯的褶裥缉缝长度5cm，远离裆弯的褶裥缉缝长度4cm，缉缝时要保持两个褶裥平行。随后进行袋口贴边、垫袋布、袋布的组装工作。将袋口贴边和垫袋布缝到袋布的反面。按照缝份要求将袋口贴边和前片袋口缉缝，在袋口转角处打剪口，沿着袋口缉明线，缉合前袋兜后将其固定。

（2）做后片。首先缉缝后片省，将省道熨烫平整朝向后裆。随后，做后片的口袋，先进行缉缝开袋双嵌线操作，即将袋布、后片、上嵌线布、下嵌线布等材料布置到后片正面的

袋位上后绲线固定。接着，剪袋口、烫三角区域、烫嵌线，最后绲下嵌线、缝垫带布，袋兜部分用暗线缝合，开袋兜处绲明线。最后，绲上嵌线、固定袋布、熨烫开袋、绲开袋口的套结、开圆形纽眼。

（3）绲门襟、里襟。将门襟贴边和左前片正面相对后绲缝0.8cm，缝缝到拉链尾部下方预留1cm，随后在门襟贴边绲一道边线，并将门襟贴边翻到反面。将里襟贴边与右前片正面相对绲线，从腰头处开始绲缝直至拉链尾部。最后，进行绲门襟拉链工作，将门襟边盖住里襟边，然后在门襟上标记拉链的对应位置，将拉链缝到门襟贴处。

（4）组合。将前后片缝合，绲左右腰头，制作串带襻，并将串带襻分别钉在前后片相应位置。之后，进行腰部缝，钉钩扣，合后裆缝。将前袋和裆底打套结以保持其牢固性，随后绲里襟边线、门襟造型线、固定过桥和腰里，最后进行裤口缲边处理。

3. 后整理阶段

在服装加工过程中，整烫被视为一项至关重要的工序，因为它需要使用"三分缝制，七分整烫"的技巧来确保完美的成品。服装的款式、色彩和面料都要通过整烫来体现。为了达到平整挺括的效果，西裤必须经过精细的整烫处理。

整烫前，必须要对服装进行裁剪和整理，对所有的线头进行彻底的消除，以确保服装的完好无损，使其平整美观。首先进行袋口、腰口、裥、省、门襟、里襟、小裆的烫制，其次进行腰里、袋布、裤脚、下裆缝、前后烫迹线的熨烫处理，最后进行侧缝线和前后烫迹线的烫制。

在服装的整个加工过程中，裁剪、缝制、锁眼钉扣、整烫等环节都必须贯穿着成衣检验的环节，以确保其质量和安全性。要做到准确地鉴别服装品质，首先必须对每批成衣逐一检查。在产品包装入库之前，必须对成品进行全面的质量检验，以确保其符合高标准的质量要求。

4. 包装入库

服装的外包装可分为挂装和箱装两种形式。箱装通常可分为内包装和外包装两种。将一件或多件服装装入一个胶袋中，并确保服装的款号和尺码与胶袋上的标识一致，同时要求包装平整美观，以达到内包装的要求。

西裤的外包装需要进行吊牌、衣架以及立体包装的工作。在对西裤进行包装时，将西裤对折，再加上防尘袋。同时，将干燥剂置于袋内以确保干燥。用纸盒包装，以独色独码的方式精心装箱，纸盒盖底口塑封严密，并确保每一个纸箱或商标都被贴上了平整的标签。内外包装的宽度和长度保持一致。将编织袋包裹于纸盒外部，并使用捆绳进行牢固的绑扎，同时要确保卡扣扣紧。

二、西裤相关智能制造技术

（一）西裤生产现状

在西裤缝制工序中，做后袋、前腰头的工序复杂且需要灵活处理，每一个步骤都紧紧相扣，如果在一个细小的地方出错，就会影响整件服装的效果。

结合上述西裤生产工序描述以及传统西裤生产企业现状，可以发现在传统的西裤生产工序中，存在许多复杂的工序，这些工序不仅耗时长、操作难度大且出错率高。纺织面料作为典型的柔性材料，其在低负荷下呈现出柔软、易变形的特征。在这种情况下就需要熟练的技术型员工来进行这些工序操作。但企业面临的问题往往就是缺乏技术型、熟练度高的员工，同时工序的难易程度也会关系到布料的使用。在出错率高的工序上，布料的浪费也较严重，在提高面料成本的同时也增加了耗时，即增加了资源成本和时间成本。为提高我国成衣生产的整体水平，解决当前服装行业中存在的问题，应积极研究和开发成衣机械设备，以填补国内在这一领域的空白。

传统的纺织服装行业主要使用手工机器与人工操作进行服装生产，不仅服装产量较低，质量难以与现代的服装产品相比。随着现代化技术的不断迭代升级，服装产品生产与设计得到不断优化，可为企业的服装生产提供宝贵的参考，为企业的发展指明方向。因此，在智能制造广泛应用于制造业的背景下，纺织类服装企业有必要引进智能制造技术，将企业进行智能化升级，实现机器代替人工，减少人工成本，提升工序的完成度，不仅能够有效地提高服装的品质，更能够有效地增加企业利润。

随着数字化和网络化技术的不断提高、升级，以及国家对智能制造的高度重视，越来越多的行业开始智能化改革。现如今，位于智能制造能力水平前列的行业有汽车制造业、电子设备制造业、专业设备制造业等，这些行业的智能化水平远远高于纺织类服装制造业。当前，纺织行业的智能化水平较低，亟须加快智能化转型步伐，适应时代发展需求。

（二）西裤智能化缝制设备

以上海威士企业的自动化缝制设备为例，介绍九牧王品牌使用的智能化缝制单元设备。

1. 产品型号：WS-9112A/DDL-9000B自动西裤袋贴缝机（图7-36）

产品特点如下。

①新颖的无张力拉链自动送料和拉链导向装置，保证了门襟拉链缝制时的张力，使门襟缝制能精准高效，减少操作工人为控制的因素，提高生产效率。

②新设计的后拉料装置，采用计算机程序控制，可灵活调节拉料速度，与缝纫机送料装置完美配合，降低了操作工的控制难度，使缝制线能保持美观一致。经过简单培训的操作工就可以缝制出理想的门襟拉链小片。

③具有门襟拉链衬布的自动送料装置，能满足各种西裤门襟的缝制要求。

④具有自动断线检测功能，可实时保证缝制效果，并配有紧急停止按钮装置，确保设备安全运行。

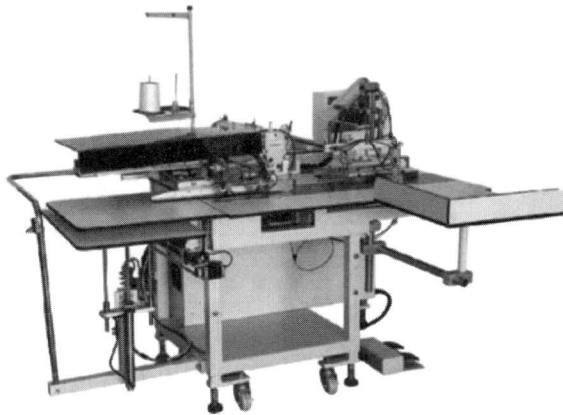

图7-36　自动西裤袋贴缝机
（图片来源：上海威士机械有限公司官网）

2. **产品名称：WS-9065/EXT5204单头自动裤边包缝机（带膝衬）（图7-37）**

产品特点如下。

①系统能根据裤片的长短分段设定缝纫速度、膝衬在特定位置的起皱量、缝制的运行模式等，并自动完成裤边包缝的一系列缝纫动作，且自动完成裤片的收料叠放。

②压布、导布装置使缝料在工作中，确保了线迹宽度一致和运行的稳定性。

③上和下差动送料方式，适用于处理有着不同起皱量的膝衬缝制，同时更能适合有弹性的面料。

④自动断线检测功能，可实时保证缝制效果，并配有紧急停止按钮装置，确保设备安全运行。

3. **产品名称：WS-9500/MH-380自动西裤门襟拉链缝纫机（图7-38）**

产品特点与WS-9112A/DDL-9000B自动西裤袋贴缝机类似。

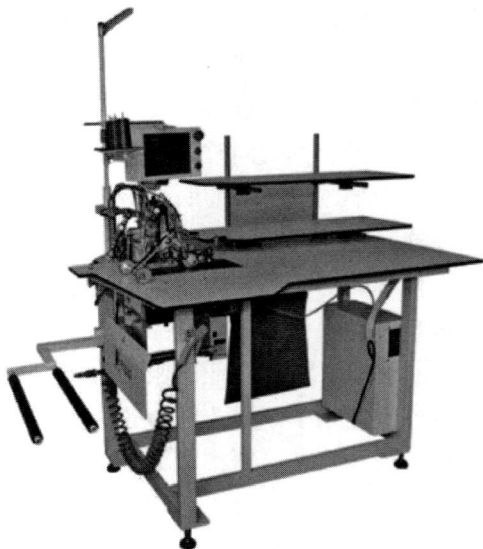

图7-37　单头自动裤边包缝机

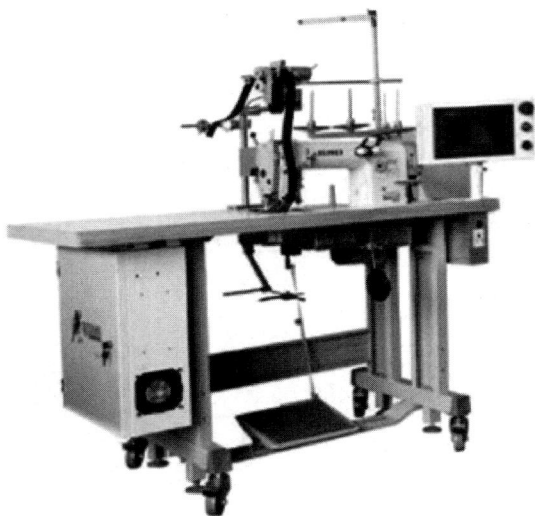

图7-38　自动西裤门襟拉链缝纫机
（图片来源：上海威士机械有限公司官网）

三、西服智能生产线构建

精益管理、自动化、信息化、数字化是推动智能制造发展的四大内容。在精益化管理方面，从2016年至今，九牧王进行了车间升级，建立智能化、柔性化、单件流、个性化定制等差异化生产模式，把握智能制造的发展趋势，成为服装企业智能化升级的领军者。

（一）智能生产车间

九牧王的生产车间布局明确，各品类的服装根据其特性分类于不同的车间进行生产。西裤智能生产车间（图7-39）生产的核心品类有毛料西裤、仿毛西裤等，补充品类有便装裤，该车间配备了缝制流水线10条，年产能为150万条，车间员工人数为450人。在西裤柔性生产车间，它的核心品类有便装裤（含针织类）、仿毛西裤，车间配备缝制流水线10条，年产能为110万条。休闲裤生产车间的核心品类有休闲裤、牛仔裤、便装裤，其车间配备了缝制流水线22条，年产能为220万条。在西装个性化定制车间，它的核心品类有毛料套西装、单件西装，它配备了缝制流水线3条，年产能为16万件/套。在夹克衫单件流推框车间主要生产单夹克衫、棉服、羽绒服、休闲衬衫，其车间配备缝制流水线16条，年产能为150万件/套。

图7-39　西裤智能生产车间

（二）智能化升级措施

九牧王在智能化升级方面做了如下工作。

①实现自动缝制单元与西裤传统工艺的协同设计。具体内容见第七章第一节。

②实现了大规模个性化定制作业模式。引入在线标准作业目视管理系统，实现新工序实时在线培训，确保技术工艺及时传递、自动筛选。设立自动配对区，该区可自动完成同一编号衣服部件的筛选配对，并自动输送至下一工作站完成缝制拼接，相比人工筛选同一编号的衣服部件，其效率提升了25%以上。

③适应柔性生产条件的AGV快速响应。AGV中控系统分别对裁剪区、暂存区、生产区、储存区进行AGV的运行管理，同时与生产MES系统协调运行，借助MES信息化管理平台，更高效、准确、灵活地完成生产现场的搬运任务。

④工业大数据分析的现场IE管理。智能生产线通过RFID、条形码和设备传感器等技术收集现场管理所须的数据，如人员、设备运行状况等数据，并进行工业数据的分析和挖掘。通过实时的可视化管理，促进现场IE手段的持续优化和改进，强化生产过程的质量管控，并对

生产决策提供建议。

⑤智能供应链排产系统（generative pre-trained transformer，GPT）。智能供应链排产系统加强了对西裤生产的平衡能力，并实现与SAP、GST工时系统、PM系统的功能集成，并进一步深化了MES和SAP系统的集成，解决了API接口的管理难点，实现了API接口管理系统化及平台化管理，促进数据的集成交互，智能完成价值链内的生产计划与排产方案生成。该系统的数字化与集成化实现了最大限度的人机最优组合。

⑥多层次的可视化管理。九牧王采取以数据流为基础的多层次可视化管理模式，通过生产基层的工位目视化、中层管理员的可视化看板与移动端管理和高层领导的移动端APP管控的措施，实现三位一体的全面管理（图7-40）。

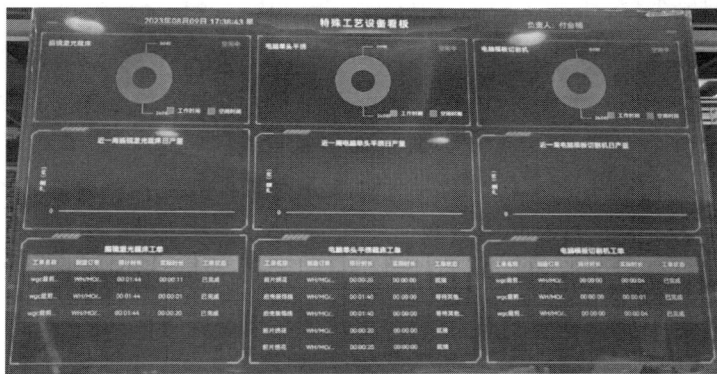

图7-40　可视化管理看板

九牧王在进行智能化升级后，在经济效益方面，生产效益预期明显提升，建设的西裤生产车间年产量可达到150万条，产能增加了30万条。同时，生产车间减少用工数量50人，一年可节省人员费用200万元，生产效率提高25%以上。在社会效益方面，九牧王的智能升级树立了良好的品牌形象，起到了示范作用，并提高员工待遇。公司开展技术培训，促进人才进步，推动科技进步，促进技术发展。在环境效益方面，该举措提高了企业节能减排能力，减少能耗，提高产能，减少原材料的损耗率，有助于构建绿色生产企业，响应节能减排号召，改善员工工作环境和车间生产环境。

九牧王还采用机器代工，加快生产自动化设备的研究与开发。从单元自动化设备到整条生产链自动化设备的有效串联，公司在一些固定的工序上采用机器人代工，运用智能物流，使得生产车间与智能物流相结合，打通车间后整理入库并直接配送到门店的整个物联网流程，缩短了产品交付时间。

四、西裤生产智能化需求分析

在西裤生产企业中，西裤生产过程需要大量的劳动力，属于劳动密集型产业。因此人工成本在总成本中占较大比例。随着社会的发展，人工成本逐渐上升，这也给企业带来一定的用工困难。

同时，面对一些复杂的工序，人工作业往往会受到多种因素的影响，如机器掌握不熟练、操作手法不熟练等，在一定程度上会造成面料资源的浪费。虽然智能制造政策已提出多年，但是在纺织类服装行业，智能化升级成功的企业较少，许多中小型企业还停留在使用传统手段运营的阶段。

在供给侧结构性改革背景下，服装产业定制化转型已成为行业共识。通过互联网与参数化的服装CAD系统、超级排料系统、自动裁剪系统及其他系统的集成，实现人体数据、样板数据、工艺数据和生产数据的互联互通，进而实现智能化样板设计与柔性化生产和数字化服务，让大规模定制服装成为可能。

随着社会发展和人们生活水平的提高，越来越多的人开始注重穿着的个性化，批量生产的西裤已经无法满足消费者多元化的消费需求。因此企业如果想要更好地、更全方面地满足客户的需求，就需要搭建一个工厂与客户可以直接或间接沟通交流的平台。

最后，根据个性化需求生产或批量生产的西裤在生产完成之后需要进行打包，并入库定价。此过程中，需要确保货品之间清晰区分，如果将单件的个性化定制西裤错误分拣至批量生产西裤中，将会耗费大量的人力物力。因此，为了满足市场需求、高效生产产品，西裤企业需要进行智能化升级。

企业选择智能化升级改造是为了提高企业整体效益、增加利润、满足市场需求，而提高效率、增加利润的方法关键在于对各种投入成本的管控以及高效使用，以及把握市场数据更好地把握消费者的喜好，从而满足市场需求。以上提到的举措都需要大量的数据作为支撑。数据主要来源于消费者。由消费者带来的数据被输入机器中，伴随着数据的累积，机器可以从中提炼有利于企业的知识，但是这些知识难以用人类语言直接表达，只能在机器间进行传播。但是数据能够被压缩至企业内部，成为一种隐性资源。因此，将智能化设备引入企业的各个部门，有利于隐性知识的增加。纺织服装行业的智能化发展是一个多学科交叉应用的过程，是全流程信息数字化的必然趋势。

五、西裤生产智能化升级方案

目前，我国智能化产业得到快速发展，成为科技革命关键性的中坚力量。通过智能化技术自主控制，实现现实与虚拟世界的融合，促进人与机器交互信息融为一体，意味着高效率、高灵活性以及全链路快速响应能力将是未来服装产业的主流趋势以及发展方向。当传统服装产业与智能制造理念相融合时，二者的结合将为服装产业带来巨大的利润空间，同时也可以缓解地区发展不平衡的问题。

（一）智能化信息流程

首先，要建立智能化信息流程平台，将接收到订单的信息如客户信息、面辅料标准、量体数据等输入PLM、APS、ERP系统。PLM系统主要针对工艺数据、工序数据、BOM数据、工时数据进行管理，对订单进行工艺检查。APS系统主要针对生产期的订单计划、工序、设备进行约束管理，对订单进行交期检查。产品通常经过多道工序并采用多种加工方法生产完成。在多工序生产过程中，工序质量偏差的累积或传递将直接影响产品的最终质量。因此，生产过程的工序质量是产品质量的关键。ERP系统主要针对财务系统和进销系统进行管理，对订单进行物料检查。APS、PLM系统将信息反馈给MES系统进行人、物的管理，MES系统再将信息反馈给FMS柔性生产系统。FMS柔性生产系统是执行系统，需要运用大数据平台与MES进行链接，将MES捕捉到的生产信息输入以实现流水线的智能化。同时，SCM系统将采购信息反馈给ERP系统，将到货信息反馈给WMS系统。

（二）智能化业务流程

1. 订单管理

对于来源于各种渠道的客户，根据客户的需求进行分类，如批量定制、个性化定制。将客户需求数据接入系统，研发设计部门根据客户需求数据研发服装。如果是个性化定制服装，客户可登录个性化定制平台，在平台中进行品类、面料、款式的选择，进行自主设计，最后提供身体数据，支付订单。在该平台上，客户可以看到订单的生产信息、物流信息。并且平台客服实时在线，可为客户解答订单问题，同时针对客户定制的服装提供穿搭建议。同时，针对同城的定制客户，还可以提供上门量体服务，保证客户身体数据的准确性；对于不同城的客户，平台提供详细的量体操作步骤，客服随时在线解答客户的疑惑，满足客户的个性化定制需求（图7-41）。针对批量定制客户，企业进行后台设计或交互设计，运用计算机辅助软件进行设计，再将这些数据信息输入至PLM系统。研发部门接收门店客户、批量定制客户数据，这些数据的累积，有助于把握当下流行方向。在完善好订单信息后，根据订单进行工艺设计。

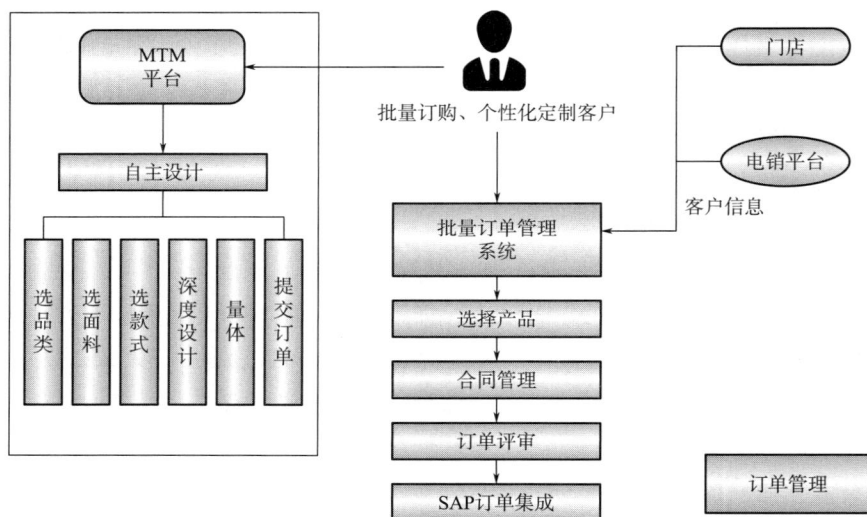

图7-41　订单管理

2．设计、物料管理

在工艺设计部分，将订单智能匹配、产品数据管理系统化，自动匹配BOM，将目标服装的板型、面辅料等进行自动匹配。同时检测库存中的面辅料是否符合生产需求，降低面辅料的库存，同时减少不必要的资金输出（图7-42、图7-43）。

图7-42　设计管理

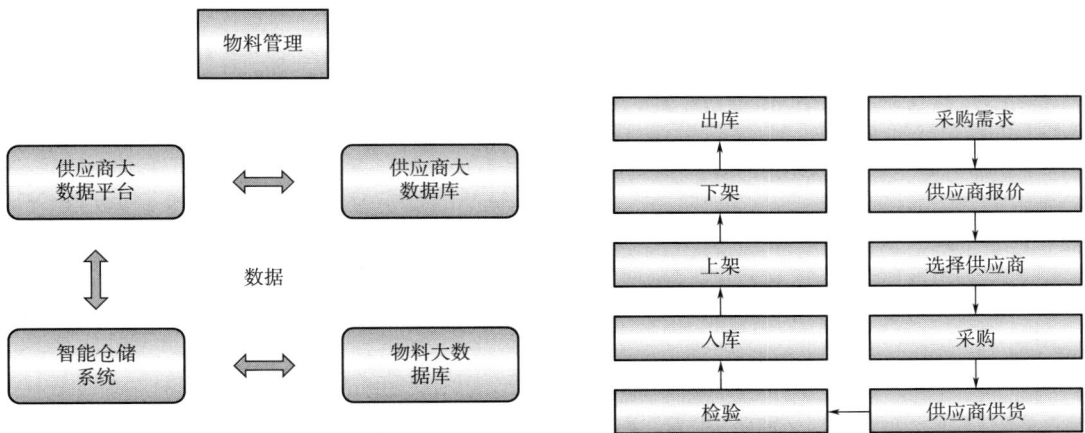

图7-43　物料管理

3．生产、物流管理

在西裤缝制准备工作完成后，开始计划排产、裁剪、配置辅料、缝制、整烫、检验、包装入库的工作。引入智能化缝制设备，提高生产效率。借助数字化管理平台实现生产透明化、科学排产，并有效缩短制造周期、提高质量和生产效率、降低成本。建立可追溯性系统，该系统可以访问与所有参与者、活动和产品相关的信息，包括原材料成分、加工条件、物流流程、碳足迹等。在包装入库时，采用一库一码的管理手段，将每一件成品服装贴上二维码，经机器扫描后服装的信息一目了然，避免出现服装丢失或找不到的情况。服装从扫描入库到扫描出库，交付过程实现了闭环式管理，能够快速反应并满足市场客户需求（图7-44、图7-45）。

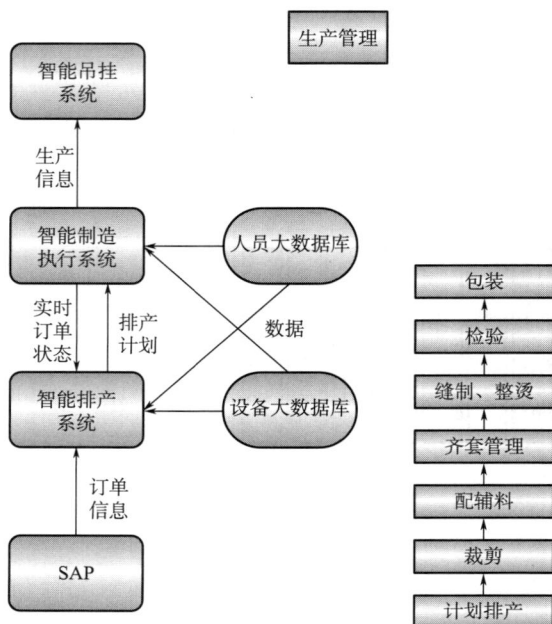

图7-44　生产管理

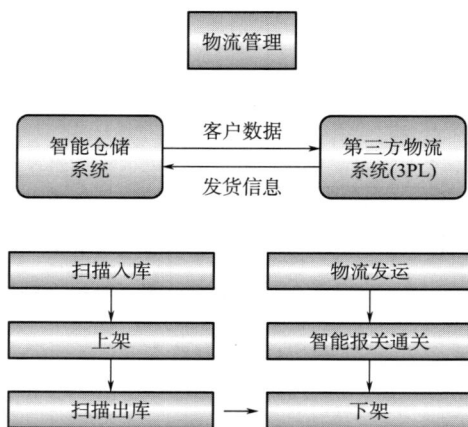

图7-45　物流管理

4. 服务管理

建立支持手机端、PC端、Pad端的线上平台，设立线下体验店，在线下体验店中装配3D

扫描系统、设计系统以及三维展示系统。客户进入线下体验店后，可通过3D扫描系统，得到自己的身体数据，再通过设计系统设计出个性化服装，接着借助三维展示系统看到设计出的服装的上身效果，最后客户在线上平台下单，平台记录客户的相关数据。客户可在店中进行自主探索，不需要花费大量的时间进行人工测量，在满足客户的个性化需求的同时，可以直观感受服装上身效果（图7-46）。

企业也应积极参与到日常生活中人们常用的各大平台，结合企业所搭建的生产系统，引起网络效应。网络效应是指不同的市场参与者和用户聚集在一起，形成积极反馈的循环。这一循环可以扩展到整个生态系统，将生产商、供应商、用户、商业合作伙伴和利益相关者紧密联结，共同合作并执行战略分析，以获得和保持市场优势。

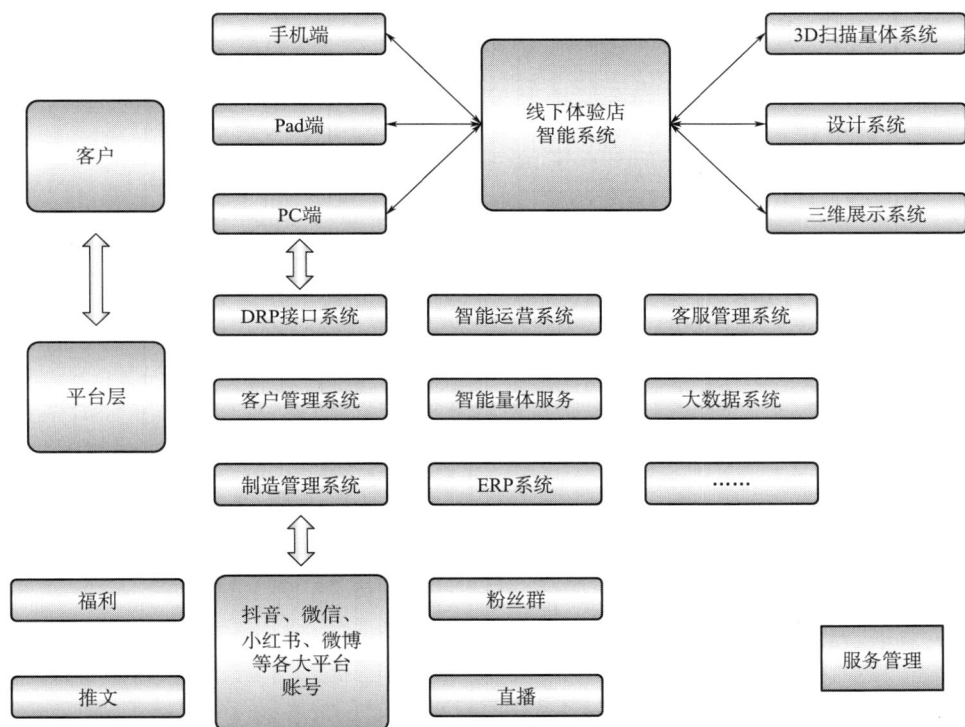

图7-46 服务管理

因此，企业需建立微信、抖音、小红书等各大社交平台账号，组建粉丝群、开展直播活动、发布相关推文，关注各大平台热点信息，将其与产品进行链接，定期推送福利，吸引和维护客户。同时，企业可以提供客服服务，保证与客户的实时沟通交流。针对多次回购的客户，为其提供特别维护工作，包括但不限于为其提供穿搭建议、定期回访等以提升客户忠诚度。

5. 总流程图

根据上述智能化升级构想，绘制业务流程图（图7-47）。

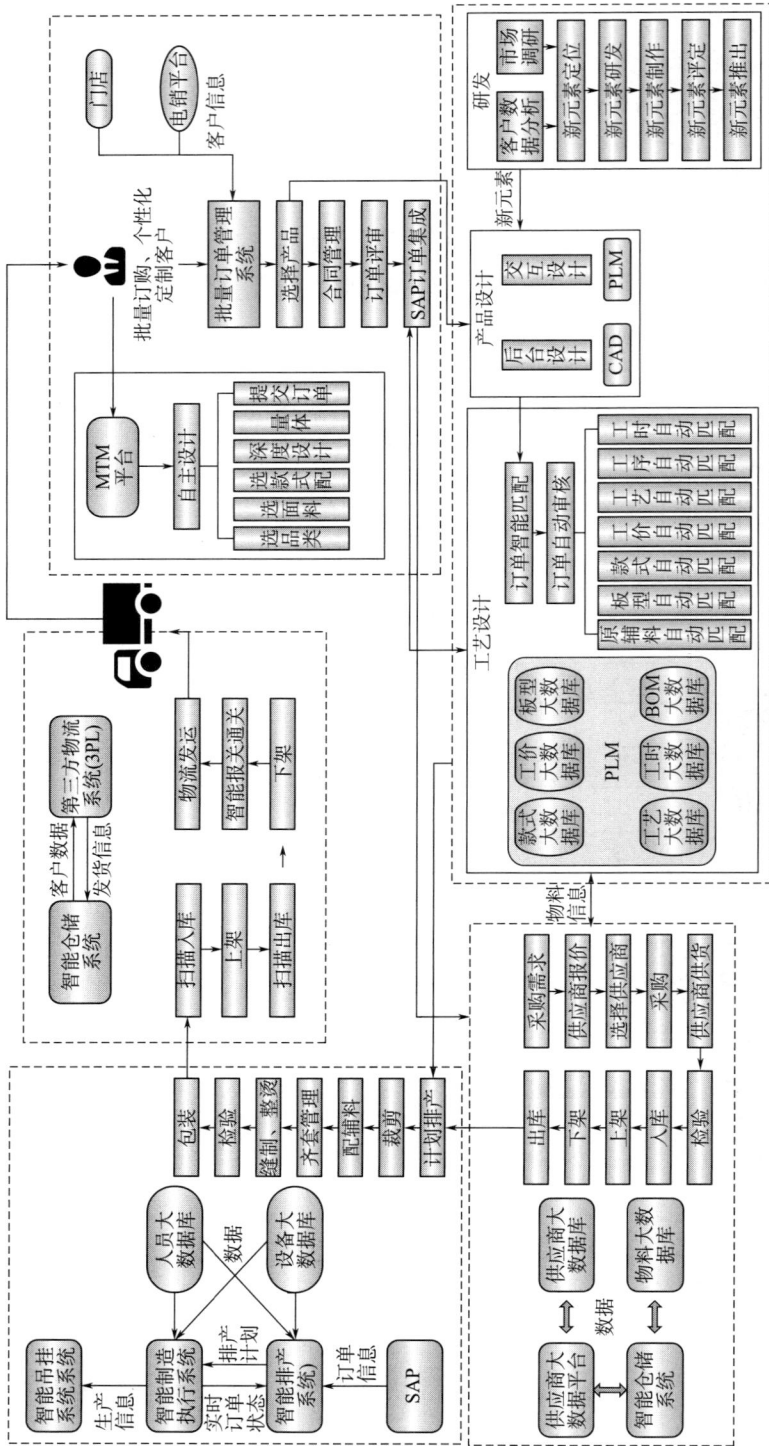

图7-47 综合业务流程

在男士的衣橱中，西服、衬衫、T恤、西裤与牛仔裤各自占据着不可或缺的位置，它们以不同的风格语言，共同编织着男士着装的多样风貌。西服，作为正式场合的经典之选，以其挺括的剪裁与精致的细节，彰显穿着者的沉稳与专业。它不仅是商务谈判的利器，也是重要社交场合的优雅装扮。衬衫，作为西服的完美搭档，以其简约而不失格调的设计，为整体造型增添了一抹清新与雅致。T恤以舒适的面料与随性的设计，诠释着男士的自在与不羁。西裤，作为正式与半正式场合的穿搭，以其流畅的线条与精致的板型，勾勒出男士修长的腿部轮廓。它与西服、衬衫的搭配，无疑是商务正装的经典组合，展现出男士的严谨与专业。牛仔裤，则以其耐穿、百搭的特性，成为男士衣橱中的常青树。这五款单品，共同构成了男士衣橱的丰富内涵，让男士在不同场合下都能找到最适合自己的着装风格。

复习与作业

1. 三衣两裤的概念是什么？三衣两裤具体指的是什么？
2. 三衣两裤在未来的生产趋势是什么？
3. 在三衣两裤中选择两种进行工厂生产智能化策划。
4. 线下参观或从网上查找有关三衣两裤生产商的智能化生产案例。
5. 智能化生产的核心是什么？
6. 谈谈你对未来纺织服装企业的生产方式的想法。

参考文献

［1］玛合甫扎·帕依肯.服装生产管理中存在的问题及应对措施［J］.轻纺工业与技术，2021，50（1）：58-59.

［2］锻造供应链深度融合的雅戈尔智能服饰总仓模式［J］.浙江经济，2021（2）：36-37.

［3］王政，寿弘毅，盛卫民.自动铺布机在服装裁剪自动化系统中的应用［J］.浙江纺织服装职业技术学院学报，2015，14（1）：37-40.

［4］秦梦凡."蝴蝶"效应抒写百年风华创新增长迎来"缝智"天下，上工申贝探索缝制行业数字化转型升级之路［J］.上海企业，2022，472（3）：27-32.

［5］雅戈尔.演绎中国商务男装的时尚传奇［J］.中国纺织，2022（12）：118-119.

［6］邢国利.供应链环境下九牧王服装公司生产计划编制与控制研究［D］.秦皇岛：燕山大学，2012.

［7］雅戈尔.5G+助力传统服装行业突破困境［J］.信息化建设，2022，289（10）：14-16.

［8］R S SAJJADI，S B SHI MOHAMMADI，M F MOGHADDAM. Design，modeling，and simulation of a distributed parcel sorting system.［J］. IEEE Transactions on Automation Science and Engineering，2019，16（1）：15-27.

［9］许奕春，王秋双.经济"新常态"下纺织服装产业创新驱动转型升级路径［J］.纺织报告，2023，42（1）：58-60.

［10］雷荣洁，王媛，姜泽虹，等.服装生产数字化管理研究［J］.化纤与纺织技术，2022，51（9）：82-84.

［11］UHLMANN E,HOHWIELER E,GEISERT C.Intelligent production systems in the era of Industry 4.0 - changing mindsets and business models［J］.Journal of Machine Engineering，2017，17（2）：5-24.

［12］陈瀚宁.纺织服装智能工厂系统与平台［J］.纺织导报，2019（3）：34-36.

［13］曾晓璇.L公司衬衫生产流程优化研究［D］.哈尔滨：哈尔滨理工大学，2023.

［14］朱月忠.服装缝制作业分析及工时研究——以S服装厂衬衫生产流水线为例［D］.芜湖：安徽工程大学，2015.

［15］周旭东，宋晓霞，刘静萍.智能服装吊挂生产管理系统的研究［J］.上海：上海工程技术大学学报，2000，14（1）：63-68.

［16］GNONI M G，BRAGATTO P A，MILAZZO M F，et al.Integrating IoT technologies for an "intelligent" safety management in the process industry［J］.Procedia Manufacturing，2020（42）：511-515.

［17］PENG Y W，DING H C，LIU J Q，et al.A UHF RFID-Based system for children tracking［J］.IEEE Internet of Things Journal，2018，5（6）：5055-5064.

［18］ALAM M D，KABI R G，MIRMOHAM-MA DSADEGHIS. A digital twin framework development for apparel manufacturing industry［J］.Decision Analytics Journal，2023，7：100252.

［19］秦俊举，曹选平.基于机器识别的服装智能化生产技术思考［J］.科技与创新，2022（3）：47-49，58.

［20］李雪霞，张志斌，褚建立.基于智能化缝制单元的服装柔性生产线的构建［J］.毛纺科技，2020，48（10）：77-80.

［21］何健祯.TY公司服装生产流程优化研究［D］.哈尔滨：哈尔滨理工大学，2023.

［22］宋莹，丁乙烜.男衬衫生产流水线模块化优化设计［J］.服装学报，2021，6（1）：48-52.

［23］苏军强，刘国联，金春来.基于模块化生产的服装智能传输系统开发思路［J］.纺织导报，2012（1）：91-92.

［24］郑路，颜伟雄，胡觉亮，等.基于模块化的服装混合流水线平衡优化［J］.纺织学报，2022，43（4）：140-146.

［25］袁伟怡，贺阿红.M服装公司衬衫生产车间布局优化研究［J］.企业科技与发展，2023（3）：123-125.

［26］夏佩佩.基于约束理论的衬衫产线优化研究［D］.上海：东华大学，2019.

［27］张洁，徐楚桥，汪俊亮，等.数据驱动的机器人化纺织生产智能管控系统研究进展［J］.纺织学报，2022，43（9）：1-10.

［28］汪建英，方俐，洪珈佳．基于服装智能吊挂系统的优化生产［J］．丝绸，2007（3）：35-39.

［29］杨艳，陆春立，陶雅芸，等．基于熵权 TOPSIS 的服装流水线智能化评估模型［J］．山东纺织科技，2022，63（1）：6-9.

［30］杨文周．纺织服装业数字化转型实施路径及成效研究［D］．兰州：西北师范大学，2023.

［31］唐堂，滕琳，吴杰，等．全面实现数字化是通向智能制造的必由之路——解读《智能制造之路：数字化工厂》［J］．中国机械工程，2018，29（3）：366-377.

［32］吴君华．流水线产品总装工艺规划的研究与实践［D］．武汉：华中理工大学，1999.

［33］李云，阚树林，朱妍．多品种混合装配流水线规划的仿真方法［J］．上海大学学报（自然科学版），2003（4）：338-341，345.

［34］夏良，阚树林，李云．多品种混合装配流水线规划的仿真方法［J］．现代机械，2005（2）：11-13.

［35］陈霞．服装生产工艺与流程［M］．2版．北京：中国纺织出版社，2014.

［36］夏蕾，惠洁，李艳梅，等．服装设备工程与管理［M］．上海：东华大学出版社，2013.

［37］孙怀义，莫斌，杨璟等．工厂自动化未来发展的思考［J］．自动化与仪器仪表，2019（9）：92-96.

［38］周敦峰．基于吊挂系统的服装生产线关键技术研究［D］．广州：广东工业大学，2019.

［39］苏晓东．智能制造技术在纺织服装行业的运用分析［J］．纺织报告，2023，42（1）：49-51.

［40］蒋宇楼，朱毅诚．元宇宙的概念和应用场景：研究和市场［J］．中国传媒科技，2022（1）：19-23.

第八章 服装智能制造解决方案

课题名称：服装智能制造解决方案

课题内容：1.凌迪数字科技有限公司——Style 3D

2.胜美科技有限公司

课题时间：2课时

教学目的：了解两家智能制造公司的基本概况，从品牌到工作车间，再到相应系统，对企业智能制造有基本了解；在技术层面，了解并掌握相关技术名词，同时理解相应技术的应用部分。

教学要求：1.了解凌迪数字科技有限公司。

2.了解 3D 数字化服务平台。

3.了解凌迪智能制造的相关案例。

4.了解胜美科技有限公司。

5.了解胜美柔性生产及其技术。

6.了解胜美服装智能制造的应用情况。

服装智能制造是指利用先进的技术和创新的制造流程，提高服装生产的效率和质量，并实现生产过程的智能化。常见的服装智能制造解决方案包括以下几种。

智能设计：采用3D建模和虚拟现实技术，帮助设计师快速创建服装样品并进行数字化样衣试穿，以减少开发时间和成本。

智能裁剪：通过计算机辅助裁剪系统，实现对面料的自动布置、识别和裁剪，提高布料利用率和裁剪精度。

智能缝制：采用机器人和自动化设备替代传统手工缝纫，实现高速、高效、高质量的服装缝纫过程。

物联网应用：通过在生产线上部署传感器和智能设备，实现对生产过程中的关键参数和环境的实时监测和控制，提高生产效率和产品质量。

数据分析与预测：结合大数据和人工智能技术，对生产过程中的数据进行分析和挖掘，提供生产监控、质量检测和供应链优化等解决方案。

可追溯性与防伪技术：通过使用物联网和区块链技术，实现对服装生产过程的全程追溯，确保产品质量并防止假冒伪劣产品流入市场。

通过上述智能制造技术和解决方案，可以提高服装生产的效率、质量和可追溯性，帮助服装企业降低成本、提升竞争力，并满足消费者对个性化和环保的需求。本章将重点介绍凌迪数字科技有限公司和胜美科技有限公司中智能制造的相关应用。

第一节　凌迪数字科技有限公司——Style 3D

浙江凌迪数字科技有限公司致力于以3D数字化重构时尚行业，全面推动服装行业供给侧结构性改革。其旗下Style 3D是全球首个时尚产业链3D数字化服务平台，核心产品包括Style 3D Studio数字化建模设计软件、Style 3D Fabric数字化面料处理软件及Style 3D Cloud研发全流程协同平台。公司积极引进国内外的先进技术和专业人才，与众多知名高校和研究机构合作，不断推动技术前沿的突破。

浙江凌迪数字科技有限公司推出的3D数字化服务平台，是一个提供全方位的数字化服务的平台，旨在满足用户对于三维数码内容的需求。该平台集成了各类专业技术和软件工具，为用户提供包括3D建模、动画制作、虚拟现实等在内的全套数字化创作解决方案。用户可以通过平台上传自己的设计图纸或者想法，并获得专业团队的定制服务和个性化建议。Style 3D在企业智能制造转型方面也展现出众多应用，包括Style 3D助力七匹狼实现数字化升级，为毛衫类客户提供3D服务以及与阿里巴巴的互利合作。

一、品牌简介

浙江凌迪数字科技有限公司成立于2015年11月，该公司致力于利用3D数字化技术重构时尚产业。其旗下Style 3D是全球首个时尚产业链3D数字化服务平台，从制约服装行业效率的研发设计环节切入，为服装企业提供了从3D设计、款式推选与审核、3D改板到直连生产和在线展销的全链路数字化服务。相比传统2D设计，Style 3D能够为服装设计带来颠覆性的改变。公司的技术团队占比高达65%，成员主要由北京大学、浙江大学、复旦大学、加州大学伯克利分校、宾夕法尼亚大学等国内外名校的图形图像及仿真学博士、硕士组成。内容研发中心团队汇聚了来自知名500强服装企业设计中心的精英，覆盖了从设计、供应链到销售的全流程，重点负责服装板型、面料数据库的数字内容研发。截至目前，企业已获和在审专利共23项，拥有软件著作权21项。凭借深厚的技术积累、成熟度和易用性，Style 3D在服装行业遥遥领先，并且打通了产业的完整交易链路。

凌迪科技与众多知名服装品牌如波司登、七匹狼、利郎、全棉时代、歌力思、万事利、日播、爱慕等企业合作，助力企业以更高的效率、更低的成本获得市场反馈，从而实现精准高效研发。同时公司与制造商如苏美达、江苏国泰、迪尚、恒田企业、爱丽芬集团、汇孚集团、汇鸿集团、上海江隆等合作进行数字化展销，打通从设计到生产再到展销的全链路数字化。此外，公司与泛电商如天猫、阿里巴巴、酷特智能、宸帆等长期合作，根据大数据趋势进行海量研发，利用3D渲染技术出图快速上新，以测款数据指导生产，高概率打造爆款产品，同时精准把控库存率，提高利润空间。公司还与新天元纺织、嘉欣丝绸、万事利丝绸、浙江富润、上海洪恩毛纺、昆山汇帛纺织、苏州长聚程纺织、江阴雅泽毛纺、绍兴黎茉纺织等面料商进行合作，并且建立数字面料系统、数字展厅以及数字看板，打造数字面料标准及数据库。公司与多所高校建立了长期合作，助力产学研高效融合。凌迪科技在与客户合作过程中，不断发现问题，更新产品，迭代升级，及时解决企业生产的痛点问题。研发设计是制约服装产业发展的关键环节，Style 3D从设计端切入，通过高仿真、可编辑、可制造的数字样衣替代传统样衣进行在线流转，如图8-1所示。这一措施让有研发需求的时尚型企业和设计师得以形成高效、云端化、直观的工作方式和协作方式，提高研发上新效率的同时，助力时尚的可持续发展。凌迪科技顺应了时代趋势，极大地推动了各大纺织服装企业的数字化转型升级。

(a) 设计　　　　　　　(b) 织物

(c) 云端　　　　　　　(d) 市场

图8-1　Style 3D主要产品矩阵

二、3D数字化服务平台

（一）Style 3D产品结构

Style 3D是浙江凌迪数字科技有限公司开发的数字化服务平台，其核心产品为Style 3D Studio数字化建模设计软件、Style 3D Fabric数字化面料处理软件以及Style 3D Cloud研发全流程协同平台。Style 3D通过这3个核心产品将服装生产全链条打通，覆盖了设计、研发、生产以及营销全流程。图8-2为以一件定制商务西装为例，展示了数字样衣产销全链路流程。首先，通过三维人体扫描仪获取客户的人体参数，运用虚拟模特编辑器将Style 3D Studio数字化建模设计软件中的模特参数进行调整。然后用专业扫描仪对面料参数扫描提取，利用Style 3D Fabric数字化面料处理软件对提取的面料进行局部纹理处理，将二维面料转化为3D数字化面料。随后，将数字化的面料上传至Style 3D Cloud研发全流程协同平台。建模师可使用平台中客户指定的面料进行服装建模，建模完成后也可直接将虚拟样衣上传到平台，供客户选择。

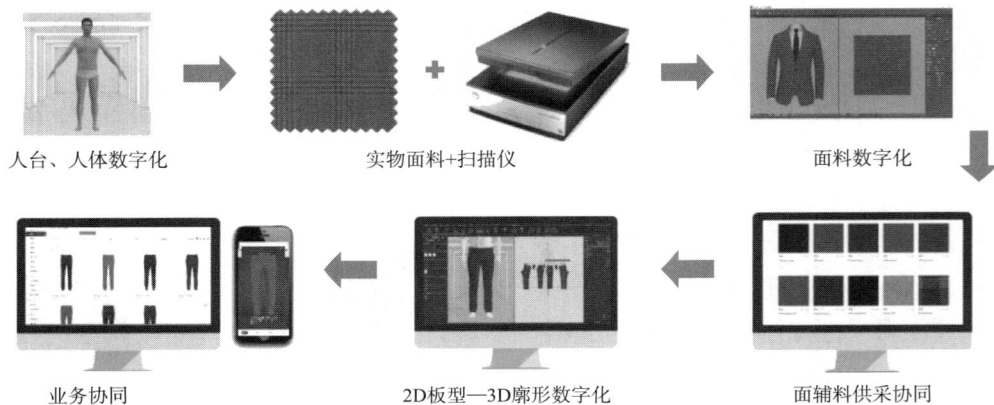

图8-2　数字样衣产销全链路流程图
（图片来源：Style 3D官网）

1. 核心技术

（1）面料柔性仿真技术。凌迪科技专注于面料仿真技术研发。其研发团队反复进行面料物理实验，研究面料性能，并且与实际应用场景相结合，充分考虑面料与人体碰撞时的参数变化，研发出的数字面料仿真效果优良。图8-3为凌迪科技开发的一种数字化面料，流动感极为生动。另外，Style 3D Fabric数字化面料处理软件还可以将2D面料进行柔性处理，得到用户所需的特殊材质面料。这些面料可以直接运用到虚拟试衣系统中，面料效果逼真，仿真效果好。

（2）服装三维仿真技术。服装三维仿真技术是3D服装建模中最主要的技术支撑。Style 3D Studio数字化建模设计软件可进行3D服装建模，具有将二维板片转化为三维虚拟样衣的功能。使用时，应首先导入虚拟模特，虚拟模特可根据实际人体参数进行编辑调整。然后在2D窗口进行板片缝合、调整3D视窗中的板片位置，模拟后可得到数字化服装。如果模拟效果不理想，用户可对虚拟服装进行细节处理，改变织物面料、颜色、层次、弹性或者伸缩率等属性，得到更加贴合实际的仿真效果。图8-4为运用Style 3D建立的一件数字化样衣。近年来，随着Style 3D的不断迭代升级，其仿真效果越来越趋向于真实化。

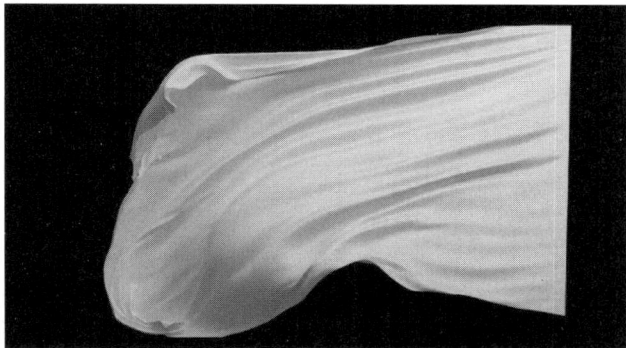

图8-3　凌迪科技开发的一种数字化面料

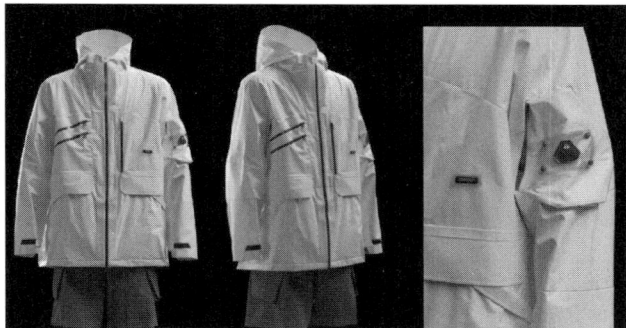

图8-4　运用Style 3D建立的一件数字化样衣

（3）在线实时、离线渲染引擎。渲染是对建模完成的3D服装进行细节化处理，以及添加舞台灯光效果的一种细节优化技术。Style 3D目前有两种渲染模式，包括在线实时渲染和离线渲染。在线实时渲染对于电脑配置要求低，可以实现随时出图，工作效率高。但是在线实时渲染只能支持简单的灯光调整。对于更真实化的服装细节优化，离线渲染是更好的选择。离线渲染出图慢，需要电脑有更高的配置（具体配置参数可参照Style 3D官网或客服咨询）。另外，Style 3D也可以对模特背景进行渲染，根据用户需求搭建简单的T台，生成虚拟走秀效果。

（4）无缝拼接技术。无缝拼接技术是Style 3D Studio数字化建模设计软件中可直接将板片无缝缝合的技术。该技术包括线缝纫、自由缝纫等多种方式，用户只需要点击需要进行缝纫的位置，选择缝纫类型，即可在需要的地方选择平缝或者合缝，即可完成布料之间的无缝拼接。

2. 底层工具

Style 3D的底层工具是Style 3D Studio数字化建模设计软件、Style 3D Fabric数字化面料处理软件。

（1）Style 3D Studio数字化建模设计软件。这款软件是国内较早实现3D柔性仿真的软件，打破了国外的长期垄断。该软件包括设计和建模两种模式，其主要作用是虚拟服装建模，通过导入DXF文件，即通过CAD软件完成的服装打板文件，然后进行虚拟模特试衣，从而实现3D建模、3D设计和3D渲染等多种数字化功能。图8-5和图8-6为Style 3D 虚拟样衣效果图。经过Style 3D的迭代升级，Style 3D Studio数字化建模设计软件呈现的虚拟试衣效果趋向于现实化、逼真化。作为Style 3D最核心的技术之一，它解决了现实服装试衣无法远距离传输的痛点问题，同时缩短了设计、试衣周期，显著提高了企业的生产效率。

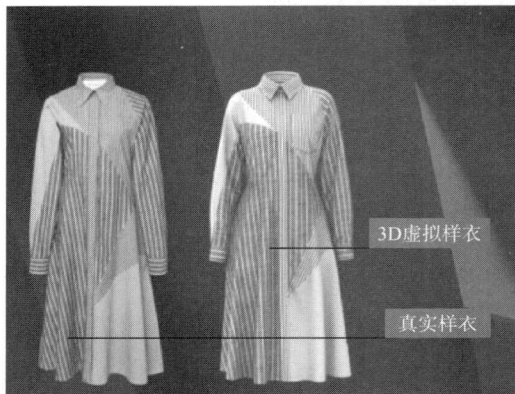

图8-5　真实样衣与3D虚拟样衣对比图

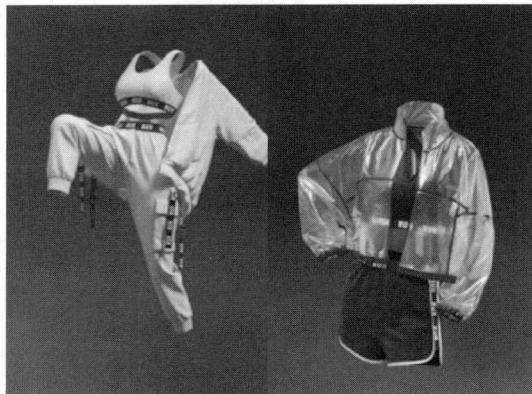

图8-6　复杂的虚拟样衣

（2）Style 3D Fabric数字化面料处理软件。将前面提到的与供应商合作建立的面料库中的图片或者扫描2D面料得到的3D面料图片导入Style 3D Fabric数字化面料处理软件，用户在软件中可以进行面料设计和调整，包括光滑度、金属质感、透明度以及图案等属性的调整，得到所须的数字化面料。得到的数字化面料可以在Style 3D Studio数字化建模设计软件中，进一步应用于虚拟模特的织物展示，为用户提供虚拟试衣效果。

3. 业务层

Style 3D Cloud研发全流程协同平台集资源中心、设计中心、采购中心、业务中心以及应用中心为一体，为供应商提供数字化对接，实现快速设计、在线协同。将3D面料在平台得以集中展示，建模师可以根据客户需要的面料进行选择，也可以将建模完成的服装上传到平台。客户也可以直接登录账号，在平台中审阅款式，或者改变服装颜色得到全色系服装效果图，避免了线下实体样衣邮寄的低效弊端，极大缩短了业务流程。此外，平台可以直连工厂，利用大数据分析进行智能核价、并生成自动物料清单。从3D设计、推款审款、3D改板、智能核价、自动BOM到直连生产，Style 3D为服装品牌商、定点生产商（original entrusted manufacture，ODM）、面料商等提供了从设计到生产全流程的数字研发解决方案。

4. 表现层

用户可以借助PC端/web端、手机端/小程序、Pad端了解凌迪科技并使用凌迪科技旗下的软件。值得一提的是，Style 3D的核心软件Style 3D Studio数字化建模设计软件、Style 3D Fabric数字化面料处理软件不支持IOS系统。

（二）3D数字化流程

Style 3D的数字化流程模式如图8-7所示，其主要包括面料数字化、研发数字化、生产数字化以及营销数字化。首先，通过人台数字化以及面料数字化，完成款式设计，实现快速开发打样、审板以及服装建模。然后通过业务协同平台，实现面料供应商、设计部门和合作客户的在线对接。通过直连工厂，自动BOM实现智能化信息传输。最后，通过虚拟展厅、虚拟走秀等手段实现数字化营销。这些数字化环节实现了从在线设计、生产制造到业务营销的完整产业链融合。

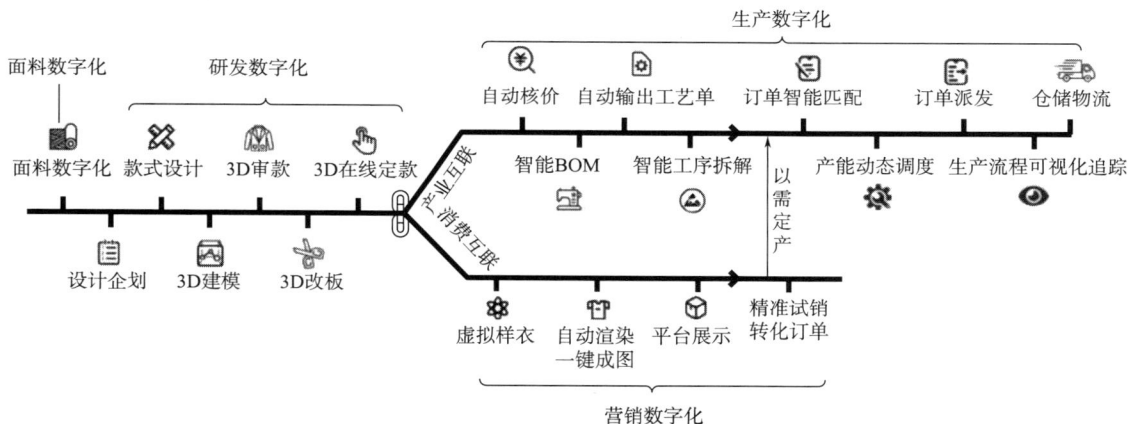

图8-7　Style 3D数字化流程模式图
（图片来源：搜狐《专访党未来已来，对话凌迪科技Style 3D创始人刘郴》）

1. 面料数字化

面料数字化主要使用Style 3D Fabric数字化面料处理软件来实现，将采集后的面料图片进行局部法线贴图或者整体纹样处理，以下介绍三种获得面料贴图的方法。

①使用专业的面料扫描仪，如xTex面料扫描仪等，如图8-8所示。专业扫描仪可以高速准确地捕捉面料的材质纹理，自动识别纹理图案并循环生成材质贴图，对面料纹理材质进行3D可视化虚拟展示。设备的虚拟效果逼真，但价格昂贵。

②使用日常办公的彩色平板扫描仪（要求扫描精度不低于300dpi）获得面料的表面纹理，成本低，但面料仿真效果不好。

③手机拍照，获得面料表面纹理。此法使用方便，但效果差，容易产生色差且面料丝缕

方向不正，若存在一定透明度的面料将无法塑造其透明效果。

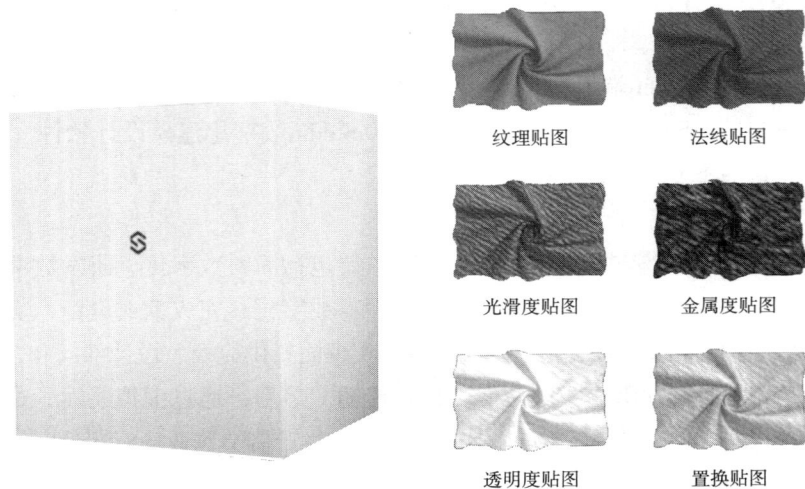

纹理贴图

法线贴图

光滑度贴图

金属度贴图

透明度贴图

置换贴图

图8-8　面料3D扫描仪

利用Style 3D Fabric数字化面料处理软件将扫描后的图片进行处理，可根据需要生成透明纹理图、法线贴图、光滑度贴图、金属度贴图、透明度贴图以及置换贴图。图8-9为凌迪科技开发的几款数字化面料。值得注意的是，同一张面料图片可同时兼备多种贴图风格。最后将设计完成的面料上传到云端或者导出为SFAB文件，可直接应用于Style 3D Studio软件中进行服装建模。

(a) 凉感sorona柠檬绿

(b) 凉感sorona30#黑色

(c) 凉感sorona

图8-9　凌迪科技开发的数字化面料

2. 研发数字化

研发数字化过程如图8-10所示。此环节主要利用Style 3D Studio数字化建模设计软件完成新品服装的设计、建模以及审板改板过程，极大缩短了新品的研发周期，推动了企业间的线上合作沟通，解决了线下交流的不必要麻烦。

款式设计	→	3D建模	→	在线审板	→	一板多用

图8-10　研发数字化过程

（1）款式设计。选用Style 3D Studio数字化建模设计软件的设计模式，进行在线服装设计。

（2）服装3D建模。

①Style 3D不具备直接打板功能，需要借助其他打板软件（富怡CAD）进行板式设计并导出DXF格式文件。在传统平面制板软件中（如富怡CAD软件）绘制纸样，导出DXF格式文件，纸样导出时应去除缝头，只留净纸样部分。

②在Style 3D Studio数字化建模设计软件中打开DXF格式文件，选择合适的虚拟模特，先在2D视窗安排好板片位置，随后在3D视窗借助安排点将板片安排在虚拟模特周围。接下来进入缝纫阶段，缝纫时可结合3D视窗观察是否有交错的缝纫线并及时进行修改。添加缝线后，为了增加褶皱的真实性，对模型进行各种拉扯操作，该过程需要花费较多时间，所以合理利用软件的冷冻、硬化、失效还有固定针等功能显得尤为重要。缝制结束后进行模拟，通过模拟状态下的拉扯来调整褶皱效果。然后添加面料材质、印花图案、明线、纽扣、拉链等，最后得到预期的虚拟服装试衣效果。

③保存文件，并上传至Style 3D网络平台，备注好内部编号、服装分类、创建人等信息。

（3）在线审板。将上述制作好的虚拟样衣以及面料信息上传到Style 3D平台或云端，客户可以根据自己的喜好，在面料库和图案库里下载喜欢的面料或颜色，然后应用在模型上并查看效果。如果对局部不满意，客户也可以添加热点后留言反馈。对比传统的寄样衣和等修改意见的方式，这种方式的互动速度相对更快。

（4）一板多用。该技术解决了传统制衣过程中存在的不同型号的样衣需要进行多次推板的问题，以及不同颜色样衣进行多次制衣试衣造成的材料和时间的浪费问题。使用3D数字样衣技术，只需要建模一次，在后续添加面料时，修改颜色，即可预览不同颜色的效果。客户还可以添加热点，直接指出具体修改的位置。除了制作整件样衣，3D软件也可以把一件衣服拆分成领、袖、大身等部件进行单独建模。将这些部件拼合在一起，就是一件完整的样衣。

3. 生产数字化

利用Style 3D Cloud平台，企业可以进行业务协同，实现自动核价、自动输出工艺单、订单智能匹配以及订单派发。平台支持面料在线推送、需求管理，协同SheIn在线选料，以及供应商之间的数字化对接。此外，它还支持在线选款、改款，跨区域研发设计展示协同，在线设计推款，协同SheIn在线选款。这些功能实现了SAAS和制造的融合，满足了不同应用场景的需求，打通上下游企业，链接柔性制造。通过面料数字数据与业务流程智能化，避免了人工核算产生的误差，极大缩短了信息化传输的时间，提高企业间合作的效率。

4. 营销数字化

在Style 3D Studio数字化建模设计软件中生成虚拟店铺、虚拟走秀，此环节可与国际品牌进行合作，实行虚拟新品发布。其次，生成的虚拟服装效果图可快速实现电商平台的上新。

三、Style 3D在企业智能制造转型方面的应用案例

Style 3D提供了各种创新技术解决方案来优化企业的智能制造流程，比如个性化定制。Style 3D利用其先进的扫描和建模技术，为制造企业提供个性化定制的解决方案。他们可以扫描现有产品或者客户提供的设计图纸，并通过3D打印和其他数码工艺技术，高效地生产出符合客户需求的产品，大幅缩短了生产周期。这种个性化定制的生产模式不仅提高了客户满意度，也降低了企业的库存成本。另外Style 3D开发了虚拟仿真软件，帮助制造企业在设计阶段进行产品研发和优化。通过对产品数字化建模并进行虚拟测试，企业可以在实际制造之前发现和解决潜在的问题，减少了开发过程中的试错成本，提高了产品质量和交付速度。在数据集成与分析方面，Style 3D的数据集成与分析解决方案帮助制造企业整合了海量的生产数据，并应用先进算法和人工智能技术进行分析。通过实时监测和预测生产过程中的各种指标，企业可以及时做出调整以提高生产效率和产品品质。同时，数据分析还可以为企业提供决策支持，优化供应链管理和资源分配。Style 3D还可以为企业提供其他各种有效解决方案来帮助企业实现数字化转型和提升竞争力。

（一）案例一

1. 案例背景

七匹狼创立于1990年，是中国男装行业的开创性品牌。该品牌秉承工匠精神，深耕男装领域，连续19年在中国夹克衫市场独占鳌头。30年来，七匹狼坚守"男人不只一面，品格始终如一"的品牌理念，不断进行时尚创新，与时代并行，与国际接轨，成为消费者心中值得信赖的品格男装。目前，3D数字化成为全球化的趋势，据报道，全球前1000强企业中，有67%的企业已将数字化转型定为企业级战略。作为全球规模第一的中国服装行业，服装企业的数字化转型是必然趋势。近年来，也有不少服装企业开始了数字化转型的尝试。挪威某品牌服饰于2019年推出的19套数字服装在一周内售罄种种迹象表明：数字时尚是未来发展方向。服装3D数字化研发生产模式，将成为服装行业的重要助力。七匹狼抓住机遇，与Style 3D合作，致力于完成数字化升级，以适应行业的发展趋势。

2. 数字化转型

Style 3D作为国内首个自主研发的服装产业数字化服务平台，受到了七匹狼品牌方的关注。七匹狼最终选择Style 3D，首先因为它是行业发展趋势下的创新产物。该平台运用的3D数字建模、仿真、渲染等新技术，对于整个行业都具有驱动效果。其次，Style 3D采取全产业链打通模式，使一件服装从研发设计、审样改样再到自动生成BOM，都能线上完成。相较传统

方式而言，这种模式的时间和成本都能得到有效控制，还能大幅提升效率。

（1）智能数字化研发。与传统设计、手工打板不同，Style 3D的核心产品Style 3D Studio数字化建模设计软件给设计师提供了一种全新的数字化体验。按照传统模式，同一款式的衣服，做不同细节设计处理，需要重新设计、多次打板、推板以及实物样衣制作，会耗费大量的时间精力。而Style 3D刚好能解决以上问题。以七匹狼最具代表性的夹克设计为例，当同款夹克做不同的颜色或者图案等细节处理时，Style 3D平台支持同系列不同款式在线设计、同款式差异化设计。一款夹克，在板型不变的情况下，对于面料、印花图案、部件等元素的调整，均可通过Style 3D Studio数字化建模设计软件或者Style 3D Fabric数字化面料处理软件在线操作。这将显著提高研发设计效率，节省更多的时间，为企业快速研发推出新款提供助力。

（2）在线直连智能工厂。相较于在线设计、虚拟试衣环节，Style 3D更深刻的价值在于能够将设计方案直接连接到工厂生产线，图8-11为Style 3D的3D研发全链路流程图。以3D设计为起点，铺开了七匹狼的互联网数字化升级道路。首先，公司进行人台、面料数字化，由建模师完成服装的3D建模，输出数字样衣。然后，利用凌迪科技研发的智能核价和自动BOM系统直连智能制造工厂，设计完成即可投入生产。除七匹狼以外的其他中小企业，可以在设计完成后，交由与凌迪科技合作的生产企业完成订单的生产。

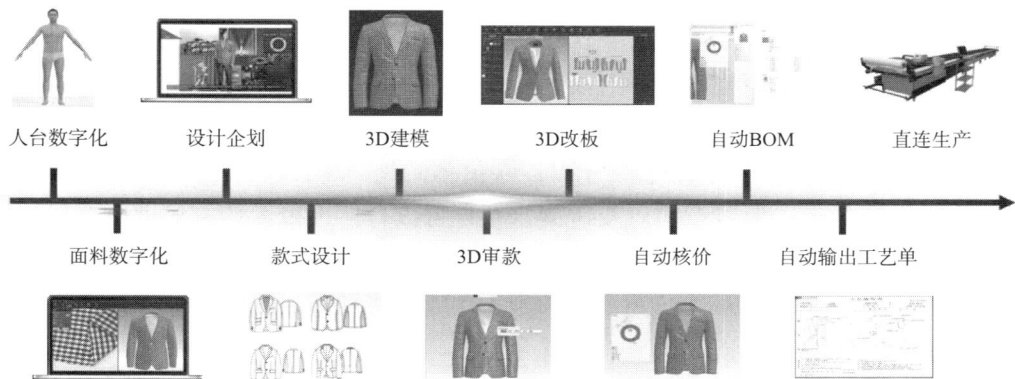

图8-11 Style 3D的3D研发全链路流程图

凌迪科技自主研发的3D PDM系统，集3D款式设计、设计研发过程中的数据采集和管理、服装3D展示功能于一身，对七匹狼开发全流程进行管理，实现了服装设计研发的规范化、部件化、数字化。除此之外，3D PDM还能为七匹狼带来两大优势：一是基于3D PDM对面辅料资源及工艺数据进行精细化管理，在设计研发结束时即可快速核算出生产成本，为生产和销售的管理决策提供支持，帮助供应链对市场需求做出更快响应。二是整合门店、电商平台的市场数据，通过智能化分析手段深入分析消费者习惯和市场需求，并据此进行设计研发工作，更准确地捕捉时尚潮流和客户需求，提高企划的精确度，降低库存风险。

3. 数字化业务协同

在传统模式下，CAD设计软件、PDM、PLM、BOM系统由不同的服务商提供，系统多且操作复杂，尽管实现了信息对接，但缺少统一的数据中台，在业务上很难实现协同。Style 3D的突破式进展在于其实现了整个产业链层面的数据协同和业务协同。

在数据层面，Style 3D除设计本身之外，还可通过3D PDM实现零售端用户需求收集、采购端原辅料资源的对接，通过内置BOD系统直连智能制造环节，与ERP融合后，可通过一套数据贯穿产业链核心环节，具备成为数据中台的属性。Style 3D与众多面料商和辅料商建立合作，形成了内容庞大、资源丰富的面料库。设计师也可以借助Style 3D Cloud平台，将设计的虚拟样衣效果图以及面料信息上传到云端，积累大量的数字资产。Style 3D帮助企业快速沉淀设计资源，形成企业的数字资产，方便后续重复使用。以七匹狼为例，它可以将所有的设计上传至平台，形成数据库。后期在日常设计工作中，设计师可在平台对款式、部件、面辅料等进行在线搜索，即搜即用，实用便捷，有效吸取数据库中的精华并推陈出新，这将为七匹狼等品牌服装研发过程提供高效助力。

在业务层面，建模师可以将建模完成的七匹狼新品上传到Style 3D Cloud平台，客户可以直接登录Style 3D账号进行审款。基于Style 3D形成的设计方案，可直接输出面辅料采购订单和工厂产能订单，交付给上游采购和下游生产。目前，凌迪科技已经布局在线业务、面料展销和工厂对接业务，以新设计催动新智造，正逐步成长为服装产业互联网的领军企业。

4. 智能数字化营销

当前，"线上""虚拟"成了流行趋势。服装业同样需要顺应时代趋势，加快数字化转型。3D试衣、虚拟走秀、数字化营销成为引领时代潮流的品牌企业的核心竞争力。3D数字样衣摆脱了实物的局限性，让服装展示可以在更多元化的场景进行。Style 3D Studio数字化建模设计软件可实现3D服装建模以及渲染，并且可以打造虚拟秀场，提供虚拟新品发布舞台。Style 3D创新性地提供了多种场景环境、灯光设置下数字样衣的展示效果，能够满足客户的个性化需求。目前，Style 3D推出的虚拟走秀功能，将助力七匹狼在订货会现场举办3D服装秀。

5. Style 3D模式下的经济效益

以七匹狼的优势项目——夹克为例，头样完成所需时间大概在1~3天。头样往往还要进行多次修改，形成终样大概需要半个月时间。同时，改款物料又需要额外的时间消耗。然而，Style 3D提供了在线制作虚拟样衣、在线修改样衣、在线形成虚拟终样的功能，最后再进行实体样衣制作。并且业务协同平台可以直连智能工厂，根据样衣自带的BOM完成工厂生产。这一过程中，熟练的建模师进行虚拟样衣建模所需时间为1~3h，实体终样形成时间在1周左右，物料成本仅需1件。在时间、物力、人力成本上，该平台都将实现明显控制，从源头上为七匹狼方节省更多成本。

6. Style 3D模式下的七匹狼新生

Style 3D平台深谙传统服装行业难点，针对性推出了解决方案，并提供支撑方案的数字化技术。这将促进七匹狼的研发生产模式向更高效、更便捷、更省成本的方向发展。目前，双方合作已正式启动，Style 3D正在协助七匹狼建立廓型、面辅料等资源库。未来，Style 3D将继续强化原有功能并研发新功能，在全球数字化发展趋势下，助力更多服装企业完成转型升级，推动服装行业良性发展。

（二）案例二：Style 3D携手毛衣圈，为毛衫类客户提供3D服务

1. 案例背景

毛衣圈是国内智能设计服务商，尤其精通于毛衫设计。该平台提供从纱线、花型组织、配色、绣花、印花等上万种款式选择，并拥有海量毛衫板型数据库，是潮衫设计领域的佼佼者。但是，制约毛衫类产品经济效益的最大难题还是研发设计成本。传统设计环节是研发环节最耗时、又充满不确定性的一道环节。尤其是对于面料复杂的毛衫类服装进行设计、打板、试衣，其流程更为烦琐。毛织行业竞争激烈，作为一个以毛织面料设计主打产品的服务平台，毛衣圈亦须打造自身差异化竞争优势。因此如何为毛衫客户提高效率、降低成本成为亟待解决的痛点。

在数字化转型的大趋势下，毛衣圈抓住机遇，上线3D研发服务，为品牌方、毛衫厂、纱线厂提供毛衫类3D数字化研发设计与在线协同服务。截至目前，毛衣圈已积累了上百万针织3D资源，服务近200家客户，引领了智能设计新时尚。这一成就离不开凌迪科技自主研发的Style 3D服装产业3D数字化服务平台。两者联合，为百万毛衫客户提供了更高效率、低成本的优质服务。

2. Style 3D助力毛衫类产品研发

（1）研发模式数字化。毛衫作为面料之一，因其变化复杂、纹理细致等特点，要完全采用3D技术来模拟，其难度高，对技术的要求也高。凌迪科技为了解决毛衫类3D模拟的技术难关，从了解面料属性入手，直击毛衫类服装模拟的痛点问题。公司深入研究针织模拟技术，并结合实际生产进行产业实践，真实还原毛织物理属性。此外，Style 3D技术提供的面料属性处理技术，可以让用户直接在软件中更改面料属性，如纬向收缩率、经向收缩率、拉力等，建模师可根据客户实际需求，提供不同的面料体验。

传统的服装设计主要是基于CAD的2D平面设计或者由设计师手绘设计。设计师完成设计图后，由打板师确定板型和面料，再与工厂沟通制作实物样衣，选择继续修改或投入生产。在研发过程（图8-12）中，Style 3D通过3D模型建立的虚拟样衣可无差别替代实物样衣，从两个方面重塑了设计流程。首先，在设计环节，设计师可以直接在Style 3D Studio数字化建模设计软件的设计模式下，进行3D虚拟设计。一件毛衫类新款从设计到上架平均需要15～30天，而Style 3D在线研发一件样衣只需要3～5天时间，极大缩短了研发时间。其次，传统模式下，样衣采样率低下，一般只有20%～30%的样衣会进入到生产流通环节中，造成大量的浪费。据凌迪科技创始人兼CEO刘郴所说，使用Style 3D设计的样衣采用率保守为50%，是行业平均值的2～3倍。针对服装企业，此技术除了减少物料成本浪费外，在很大程度上能够降低设计师用于反复修改上的沟通成本，提高设计效率。

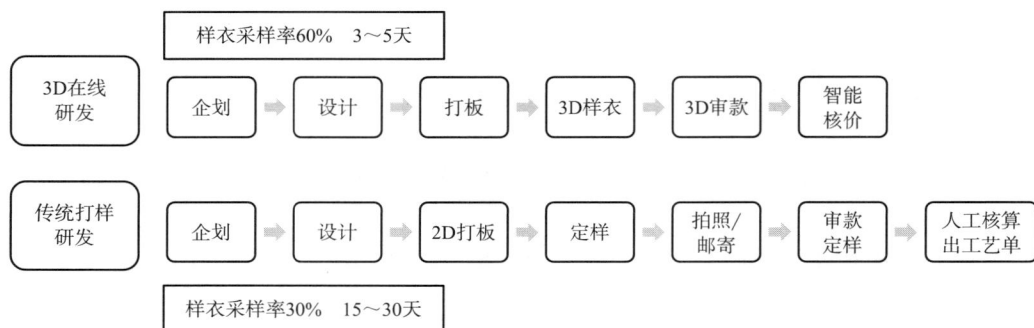

图8-12　传统研发与Style 3D研发周期对比

（2）协同方式数字化。通过Style 3D平台，毛衣圈可为客户实现在线选样及定样功能，并可通过移动端、APP端、计算机端一键分享面料，在客户与采购商之间构建起高效的在线协同机制。Style 3D平台内包含了大量面辅料数据库，为客户提供了广泛的选择空间。Style 3D还支持数字资源沉淀。设计师可以进行款型、花型、图案等设计素材的在线存储，形成个人或团队的线上资源库，方便其进行设计素材的重复利用，也提升了设计效率。此外，完成的虚拟样衣以及面料信息可以上传到云端，客户可以登录Style 3D账号进行款式审核，无须进行线下沟通，有效解决了来回样衣配送的时间和金钱的浪费问题。同时，客户可以清晰地了解面料是否适合其款式设计。以组织花型在不同领面的排列效果为例，通过Style 3D，设计师可在最短时间设计出3种不同的排列效果，客户可在线查看3D效果并确定款式。如果对设计不满意，客户可以在线留言，进行问题反馈。线上协同业务极大促进了毛衫类企业间的交流合作。

3. Style 3D模式下的毛衫企业新生

近年来，随着大数据、数字化的日益普及，毛织行业也紧跟时代步伐，实现从3D设计到虚拟试衣，从当面沟通定样到在线沟通审样、改款的数字化转型。Style 3D的加入，为毛衫类企业的数字化之路提供了坚实的支撑。在Style 3D助力下，相信毛衫领域一定能够尽早完成数字化转型升级，为行业良性发展铺路。

（三）案例三：Style 3D与阿里巴巴

1. 案例背景

2020年以来，线上交易快速回温。阿里国际站公布了上半年平台贸易统计数据，数据显示上半年阿里国际站实收交易额按美元计价同比增长80%，订单数同比增长98%，支付买家数同比增长60%。以上数据表明，世界线上业务交流将达成共识并成为主流。同时也意味着，合作商之间的业务形式将发生翻天覆地的变化。线上采购、缩减库存、小批量多次生产成为品牌商和零售商的主流交易方式，这就要求供应商具备线上展销、小单快反能力。阿里国际站平台中，中小企业较多，交易活动以轻定制产品为主，选择轻定制渠道下沉市场作为多数行业主要的买家目标。而下沉市场买家主要由线下和线上零售商、网红影响人物（key opinion leader，KOL）为主，他们也更倾向于可快速交易的规格化商品（product specifications，PS）。

2. Style 3D与阿里巴巴的合作

Style 3D与阿里巴巴的合作，一方面可以通过阿里巴巴先进的大数据平台，快速捕获市场，帮助凌迪快速掌握潮流趋势并及时开展线上营销。另一方面，Style 3D对阿里巴巴的数字化推动发挥了重要作用。图8-13为阿里国际站行业运营专家分享的3D电商应用优势。Style 3D Cloud协同平台能够实现轻定制，满足客户不同需求。其次，全产业链平台可以帮助阿里巴巴缩短交货周期，快速实现降本提效。最后，数字化营销高度符合阿里巴巴引领科技前沿的定位，助力企业下沉市场、降本引流。

（1）阿里数据获取，完成3D轻定制。结合阿里巴巴的大数据平台，Style 3D可快速捕获市场动态。当新趋势出来，设计师可以借助Style 3D Cloud协同平台丰富的数字资源库，快速在平台选择3D款式进行二次部件化设计，在线匹配不同面料、颜色等元素形成新款式，并能够针对买家多样化需求快速展示多种配色方案。买家可以线上审款，对于买家的修改意见设计师可以迅速线上改款，并且及时完成反馈。而Style 3D所制作的数字样衣，经过渲染后其输出的虚拟样衣柔性仿真度能够无限接近真实样衣，让所见即所得成为可能。

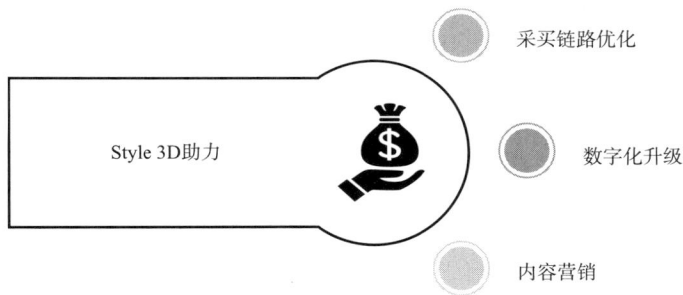

图8-13 3D电商应用优势

（2）全链路打通，直连智能工厂。在传统模式下，一件衣服从设计、打板、审板、样衣制作到投入生产、最后流入市场，整个过程耗时久，成本高，这种传统模式下从设计到交货的周期需要一个月之久。而利用Style 3D在线改板审款功能，能减少实物打样次数，最快3天可以定样。并且Style Cloud平台可实现快速在线协同定样，省去传统冗长、低效的线下沟通。直连智能工厂，系统还能自动生成BOM，使样衣尽快投入生产，大幅提升了服装企业供货效率。

（3）营销数字化，为下沉市场降本引流。在如今短视频盛行的趋势下，利用Style 3D所形成的数字样衣，通过3D渲染图上新、3D云展厅、3D走秀等多种应用场景形成短视频，并将短视频以广告形式投入抖音、微信朋友圈、小红书等引流平台，将助力服装企业以更直观、逼真、动态的形式进行展销活动，提升获客率。其次，Style 3D Studio数字化建模设计软件具备录制全方位展示视频的功能，从而替代产品主图拍摄，大幅降低企业拍摄成本。而3D云展厅的打造，能够在线上展示企业形象及实力，还能帮助采购商快速做决策。更有浸入式交互营销的3D走秀，吸引客户眼球，抓住客源。

3. Style 3D模式下的阿里巴巴新生态

阿里巴巴国际站宣布正式启动数字新外贸计划，将大力扶持外贸企业数字化转型。在服装行业，该计划将重点扶持3D商家，鼓励商家利用Style 3D突出产品优势，并在线上开设3D新品发布会大量吸引客流。阿里巴巴国际站联合Style 3D推出从3D内容制作、协同平台服务及深度建模软件的使用等多种解决方案，满足跨境商家需求。从新款设计到快速上新到创意营销，Style 3D全链路帮助阿里巴巴商家实现数字化转型，在线上斩获海量新商机。阿里巴巴与凌迪Style 3D双向成就，弥补不足，共同成长。

第二节　胜美科技有限公司

天津市胜美服饰有限公司是一家集服装设计、生产、销售于一体的专业化服装公司。目前，公司旗下经营胜美职业装及IAMBIC（依巴贺）两大品牌。胜美职业装作为天津知名团体制服品牌，其客户涵盖银行业、大型国有企业、政府机关等，在业内具有良好的口碑。IAMBIC（依巴贺）源自德国，为天津著名的成熟女装品牌。2011年，公司投资在天津设立了IAMBIC的旗舰店，一层为IAMBIC品牌及全球采购的高端品牌综合店；二层则是IAMBIC的高级订制专门店。公司的经营模式已经由传统的服装生产销售企业，发展成致力为客户提供时尚生活方式及整体形象设计方案的新型综合性企业。公司拥有柔性生产线，该柔性生产线具备输送系统、加工系统和控制系统的三大核心功能。

一、企业简介

天津市胜美服饰有限公司始建于1997年，于2000年更名为天津胜美科技有限公司，是一家集服装设计、生产、销售于一体的专业化服装生产公司。产品涉及男女团体职业装、商务装、校服以及定制服装，其中特色产品是高级定制女装。公司的理念是诚信服务、创新产品、服务客户，为客户提供高品质的产品及服务。公司追求创新，坚持为客户提供多元化的服务，以高品质产品及高效、便捷、专业化的服务赢得客户认可。通过搭建个性化定制服务平台，以工业化的手段和效率制造个性化产品，致力于为用户提供高品质、高性价比的个性化定制体验，推动服装定制消费大众化。

胜美形成了IAMBIC依巴贺高级定制、SHENG MEI OFFICE 胜美职业装两大品牌，通过了ISO 9001：2008标准质量管理体系认证、ISO 14001：2004标准环境管理体系认证，管理体系符合GB/T 28001—2011标准。2014年，公司的"高端服装定制精细化生产技术"被认定为天津市中小企业专精特新技术，2018年，胜美被认定为天津市市级高新技术企业。

胜美主要从事以大规模定制为核心的服装设计、研发、制造和销售业务。客户通过网络终端或线下门店进行自主定制设计、下单，由系统将个性化订单转换成各项具体数据、拆解成各节点的标准指令，公司通过柔性化生产、物流配送等环节满足消费者的个性化定制需求。借助互联网和大数据技术，胜美成功驱动个性化定制服装的大规模生产，在简化产销链中间环节、降低产品成本和缩短交货周期的同时，满足了消费者对职业着装、穿着舒适度及时尚追求等方面的不同要求。借助信息化技术手段，以工业化的效率和成本控制进行个性化产品的大规模定制，这是区别于传统服装制造业的最主要特点和优势。

胜美的定制服装产品覆盖了男士、女士正装全系列各个品类，包括西服、西裤、马甲、裙装、衬衫、大衣和风衣等。除生产个性化定制服装产品之外，基于在大规模定制生产方面的丰富经验，公司计划开展向其他企业输出工厂升级整体解决方案的业务，向其他企业提供与智能生产线改造升级相关的培训、咨询等服务，致力成为中小型服装智能制造示范基地，助力中小型服装企业完成智能制造转型。

二、胜美柔性生产

作为我国传统的支柱产业，纺织服装行业在国际上一直以来具有竞争优势。然而随着我国人口红利的逐渐消退以及纺织业成本的不断攀升，纺织品的出口份额也在不断地下降，给我国纺织业的发展带来了不利的影响。在此背景下，服装企业要想保持市场竞争力，向更具弹性、适应性更强的生产系统转型势在必行。中小型服装企业在我国的服装企业中占据较大的比例，它们的成长和发展在一定意义上代表了中国服装业的成长和发展。因此中小型服装企业进行智能制造转型升级是提升竞争优势的必经之路。下面以天津胜美科技有限公司的服装智能制造作为案例，对胜美的柔性生产线进行总结。

柔性生产线具备输送系统、加工系统和控制系统的三大基本功能。胜美柔性生产线模型如图8-14所示。

（一）输送系统

柔性生产线的输送系统将待加工或已完成加工的工件通过指令传送到指定位置。胜美柔性生产线采用的输送系统主要是智能吊挂系统，如图8-15所示。

智能吊挂系统可根据生产线当前的生产情况预测未来某段时间内整条流水线的状况。系统可自动生成和选择最优化的生产调度方案，提供完成生产计划的预计时间，以及各时段的产量、效率报表。通过实时监控车间的生产状态，系统可统计员工的生产效率和整条流水线的生产水平。根据系统反映的员工技能熟练程度以及衣架的输送状况等信息优化调度生产。

传统的服装流水线，从产品上线（上手）到成品完成（落手）通常需要0.5~1天，有些甚至长达2天。服装吊挂流水线采用单件大流水作业模式，一条线相当于传统流水线3个组，

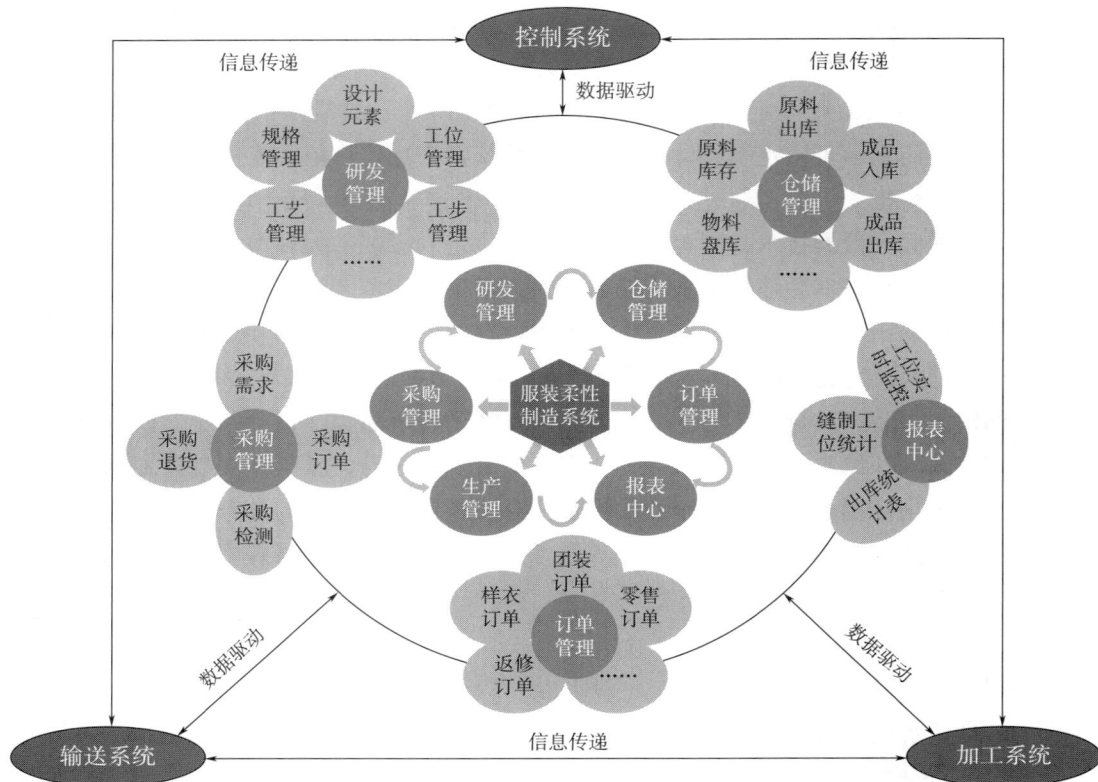

图8-14　胜美柔性生产线模型图

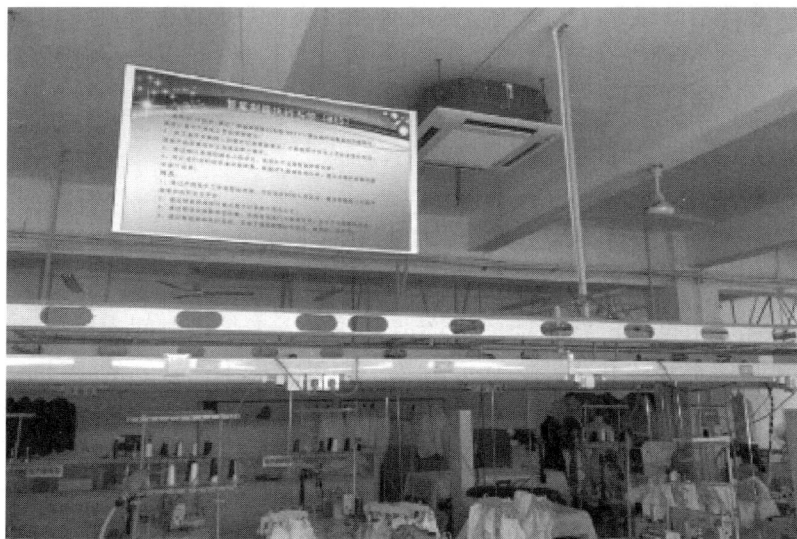

图8-15　胜美智能吊挂系统

成品完成只需传统流水线中一件衣服打样的周期。

　　传统的服装流水线，产品上线（上手）后，下一道工序的员工必须等上一道工序整包完成方可作业，整包服装下线需要进行统计和运送才可进行整烫包装。使用服装吊挂流水系统后，后道工序等前道工序的时间大幅缩短，相当于缝制一件该工序的衣服的时间，在线上可以直接整烫包装。处理完毕的衣架，可以迅速智能化地送达预备工作站，无须人工搬运。

　　传统的服装流水线，成品检验时若发现问题，而后一包服装已经在线生产，返修将浪费大量的时间、人力，且容易产生短装问题。服装吊挂流水系统可以自动记录衣架工作履历，追溯生产不良品记录，跟踪返回到责任人，自行保存相关数据并生成质量跟踪报表。单件流水作业中，工人之间层层把关，在线检验，发现质量问题及时返修，杜绝了短装问题和减少了成品返修次数，缩短出货期。

　　智能吊挂系统的应用不仅提升了生产效率，最重要的是提高了产品质量。在产品传递过程中由于产品处于吊挂的状态，消除了传统流水线导致的大量褶皱，也减少了服装流转过程中不可避免产生的污迹，同时避免串码问题，减少了大量的人力物力，缩短了交货周期。此外，该系统能自动生成各组、车间、全厂每天的生产量报表，实时统计员工的工作效率，分析在线员工每天工作效率最高和最低时间段，实时显示每一任务的生产进度并且对当前完成任务进度提出建议。

（二）加工系统

　　天津市胜美科技有限公司智能化加工设备见表8-1，其主要包括设备名称、型号、图片、性能描述和维护保养情况。

表8-1　胜美智能化加工设备一览表

设备名称	型号	图片	性能描述	维护保养情况
电脑样板切割机	经纬科贸EDO-1762R		计算机操作与切割同时进行，快速完成数据传输，可连续使用，切割速度最快达900mm/s，切割厚度≤2mm	每个工作日必须清理机床及导轨的污垢，使床身保持清洁；每周要对机器进行全面维护，包括横、纵向导轨的清洗和加注润滑油。每月检查所有接头是否松动，所有管带有无破损，所有传动部件有无松动
预缩机	WPF-YS/021型		无张力松布的同时进行加湿处理，使面料保持自然状态；加湿区采用蒸汽喷雾形式，实现加湿均匀。适用于各种布料的松布	每日对电动机进行清理，定期检查驱动齿轮、链轮的磨损情况，定期加注专用润滑油

设备名称	型号	图片	性能描述	维护保养情况
全自动开袋机	德国杜克普755S		该机型采用最先进的步进电动机技术，控制线缝长度和角刀动作，从而确保了开袋的精准	
袖窿机	德国杜克普650–10–OP700		配备针送料系统和完善的交替控制装置，以便交替压脚上送料	
全自动绱袖机	德国杜克普550–16–26		拥有自动控制程序序列并采用新型的保护面料的皮带送料，确保了稳定且卓越的缝纫质量和更高的生产效率	
绱垫肩机	德国杜克普670		自动控制起皱量分配，并结合松线装置确保了稳定的线迹质量和极好的匹配性	每日对机器进行清理并加注专用润滑油；每周检查各部件的性能与使用情况；定期维修检查
绱袖里机	德国杜克普550–16–26		自动控制起皱量分配，并结合松线装置确保了稳定的线迹质量和极好的匹配性；松线装置能自动松开以避免垫肩受压变形	
双缲下摆机	美国於仁30–210		采用两个独立抬布轮，两面同时进行缲缝，缝制品的表面、里面都不出现缝线；缝迹有弹性，能获得松软、无缝纫错位的缝制品	
差动平缝机	德国杜克普261–14–0345–01		通过强大的上下送布机构，设备可以处理难以输送的布料或者是高低不平的部位，缝距不会错乱，实现了稳定的缝制品质	
针送布带托布轮平缝机	德国杜克普173–14–1610		双针机、埋夹机、链底双针等机器上，该装置能起到拉布、防皱的作用	

续表

设备名称	型号	图片	性能描述	维护保养情况
套结机	日本重机 LK-1900S		对服装受力部位和圆头纽扣孔的缝尾进行加固和美化	每日对电动机进行清理，定期检查驱动齿轮、链轮的磨损情况，定期加注专用润滑油
钉商标机	日本重机 LZ-2290电脑之字缝		薄织物、中厚织物、到厚织物，甚至极厚织物均可实现平整、稳定钉制；结线松紧可根据需求灵活调节	
验布机	YBQ-180		适用于卷曲各种布料，并使弯曲的边缘保持平整；配有红外线自动追边功能及气缸驱动边缘控制装置，可根据不同布料性质调整为硬卷布或软卷布模式；配有高精度计码器，准确记录布料长度	
压衬机	HK-YS500		强力汽缸加压，确保黏合后的衣料平整牢固，耐洗涤，不易起皱；自动皮带修正装配确保皮带不偏离，同时防折滚筒可处理各种布料；加热温度均匀	
平缝机	日本兄弟、日本重机 DDL-900C		采用一根缝纫线，在缝料上形成一种线迹，使一层或多层缝料交织或缝合起来的机器	对机器进行日常清理并加注专用润滑油；每周检查各部件的性能与使用情况；定期维修检查
双针平缝机	日本重机 LH-3568A-7		采用针杆与送布牙同时送料，保证缝料上、下层不滑移，缝纫的适应性强，适用于高质量的明缝和装饰缝	
钉扣机	日本重机 MB-1370		钉扣机是自动缝纫机，它按规定的缝迹完成指定的送料过程。不同的钉扣机对于不同的纽扣有不同的缝迹	

设备名称	型号	图片	性能描述	维护保养情况
圆头锁眼机	德国杜克普 518-112		用于各种中、高档服装的锁眼缝制作业；该圆头锁眼机的主要性能体现在更加智能化	对机器进行日常清理并加注专用润滑油；每周检查各部件的性能与使用情况；定期维修检查
单量单裁自动裁床	和鹰科技 HY-S0909		适用于高档西服、高级时装以及制服的定制生产；最大程度地满足裁剪车间的多元化需求；分段吸附和分段裁剪，实现裁剪、拾料、铺料同时作业；采用上下往复式直刀裁剪，精度高、速度快；故障自诊断功能，操作简单明了；裁剪弧线刀速自动调整，满足高精度的裁剪要求；无切割死角，不会出现丝缕切不断的现象；配备安全杆装置，有效避免裁剪过程中的安全问题；两个指示灯装置位于机身每个分段区域，确保工作人员操作的安全；使用寿命长达6～8年，大幅降低使用成本	每个工作日必须清理机床及导轨的污垢使床身保持清洁；每周要对机器进行全面的清理，横、纵向的导轨的清洗并加注润滑油；每月检查所有接头是否松动，所有管带有无破损，所有传动部分有无松动

（三）控制系统

柔性生产线的控制系统是柔性生产线的核心，控制系统可分为过程控制和过程监控。柔性生产线主要是通过控制设备PC（personal computer）、PLC对生产过程中数据进行实时采样、处理并实时监控。

胜美的服装柔性制造系统功能强大，涵盖了从下单打板到包装交付全流程的在线控制，实现了服装制造全流程可视化。其主要功能包括研发管理、仓储管理、采购管理、订单管理、计划管理、生产管理、委外管理以及报表中心等。胜美服装柔性制造系统管理界面如图8-16所示。该服装柔性制造系统是胜美与软件公司合作开发的成果，到目前为止仍处于优化和完善阶段，在实际使用过程中遇到问题在不断地修改中，待相对成熟后可以作为行业范例进行推广，助力其他服装企业进行智能化转型。

1. 研发管理

研发管理包含了服装分类、物料分类、部位管理、计量单位、规格管理、设计元素、设计元素结构、物料管理、供应商管理、工位管理、工步管理、产品管理、工艺管理、设计要求制定、生产路线规划、色系管理、客户信息管理以及款式管理。

服装分类模块建立了强大的服装款式数据库，包含了胜美到目前为止生产过的所有服装品类，如男女士西服、西裤、衬衫、女式连衣裙、短裙以及定制的礼服等各种品类的服装。在接到订单后，管理人员可以直接在系统内调出相同或者相似的服装品类，节约了重新制板，录入各种信息的时间，方便管理人员根据订单要求做出微调后进入下一道工序。

图8-16 胜美服装柔性制造系统管理界面

物料分类模块实现了对车间内物料的科学分类，管理人员在调用物料时直接在系统内输入名称或者代码即可找到，便于管理人员掌握物料库存情况，确定订单所需要的物料是否齐全，是否需要重新采购。

在规格管理方面，由于胜美是一家专注于定制服装的公司，所以对于服装规格的管理是非常注重的，系统内的服装规格包含1000多种，每种规格都经过精细划分，能够尽可能满足不同体型人群的需求。

设计元素模块主要包括了服装设计的关键要素，如领型、口袋、刺绣位置、垫肩等具有设计要求的物料。

在工位管理方面，胜美对服装生产的工位进行了规划，主要包括CAD制板、断料、裁衬、粘纤条、缝制以及总检和线外工序（用来平衡产线的一道工序），还包括委外加工、CAD板图、样衣制作、工艺评审、样衣评审、裁床等工位。

工艺管理模块则按照既定编码规则对各项工艺进行编码，并录入标准工艺信息。新的工艺会继续录入存储，在基数足够大的情况下，任何一个订单的工艺标准都可以在其中找到，节约大量时间。

工步管理模块负责记录服装生产时各项工序的工时，如手纤下摆、手纤袖口、缝垫肩、绱袖子、固定肩襻等，以便合理分配工作达到平衡产线的目的。

生产路线主要包括正常生产线、样衣线、委外线（如针织的订单，由于设备不同，直接在线外用特定设备进行生产）、定制样衣线（个性化定制订单）等。

2. 仓储管理

仓储管理负责对仓库、库区、库位、原料出入库、成品出入库等进行统一管理，系统对每一个物料的存储位置以及数量进行详细的记录。工作人员在查找目标物料时能够精准地找到物料，并且能够了解所有物料的来源与去向，整个过程透明清晰，避免出现物料丢失的情况。

3. 采购管理

采购管理主要包括采购需求确定、采购订单生成、采购物料检测以及采购退货处理，记录着各个阶段的采购需求、订单、物料质量以及退货情况。这些琐碎信息的收集与整理在缩短生产周期、提高生产效率、减少库存、增强对市场的应变能力上起到了不可忽视的作用。

4. 订单管理

订单管理是对接到的订单进行分类处理的工作，包括团装订单管理、子订单管理、样衣订单管理、个人定制订单、零售订单管理、客户返修管理、返修实绩管理、客户换货管理、客户退货管理。在业务员接到订单后，在系统内输入客户的各项要求以及规格尺寸，可以直接传递到生产端进行排产生产，不需要双方多次沟通确认，下单过程简单方便，信息传递准确无误。

5. 生产管理

生产管理是对服装的生产过程的管理，主要包括对CAD实绩、断料实绩、委外实绩、缝制实绩、成品检测、CAD制板、裁床实绩、样衣评审、工艺评审的管理工作。

6. 报表中心

报表中心负责对生产过程进行监控并生成报表，目前主要有工位实时数据监控、缝制工位统计、工厂出库统计表三项职能。

工位实时数据监控能够实时监控当前生产线的情况，管理人员可以直观地看到生产线上哪个工位出现了停滞，哪个工位完成得较好，便于重新分配任务，达到产线平衡，提高生产效率。

缝制工位统计：系统与缝制工位的制造执行系统终端相连，能够实时掌握每一个缝制工位的生产进度与情况。

工厂出库统计表负责对出库的产品做详细的报表，记录产品的出库情况。

三、胜美服装智能制造应用

（一）智能化改造前后对比

天津市胜美科技有限公司智能化改造前后情况对比见表8-2，主要体现在个性化下单过程、生产计划排产、工艺设计过程、生产过程以及仓储备料管理过程等方面。

表8-2　胜美智能化改造前后情况对比

改造项目	改造前	改造后
个性化下单过程	①门店下单，邮件传给生产部门； ②无法满足个性化订单即时排产的要求	①智能定制系统下单，订单直接发送到云平台； ②云计算后传递到生产系统实时排产
生产计划排产	①粗放式管理、排产周期长； ②手工计算生产计划排程，效率低下，易出错； ③插单时计划调整困难，物料的跟催工作困难； ④工厂端实际生产情况不能及时反映	①精细化管理订单，智能排产； ②智能排产系统自动获取信息，自动排产； ③生产异常或订单调整后，系统自动重排计划； ④生产全流程联动排产，实现生产计划执行的实时监控和反馈
工艺设计过程	①人工打板，每天最多只能打2板，效率较低； ②工艺师对照客户要求填写纸质工艺单，所有员工传看一份	①PLM系统针对需求自动匹配，结合CAD软件生成自动裁床可识别的产品设计图； ②工艺要求通过MES终端显示，避免信息传递过程中出现失真、丢失的情况
生产过程	①生产环境较差，单人作业方式，生产效率和品质主要由员工自行控制； ②设备布局缺乏规划，物流不顺畅，物料积压严重，产生大量搬运浪费	①改善生产环境，单件流作业方式，MES系统实时监控产品质量； ②通过MES系统和智能吊挂系统实现高度柔性化生产
仓储备料管理	①人工找料，断料后在原布料上注明断料长度； ②仓管员掌握物料信息，存取物料耗时长，导致物料供应不及时	①智能仓储管理系统实现原材料的实时管理，通过与生产计划系统实时交互，确保断料的准确性； ②运用RFID卡及手持终端，按计划准时完成原材料的快速智能备料及物料配送

资料来源：根据胜美企业实际情况整理。

　　天津胜美科技有限公司智能化改造前后的信息流模型如图8-17所示。改造前，车间内的信息完全依赖人工记录、纸质版单据传递，易出现错传、漏传的情况。改造后，公司形成了信息网络协同模式，信息传递更加准确、高效。

　　实施智能化改造后，胜美实现了厂内信息传递无纸化、打板自动化、生产流程半自动化。这一改造使订单可逐级快速精准地分解至每个工位，基本实现了柔性生产。通过对整个生产过程的精益管控，大大提高了产品制造过程的质量、物流、生产管控程度，企业生产效率提高20%以上，生产周期缩短50%，减少生产误操作30%，不良品率下降18%，物流运作效率提高18%以上，总制造运营成本降低20%。

　　胜美柔性生产线升级改造后全方位应用于企业的设计、研发、生产、销售中，并且操作人员能够熟练操作各种系统与设备。该柔性生产线成功应用于大批量团服制作以及个性化定制中，积累了大量的成功案例，解决了以往的团服只能按标准号型制作导致合体性不佳的问题，还克服了高定服装完全依靠手工制作，设计制作周期长、成本高的问题。同时改造后的成品服装质量、生产效率都大幅度提高，生产成本、返修返工率则大幅度降低。

（二）胜美未来发展

1. 发展品牌

胜美使用自主研发的一整套柔性制造系统做到了智能、简便、高效的服装生产，显著

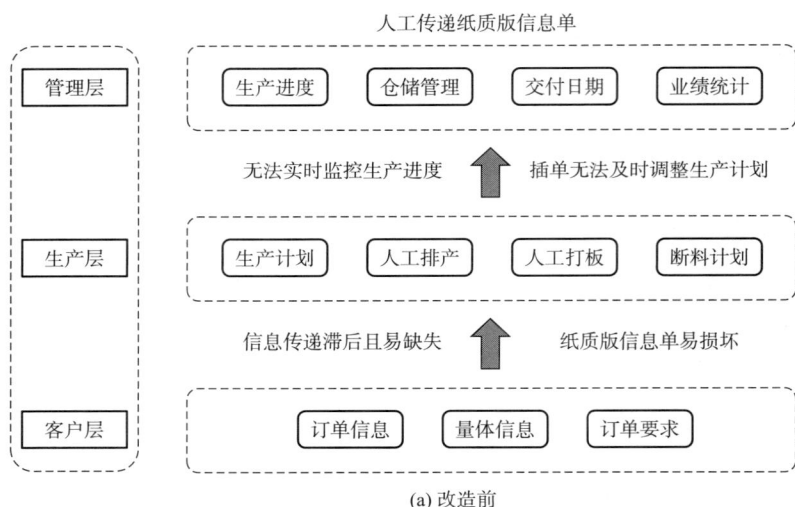

人工传递纸质版信息单

| 生产进度 | 仓储管理 | 交付日期 | 业绩统计 |

无法实时监控生产进度　　插单无法及时调整生产计划

| 生产计划 | 人工排产 | 人工打板 | 断料计划 |

信息传递滞后且易缺失　　纸质版信息单易损坏

| 订单信息 | 量体信息 | 订单要求 |

管理层　生产层　客户层

(a) 改造前

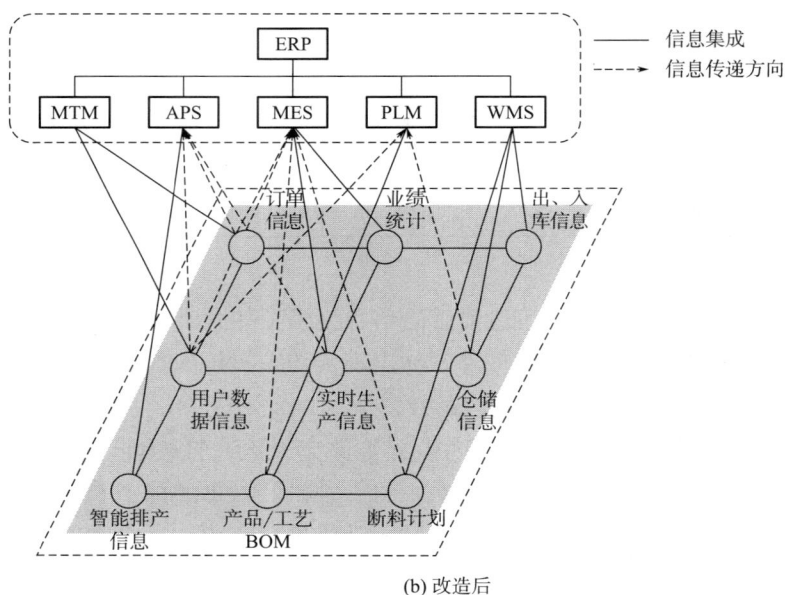

ERP

MTM APS MES PLM WMS

—— 信息集成
---- 信息传递方向

订单信息　业绩统计　出、入库信息

用户数据信息　实时生产信息　仓储信息

智能排产信息　产品/工艺 BOM　断料计划

(b) 改造后

图8-17　胜美改造前后的信息流模型图

提高了生产效率和产品质量，同时降低了生产成本，进而拓宽了销售渠道，提高了品牌知名度，促进企业的持续发展。

2. 助力传统服装企业转型升级

胜美的成功转型为其他传统服装企业树立了典范，可分享胜美转型经验，同时可以将自主研发的服装柔性制造系统提供给其他的服装企业，帮助他们完成智能制造转型升级，促进服装行业的发展。

282

3. 产教融合

企业与高校建立紧密的合作关系，共同合作开展研究、设计和培养人才，实现优势互补，充分运用高校科技力量为企业的科研开发工作服务，为企业开展技术创新提供动力及支撑，有利于企业的创新发展、高效生产、减少库存量、降低成本，不断地提升企业的核心竞争力，进而提高企业经济效益和社会效益。

胜美致力于提高服装行业的整体生产效率，推动行业从低附加值、大批量生产转向高附加值、个性化定制生产转型，为服装行业的智能化改造奠定基础。胜美的女装柔性生产线的成功应用，解决了高定女装制作过程中特殊工艺费时费力的问题，为服装行业的未来发展提供思路和方向。

复习与作业

1. 结合本章内容，请概括两家公司的相同点及不同点。

2. 探讨两家智能制造公司的智能化应用与传统服装生产企业相比，其优势在哪里。

3. 根据本章内容，谈谈你认为的智能化制造现存问题是什么。

4. 从网上搜索相关智能制造公司信息，并与两家公司对比，指出相同点与不同点。

5. 模仿本章介绍，从网上选取一家智能制造公司，根据其在网上的介绍，制作一张此公司从下单到配送产品的流程图。

6. 选取自己的一件衣服，想象一下如果应用智能制造生产，与传统制作有哪些区别。

参考文献

段佳佳，许君，章莹，等．中小型服装企业智能制造转型升级研究［J］．纺织导报，2021（10）：63-66.

第九章　服装行业智能制造发展趋势

课题名称：服装行业智能制造发展趋势

课题内容：1. 手势识别技术

2. 抓取技术

3. 智能工厂

4. 数字孪生技术

课题时间：2 课时

教学目的：了解智能制造的概念和基本原理；了解智能制造对服装行业的影响；掌握智能制造与人员需求变化的关系；了解智能制造在设计和创新方面的应用；了解智能供应链管理在服装行业中的重要性；探索智能制造在线上、线下融合营销和消费体验中的作用。

教学要求：1. 提供基础知识和概念，了解智能制造是如何实现自动化和智能化生产在服装行业中的应用。

2. 强调关键技术和应用，了解这些技术如何应用于服装生产中，以及它们对整个供应链的影响。

3. 讨论可持续发展和环境影响，了解智能制造如何减少废物和资源浪费，降低环境污染，并提高生产的可持续性。

4. 了解智能制造对传统工作岗位的影响，以及技术人员面对新兴职业机会所需的技能和培训。

服装行业智能制造是指将人工智能、物联网、大数据分析等前沿技术应用于服装生产的过程中，以提升生产效率、减少成本、改善产品质量和增强创新能力的制造方式。服装行业智能制造的发展趋势包括以下几方面。

机器人与自动化：服装行业正在采用机器人和自动化技术来完成一些繁重、重复和精细的工作，如裁剪、缝纫、包装等。这可以提高生产效率和产品一致性，并减少人为错误的发生。

智能工厂：通过使用物联网和传感器技术，服装生产商可以实现设备的互联互通、数据的实时监测和分析，以优化生产流程和提升资源利用率。智能工厂还可以帮助实现智能调度和自动化生产计划。

数据驱动决策：通过收集和分析生产过程中的大数据，企业可以更好地了解生产状况、产品质量和供应链效率等关键指标。这可以帮助企业制定更准确的生产计划、优化供应链管理，并进行实时的质量控制。

综上所述，服装行业智能制造的发展趋势是通过整合先进技术和创新理念，提高生产效率和产品质量，减少成本，并推动企业可持续发展和个性化定制化生产。这些趋势将为服装企业带来更多的机遇和竞争优势。

第一节　手势识别技术

在机器人与自动化领域，手势识别技术的应用变得尤为重要。手势识别技术是一种将人类使用的手势动作转换为计算机可识别的形式的技术。它利用摄像头或其他传感器来捕捉和解析人类手势的动作，然后将其转化为计算机可识别的指令或操作。通过手势识别，机器人能够准确地感知和解析人类的手势，从而实现更智能化的人机交互。这种技术不仅提高了机器人的感知和反应能力，还使其能够更自然地与人类互动和合作。手势可以是简单的手势，如挥手或握拳；也可以是复杂的手势序列，如手指轨迹或手势组合。手势识别技术在许多领域有广泛的应用，其中一项主要应用是人机交互。通过手势识别技术，用户可以通过手势来控制计算机、智能手机、游戏控制器等设备，摆脱传统的键盘和鼠标的限制。另外，手势识别技术也可以应用于虚拟和增强现实领域，使用户能够通过手势来与虚拟对象进行互动。手势只别技术的实现通常需要以下步骤：

（1）数据采集。使用传感器（如摄像头）来捕捉用户手势的图像或运动数据。

（2）预处理。对采集到的数据进行预处理，包括去噪、滤波、平滑等，以提高后续的识别效果。

（3）特征提取。从预处理的数据中提取出手势的特征，如形状、颜色、运动轨迹等。

（4）手势分类。使用机器学习或深度学习算法对提取的特征进行分类和识别，将手势与特定的指令或操作进行关联。

（5）操作执行。将识别结果转化为计算机可以执行的操作，如控制光标移动、页面切换等。

手势识别技术在智能家居、医疗保健、游戏娱乐等领域都有广泛的应用前景。随着技术的不断进步和智能硬件的发展，手势识别技术将会更加精确和灵活，为人们带来更好的交互体验。

一、手势识别技术发展现状

（一）手势识别技术概述

在计算机科学中，通过算法来识别人类手势的方法被称为手势识别。手势识别可以检测来自人的身体各部位的运动，一般是指脸部和手的运动。用户可以使用简单的手势来控制设备或与设备交互，让计算机解读人类的行为。其核心技术为手势分割、手势分析以及手势识别。

早期的手势识别技术主要是利用机器设备直接检测人体手部和胳膊各关节的角度和空间位置。这些设备通常是通过有线技术将计算机系统与用户相互连接，使用户的手势信息完整无误地传送至识别系统中，其典型设备如数据手套。数据手套由多个传感器件组成，通过这些传感器可将用户手的位置、手指的方向等信息传送到计算机系统中。数据手套虽可提供良好的检测效果，但因其价格昂贵很难应用在日常领域。随后，光学标记方法取代了数据手套。用户将光学标记佩戴在手部，通过红外线可将人手位置和手指的变化传送到系统屏幕上，该方法也可提供良好的识别效果，但仍须较为复杂的设备。

外部设备的介入虽使得手势识别的准确度和稳定性得以提高，但却失去了手势自然的表达方式。为此，基于视觉的手势识别方式应运而生。视觉手势识别技术借助视频采集设备捕捉包含手势的图像序列，并通过计算机视觉技术进行处理，进而对手势加以识别。

（二）基于5G时代生活场景下的手势识别

1. 视频直播

在视频直播或者拍照过程中，结合用户的手势（如点赞、比心），实时增加相应的贴纸或特效，丰富交互体验。

2. 智能家居

智能家电、家用机器人、可穿戴设备等硬件设备，可通过用户的手势指令控制对应的功能，使人机交互方式更加智能化、自然化。

3. 智能驾驶

将手势识别技术应用到驾驶辅助系统中，驾驶者可使用手势来控制车内的各种功能、参数，在一定程度上解放驾驶者的双眼，能够将更多的注意力集中在道路上，提升驾车安全性。

4. 空中键盘

手指由于大接触面的特性，在一些场景中并不能精确点击对象。而将手势识别技术应用到上述场景中，可能会颠覆传统的键盘操作方式，有望实现键盘的自适应与智能化。

二、手势识别关键技术

无论是静态或动态手势，其识别顺序首先须进行图像的获取，然后是手势的检测和分割、手势的分析，最后进行静态或动态的手势识别（图9-1）。

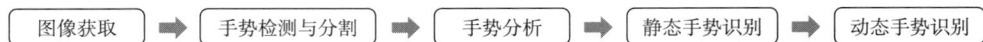

图像获取 ➡ 手势检测与分割 ➡ 手势分析 ➡ 静态手势识别 ➡ 动态手势识别

图9-1　手势识别流程

（一）手势分割

手势分割是手势识别过程中的关键环节，手势分割的效果将直接影响到手势分析及最终的手势识别结果。目前，最常用的手势分割法主要包括基于单目视觉的手势分割和基于立体视觉的手势分割。

基于单目视觉的手势分割是利用单一的图像采集设备获得手势图像，得到手势的平面模型。该法须建立手势形状数据库，将能够考虑的所有手势涵盖其中，便于进行手势的模板匹配，但其计算量随之增加，不利于系统的快速识别。

基于立体视觉的手势分割是利用多个图像采集设备得到手势的不同图像，而将这些图像转换成立体模型。立体匹配的方法与单目视觉中的模板匹配方法类似，也要建立庞大的手势数据库。在三维重构时，则需建立手势的三维模型，虽然计算量将有所增加，但其分割效果较好。

（二）手势分析

手势分析是手势识别系统的关键技术之一。通过手势分析，可获得手势的形状特征或运动轨迹。手势的形状和运动轨迹是动态手势识别中的重要特征，与手势所表达的意义有直接的联系。手势分析的主要方法有以下几类：边缘轮廓提取法、质心手指等多特征结合法以及指关节式跟踪法等。

边缘轮廓提取法是手势分析常用的方法之一，手型因其特有的外形而与其他物体区分；该法采用结合几何矩和边缘检测的手势识别算法，通过设定两个特征的权重来计算图像间的距离，实现对字母手势的识别。

多特征结合法则是根据手的物理特性分析手势的姿势或轨迹。Meenakshi Panwar等将手势形状和手指指尖特征相结合来实现手势的识别。

指关节式跟踪法主要是构建手指的二维或三维模型，再根据人手关节点的位置变化来进行跟踪，其主要应用于动态轨迹跟踪。

（三）手势识别

手势识别是将模型参数空间里的轨迹分类到该空间里某个子集的过程，其包括静态手势识别和动态手势识别，动态手势识别最终可转化为静态手势识别。从实现手势识别的技术来看，常见手势识别方法主要有：模板匹配法、神经网络法和隐马尔可夫模型（hidden markov model，HMM）法。

模板匹配法是将手势的动作视为一个由静态手势图像所组成的序列，然后将待识别的手势模板序列与已知的手势模板序列进行比较，从而识别出手势。

神经网络法是一种模拟人脑神经元网络的计算模型，它由多个层次的神经元组成，每个神经元与相邻层的神经元相连。深度学习是指使用多层神经网络进行学习和训练的方法。在手势识别中，将手势图像作为神经网络的输入，通过多层神经元的非线性变换和权值调整，可实现对手势的识别和分类。

隐马尔可夫模型法是一种统计模型。利用隐马尔可夫建模的系统具有双重随机过程，包括状态转移和观察值输出的随机过程。其中，状态转移的随机过程是隐性的，其通过观察序列的随机过程所表现。

手势识别中有两个关键的概念：手形与手势。手形属于静态手势，即用手的一个特定形状表示一个语义；手势则是以手在时间与空间上连续的轨迹表示一个语义，即动态手势。

1. 静态手势识别

静态手势识别中最早提出的识别方法为模板匹配法。此方法核心是将输入图像与图像库模板进行比较，并计算相似度再进行分类。此方法的关键在于手势模板库的构建（图9-2）与输入图像的处理。输入图像经过手势分割技术将手势区域从背景中分离出来，再通过图像二值化处理，凸显图像特征，再提取手势特征，最后通过模板匹配法完成手势识别。

此方法对于数据量不大的样本，识别速度很快，抗光照干扰能力较强，但识别精度不高（图9-3）。静态手势识别也常采用基于几何特征的识别方法。几何特征主要为手指个数、手指夹角和手指间距等特征。但由于个人存在差异，即

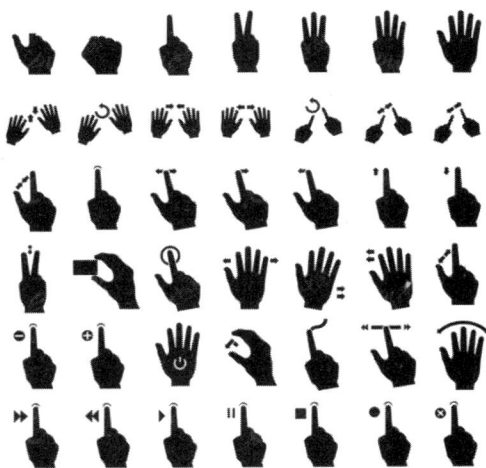

图9-2 部分手势模板库示例

使是相同的手势在上述几何特征中也会存在较大的差异，所以基于单几何特征的手势识别精度较低。为了提升该方法的精度，许多研究者考虑多特征结合，即结合多个几何特征进行识别。王艳、曹洁等人通过结合手势指尖个数以及Hu不变矩特征，对特征距离进行加权处理并融合来识别手势。该方法通过多特征结合法，虽然比单一手势特征方法识别率高，但却存在特征量增多，计算量增大的问题。张辉、邓继周等人相继提出在结合多特征结合算法的情况下，分层处理识别任务。在提高识别率的同时，也解决了计算复杂的问题。此类方法在简单桌面背景和简单手势情况下，具有计算简单、识别速度快的优点（图9-3）。

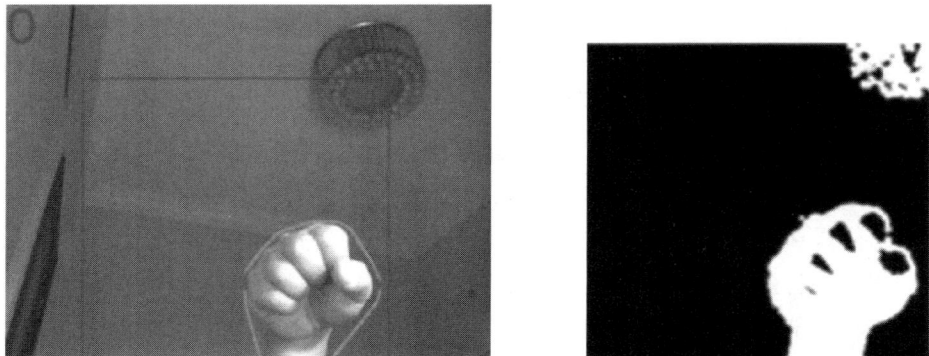

图9-3　模板匹配示例

2. 动态手势识别

由于动态手势本身的多义性以及时空差异性，动态手势识别一直是一项极具挑战性的课题。在识别动态手势的过程中，需要考虑空间上下文并结合时序分析，先确定手势起始与最终位置，再通过手势分析提取的特征点，结合时序连续图像进行拆分并进行分析。动态手势识别常用算法大致可以分为3种：基于状态图转移的算法、基于统计学的算法和基于深度学习的算法。基于状态图转移的方法中，隐马尔可夫模型是典型方法，它是一种时间序列的概率模型，对连续时序信号的处理有较好的表现，所以也被广泛应用于动态手势识别领域。

三、可穿戴设备概述

可穿戴设备是可穿戴技术的物理载体。可穿戴技术是指将多媒体、传感器等多种技术通过某种方式集成、整合至衣物、配件等可穿戴的物理媒介上，从而支持用户进行手势交互、眼动跟踪等多种人机交互方式的技术。近年来，随着传感器技术和计算机技术的不断更新和发展，佩戴智能可穿戴设备也日趋成为人们日常生活中的新风尚。可穿戴设备大多具备数据采集、数据加工和计算以及信息的展示和呈现这3种主要功能。

针对目前市场上的产品而言，智能眼镜主要侧重于信息的展示和呈现，智能服装的相关研究主要集中在材料科学领域，而以电子技术和交互技术为核心的智能服装产品仍尚处于初级阶段。以智能手环和智能手表为代表的可穿戴设备兼具上述3种功能，通过佩戴在前臂或手腕上就可以捕获包括手臂、手腕以及手指的动作信息。同时其小巧的体积设计对用户的日常活动几乎没有影响，更适合作为手势交互应用的载体。从可穿戴技术的角度而言，数据手套是一种较为有效的手势识别技术，但其精密复杂且需穿戴于手部的设计影响了用户的使用体验，其昂贵的造价也限制了其在日常生活中人机交互的应用。肌电传感器虽然拥有准确捕获精细动作的特点，但对于市场上流通的可穿戴设备而言，多数可穿戴设备并未集成肌电传感器。相对而言，加速度传感器（acceleration transducer，ACC）和光电容积描记法（photoplethysmography）传感器是可穿戴设备中较为常见，同时具有手势交互潜力的传感器。ACC和PPG传感器拥有体型小巧、造价便宜、应用广泛等特点。同时，ACC传感器拥有强大的捕获运动信息的能力，PPG传感器也展现了其在手势识别领域的应用潜力。本节详细介绍了两种传感器技术的原理与相关手势识别技术研究现状。

四、基于ACC与PPG传感器的手势识别技术

（一）ACC手势识别研究现状

ACC是一种用于采集空间加速度信息的传感器，能够同时测量X、Y、Z三个方向上的加速度信息。通过记录三轴上的数据并进行矢量叠加即可求出加速度的大小和方向。在运动检测与手势识别领域，加速度作为一种由速度变化推导出的信息，常被用作描述物体的运动状态。例如，在人体运动中，当挥动上臂时，上臂会以肩关节为圆心作运动，产生向心加速度。此时，ACC可以很敏锐地捕获人体在挥动上臂过程中的运动轨迹相关的信息。同样的，ACC也可以捕获人体运动中的方向信息，因为在空间中，重力加速度会恒定地施加在ACC上，通过计算重力加速度和人体运动加速度的矢量叠加的变化可以推算出当前的运动方向等信息。作为一种较为成熟的传感器技术，由于其强大的捕获用户在空间中运动的方向和轨迹的能力，ACC已经被广泛应用于运动监测、手势识别等领域中。作为测量运动学参数的ACC在表征大幅度动作时拥有非常出色的表现，而在检测小幅度动作（没有明显运动轨迹的精细动作）时，其表现并不尽如人意。同时，大多数研究在相对稳定、静态的环境中进行，较少考虑实际生活场景下的手势识别问题。

（二）PPG原理及其手势识别研究现状

PPG技术是一种利用光电传感器，通过检测经人体血液、骨骼、肌肉等组织反射后的光强度变化的技术。PPG的提出最初是为了监测心血管疾病患者的健康状况，计算包含心率和血氧饱和度在内的心血管活动指标。为了准确地估计血氧饱和度，通常需要采集动脉血进行成分分析，而有创的方式并不是理想的测量方法。在大量的无创测量研究方法中，PPG凭借其便捷、准确的优点被广泛应用于临床研究和健康监测领域。PPG技术以朗伯比尔定律为基础，定量地解释了传播介质对光的吸收作用。由于每种特定的物质针对不同波长的光具有不同的吸光系数，因此血液、肌肉、骨骼等人体组织均具有不同的吸光系数，均会对光强产生影响。因此，当肢体执行不同的动作时，随着肌肉组织的形态发生变化，PPG信号会相应地发生变化并产生不同的波形，这为以PPG信号为基础的手势识别提供了理论基础。长久以来，围绕PPG信号的研究多将其作为一种用于计算心率、呼吸频率等在内的用户健康指标的信号。而近年来则逐步开展了基于PPG信号的用户认证研究和情感识别研究等。

第二节 抓取技术

随着科技的进步和智能制造在服装行业的发展，纺织服装设备也在数字化、网络化、自

动化方面不断地完善与提升。在这一发展趋势中，机器人与自动化技术发挥着重要作用。目前，在西服、衬衫、T恤、西裤与牛仔裤加工中所使用的专用自动缝制机和单元自动缝制系统，基本上已具备与服装配套生产的能力。其中值得注意的是我国自动模板缝制系统和自动缝制单元不仅在数量上位居世界前列，在自动化、智能化水平方面也居世界领先地位。为更好地促进纺织服装设备自动化和面料自动抓取方法的融合发展，本节分析了目前服装面料自动抓取转移方法的研究现状，讨论了机械手抓取、负压吸盘抓取、静电吸附抓取和非接触式吸盘抓取4种方法的原理与特点，及其对服装生产的影响，对比了上述4种自动抓取转移方法在制造成本、能耗、工作环境和定位精度等方面的优劣。

一、服装面料自动抓取转移方法

（一）机械手抓取转移

机械手抓取转移是指通过机械手模拟人手的运动来抓取织物裁片的方式。根据夹爪的不同主要分为3种抓取方式：钩刺式抓取、类魔术贴式抓取和仿生夹爪式抓取。钩刺式抓取是用钩刺来勾住、并搓起织物裁片，类魔术贴式抓取是利用魔术贴的结构原理来抓牢织物裁片，仿生夹爪式则利用仿生手指机器人来模拟人手抓取织物裁片，该机械手如图9-4所示。该机械手将单个功能的手指动作定义为原始动作，而在抓取和操作中使用不同原始动作的手指称为功能手指分离。通过将不同的原始动作一起联动，可实现多种抓取和操作，但这种机械手抓取转移方式，对机械手指的材料具有一定的光滑度要求，否则在抓取昂贵面料的时候，容易使面料表面产生划痕、抽丝等缺陷。尤其是针对丝绸等昂贵的面料，在实际应用中不允许有瑕疵出现，所以这种机械手抓取转移方式比较适用于抓取毛巾等有粗糙表面的单层面料。机械手抓取转移方式对工作环境要求较低，可以适应大部分车间的生产要求。在服装面料的抓取转移过程中，机械手的任务不仅仅是抓取面料，更重要的是把面料转移到工作台。在转移过程中，要求面料和机械手无相对运动，以保证面料在与工作台接触时定位准确。但实际上，机械手转移面料势必会产生周期性摆动和惯性力，导致面料与工作台接触时定位精度降低，使面料废品率增加。目前在机械手抓取面料的相关研究中，发现机械手抓取方式由于容易致使面料表面产生瑕疵，故主要用于抓取粗糙的面料（图9-4）。

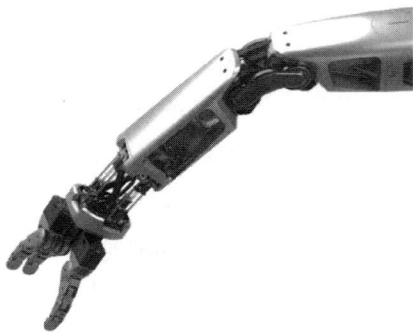

图9-4　仿生手指机器人

（二）负压吸附抓取转移

负压吸盘利用大气压力与吸盘内腔形成的真空压差作用实现对面料的吸附和抓取。具体的吸附过程为，吸盘的吸嘴与面料接触后，通过真空发生装置抽取吸盘内部腔室的空气而形成内部真空，此时由于内部压力小于大气压力，面料在内外压差的作用下与吸盘紧密贴合，从而完成面料的抓取过程。真空发生装置提供的真空度越高，吸盘的抓取能力就越强，吸附原理如图9-5所示。负压吸附方式在处理小直径孔隙的服装面料时相对容易。但其在吸取孔径大、高弹、透气的服装面料时存在一定的问题，例如碳纤维增强基复合材料（carbon fiber reinforced thermoplastic composites，CFRP）制作的服装或一些其他的复合材料。因为负压吸附是基于真空发生器的供给流量产生气流来抽空容器中空气，使吸盘与面料产生压强差，从而达到吸取面料的目的。如果面料孔径大、渗透性强，则腔内气压和大气压基本一样，这就导致负压吸盘吸取面料的可靠性大幅下降。

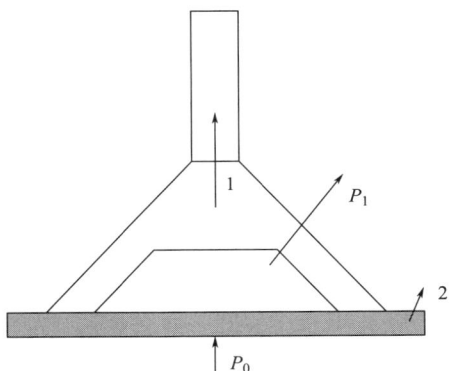

图9-5　负压吸附原理图
1—通气口　2—工件　P_0—外界大气压　P_1—真空

（三）静电吸附抓取转移

静电吸附技术是指对电极板施加高强电压，使得电极板上产生大量的自由电荷，自由电荷会产生强电场使电极板和面料极化，再利用异性电荷相互吸引的原理，达到电极板吸附面料的目的。静电吸附的原理是由电极板与极性面料之间构成的电容系统实现的。电极板上的正负电极交错排布，2个电极板之间形成均匀电场，附近为边缘电场。面料与静电吸附单元接触面形成强烈的电位差，面料表面产生极化现象，也可称为面料与静电吸附单元产生电位差，相互之间产生静电吸附力，从而达到吸附面料的效果，静电吸附原理如图9-6所示。在服装行业中，应用静电吸附原理抓取转移面料的研究较少，其主要原因是静电吸附对生产车间的环境要求较高。由于静电会吸附空气中的尘埃，使吸附能力和定位精度降低，所以需要满足无尘的工作环境。静电吸盘吸附力的大小取决于电极之间的距离，距离越小，吸附力越大。由于静电吸盘的电压很高，当电极很近时，容易产生击穿现象。静电吸附技术不仅生产工艺复杂、制造成本很高，而且很难实现较重物体的抓取。

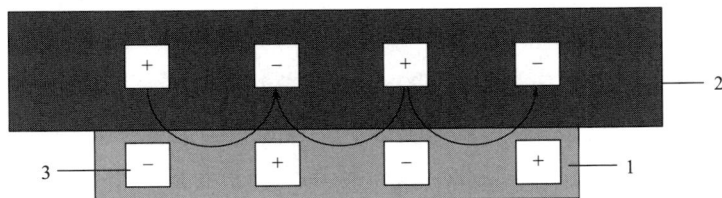

图9-6　静电吸附原理图
1—极化的面料　2—绝缘层　3—电极组

（四）非接触式吸盘抓取转移

伯努利吸盘是利用伯努利原理开发的非接触式吸盘，其具有低真空度、高流量、非接触操作等特点，适用于搬运轻薄透气型工件，被广泛应用于半导体晶圆、光伏电池领域。2006年，Ragunathan S与Karunamoorthy L等人设计开发了一种基于伯努利原理的可重构机器人吸盘（图9-7），用于服装工业自动化中夹持织物裁片。吸盘内部设有真空吸盘芯，高压空气进入真空吸盘芯后经吸盘芯特殊结构的出口喷射出来形成气旋进而产生负压，从而将裁片吸起。由于气旋是由吸盘中心的高压空气喷射形成的，所以裁片与伯努利吸盘的底面会形成一个气面的悬空距离，这样就达到了非接触式的裁片智能抓取，降低了抓取装置对面料表面的损伤程度。但是，这

图9-7 基于伯努利原理的可重构机器人吸盘

种方式容易一次性吸取多层裁片，特别对于透气性很好的面料，因此其不适用于多层裁片堆垛的逐层分离工作，适用于只有单层裁片堆垛的抓取。

2022年，萨尔兰大学的Stefan Seelecke教授和他的团队设计了一款机器人抓手，该抓手可以抓取和操纵具有复杂几何形状的物体（图9-8）。与传统伯努利吸盘不同的是，该装置将吸盘与机械手进行了有机结合，采用电动驱动的铰接式夹具，具有重量轻、加速性能优异的特点，能够判断其是否已牢固地抓住物体。控制抓手的4个手指运动的超细镍钛线可以通过位于假手指尖的吸盘快速产生并释放强大的真空，可以用于吸取和操纵各种具有复杂几何形状的物体。

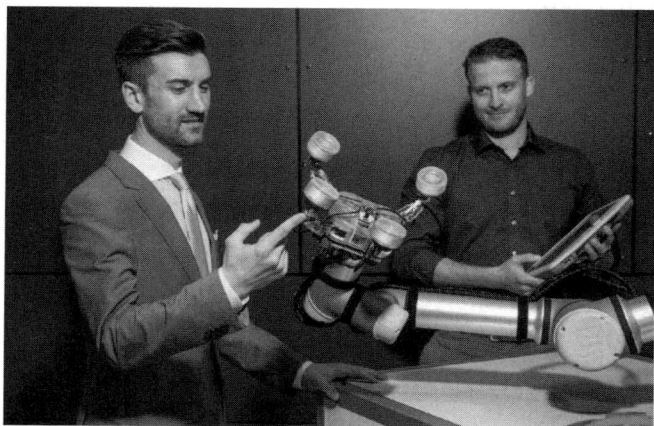

图9-8 真空吸盘机器人抓手

二、服装面料抓取方法的优势分析

机械手适用于表面粗糙、厚度在3mm以上的面料抓取，但制造成本相对较高、定位精度

较差，容易使面料产生划痕，对面料产生不可修复的缺陷。如果未来能将机械手与带有壁虎胶黏剂的软体手爪结合，面料的精准定位和划痕缺陷问题或许可有效解决。

负压吸盘适用于无纺布等透气性能差的面料抓取，制造成本低，对工作环境的适应性较好，但抓取面料的吸附力不稳定，定位精度较差，对于孔隙较大的面料无法完成抓取工作，且存在能量消耗大、噪声高的问题。未来，负压吸附技术可在产品结构方面进一步改进，以减少噪声、降低消耗、提高定位精度并增强对高弹、大孔径面料的吸附能力。

静电吸附技术适用于极性面料的抓取，运行能耗很低，但静电吸附容易将布料击穿，制造成本高昂，且最好在无尘环境中运行，定位精度比负压吸附和机械手高。

非接触吸盘和前3种抓取机构相比，具有更广的面料适用性、更低的工作环境要求和制造成本，而且不会对布料产生划痕，更适用于面料的抓取工作。但其能量损耗较大，定位精度较低。如果非接触式吸盘克服能量耗损和定位精度等问题，未来在面料抓取方面将有更广阔的应用前景。

综上所述，4种自动抓取转移方法的定位精度均有待提高。我们需要分析各种抓取方法的优缺点，按照学科交叉、优势互补的原则开发实用性更高、能耗更低、可靠性更强和定位精度更高的面料抓取转移装置，满足国家工业化发展对面料抓取转移的要求。

三、面向服装智能制造的衣片抓取技术发展前景

柔性机器人的兴起及其在自动化领域的应用，为服装行业开启了一种较为新颖的逐层分离面料的方法。柔性手指作为一种由柔性材料制成的仿生软手指机器人，是通过仿生学原理并采用复合硅胶等柔性的材料根据人手或者动物手指形状及运动特点来制成的。与传统的刚性夹爪相比，由于采用了柔韧性强的材料和仿生学设计，不仅具有类似人手的灵活柔软度和刚性，还能很好地模拟出人手指的弯折、搓、捻、扭曲等细致动作，而且具有相当大的变形和复原能力。柔软的手指在不破坏面料等柔软材料表面性能的情况下，对其进行抓取、放置工作。在服装智能制造的衣片抓取技术的发展中，柔性手指已成为重点研究方向。

非接触吸盘与传统衣片抓取方式相比，具有更广阔的应用前景。机械手对面料产生表面划痕缺陷，负压吸附无法吸附高透气性面料，静电吸附容易击穿面料等，均存在一定不可弥补的缺陷。在布料抓取方式上，自动化非接触式吸盘以低成本、高效率且无损害等独特的优点成为科研人员研究的重点方向。

第三节　智能工厂

智能制造的定义为：将现在的制造技术与信息技术相结合，贯穿于企业研发、采购、生产、售后等各个业务阶段，使各个业务过程具备自感知、自决策等智能化业务特性。按照概念，大部分智能制造环节集中在生产执行的部分，但自感知和自决策，目前主要实现了单点

业务的提升。智能工厂，除了部分关键业务点自感知、自决策之外，更强调管理的协同与透明，以及面向市场变化的敏捷度。所以综合来看，智能制造是智能工厂的重要组成部分。近年来，随着互联网、大数据、云计算、人工智能、虚拟与增强现实、工业物联网、工业机器人等技术的加速创新与融入，我国纺织产业制造技术从自动化、数字化向智能化方向发展，并且在共性技术、智能制造车间示范、数字化智能化纺织装备和工艺、纺织服务制造及网络协同制造、智能纺织材料等领域取得了一定的进展。

针对纺织产业智能制造技术，中国工程院将其分为智能制造新模式、智能纺织装备及共性技术和标准、智能纺织材料三大领域，以及化纤制造智能车间（工厂）、纺织加工智能车间（工厂）（含纺纱、机织、针织、非织造）、染整智能车间（工厂）、服装设计与加工智能化、纺织个性化定制和网络协同制造及装备远程运维、典型智能纺织装备、纺织智能制造标准及共性技术、智能纺织材料8个方面，并提出了纺织产业领域智能制造基本范式，即基于人—信息—物理系统（human-cyber-physical systems，HCPS）的纺织产业智能制造体系，以及基于工业大数据的纺织产业数字化管控体系（图9-9）。所以，智能工厂是通过先进的软硬件技术，实现生产过程协同与最大限度的自动化替代，实现工厂各个业务之间无缝衔接及最低的人工投入的一种工厂管理与生产模式。

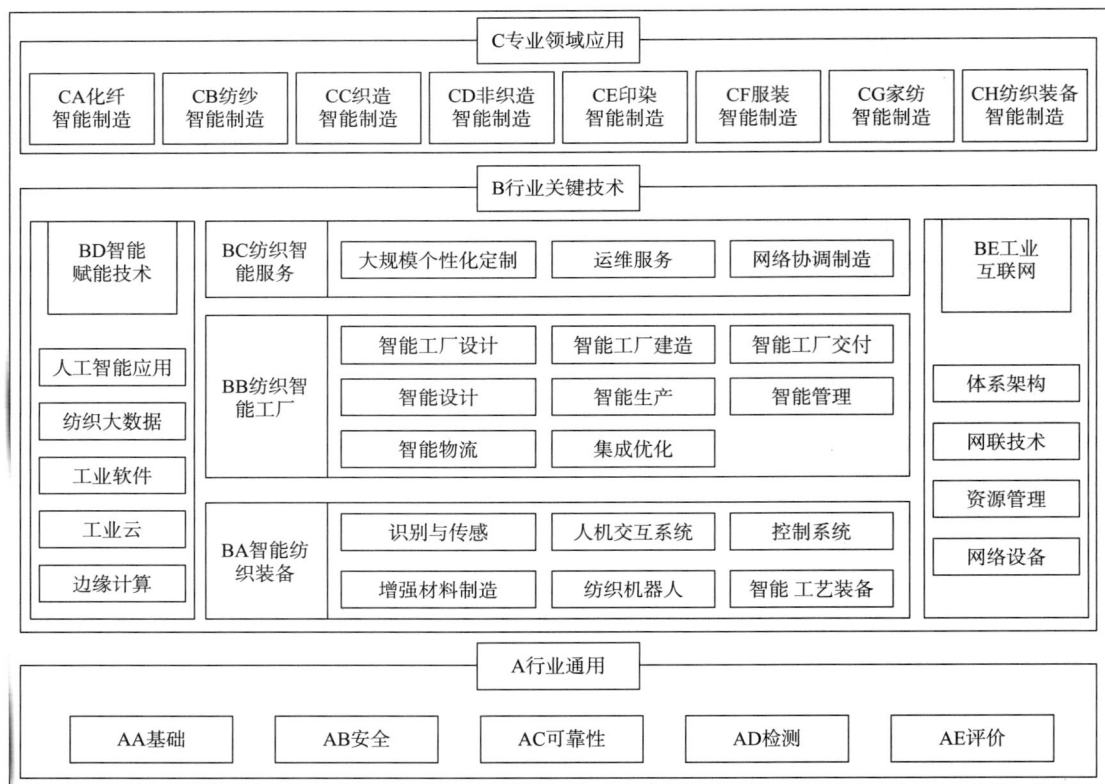

图9-9 纺织产业领域智能制造基本范式

一、智能工厂建设要点

（一）现场数据的采集和管理

数据是智能工厂建设的血液，在各应用系统之间流动。在智能工厂运转的过程中，会产生设计、工艺、制造、仓储、物流、质量、人员等业务数据，这些数据可能分别来自ERP、MES、APS、WMS、QIS等应用系统。生产过程中需要及时采集产量、质量、能耗、加工精度和设备状态等数据，并与订单、工序、人员进行关联，以实现生产过程的全程追溯。

此外，在智能工厂的建设过程中，需要建立一套完整的数据管理规范，来保证数据的一致性和准确性。还要预先考虑好数据采集的接口规范，以及SCADA系统的应用。企业需要根据采集的频率要求来确定采集方式，对于需要高频率采集的数据，应当从设备控制系统中自动采集。

另外，企业可建立专门的数据管理部门，明确数据管理的原则和构建方法，建立数据管理流程与制度，协调执行中存在的问题，并定期检查与优化数据管理的技术标准、流程和执行情况。

（二）工厂智能物流

推进智能工厂建设过程中，生产现场的智能物流十分重要，尤其是对于离散制造企业。智能工厂规划时，要尽量减少无效的物料搬运。很多优秀的制造企业在装配车间建立了集中拣货区（kitting area），该区域根据每个客户的订单集中配货，并通过DPS方式进行快速拣货，配送到装配线，消除了线边仓的存在（图9-10）。

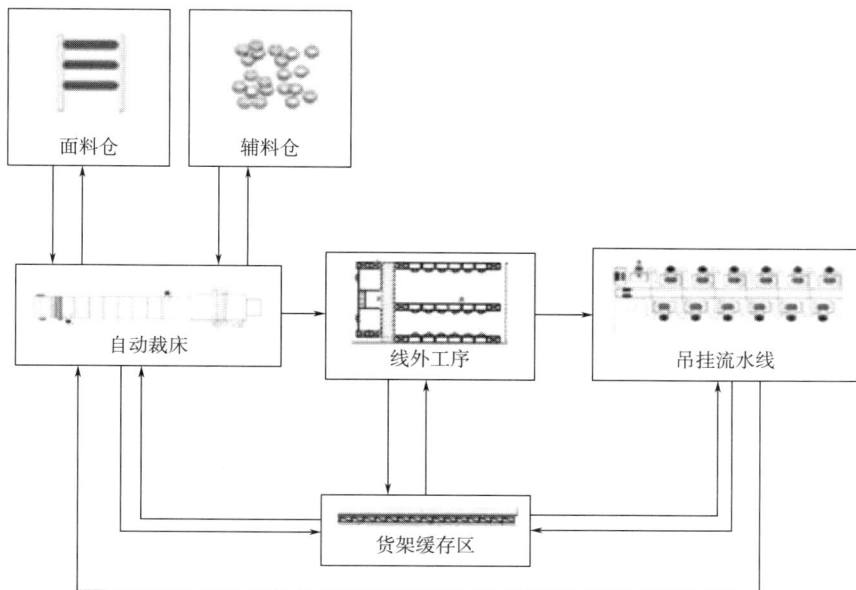

图9-10　智能AGV调度系统建设的整体框架

离散制造企业在两道机械工序之间可以采用带有导轨的工业机器人、桁架式机械手等方式来传递物料，还可以采用AGV、RGV或者悬挂式输送链等方式传递物料。立体仓库和辊道系统的应用，也是企业在规划智能工厂时，需要进行系统分析的问题。

（三）智能产线规划

智能产线是智能工厂规划的核心环节，企业需要根据生产线要生产的产品类型、产能和生产节拍，采用价值流图等方法来合理规划智能产线。

智能产线的特点如下。

①通过电子看板显示实时的生产状态，防止错误运行。

②安灯（Andon）系统是一个基于声光多媒体的柔性自动化控制系统和生产管理系统。可用于实现工序之间的协作。

③生产线能够快速运行，实现柔性自动化。

④适应小批量、多品种的生产模式。

⑤针对人工操作的工位，能够给予如流程引导、数据分析、安全警示等智能提示，并充分利用人机协作优势。

（四）生产监控与指挥系统

流程行业企业的生产线配置了DCS系统或PLC控制系统，这些系统通过组态软件可以查看生产线上各个设备和仪表的状态，但绝大多数离散制造企业还没有建立完善的生产监控与指挥系统。

实际上，离散制造企业也非常需要建设集中的生产监控与指挥系统，在系统中呈现关键的设备状态、生产状态、质量数据，以及各种实时的分析图表。通过看板直观展示，系统可提供多种类型的内容呈现，辅助企业决策（图9-11）。

图9-11　生产监控指挥大屏
（图片来源：搜狐网）

二、智能工厂与数字化转型

数字化转型概念作为一大热点，受到广泛的讨论、研究与分析。但什么是数字化转型，怎么实现数字化转型，并未有统一的说法。一种较为普遍接受的观点认为"数字化转型"就是利用数字化技术来推动企业组织转变业务模式、组织架构、企业文化等的变革措施。数字化转型旨在利用各种新型技术，如移动、社交、大数据、机器学习、人工智能、物联网、云计算、区块链等一系列技术为企业组织创造新型、差异化的价值。采取数字化转型的企业，一般都会积极探索新的收入来源、新的产品和服务、新的商业模式。因此数字化转型是技术与商业模式的深度融合，数字化转型的最终结果是商业模式的变革"。

根据概念，数字化转型更多侧重于企业外部业务，比如以运维服务为突破口进行业务创新等，而智能工厂则更多面向的是工厂内部的优化与升级。虽然两者都会通过先进的技术，如人工智能、物联网等推动企业业务组织架构变更、业务模型更改（图9-12）。但是智能工厂更侧重于人工劳动的智能化替代、降低运行成本、减少窝工现象，数字化转型则旨在构建新的企业业务模式。

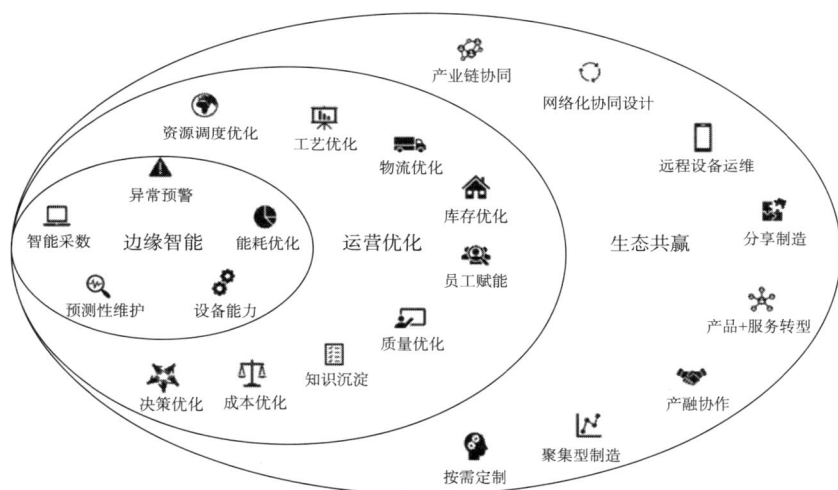

图9-12　数字化转型示意图

三、智能工厂与工业互联网

智能工厂针对单个企业进行优化升级，而工业互联网则是新一代信息通信技术与工业经济深度融合的新型基础设施、应用模式和工业生态，通过对人、机、物、系统等的全面连接，构建起覆盖全产业链、全价值链的全新制造和服务体系，为工业乃至产业数字化、网络化、智能化发展提供了实现途径，是第四次工业革命的重要基石。工业互联网不是互联网在工业领域的简单应用，其具有更为丰富的内涵和外延。它以网络为基础、平台为中枢、数据为要素、安全为保障，既是工业数字化、网络化、智能化转型的基础设施，也是互联网、大数据、人工智能与实体经济深度融合的应用模式，同时也是一种新业态、新产业，将重塑企业形态、供应链和产业链。

通过上述概念可以看出，工业互联网面向的是产业链、工业生态，而智能工厂仅可针对单一企业进行升级，这个是最主要的区别。但是如果产业链需要数据支撑，而某些工厂还是处于作坊式的生产模式，产业链就无法进行全面升级，所以智能工厂是工业互联网实现最终效果的基础（图9-13）。为实现数据统一、平台统一，工业互联网可以为智能工厂提供平台支撑。

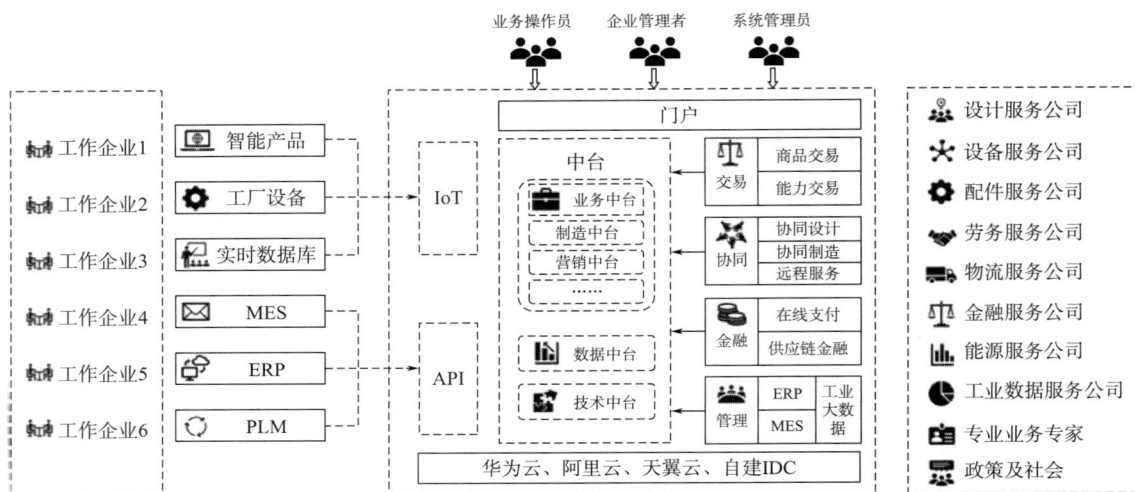

图9-13　工业互联网支撑平台图

四、智能工厂面临的挑战

智能工厂对业务的优化主要在于：计划流程协同化、制造过程透明化、安全环保数据化、物流管理智能化、质量检验标准化、设备管理科学化、指标成本精细化、业务应用多端化等（图9-14），涵盖了企业的核心能力，实现了可预测、可视、可控、高效、可追溯、安全可靠、便捷等。但这是一个漫长迭代的过程，仅靠单个项目就达到这些优化目标是不现实的。

市场上对于企业的要求基本上集中在低价、敏捷、短期交付能力、质量保障与安全性等方面。小米手机以其性价比优势迅速崛起，而京东则凭借质量（正品）、短期交付的路线赢得市场。但是市场对于企业敏捷响应的需求日益增高，比如五菱宏光与比亚迪迅速组建口罩等产线，以"国家需要什么，我们就生产什么"赢得赞誉，这种在生产线、信息化系统以及组织架构的快速响应能力在未来则是一种非常重要的企业核心能力。

工厂管理依靠一套MES与ERP的模式已不再适用，仅仅依靠IT只能实现部分业务线上化，提升业务部门之间的协同，部分业务数据的可视化，但在工厂的生产执行和管理方面仍具备非常大的优化空间。

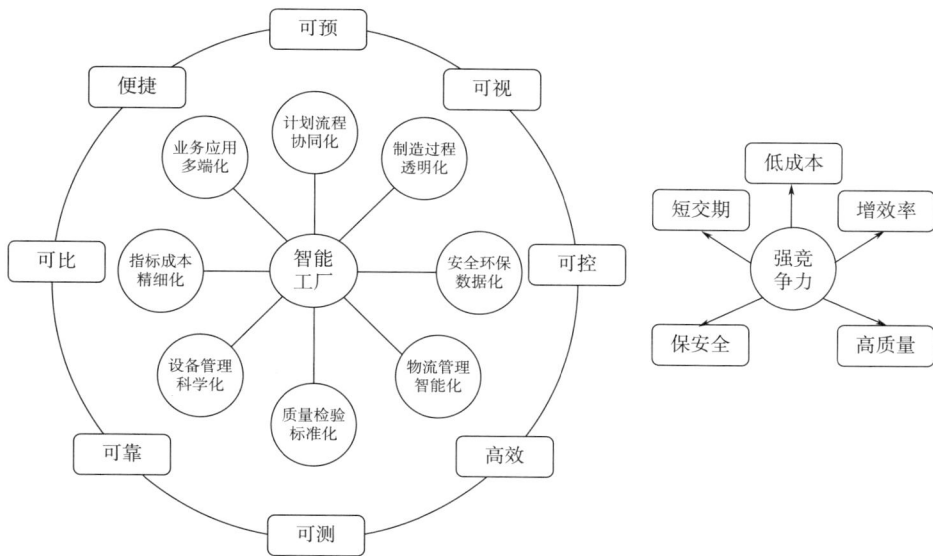

图9-14　智能工厂对业务的优化图

未来智能工厂在实现个性化定制、敏捷响应、质量管控等方面，主要依托IT、运营技术（OT）、AI与数据管理（图9-15）。IT占据了工厂优化升级的大部分时间，从1993年到2008年，这一时期主要以产品为核心，比如CAD、CAE、OFFICE等工具的应用，对于用户的交付都是以产品为主附带部分培训；从2008年到2019年基本上是以项目为核心的优化升级，产品平台成为项目的基础，大部分费用基本上会花在服务上；前两个阶段主要集中于IT信息化；从2019年至今，企业都在强调端到端交付、顾问式服务，原因在于现在许多企业信息化已经建设完成，但是仍然存在许多痛点亟待解决，但是市场上又没有成熟且系统的解决方案，这样就需要采用顾问式的咨询，然后提供端到端的解决方案满足企业需求。

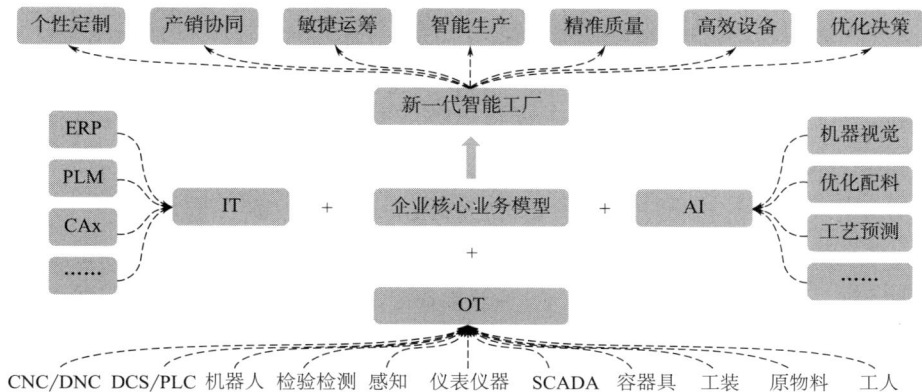

图9-15　未来智能工厂体系

未来的智能工厂建设仍然会在IT、OT、AI与企业模型数据等方面继续突破。早期的IT基本上是以记录为核心，大部分的IT系统的数据都是来源于手工记录，比如MES系统中的大部分数据来源于现场的报工数据，但是企业对于工人的考核是加工零件的数量而不是录入数据的数量。反观现在的需求计划（DP）、主计划（MP）、工厂（FP）等都会嵌入计算引擎，以数据为基础嵌入算法进行业务的自动驱动。

而OT则是以IoT的手段进行数据自动采集与质量管控，比如生产模具在其全生命周期过程中总计只能应用10000次，而通过IoT技术可以远程采集模具的应用次数，当达到10000次之后自动报警从而进行质量管理。通过IoT手段将三坐标检测仪的质检数据与生产任务进行绑定，可以实现质量数据的可追溯性。

工厂中，AI的应用主要体现为对特定环节的优化，比如安全管理业务中通过机器视觉发现违规操作。未来，MES将融合IT技术和OT技术，其中的OT指AI机器视觉，因为这样可以迅速降低人工劳动强度。比如烟草生产现场，烟虫基本上需要人工手工去检验，但是通过机器视觉可以自动发现烟虫进而预警。

企业的数据模型应该包含两个方面，一方面是企业级数据的管控能力，另外一方面是能够体现精益化管理的指标体系。数据处理的本质在于提升数据的结构化程度与数据的价值密度，第一种是通过统一的数据平台提升企业数据的结构化程度与管控力度，第二种则是提升工厂数据的价值密度并进行科学决策。

五、智能工厂的发展趋势

（一）系统解决方案企业的合作更活跃

智能制造发展具有复杂性、系统性特征，贯穿设计、生产、物流、销售、服务等产品全生命周期，涉及执行设备层、控制层、管理层、企业层、云服务层、网络层等多层企业系统架构，需要实现横向集成、纵向集成和端到端集成。由于资金投入不足、技术研发周期较长以及工艺壁垒等因素，单个系统解决方案商很难满足各个细分行业的智能制造发展需要，企业间将不断加强协同创新，以强化智能制造系统解决方案供应能力。

（二）智能制造系统架构更完善

从企业系统架构来看，目前国内还没有出现能够打通整个架构体系的智能制造解决方案商，但随着技术水平的不断进步，系统解决方案提供商将不断完善其架构体系。智能制造系统解决方案主要依托于软硬件产品及系统，实现制造要素和资源的相互识别、实时交互、信息集成。在硬件层面，基于成本大幅降低的现实需要，硬件中通用性强的部分将日趋模块化、标准化发展。在软件层面，工业软件与智能制造密不可分，智能制造解决方案将更加侧重于与硬件层关系密切的软件部分（SFC、MES、ERP、PLM）的集成与发展，其中MES是软件层中最核心部分。基于智能工厂的诸多优势，未来智能化的工厂将会代替劳动密集型的工厂。目前，纺织行业正在向智能化和自动化方向发展，发展智能工厂将成为未来纺织服装工厂的发展趋势。

第四节　数字孪生技术

数据驱动决策是当今智能制造领域的一个重要发展趋势，而数字孪生作为新兴技术，为数据驱动决策提供了新的可能性和思路。通过数字孪生技术，可以建立与现实世界相对应的虚拟模型，进而实现物理世界和信息世界的交互融合。在制造业转向智能制造的大背景下，数字孪生不仅可以提供更精确的数据支持，而且可以有效地提高生产效率和质量，从而实现高质量、高效率和高效益的发展要求。数字孪生的关键技术包括数据采集、数据处理、模型构建和仿真模拟等多个方面，这些技术需要结合人工智能、机器学习等先进技术来实现。通过数字孪生，管理人员可以更深入地理解生产过程中的各种因素，包括生产设备、工艺流程、人员操作等，从而为决策者提供更准确、更全面的数据支持。同时，数字孪生还可以预测和解决潜在的问题，从而减少生产过程中的风险和损失，提高企业的市场竞争力。因此，深入研究数字孪生的作用及其关键技术具有重要的现实意义，这不仅可以推动智能制造领域的发展，还可以为其他行业提供新的思路和方法。未来，随着数字孪生技术的不断发展和完善，其在数据驱动决策中的应用将更加广泛和深入。

数字孪生指充分利用现实数据和实体模型，集成多学科、多专业知识在数字空间内完成"孪生镜像"并反映现实物理世界运行过程的数字映射系统。随着数字化设计、虚拟仿真和工业互联网等关键技术的蓬勃发展与交叉融合，数字孪生应运而生。近年来，数字孪生技术已经成为国内外学者、研究机构和企业的研究热点，全球知名研究与顾问咨询公司Gartner自2016年起连续四年将数字孪生列为十大战略科技发展趋势之一。相比传统的数据库管理或二维平面管理方式中存在信息不全、精度不够、反馈滞后、表达单一等问题，数字孪生充分利用历史数据、实时数据、孪生数据以及实体模型，构成全方位多维度精确模拟系统，在数字空间内针对物理空间场景中的人、机、物、工况、环境等要素进行全生命周期的建模，构建融合交互、高效协同的数字孪生体，最终实现物理空间资源配置和运营的按需响应、快速迭代以及动态优化。

一、数字孪生的概念与发展

数字孪生概念的雏形"镜像空间模型"（图9-16）最早由美国密歇根大学迈克尔·格里夫斯于2003年在产品全生命周期管理课程中提出，随后与NASA和美国空军合作研究，对其概念进行了丰富，强化了基于数字模型的产品性能预测与优化，并在2011年将其定义为"数字孪生"。数字孪生早期应用于航空航天领域研究中飞机结构寿命预测等方面。2016年，数字孪生的理论首次拓展到制造系统的研发和管理中，并迅速受到学术界和工

图9-16　数字孪生概念"镜像空间模型"

业界的关注。2017年，中国科协智能制造学术联合体在世界智能制造大会上将数字孪生列为世界智能制造十大科技进展之一。2020年，中国信息通信研究院出版的《数字孪生城市白皮书》指出，数字孪生理念启发千行百业缩短数字化路径，开创了行业应用新路径和新模式。

数字孪生的概念可描述为对产品实体的精细化数字分析。基于此概念，发展出了一种集成多物理、多尺度、多学科属性，具有实时同步、忠实映射、高保真度特性，能够实现物理世界与信息世界交融的可视化技术手段，称为数字孪生技术。该技术基于数字模型进行仿真实验，近乎真实地反映出物理产品的特征、行为、性能和形成过程等内容。

数字孪生技术的核心是数字孪生模型，又称数字孪生体，其定义为人、机、物三元世界中各实体对象及其行为，以及相互作用与机理的综合表达。数字孪生跟物理实体、虚拟模型、数据、连接、服务都密切相关，数字孪生体起着关键性的支撑作用，用户域与物理域之间通过数字孪生体搭建交互渠道，共同实现跨域功能实体的信息交换、数据保证与安全保障。

二、数字孪生关键技术分析

数字化设计技术从早期的二维设计发展到三维建模，再从三维线框造型进一步升级为三维特征造型，产生了直接建模、同步建模、混合建模等多种建模技术。数字孪生的最大技术优势在于其能够实现物理层和信息层的双向映射。通过数据分析、高保真仿真模型等手段，数字孪生可以完成对现实物理系统的设计、监控、评估、预测、优化和控制，进而达到信息世界和物理世界互联互通的效果。

数字孪生技术能够对产品全生命周期的相关数据进行实时管理，并具备虚实交互能力，可以将实时采集的数据关联映射至数字孪生体，从而实现对产品的识别、跟踪和监控。同时，通过数字孪生体，该技术对模拟对象行为进行预测及分析、故障诊断及预警、问题定位及记录，实现优化控制。数字孪生技术架构按技术特性分解为专业分析层、虚实交互层和基础支撑层（图9-17），以安全互联技术、高性能并行计算技术为数字孪生基础，利用PLM的数据管理技术，通过精细化建模与仿真技术实现对产品的精细化数字表达。此外，该技术基于CPS对数据进行实时采集，结合数据模型融合技术、交互与协同技术进行虚实交互，从而实现智能决策、诊断预测、可视监控、优化控制等功能。

（一）精细化建模与交互技术

精细化建模指从几何形态、功能和性能等方面对产品进行精细化建模并与跨领域多学科耦合仿真，连接不同时间尺度的物理过程构建模型，从而精确地表达物理实体的形状、行为和性能等。交互与协同指利用VR技术、AR、混合现实（mixed reality，MR）等沉浸式体验人机交互技术，实现数字孪生体与物理实体的交互与协同。目前，仿真协同分析技术主要用于作为视觉、声觉等呈现的接口，针对物理实体进行智能监测和评估，从而实现指导和优化复杂装备的生产、试验、运行和维护。

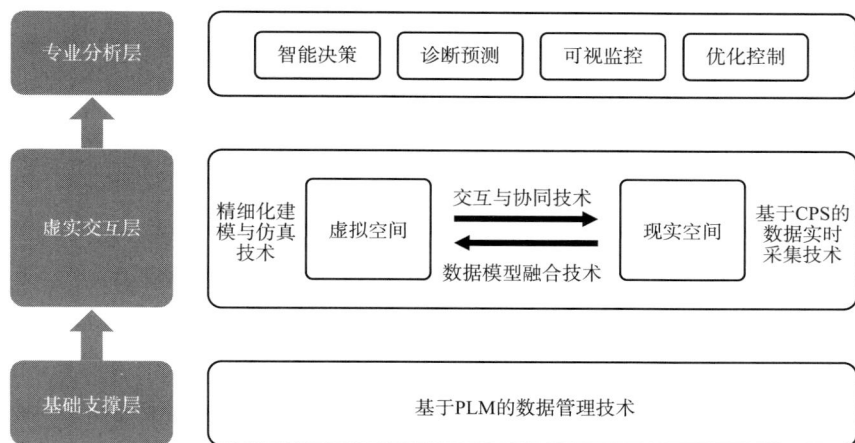

图9-17　数字孪生技术架构

（二）虚拟仿真技术

虚拟仿真技术又称模拟技术，是基于多媒体技术形成的感官类技术，利用相似原理，建立研究对象的模型（如形象模型、描述模型、数学模型），并通过模型间接地研究原型的规律性。虚拟仿真技术从早期的有限元分析发展到多领域物理建模，如对流场、热场、电磁场等多个物理场进行仿真，对产品的材料力学、弹性力学和动力学仿真，对产品长期使用的疲劳仿真，对整个产品的系统仿真，帮助产品实现整体性能最优的多学科仿真与优化，还有面向工厂的设备布局、产线、物流和人体工程仿真。从仿真对象来区分，虚拟仿真技术可以分为产品性能仿真、制造工艺仿真和数字化工厂仿真。通过对数字样机进行虚拟试验，可以减少物理样机和物理试验的数量，从而降低产品研发和试制成本，提高研发效率。

（三）虚拟现实技术与增强现实技术

基于三维造型和三维显示技术，虚拟现实技术得到快速发展，广泛用于汽车、飞机、工厂等复杂对象的虚拟体验中，包括沉浸式虚拟现实显示系统（cave automatic virtual environment，CAVE），用于产品展示和市场推广的三维渲染技术。近年来，增强现实技术又得到广泛研究，其特点是可以将实物模型和数字化模型融合在一个可视化环境之中，从而实现传感器数据的可视化，并支持产品操作过程的三维可视化。为了实现产品三维模型的快速浏览，可以从包含三维工艺特征的完整三维特征模型中，抽取出仅包括几何信息的轻量化三维模型。三维建模技术不仅用于产品设计阶段，甚至可以实现三维工艺设计，例如服装虚拟试衣软件中三维模块可直接在虚拟模特上进行缝纫加工、实时渲染。

三、数字孪生技术在服装行业的应用

（一）数字孪生技术在服装行业的开发需求

服装行业已进入智能化、数字化的发展时代，需要大量新技术支撑服装行业的智能化转型，而数字孪生技术正是足以提供智能制造核心力量的新技术。服装行业虽然目前尚未全面投入使用数字孪生技术，但已有众多研究者开始着手开发数字孪生技术在服装行业的应用。

　　智能制造的迅速发展要求服装行业进行数字化转型升级，而数字化转型需要具备数字化模型构建、数字化协同设计、数字化运维三大要素（图9-18）。利用数字孪生技术完成数字化转型升级的核心是通过设计模型结合倾斜摄影建模的方式完成全方位的数字化模型构建。通过数字孪生技术构建服装全产业链的数字孪生体，基于统一平台进行协同设计，以生产流程、设备和工艺的数字化模型为基础，采集现场控制器、设备等数据信息，利用现场的工艺设备信号对数字化模型的动作进行驱动，开发工程数据中心，建立以"工厂对象为核心"的网状关系数据库，实现全生命周期的数字化交付，完成数字孪生体与实体工厂的实时同步。进行数字化变革，构建服装智能制造工厂，需要数字孪生技术的支撑，将服装智能制造发展推向更新、更快的发展阶段。

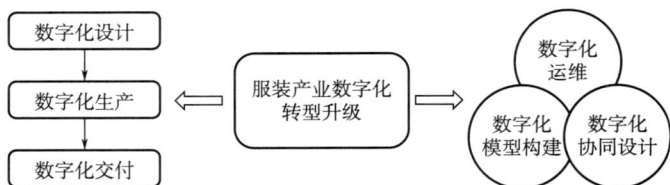

图9-18　服装行业数字化转型升级架构

（二）数字孪生技术在服装行业的应用

　　当前服装行业已出现一些简易的数字孪生应用，如虚拟试衣、智慧门店、RFID技术等。其中虚拟试衣技术是数字孪生发展下在服装领域应用较为广泛的数字化技术，它能够构造与真实用户极度相似的虚拟人体模型，通过模拟服装，实时渲染面料与人体之间的贴合效果，从而让用户可以远程预览自己的着装效果，实现服装的立体展示。数字孪生技术最大的特点是多物理场仿真、实时双向交互以及全要素映射，使用户可以在虚拟环境中与实体对象进行交互操作交流，并且极大程度地帮助服装企业完成对工厂的管理、对顾客的个性化定制等。

　　数字孪生技术在服装全产业链中有极大的应用范围和发展潜力。一方面，数字孪生可用于服装产业的智能制造，如虚拟设计、智能工厂、智慧门店、个性化定制等，对于服装的数字化和智能化发展有里程碑性的意义。另一方面，数字孪生技术也可以用于研究服装史中的经典服饰造型，例如使用虚拟建模恢复或重建历史服装，这对于一些非物质文化遗产的保护与继承具有重大意义。目前，虽已有众多服装企业开始投入数字孪生技术的应用，但也仅限于虚拟试衣等具体操作，将数字孪生融入服装全产业链仍需更多研究和开发工作。

四、数字孪生技术在服装行业的发展前景

（一）服装设计领域

　　服装行业目前已呈现出数字化设计的发展趋势，许多服装企业正在探索个性化定制的广

泛应用，各大品牌也推出线上预售的模式。这些趋势在数字孪生技术的结合下，将会呈现出系统性的虚拟设计体系，引领服装设计开发进入里程碑式的新时代。

当前，我国服装设计仍以设计师绘制手稿为主要方式，无论是纸质手稿还是电子手稿，都是一种主观劳动行为。数字孪生技术可以通过构建数字模型，打造一体化的设计平台，对设计过程与设计成果进行管理，基于统一平台进行协同设计。设计平台还可以形成数字孪生体，打造一种交互式的设计系统，设计师端是设计内容的物理世界，消费者端是数字孪生模型构建出的虚拟世界（图9-19），通过数字建模，设计师可以打造新设计研发产品的数字孪生体，让消费者在新产品未上市阶段就提前选择满意的设计方案，然后再进行详细设计和制造。此外，还可以通过虚拟仿真技术让虚拟试衣操作更具针对性，实现个性化的服装定制，这样可以极大地减少设计中的错漏之处，提高设计的准确性，有效帮助企业精准把握消费者需求，降低企业库存。

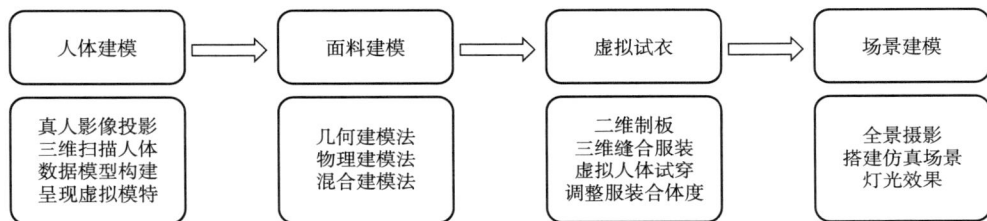

图9-19　服装虚拟设计流程

（二）服装生产领域

我国服装行业目前仍是大批量生产、大规模加工的劳动力型产业，服装生产加工环节是在工厂进行的。现阶段，我国服装行业步入智能制造领域，服装工厂也逐步转型为智能工厂。智能工厂需要智能化的机械设备，同时也不可缺少数字化的运行管理，数字孪生技术可以为服装智能工厂带来全新的数字化变革。基于数字化工厂管控平台，管理体系分为决策层、应用层、执行层、数据汇聚层、网络控制层以及现场层6个层级，通过现代数据仓库（business intelligence，BI）技术或大数据知识管理技术，实现生产、能源、设备和物流的集中管控与智能调度管理，将生产系统记录的数据导入到虚拟的数字化工厂中，进行生产过程复现，提出工艺参数改进方案，再进行生产过程推演，通过反馈分析和仿真模拟的不断循环，以量变促质变，达到产线性能的升级革新（图9-20）。

1. 工厂运行状态的实时模拟和远程监控

针对刚接订单的服装加工厂，基于数字孪生技术，通过模拟制定出合理的生产计划，便于有序安排生产顺序，极大减少返工误工情况。

对于正在运行的服装加工厂，通过其数字孪生模型可以实现工厂运行的可视化，对分布在全国各地的工厂实施远程管理控制，包括生产设备实时的状态、在制订单信息、设备和生产线的设备综合效率、产量、质量与能耗等，还可以定位每一台物流装备的位置和状态，对于出现故障的生产设备，可以显示出其具体故障情况。

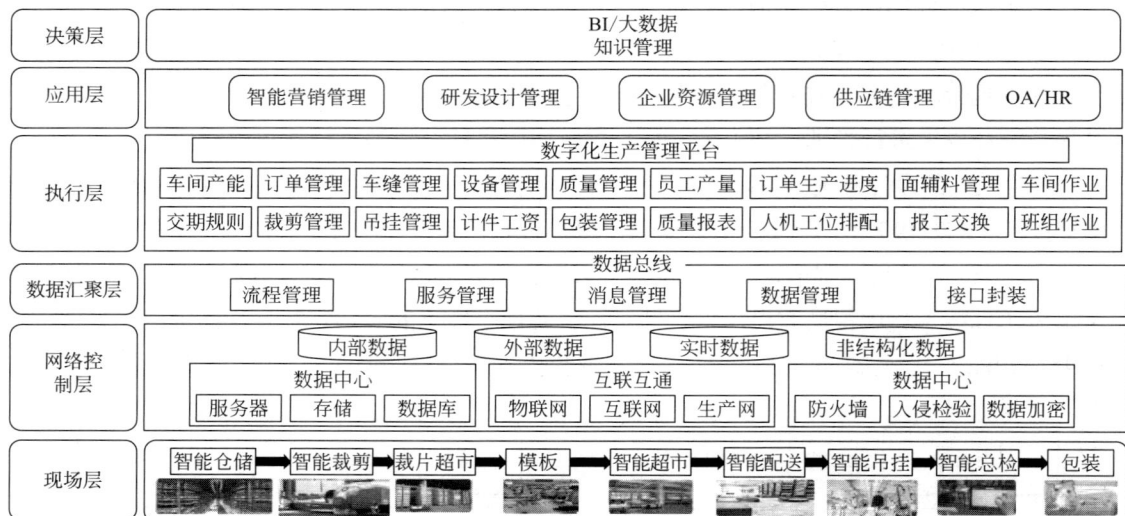

图9-20 服装智能工厂整体框图

2. 生产线虚拟调试

虚拟调试技术是在现场调试之前，基于在数字化环境中建立生产线的三维布局，包括工业机器人、自动化设备、小型计算机和传感器等设备，可以直接在虚拟环境下，对生产线的数字孪生模型进行机械运动模拟、工艺仿真和电气调试，让设备在安装之前完成调试。应用虚拟调试技术，在虚拟调试阶段，将控制设备连接到虚拟站或虚拟线。完成虚拟调试后，控制设备可以快速切换到实际生产线。通过虚拟调试可随时切换到虚拟环境，分析、修正和验证正在运行的生产线上的问题，避免长时间生产停顿所带来的损失。

虚拟调试技术对企业的价值体现在早期验证优化"研发—工艺—制造"一体化的可行性，减少物理样机的投入成本；减少现场调试的时间，降低出错率，节约成本。虚实融合后，为整个工厂的数字孪生奠定了良好的基础，工厂建成之后，可以与数据采集与SCADA融合，打造基于三维模型的可视化监控系统，实现服装工厂的数字孪生应用，推进服装产业的智能制造发展。

（三）服装销售领域

1. 数字营销

在信息化时代的背景下，大数据凭借独特的技术优势，具备对海量数据进行挖掘、收集及分析的能力。许多服装企业意识到随着时代的进步和技术的升级，基于大数据进行数字化营销的重要性，服装品牌逐渐开始借助数字化技术的优势，打造数字营销模式来提升消费者的体验。

数字孪生技术可以在大数据的基础上，通过数字建模等分析消费者的个人偏好、购买需求、消费趋势等。该技术通过建立消费者的个人消费数字孪生体，有效帮助消费者在购买服装时精准选择最佳购买目标，构建基于数字孪生模型的在线配置器，帮助服装企业实现产品的在线选配，实现大批量个性化定制。数字孪生技术在服装零售领域的商业价值潜力巨大，它不仅可以为消费者带来更高端的消费体验，同时也能为服装企业精准销售、降低库存提供有效帮助，这一升级更是加快了服装行业步入数字化时代的速度。

2. 智慧门店

目前，服装实体店中的服装展示主要包括传统展示和三维虚拟展示两种方式。传统展示包括悬挂、平铺、人台展示、真人动态秀等，存在成本高、效率低、受众面有限等局限性。三维虚拟展示以虚拟制作的三维服装为主体，主要通过各种软硬件设备进行展示，目前的虚拟服装展示设备以计算机、手机等显示屏为主。可多角度展现服装色彩、款式和细节，具有效率高、受众面广、节约成本等优势。

智慧门店可以通过数字孪生技术构建线下实体门店的数字孪生体，形成交互式的消费模式，让消费者能够同时体验线上、线下不同服务。数字孪生模型有助于实现精细模拟分析，以及提供更精准的诊断性和预测性空间智能服务。从实景三维模型到数字孪生模型，具有典型的"数字化—信息化—智能化"技术演进和"数据服务—信息服务—知识服务"需求升级特点。因此，这一演变能够极大程度上提升消费者对复杂购物场景的感知与认知能力，使消费者无论在线上或是线下都能够得到最轻松、最便捷的购物体验。

（四）服装研究领域

1. 服装复原研究

随着国家对于非物质文化遗产的越加重视，当前许多服装研究机构针对各类历史服饰、民族服饰开展复原工作。而传统研究方法无法多元化、多角度地进行复原。因此，数字孪生技术可以通过虚拟建模技术，构建非遗产品的数字孪生体，利用数字化技术进行结构图的构建和纹样的矢量化，使用虚拟软件进行虚拟复原和展示，使其真实清晰且多角度、直观地呈现在人们眼前。

2. 智能服装研究

将数字孪生技术应用于服装研发过程中，能够有效提升服装研发的有效性与科学性。通过打造服装产业链数字孪生体，可帮助企业精准把握市场趋势和客户需求，有效提升研发质量、缩短研发周期、降低研发成本，实现与上游供应商之间的协同合作，并与市场和生产环节实现信息集成，有效提升供应链整体效率，提升企业的综合市场竞争力。

☞ 复习与作业

1. 试讨论在服装智能制造的过程中，数字化技术在什么方面发挥了关键作用。
2. 讨论未来服装智能制造发展的新趋势以及它会如何改变服装行业和消费者的体验。
3. 讨论供应链管理在服装智能制造中的重要性。
4. 探讨如何利用智能制造技术来优化供应链流程。

5. 讨论智能传感器在服装智能制造中扮演的角色。

6. 参观一家大型服装智能工厂，了解数字孪生技术在工厂里的应用占比。

7. 基于手势识别技术，说出 3 个未来适用的领域并描述其应用。

8. 智能工厂中的服装智能制造是否涉及自动化设计和定制？如何利用数字化技术实现个性化的服装生产？

参考文献

［1］刘洋.基于单目视觉的静态手势识别系统研究［D］.北京：北京交通大学，2016.

［2］赵海君，张玉婷，曳永芳.基于 MATLAB 的静态手势识别系统设计［J］.电子质量，2021（6）：28-33.

［3］林水强，吴亚东，陈永辉.基于几何特征的手势识别方法［J］.计算机工程与设计，2014，35（2）：636-640.

［4］王艳，徐诗艺，堪海云.基于特征距离加权的手势识别［J］.计算机科学，2017，44（S1）：220-223.

［5］曹洁，赵修龙，王进花.融合改进指尖点和 Hu 矩的手势识别［J］.计算机工程与应用，2017，53（21）：138-143.

［6］张辉，邓继周，周经纬，等.基于几何特征的桌面静态手势识别［J］.计算机工程与设计，2020，41（10）：2977-2981.

［7］AMFT O, LUKOWICZ P. From backpacks to smartphones：Past, present, and future of wearable computers［J］. IEEE Pervasive Computing, 2009, 8（3）：8-13.

［8］李东方.中国可穿戴设备行业产业链及发展趋势研究［D］.广州：广东省社会科学院，2015.

［9］ZHOU C C, WANG H W, ZHANG Y M, et al. Study of a ring-type surgical pleth index monitoring system based on flexible PPG sensor［J］. IEEE Sensors Journal, 2020, 21（13）：14360-14368.

［10］SANCHO J, ALESANCO Á, GARCÍA J.Biometric authentication using the PPG：A long-term feasibility study［J］. Sensors（Basel）, 2018, 18（5）：1525.

［11］GOSHVARPOUR A, GOSHVARPOUR A.Poincaré's section analysis for PPG-based automatic emotion recognition［J］. Chaos, Solitons & Fractals, 2018, 114：400-407.

［12］FANTONI G, SANTOCHI M, DINI G, et al.Grasping devices and methods in automated production processes［J］. CIRP Annals-Manufacturing Technology, 2014, 63（2）：679-701.

［13］刘培炎，吴松，付荣华，等.柔性机械手抓取能力影响因素的研究［J］.机械制造，2017，55（2）：6-9，12.

［14］LEE J H, CHUNG Y S, RODRIGUE H.Long shape memory alloy tendon-based soft robotic actuators and implementation as a soft gripper［J］. Scientific Reports, 2019, 9（1）: 11251.

［15］GLICK P, SURESH S A, RUFFATTO D, et al.A soft robotic gripper with gecko-inspired adhesive［J］. IEEE Robotics and Automation Letters, 2018, 3（2）: 903-910.

［16］陈幸, 郭钟华, 李小宁, 等.颗粒物塑形负压吸盘的设计与研究［J］.液压与气动, 2019, 43（2）: 123-126.

［17］程玉华, 袁艳芳, 潘越.玻璃壁面清洗机器人负压吸附系统的研究［J］.科技创新与应用, 2017,（16）: 54-55.

［18］黄之峰.面向壁面移动机器人的静电吸附机理研究［D］.哈尔滨: 哈尔滨工业大学, 2010: 11-12.

［19］黄之峰, 王鹏飞, 李满天, 等.基于柔性静电吸附技术的爬壁机器人研究［J］.机械设计与制造, 2011,（6）: 166-168.

［20］聂俊峰, 王涛, 许英南, 等.柔性吸盘真空吸附性能试验［J］.液压与气动, 2020, 44（5）: 131-137.

［21］何帆, 孟婵, 张豪, 等.基于伯努利吸盘抓取经编鞋面稳态过程的研究［J］.东华大学学报（自然科学版）, 2022, 48（1）: 79-84, 92.

［22］RAGUNATHAN S, KARUNAMOORTHY L.Modeling and dynamic analysis of reconfigurable robotic gripper system for handling fabric materials in garment industries［J］. Journal of Adanced Manfacturing Systems, 2006, 5（2）: 233-254.

［23］饶小康, 马瑞, 张力, 等.数字孪生驱动的智慧流域平台研究与设计［J］.水利水电快报, 2022, 43（2）: 117-123.

［24］聂蓉梅, 周潇雅, 肖进, 等.数字孪生技术综述分析与发展展望［J］.宇航总体技术, 2022, 6（1）: 1-6.

［25］陶飞, 刘蔚然, 刘检华, 等.数字孪生及其应用探索［J］.计算机集成制造系统, 2018, 24（1）: 1-18.

［26］刘亮, 姚春琦, 李晓梅.面向智能制造全价值链的精益数字孪生体［J］.机械设计, 2022, 39（1）: 65-69.

［27］杨林瑶, 陈思远, 王晓, 等.数字孪生与平行系统: 发展现状、对比及展望［J］.自动化学报, 2019, 45（11）: 2001-2031.

［28］李铃钰.3D虚拟仿真技术在中职服装教学中的实践研究［J］.纺织报告, 2022, 41（2）: 96-98.

［29］陈军, 刘万增, 武昊, 等.智能化测绘的基本问题与发展方向［J］.测绘学报, 2021, 50（8）: 995-1005.

［30］彭筱星.基于大数据的快时尚服装品牌数字营销策略研究［J］.商业经济研究, 2020,（14）: 81-83.

［31］张惠，陈娟芬.全息投影技术在虚拟服装展示中的应用研究［J］.国际纺织导报，2020，48（11）：55-59.

［32］王心玙，马凯.基于CLO3D的四川花苗女装虚拟复原研究［J］.服装设计师，2020，（9）：94-99.